应用型高校产教融合系列教材

数理与统计系列

高等数学

（下册）

李路 方涛 殷志祥 王国强 吴隋超 ◎ 主编

清华大学出版社
北京

内 容 简 介

本书专为应用型普通本科高校各专业一学年高等数学课程设计,精准契合应用型普通本科学生的能力结构与学习需求,强调数学知识的实际运用与"产教融合"理念的深度融合。在内容的确定和表述上充分考虑到应用型普通高校本科学生的能力水平、专业需要等实际状况,注重利用数学软件求解高等数学问题的思想,在每章增加利用 Python 求解高等数学问题,符合培养应用型人才的教学实际;在传授数学知识的同时,基于"产教融合"理念融入相关专业的背景知识和应用案例,是一本特色鲜明、使用面广的高等数学教材。

本书分为上、下两册,上册介绍函数、极限与连续,一元函数微分学,一元函数积分学,常微分方程;下册介绍空间解析几何与向量代数,多元函数微分学,多元函数积分学,无穷级数。

本书可作为普通本科高校理工科各专业的高等数学课程教材,也可作为相关人员的参考书。

本书封面贴有清华大学出版社防伪标签,无标签者不得销售。
版权所有,侵权必究。举报: 010-62782989, beiqinquan@tup.tsinghua.edu.cn。

图书在版编目(CIP)数据

高等数学. 下册 / 李路等主编. -- 北京: 清华大学出版社, 2024.12. -- (应用型高校产教融合系列教材).
ISBN 978-7-302-67609-6
Ⅰ. O13
中国国家版本馆 CIP 数据核字第 2024FG7221 号

责任编辑: 冯 昕 赵从棉
封面设计: 何凤霞
责任校对: 欧 洋
责任印制: 刘海龙

出版发行: 清华大学出版社
网　　址: https://www.tup.com.cn, https://www.wqxuetang.com
地　　址: 北京清华大学学研大厦 A 座　　邮　编: 100084
社 总 机: 010-83470000　　邮　购: 010-62786544
投稿与读者服务: 010-62776969, c-service@tup.tsinghua.edu.cn
质量反馈: 010-62772015, zhiliang@tup.tsinghua.edu.cn
印 装 者: 小森印刷霸州有限公司
经　　销: 全国新华书店
开　　本: 185mm×260mm　　印　张: 17.5　　字　数: 424 千字
版　　次: 2024 年 12 月第 1 版　　印　次: 2024 年 12 月第 1 次印刷
定　　价: 56.00 元

产品编号: 107141-01

应用型高校产教融合系列教材

总编委会

主　　任：李　江

副 主 任：夏春明

秘 书 长：饶品华

学校委员（按姓氏笔画排序）：

　　　　王　迪　　王国强　　王金果　　方　宇　　刘志钢　　李媛媛
　　　　何法江　　辛斌杰　　陈　浩　　金晓怡　　胡　斌　　顾　艺
　　　　高　瞩

企业委员（按姓氏笔画排序）：

　　　　马文臣　　勾　天　　冯建光　　刘　郴　　李长乐　　张　鑫
　　　　张红兵　　张凌翔　　范海翔　　尚存良　　姜小峰　　洪立春
　　　　高艳辉　　黄　敏　　普丽娜

应用型高校产教融合系列教材·数理与统计系列

编委会

主　　任：王国强

学校委员（按姓氏笔画排序）：

　　　　王慧琴　平云霞　伍　歆　苏淑华　李　路

　　　　李宜阳　张修丽　陈光龙　殷志祥

企业委员（按姓氏笔画排序）：

　　　　丁古巧　李　军　张良均　张治国　董永军

丛书序

教材是知识传播的主要载体、教学的根本依据、人才培养的重要基石.《国务院办公厅关于深化产教融合的若干意见》明确提出,要深化"引企入教"改革,支持引导企业深度参与职业学校、高等学校教育教学改革,多种方式参与学校专业规划、教材开发、教学设计、课程设置、实习实训,促进企业需求融入人才培养环节.随着科技的飞速发展和产业结构的不断升级,高等教育与产业界的紧密结合已成为培养创新型人才、推动社会进步的重要途径.产教融合不仅是教育与产业协同发展的必然趋势,更是提高教育质量、促进学生就业、服务经济社会发展的有效手段.

上海工程技术大学是教育部"卓越工程师教育培养计划"首批试点高校、全国地方高校新工科建设牵头单位、上海市"高水平地方应用型高校"试点建设单位,具有40多年的产学合作教育经验.学校坚持依托现代产业办学、服务经济社会发展的办学宗旨,以现代产业发展需求为导向,学科群、专业群对接产业链和技术链,以产学研战略联盟为平台,与行业、企业共同构建了协同办学、协同育人、协同创新的"三协同"模式.

在实施"卓越工程师教育培养计划"期间,学校自2010年开始陆续出版了一系列卓越工程师教育培养计划配套教材,为培养出具备卓越能力的工程师作出了贡献.时隔10多年,为贯彻国家有关战略要求,落实《国务院办公厅关于深化产教融合的若干意见》,结合《现代产业学院建设指南(试行)》《上海工程技术大学合作教育新方案实施意见》文件精神,进一步编写了这套强调科学性、先进性、原创性、适用性的高质量应用型高校产教融合系列教材,深入推动产教融合实践与探索,加强校企合作,引导行业企业深度参与教材编写,提升人才培养的适应性,旨在培养学生的创新思维和实践能力,为学生提供更加贴近实际、更具前瞻性的学习材料,使他们在学习过程中能够更好地适应未来职业发展的需要.

在教材编写过程中,始终坚持以习近平新时代中国特色社会主义思想为指导,全面贯彻党的教育方针,落实立德树人根本任务,质量为先,立足于合作教育的传承与创新,突出产教融合、校企合作特色,校企双元开发,注重理论与实践、案例等相结合,以真实生产项目、典型工作任务、案例等为载体,构建项目化、任务式、模块化、基于实际生产工作过程的教材体系,力求通过与企业的紧密合作,紧跟产业发展趋势和行业人才需求,将行业、产业、企业发展的新技术、新工艺、新规范纳入教材,使教材既具有理论深度,能够反映未来技术发展,又具有实践指导意义,使学生能够在学习过程中与行业需求保持同步.

系列教材注重培养学生的创新能力和实践能力.通过设置丰富的实践案例和实验项目,引导学生将所学知识应用于实际问题的解决中.相信通过这样的学习方式,学生将更加具备竞争力，成为推动经济社会发展的有生力量.

本套应用型高校产教融合系列教材的出版，既是学校教育教学改革成果的集中展示，也是对未来产教融合教育发展的积极探索. 教材的特色和价值不仅体现在内容的全面性和前沿性上，更体现在其对于产教融合教育模式的深入探索和实践上. 期待系列教材能够为高等教育改革和创新人才培养贡献力量，为广大学生和教育工作者提供一个全新的教学平台，共同推动产教融合教育的发展和创新，更好地赋能新质生产力发展.

中国工程院院士、中国工程院原常务副院长

2024 年 5 月

前 言

　　编者所在学校以工学见长,管理学和艺术学特色鲜明,是一所工学、管理学、艺术学、法学、理学、医学、经济学、文学等多学科互相渗透、协调发展的全日制普通高等学校,是教育部"卓越工程师教育培养计划"首批试点高校、全国地方高校新工科建设牵头单位、上海市"高水平地方应用型高校"试点建设单位. 学校致力于深化教育教学改革,提高人才培养质量. 坚持依托现代产业办学、服务经济社会发展的办学宗旨,以现代产业发展需求为导向,学科群、专业群对接产业链和技术链,以产学研战略联盟为平台,与行业、企业共同构建了协同办学、协同育人、协同创新的"三协同"模式,"一年三学期,工学交替"的产学合作教育模式,助力学校成为培养优秀工程师和工程服务人才的摇篮.

　　为更好地发挥高等数学课程的基础、支撑作用,我们在学校的支持下编写了这套《高等数学》教材. 该教材面向"产教融合"各本科专业选修一学年高等数学课程的学生,内容界定为教育部高等学校数学与统计学教学指导委员会新近修订的"工科类本科数学基础课程教学基本要求". 教材编写的指导思想是:贯彻"以学生为本"的教育理念;在传授数学知识的同时,基于"产教融合"理念融入相关专业的背景知识和应用案例;增强学生分析问题和解决问题的能力.

　　将相关专业的背景知识和应用案例适当融入数学基础课程,目的是让学生知道怎样将学过的数学知识用于解决专业问题,以此来培养学生的应用意识. 我们注意到,用数学手段解决专业问题往往需要专业背景,而学习高等数学的学生是刚刚跨进校门的新生,许多专业基础课程尚未接触,专业背景的建立尚需时日;此外,专业问题的解决往往需要综合运用多方面的数学知识. 因此,在选择具有专业背景的材料方面,确定了几条原则:一是难度适当,学生在现有基础上能够接受和理解;二是与当前学生的数学水平基本适应或稍有超越;三是在引进数学概念、数学理论时尽可能多地结合专业背景,对学生有启发、有引导.

　　为了缩短教学内容与学生现状的距离,使得本教材较好地适应学生的能力水平,充分调动学生的学习积极性,着力提高学生的数学素养,编者作了一定的探索. 主要有:

　　强化说理. 对于有一定难度的教学内容,教材的陈述不再仅仅是直述和推理,转而采取深度说理的方式,旨在讲清楚问题的来源、处理问题的思路和方法,体现数学的亲和力,激发学生的内在学习动机.

　　通俗易懂. 尽量以直观和通俗易懂的方式来表述;在教学基本要求的框架内,淡化理论推导和运算技巧;尽可能多地借助几何图形来消除初学者在理解上的障碍.

　　素质培养. 数学素质是在感悟、运用和发掘数学的概念、定理、证明、求解中所蕴含的数学思想、数学方法和数学文化基础上形成的. 教材采用多种方式,从不同角度通过对数学的思想性、方法性、应用性的展示来培养学生的数学素质.

联系实际. 在篇、章、节的导学部分或引入新内容时,联系专业背景和现实生活中的实例,让读者感受到高等数学的概念和理论来自实践,存在于我们的生活、生产之中,用途广泛.

能力拓展. 在每章附录中,选取典型例题,基于 Python 语言实现程序设计和计算,以适应软件零基础的低年级本科读者接触、学习和应用 Python 语言编程. 读者也可在自我检验的基础上自主学习和实践,从而降低学习难度.

本套教材分为上、下两册,上册介绍函数、极限与连续,一元函数微分学,一元函数积分学,常微分方程等;下册介绍空间解析几何与向量代数,多元函数微分学,多元函数积分学,无穷级数等.

全书由王国强策划并组织编写,其中上册由吴隋超统稿,王国强定稿;下册由方涛统稿,李路定稿. 全书共八篇十一章,参加编写的人员及分工:第一篇殷志祥(第一章);第二篇吴隋超(第二章),王国强(第三章);第三篇李铭明(第四章),周雷(第五章);第四篇李娜(第六章);第五篇滕晓燕(第七章);第六篇方涛(第八章);第七篇李路(第九章),江开忠(第十章);第八篇赵寿为(第十一章). 江开忠制作了书中的插图.

本书作为应用型高校产教融合系列教材中的数理与统计系列教材,在编写过程中得到了上海金仕达软件科技股份有限公司总经理张治国先生,以及广东泰迪智能科技股份有限公司董事长张良均先生的大力支持和帮助,他们不仅提供了宝贵的指导,还对部分应用案例提出了修改建议,对此我们深表感谢.

上海工程技术大学教务处和数理与统计学院的领导,以及数学各系部全体教师对本书的编写与出版始终给予关注与支持,编者特表衷心的谢意.

将工科专业的案例恰当地融入数学课程,对我们来说既是机遇,也是挑战. 本书虽然作了一些尝试,但限于作者的水平,不妥或错误之处必定难免,敬请专家、广大教师和读者批评指正.

编 者

2024 年 6 月

目 录
CONTENTS

第五篇　空间解析几何

第七章　空间解析几何与向量代数 / 3

第一节　向量及其线性运算 / 3
　　一、向量的概念 / 3
　　二、向量的线性运算 / 3
　　习题 7-1 / 6
第二节　空间直角坐标系　向量的坐标 / 6
　　一、空间直角坐标系及向量的坐标表示 / 7
　　二、向量的模、方向余弦、投影 / 10
　　习题 7-2 / 12
第三节　向量的乘法运算 / 13
　　一、两个向量的数量积 / 13
　　二、两个向量的向量积 / 15
　　三、三个向量的混合积 / 17
　　习题 7-3 / 18
第四节　曲面及其方程 / 19
　　一、曲面的方程 / 19
　　二、柱面 / 20
　　三、旋转曲面 / 21
　　四、常见的二次曲面 / 23
　　习题 7-4 / 25
第五节　空间曲线及其方程 / 26
　　一、空间曲线的方程 / 26
　　二、空间曲线在坐标面上的投影 / 28
　　习题 7-5 / 30

第六节　平面及其方程 / 31
　　　　一、平面的方程 / 31
　　　　二、两平面的位置关系 / 33
　　　　三、点到平面的距离 / 34
　　　　习题 7-6 / 35
　　第七节　空间直线及其方程 / 36
　　　　一、直线的方程 / 36
　　　　二、直线与直线、直线与平面的位置关系 / 38
　　　　三、平面束 / 41
　　　　习题 7-7 / 42
　　附录 7　基于 Python 的向量运算与三维图形的绘制 / 43

第五篇综合练习 / 51

第六篇　多元函数微分学

第八章　多元函数微分学 / 55

　　第一节　多元函数、极限与连续 / 55
　　　　一、预备知识 / 55
　　　　二、多元函数的基本概念 / 57
　　　　三、多元函数的极限 / 59
　　　　四、多元函数的连续性 / 61
　　　　习题 8-1 / 63
　　第二节　偏导数 / 64
　　　　一、偏导数的概念与计算 / 64
　　　　二、高阶偏导数 / 66
　　　　习题 8-2 / 68
　　第三节　全微分及其应用 / 68
　　　　一、全微分 / 69
　　　　二、二元函数的线性化 / 71
　　　　习题 8-3 / 73
　　第四节　多元复合函数的求导法则 / 73
　　　　一、多元复合函数求偏导的链式法则 / 73
　　　　二、抽象复合函数求偏导 / 76
　　　　三、全微分形式不变性 / 77
　　　　习题 8-4 / 78
　　第五节　隐函数的求导法则 / 78
　　　　一、一元隐函数存在定理和隐函数的求导公式 / 78

二、二元隐函数存在定理和隐函数的求导公式 / 79
习题 8-5 / 81

第六节 多元函数微分学的几何应用 / 82
一、空间曲线的切线与法平面 / 82
二、空间曲面的切平面与法线 / 83
习题 8-6 / 86

第七节 方向导数与梯度 / 86
一、方向导数 / 86
二、梯度 / 88
三、场的概念 / 90
习题 8-7 / 91

第八节 多元函数的极值及其求法 / 92
一、极值、最大值和最小值 / 92
二、条件极值 拉格朗日乘数法 / 95
习题 8-8 / 98

附录 8 基于 Python 的多元函数偏导数与极值的计算 / 98

第六篇综合练习 / 104

第七篇 多元函数积分学

第九章 重积分 / 109

第一节 二重积分的概念与性质 / 109
一、二重积分的概念 / 109
二、二重积分的性质 / 112
习题 9-1 / 115

第二节 二重积分的计算 / 115
一、利用直角坐标计算二重积分 / 115
二、利用极坐标计算二重积分 / 121
三、二重积分换元法 / 124
习题 9-2 / 125

第三节 三重积分 / 126
一、三重积分的概念 / 126
二、利用直角坐标计算三重积分 / 127
三、利用柱面坐标和球面坐标计算三重积分 / 130
习题 9-3 / 133

第四节 重积分的应用 / 134
一、几何应用 / 134
二、质量、力矩、质心与形心 / 136

三、转动惯量 / 140
四、汽车盘式制动器的有效制动半径 / 142
习题 9-4 / 143

附录 9 基于 Python 的二重积分的计算 / 144

第十章 曲线积分与曲面积分 / 146

第一节 对弧长的曲线积分 / 146
　一、对弧长的曲线积分的概念与性质 / 146
　二、对弧长的曲线积分的计算及其应用 / 147
　习题 10-1 / 152

第二节 对坐标的曲线积分 / 152
　一、对坐标的曲线积分的概念 / 152
　二、对坐标的曲线积分的计算 / 154
　三、两类曲线积分的联系 / 157
　习题 10-2 / 158

第三节 格林公式及其应用 / 159
　一、格林公式 / 159
　二、曲线积分与路径无关 / 163
　习题 10-3 / 167

第四节 对面积的曲面积分 / 168
　一、对面积的曲面积分的概念 / 168
　二、对面积的曲面积分的计算及其应用 / 169
　习题 10-4 / 174

第五节 对坐标的曲面积分 / 175
　一、对坐标的曲面积分的概念 / 175
　二、对坐标的曲面积分的计算 / 178
　习题 10-5 / 182

第六节 高斯公式 通量与散度 / 183
　一、高斯公式 / 183
　二、沿任意闭曲面积分为零的条件 / 186
　三、通量与散度 / 187
　习题 10-6 / 188

第七节 斯托克斯公式 环流量与旋度 / 189
　一、斯托克斯公式 / 189
　二、空间曲线积分与路径无关的条件 / 192
　三、环流量与旋度 / 194
　习题 10-7 / 195

附录 10 基于 Python 的线面积分的计算 / 196

第七篇综合练习 / 199

第八篇 无穷级数

第十一章 无穷级数 / 205

第一节 常数项级数的概念与性质 / 205
　一、常数项级数的概念 / 205
　二、无穷级数的基本性质 / 209
　习题 11-1 / 213
第二节 正项级数审敛法 / 214
　一、正项级数基本定理 / 214
　二、正项级数的审敛法则 / 215
　习题 11-2 / 222
第三节 一般常数项级数 / 223
　一、交错级数及其审敛法 / 223
　二、一般常数项级数的收敛性　绝对收敛与条件收敛 / 225
　习题 11-3 / 227
第四节 幂级数 / 228
　一、函数项级数的一般概念 / 228
　二、幂级数及其收敛性 / 229
　三、幂级数的四则运算 / 234
　四、幂级数的导数和积分 / 235
　习题 11-4 / 237
第五节 函数展开成幂级数 / 238
　一、泰勒级数 / 238
　二、函数展开成幂级数的方法 / 240
　三、幂级数的应用 / 244
　习题 11-5 / 247
第六节 傅里叶级数 / 247
　一、三角级数和三角函数系的正交性 / 247
　二、周期为 2π 的函数展开成傅里叶级数 / 249
　三、正弦级数与余弦级数 / 252
　习题 11-6 / 255
第七节 一般周期函数的傅里叶级数 / 255
　习题 11-7 / 259
　附录 11　基于 Python 的无穷级数的计算 / 259

第八篇综合练习 / 262

参考文献 / 264

第五篇

空间解析几何

　　正如平面解析几何是学习一元函数微积分的基础一样,空间解析几何是学习多元函数微积分的基础.本篇以向量代数和空间解析几何作为基本工具,通过空间直角坐标系建立起有序数组和空间点的一一对应关系,把数学研究的两个基本对象——数和形结合起来,从而通过代数方法来研究和解决几何问题.这也是解析几何的基本思想.

第七章 空间解析几何与向量代数

向量是重要的数学工具之一,我们在中学已经学习了如何利用向量来解决一些简单的几何问题.本章将以向量为工具,研究空间的平面和直线,以及空间曲线和曲面.

第一节 向量及其线性运算

向量可以用有向线段表示,本节借助于向量的这种几何表示,介绍向量的基本概念和基本运算.

一、向量的概念

在力学、物理学等问题中所遇到的量可以分为两大类:一类完全由数值决定,如时间、密度、温度、质量等,称为**数量**(或**标量**);另一类是既有大小又有方向的量,如力、速度、位移、电场强度等,称为**向量**(或**矢量**),通常记作 $\overrightarrow{AB}$ 或 $\boldsymbol{a}$(图 7-1).

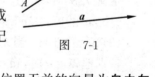

图 7-1

向量的大小称为**向量的模**,向量 $\boldsymbol{a}$ 或 $\overrightarrow{AB}$ 的模分别记作 $|\boldsymbol{a}|$ 或 $|\overrightarrow{AB}|$.模为 1 的向量称为**单位向量**.模为 0 的向量称为**零向量**,记作 $\boldsymbol{0}$ 或 $\vec{0}$,零向量的方向可看作是任意的.

由定义知,一个向量由它的模和方向完全确定,通常称与起点位置无关的向量为**自由向量**.如无特别说明,今后所讨论的向量都是自由向量.

如果两个向量 $\boldsymbol{a}$ 和 $\boldsymbol{b}$ 的模相等,方向相同,则称向量 $\boldsymbol{a}$ 和 $\boldsymbol{b}$ **相等**,记作 $\boldsymbol{a}=\boldsymbol{b}$.设 $\boldsymbol{a},\boldsymbol{b}$ 是两个非零向量,如果它们同向或反向,则称 $\boldsymbol{a}$ 与 $\boldsymbol{b}$ **平行**或**共线**,记作 $\boldsymbol{a}//\boldsymbol{b}$.如果 $\boldsymbol{a}$ 与 $\boldsymbol{b}$ 的方向互相垂直,则称 $\boldsymbol{a}$ 与 $\boldsymbol{b}$ **垂直**或**正交**,记作 $\boldsymbol{a}\perp\boldsymbol{b}$.

二、向量的线性运算

1. 向量的加法

在工程技术领域中,经常遇到求位移或力的合成等问题.例如,飞机在飞行过程中由于气流对机翼上下翼面存在压力差,所以产生了升力 $\boldsymbol{L}$,而气流对飞机又存在阻力 $\boldsymbol{D}$.因此,飞机在空中飞行时会有一个作用于飞机的空气总动力 $\boldsymbol{R}$.通常情况下,飞机的空气总动力是向上并向后倾斜的,如图 7-2 所示.如何确定总动力 $\boldsymbol{R}$?

为解决这类问题,以下给出向量加法的定义.

定义 7.1(向量加法的平行四边形法则) 设有两个不平行的向量 $\boldsymbol{a}$ 与 $\boldsymbol{b}$,任取一点 A,作 $\overrightarrow{AB}=\boldsymbol{a}$,$\overrightarrow{AD}=\boldsymbol{b}$,以 AB,AD 为邻边作一平行四边形 $ABCD$,连接对角线 AC,如图 7-3 所示,则称向量 $\overrightarrow{AC}$ 为向量 $\boldsymbol{a}$ 与 $\boldsymbol{b}$ 的和,记作 $\boldsymbol{a}+\boldsymbol{b}$.

定义 7.2(向量加法的三角形法则) 设有向量 $\boldsymbol{a}$ 与 $\boldsymbol{b}$,任取一点 A,作 $\overrightarrow{AB}=\boldsymbol{a}$,再以 B 为起点,作 $\overrightarrow{BC}=\boldsymbol{b}$,连接 AC,如图 7-4 所示,则向量 $\overrightarrow{AC}=\boldsymbol{c}$ 称为向量 $\boldsymbol{a}$ 与 $\boldsymbol{b}$ 的和,记作 $\boldsymbol{a}+\boldsymbol{b}$,即

$$\boldsymbol{c}=\boldsymbol{a}+\boldsymbol{b}.$$

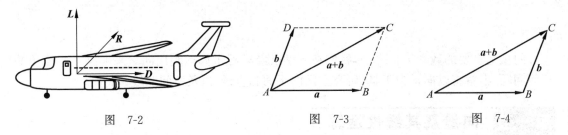

图 7-2　　　　　图 7-3　　　　　图 7-4

容易验证,上述两种定义是等价的.此外,向量的加法符合下列运算规律:

(1) **交换律**　　$\boldsymbol{a}+\boldsymbol{b}=\boldsymbol{b}+\boldsymbol{a}$;

(2) **结合律**　　$(\boldsymbol{a}+\boldsymbol{b})+\boldsymbol{c}=\boldsymbol{a}+(\boldsymbol{b}+\boldsymbol{c})$.

向量加法的三角形法则可以推广到任意有限多个向量之和.如图 7-5 所示,作向量 $\boldsymbol{a}_1$,$\boldsymbol{a}_2$,$\cdots$,$\boldsymbol{a}_5$,并以前一向量的终点作为下一向量的起点,再以第一个向量的起点为起点、最后一个向量的终点为终点作一个向量 $\boldsymbol{s}$,则

$$\boldsymbol{s}=\boldsymbol{a}_1+\boldsymbol{a}_2+\boldsymbol{a}_3+\boldsymbol{a}_4+\boldsymbol{a}_5.$$

2. 向量的数乘运算

定义 7.3 设 λ 为实数,$\boldsymbol{a}$ 为向量,定义 λ 与 $\boldsymbol{a}$ 的**数乘**为一个向量,记作 $\lambda\boldsymbol{a}$,规定如下:

(1) $\lambda\boldsymbol{a}$ 的模: $|\lambda\boldsymbol{a}|=|\lambda|\cdot|\boldsymbol{a}|$.

(2) $\lambda\boldsymbol{a}$ 的方向: 当 $\lambda>0$ 时,$\lambda\boldsymbol{a}$ 与 $\boldsymbol{a}$ 同方向;当 $\lambda<0$ 时,$\lambda\boldsymbol{a}$ 与 $\boldsymbol{a}$ 反方向.

特别地,$\lambda=0$ 时,$\lambda\boldsymbol{a}=\boldsymbol{0}$;$\lambda=-1$ 时,$(-1)\boldsymbol{a}$ 是大小与 $|\boldsymbol{a}|$ 相等、方向与 $\boldsymbol{a}$ 相反的向量,称这个向量为 $\boldsymbol{a}$ 的负向量,用记号 $-\boldsymbol{a}$ 表示,如图 7-6 所示.

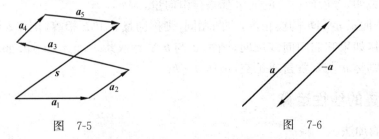

图 7-5　　　　　图 7-6

从几何上看,当 $\lambda>0$ 时,$\lambda\boldsymbol{a}$ 的模是 $\boldsymbol{a}$ 的模的 λ 倍,二者方向相同;当 $\lambda<0$ 时,$\lambda\boldsymbol{a}$ 的模是 $\boldsymbol{a}$ 的模的 $-\lambda$ 倍,二者方向相反.

通常把与 $\boldsymbol{a}$ 同方向的单位向量称为 $\boldsymbol{a}$ 的单位向量,记作 $\boldsymbol{a}°$.由定义 7.3 知

$$a = |a| a°,$$

从而

$$a° = \frac{a}{|a|}.$$

上式表明，一个非零向量与它的模的倒数相乘的结果是一个与原向量同方向的单位向量.这个过程又称为将非零向量 a 的**单位化**.

下面给出两个向量的差的定义.

定义 7.4 设有两个向量 a 与 b，则 b 与 a 的负向量的和称为向量 b 与 a 的差，如图 7-7(a) 所示，记作 $b-a$，即 $b-a=b+(-a)$.

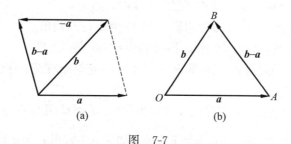

图 7-7

由图 7-7(a)可见，如果将向量 a 与 b 移至同一起点，将 $b-a$（向右）平移，则 $b-a$ 是由 a 的终点向 b 的终点所引的向量，如图 7-7(b)所示.

容易验证，向量的数乘运算具有下列运算规律：

(1) **结合律** $\lambda(\mu a) = \mu(\lambda a) = (\lambda \mu) a$；

(2) **分配律** $(\lambda + \mu) a = \lambda a + \mu a, \lambda(a+b) = \lambda a + \lambda b$.

向量的加法和数乘运算统称为**向量的线性运算**.

如图 7-8 所示，因为三角形两边之和大于第三边，所以有

$$|a+b| \leqslant |a| + |b|, \quad |a-b| \leqslant |a| + |b|;$$

又因为三角形两边之差小于第三边，所以有

$$|a+b| \geqslant ||a| - |b||, \quad |a-b| \geqslant ||a| - |b||.$$

例 1 在 $\triangle ABC$ 中，设 $\overrightarrow{BC}=a, \overrightarrow{CA}=b, \overrightarrow{AB}=c$，如图 7-9 所示，三角形的三边中点分别为 D, E, F，求证：$\overrightarrow{AD} + \overrightarrow{BE} + \overrightarrow{CF} = \mathbf{0}$.

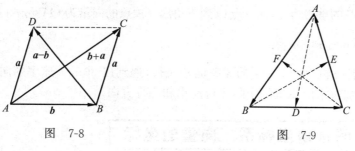

图 7-8　　　　图 7-9

证 由题意知

$$\overrightarrow{AD} = c + \frac{1}{2}a, \quad \overrightarrow{BE} = a + \frac{1}{2}b, \quad \overrightarrow{CF} = b + \frac{1}{2}c,$$

即
$$\overrightarrow{AD}+\overrightarrow{BE}+\overrightarrow{CF}=\frac{3}{2}(a+b+c).$$

又因为
$$a+b+c=\overrightarrow{BC}+\overrightarrow{CA}+\overrightarrow{AB}=\mathbf{0},$$

所以 $\overrightarrow{AD}+\overrightarrow{BE}+\overrightarrow{CF}=\mathbf{0}$.

例2 用向量法证明:对角线互相平分的四边形是平行四边形.

证 设四边形 $ABCD$ 的对角线 AC 和 BD 互相平分且交于点 O,如图 7-10 所示,则

$$\overrightarrow{AB}=\overrightarrow{AO}+\overrightarrow{OB}=\overrightarrow{OC}+\overrightarrow{DO}=\overrightarrow{DC},$$

因此,$\overrightarrow{AB}//\overrightarrow{DC}$ 且 $|\overrightarrow{AB}|=|\overrightarrow{DC}|$,即四边形 $ABCD$ 为平行四边形.

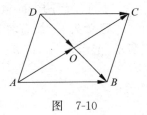

图 7-10

根据向量数乘的定义,可得两个向量平行(或共线)的充要条件.

定理 7.1 设有非零向量 a,则向量 b 平行于 a 的充要条件是:存在唯一的实数 λ,使得 $b=\lambda a$.

证 由向量的数乘定义,条件的充分性是显然的.下面证明必要性.

设 $b//a$. 如果 $b=\mathbf{0}$,则取 $\lambda=0$,于是 $b=\lambda a$;如果 $b\neq\mathbf{0}$,当 b 与 a 同向时,取 $\lambda=\frac{|b|}{|a|}$,当 b 与 a 反向时,取 $\lambda=-\frac{|b|}{|a|}$,则 λa 与 b 同向,且

$$|\lambda a|=|\lambda\cdot a|=\frac{|b|}{|a|}\cdot|a|=|b|,$$

所以 $b=\lambda a$.

再证 λ 的唯一性.设另有实数 μ,使得 $b=\mu a$,由于 $b=\lambda a$,两式相减,得
$$(\lambda-\mu)a=\mathbf{0},$$
从而 $|\lambda-\mu||a|=0$. 因为 $|a|\neq 0$,所以 $|\lambda-\mu|=0$,即 $\lambda=\mu$. 故 λ 是唯一的. 定理证毕.

习题 7-1

1. 设 $u=a-2b+3c$,$v=5a-b+2c$,试用 a,b,c 表示 $2u-3v$.

2. 在平行四边形 $ABCD$ 中,设 $\overrightarrow{AB}=a$,$\overrightarrow{AD}=b$,试用 a,b 表示向量 $\overrightarrow{MA}$,$\overrightarrow{MB}$,$\overrightarrow{MC}$ 和 $\overrightarrow{MD}$,其中 M 是平行四边形对角线的交点.

3. 设 $\triangle ABC$ 的重心为 G,任一点 O 到三角形三顶点的向量为 $\overrightarrow{OA}=r_1$,$\overrightarrow{OB}=r_2$,$\overrightarrow{OC}=r_3$,求证:$\overrightarrow{OG}=\frac{1}{3}(r_1+r_2+r_3)$.

4. 一架波音飞机以 200m/s 的速率向东飞行,遇到以 30m/s 速率朝向东北方向 60° 的气流,利用向量加法求出飞机的实际飞行速率和飞行方向.

第二节 空间直角坐标系 向量的坐标

在中学数学中,通过平面直角坐标系,建立了平面上的点与二维有序数组之间的一一对应关系,从而可以用代数的方法研究平面上的几何问题. 为了用代数的方法研究空间的几何

问题,自然想到构建空间直角坐标系,建立空间中的点与三元有序数组之间的一一对应关系,从而使得空间图形的数量化得以实现.

一、空间直角坐标系及向量的坐标表示

1. 空间直角坐标系

所谓空间直角坐标系是指:给定一点 O,从该点引出过这点的三条互相垂直的数轴 Ox,Oy,Oz(它们通常具有相同的长度单位).它们构成一个空间直角坐标系,称为 $Oxyz$ **直角坐标系**;其中 O 称为坐标系的**原点**;Ox,Oy,Oz 分别称为 x **轴**(**横轴**)、y **轴**(**纵轴**)、z **轴**(**竖轴**).

空间直角坐标系有右手系和左手系两种.通常采用右手系,即以右手握住 z 轴,当右手的四个手指从 x 轴的正向转过 $\dfrac{\pi}{2}$ 的角度到 y 轴的正向时,大拇指的指向就是 z 轴的正向(图 7-11).

三个坐标轴中的每两个可以确定一平面,这样的平面称为**坐标面**.由 x 轴和 y 轴确定的坐标面称为 xOy 面,另外两个坐标面依次为 yOz 面和 zOx 面.如图 7-12 所示,三个坐标面将空间划分为八个部分,每个部分称为一个**卦限**,分别用罗马数字 Ⅰ,Ⅱ,Ⅲ,Ⅳ,Ⅴ,Ⅵ,Ⅶ,Ⅷ表示.

建立了空间直角坐标系后,对于空间任一点可以用三元有序数组来对应.设 M 为空间任意一点,过点 M 作三个平面分别垂直于 x 轴、y 轴和 z 轴,三个平面与坐标轴分别交于点 P,Q,R,如图 7-13 所示.设点 P,Q,R 在 x 轴、y 轴、z 轴上的坐标依次为 x,y,z,则点 M 就唯一确定了一个有序数组 (x,y,z);反之,任意给定一个有序数组 (x,y,z),在 x 轴、y 轴、z 轴上分别取坐标为 x,y,z 的三个点 P,Q,R,然后过 P,Q,R 三点分别作垂直于 x 轴、y 轴和 z 轴的三个平面,这三个平面必然交于空间一点.由此可见,空间一点 M 与有序数组 x,y,z 之间存在着一一对应关系,称有序数组 (x,y,z) 为点 M 的**坐标**,并依次称 x,y 和 z 为点 M 的**横坐标**、**纵坐标**和**竖坐标**.

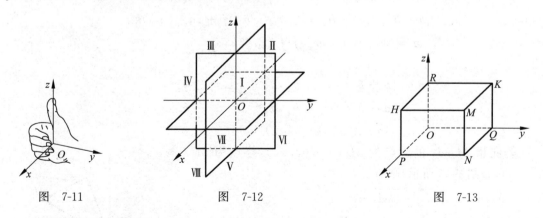

图 7-11　　　　　图 7-12　　　　　图 7-13

2. 向量的坐标表示

利用空间直角坐标系,不仅能用三元有序数组表示空间中的点,而且可以用三元数组表示空间向量,进而可以用代数运算来研究向量的运算.下面先用三元数组表示一类特殊的空间向量——向径.

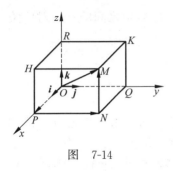

图 7-14

任意给定一向量 r，通过平移使其起点位于坐标原点 O，终点记为 M. 向量 $\overrightarrow{OM}$ 称为点 M 关于原点 O 的**向径**（也称为点 M 的**位置向量**）. 过点 M 分别作垂直于 x 轴、y 轴、z 轴的三个平面，与三坐标轴的交点分别记作 P,Q,R，如图 7-14 所示，由向量加法的三角形法则，有

$$r = \overrightarrow{OM} = \overrightarrow{OP} + \overrightarrow{PN} + \overrightarrow{NM} = \overrightarrow{OP} + \overrightarrow{OQ} + \overrightarrow{OR}.$$

在空间直角坐标系中，分别取 x 轴、y 轴、z 轴正向上的单位向量 i,j,k，由向量和数的乘法运算可知

$$\overrightarrow{OP} = x\boldsymbol{i}, \quad \overrightarrow{OQ} = y\boldsymbol{j}, \quad \overrightarrow{OR} = z\boldsymbol{k},$$

所以

$$r = \overrightarrow{OM} = x\boldsymbol{i} + y\boldsymbol{j} + z\boldsymbol{k}. \tag{7.1}$$

式 (7.1) 称为向量 r 的**坐标分解式**，$x\boldsymbol{i}, y\boldsymbol{j}, z\boldsymbol{k}$ 分别称为向量 r 沿 x 轴、y 轴、z 轴方向的**分向量**. 显然，向量 r 与点 M 以及有序数组 (x,y,z) 是一一对应的，称这样的三元有序数组为向量 r 的**坐标**，记作

$$r = \overrightarrow{OM} = \{x,y,z\}.$$

值得注意的是，向量 r 的坐标有时也记作 (x,y,z)，这样点 M 和向量 $\overrightarrow{OM}$ 就有相同的记号，在几何中点与向量是两个不同的概念，不可混淆. 因此，在看到记号 (x,y,z) 时，须根据上下文认清它表示的含义. 当 (x,y,z) 表示向量时，可以对它进行运算；当 (x,y,z) 表示点时，就不能进行运算.

利用向量的坐标表达式，可以很方便地进行向量的线性运算.

设 $\boldsymbol{a} = (a_x, a_y, a_z)$，$\boldsymbol{b} = (b_x, b_y, b_z)$，即

$$\boldsymbol{a} = a_x\boldsymbol{i} + a_y\boldsymbol{j} + a_z\boldsymbol{k}, \quad \boldsymbol{b} = b_x\boldsymbol{i} + b_y\boldsymbol{j} + b_z\boldsymbol{k},$$

设 λ 为实数，利用向量加法运算的交换律和结合律、向量数乘运算的结合律和分配律，容易得到

$$\boldsymbol{a} + \boldsymbol{b} = (a_x + b_x)\boldsymbol{i} + (a_y + b_y)\boldsymbol{j} + (a_z + b_z)\boldsymbol{k},$$
$$\boldsymbol{a} - \boldsymbol{b} = (a_x - b_x)\boldsymbol{i} + (a_y - b_y)\boldsymbol{j} + (a_z - b_z)\boldsymbol{k},$$
$$\lambda\boldsymbol{a} = (\lambda a_x)\boldsymbol{i} + (\lambda a_y)\boldsymbol{j} + (\lambda a_z)\boldsymbol{k},$$

或

$$\boldsymbol{a} + \boldsymbol{b} = (a_x + b_x, a_y + b_y, a_z + b_z),$$
$$\boldsymbol{a} - \boldsymbol{b} = (a_x - b_x, a_y - b_y, a_z - b_z),$$
$$\lambda\boldsymbol{a} = (\lambda a_x, \lambda a_y, \lambda a_z).$$

若向量 $\overrightarrow{M_1M_2}$ 的起点为 $M_1(x_1, y_1, z_1)$，终点为 $M_2(x_2, y_2, z_2)$，如图 7-15 所示，则有

$$\overrightarrow{M_1M_2} = \overrightarrow{OM_2} - \overrightarrow{OM_1}$$
$$= (x_2\boldsymbol{i} + y_2\boldsymbol{j} + z_2\boldsymbol{k}) - (x_1\boldsymbol{i} + y_1\boldsymbol{j} + z_1\boldsymbol{k})$$
$$= (x_2 - x_1)\boldsymbol{i} + (y_2 - y_1)\boldsymbol{j} + (z_2 - z_1)\boldsymbol{k},$$

即

$$\overrightarrow{M_1M_2} = (x_2 - x_1, y_2 - y_1, z_2 - z_1). \tag{7.2}$$

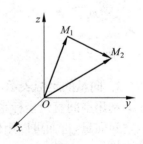

图 7-15

也就是说，向量 $\overrightarrow{M_1M_2}$ 的坐标等于终点 M_2 的坐标减去起点 M_1 的对应坐标．

如前所述，当 $a \neq 0$ 时，向量 b 平行于 a 的充要条件是 $b = \lambda a$，利用向量的坐标表达式即
$$(b_x, b_y, b_z) = \lambda(a_x, a_y, a_z),$$
得
$$b_x = \lambda a_x, \quad b_y = \lambda a_y, \quad b_z = \lambda a_z,$$
亦即
$$\frac{b_x}{a_x} = \frac{b_y}{a_y} = \frac{b_z}{a_z} = \lambda.$$

这表明，向量 b 与 a 平行（共线）的充要条件是这两个向量的对应坐标成比例．

特别地，运算过程中，如果 a_x, a_y, a_z 中有一个为零，例如 $a_x = 0$，而 $a_y, a_z \neq 0$，则上式应写成
$$\begin{cases} b_x = 0, \\ \dfrac{b_y}{a_y} = \dfrac{b_z}{a_z}. \end{cases}$$

如果 a_x, a_y, a_z 中有两个为零，例如 $a_x = a_y = 0, a_z \neq 0$，则应写成
$$\begin{cases} b_x = 0, \\ b_y = 0. \end{cases}$$

例 1 已知两点 $A(2,2,6)$ 和 $B(-1,8,3)$，在直线 AB 上求一点 M，使得 $\overrightarrow{AM} = \dfrac{1}{2}\overrightarrow{MB}$．

解 如图 7-16 所示，$\overrightarrow{AM} = \overrightarrow{OM} - \overrightarrow{OA}, \overrightarrow{MB} = \overrightarrow{OB} - \overrightarrow{OM}$，由于 $\overrightarrow{AM} = \dfrac{1}{2}\overrightarrow{MB}$，因此
$$\overrightarrow{OM} - \overrightarrow{OA} = \frac{1}{2}(\overrightarrow{OB} - \overrightarrow{OM}),$$

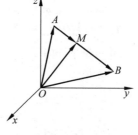

图 7-16

移项得
$$\overrightarrow{OM} = \frac{1}{3}(2\overrightarrow{OA} + \overrightarrow{OB})$$
$$= \frac{1}{3}(2(2,2,6) + (-1,8,3)) = (1,4,5),$$

因此，所求点为 $M(1,4,5)$．

如果已知两点 $A(x_1, y_1, z_1), B(x_2, y_2, z_2)$ 及实数 $\lambda(\lambda \neq -1)$，那么在直线 AB 上可以找到一点 M，使得 $\overrightarrow{AM} = \lambda \overrightarrow{MB}$，这样的点 M 称为有向线段 $\overrightarrow{AB}$ 的**定比分点**．利用与例 1 中类似的方法，可以得到 $M\left(\dfrac{x_1 + \lambda x_2}{1 + \lambda}, \dfrac{y_1 + \lambda y_2}{1 + \lambda}, \dfrac{z_1 + \lambda z_2}{1 + \lambda}\right)$．特别地，当 $\lambda = 1$ 时，可以得到线段 AB 的中点为 $M\left(\dfrac{x_1 + x_2}{2}, \dfrac{y_1 + y_2}{2}, \dfrac{z_1 + z_2}{2}\right)$．

3. 向量函数的导数及其物理意义

由一元微积分，如果质点作直线运动，其运动方程为 $s = s(t)$，则在时刻 t，质点的速度

为 $v(t)=\dfrac{\mathrm{d}s}{\mathrm{d}t}$. 如果质点在平面上运动, 它在 t 时刻的位置向量为 $\boldsymbol{r}(t)=x(t)\boldsymbol{i}+y(t)\boldsymbol{j}$, 其中 $x(t),y(t)$ 是可导函数, 通常称 $\boldsymbol{r}(t)$ 为**向量函数**. 根据物理学, 有以下结论:

(1) $\boldsymbol{v}(t)=\dfrac{\mathrm{d}\boldsymbol{r}(t)}{\mathrm{d}t}=\dfrac{\mathrm{d}x(t)}{\mathrm{d}t}\boldsymbol{i}+\dfrac{\mathrm{d}y(t)}{\mathrm{d}t}\boldsymbol{j}$ 是质点的速度向量, 并且与曲线相切;

(2) $|\boldsymbol{v}(t)|$ 表示质点的速率, $\dfrac{\boldsymbol{v}(t)}{|\boldsymbol{v}(t)|}$ 表示 t 时刻质点运动方向上的单位向量;

(3) $\boldsymbol{a}(t)=\dfrac{\mathrm{d}^2\boldsymbol{r}(t)}{\mathrm{d}t^2}=\dfrac{\mathrm{d}^2 x(t)}{\mathrm{d}t^2}\boldsymbol{i}+\dfrac{\mathrm{d}^2 y(t)}{\mathrm{d}t^2}\boldsymbol{j}$ 是质点的加速度向量.

例 2 一质点在平面上运动, 它的速度向量为(单位: m/s)
$$\dfrac{\mathrm{d}\boldsymbol{r}}{\mathrm{d}t}=\dfrac{1}{t+1}\boldsymbol{i}+2t\boldsymbol{j},\quad t\geqslant 0.$$
若 $t=1$ 时, $\boldsymbol{r}=(\ln 2)\boldsymbol{i}$, 求质点的位置向量.

解 $\boldsymbol{r}(t)=\left(\int\dfrac{\mathrm{d}t}{t+1}\right)\boldsymbol{i}+\left(\int 2t\,\mathrm{d}t\right)\boldsymbol{j}=(\ln(t+1))\boldsymbol{i}+t^2\boldsymbol{j}+\boldsymbol{c}$,

将 $t=1, \boldsymbol{r}=(\ln 2)\boldsymbol{i}$ 代入上式, 得 $\boldsymbol{c}=-\boldsymbol{j}$, 所以表示质点位置的向量函数为
$$\boldsymbol{r}(t)=(\ln(t+1))\boldsymbol{i}+(t^2-1)\boldsymbol{j}.$$

二、向量的模、方向余弦、投影

在向量用坐标表示以后, 向量的模和方向就可以用向量的坐标来表达了.

1. 向量的模

设向量 $\boldsymbol{r}=(x,y,z)$, 如图 7-17 所示, 作 $\overrightarrow{OM}=\boldsymbol{r}$, 则 $\overrightarrow{OP}=x\boldsymbol{i},\overrightarrow{OQ}=y\boldsymbol{j},\overrightarrow{OR}=z\boldsymbol{k}$. 由勾股定理可得
$$|\boldsymbol{r}|=|\overrightarrow{OM}|=\sqrt{|\overrightarrow{OP}|^2+|\overrightarrow{OQ}|^2+|\overrightarrow{OR}|^2},$$
由此得到向量 $\boldsymbol{r}$ 的模的坐标表达式
$$|\boldsymbol{r}|=\sqrt{x^2+y^2+z^2}. \tag{7.3}$$

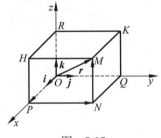

图 7-17

由于空间两点之间的距离等于以这两点分别为起点和终点的向量的模, 因此利用式(7.2)和式(7.3)可得空间两点 $M_1(x_1,y_1,z_1)$ 与 $M_2(x_2,y_2,z_2)$ 的**距离公式**
$$|M_1M_2|=\sqrt{(x_2-x_1)^2+(y_2-y_1)^2+(z_2-z_1)^2}. \tag{7.4}$$

例 3 求证以 $A(1,1,1), B(-1,2,3), C(0,0,5)$ 三点为顶点的三角形是等腰直角三角形.

解 由式(7.4)计算可得
$$|AB|^2=(-1-1)^2+(2-1)^2+(3-1)^2=9,$$
$$|AC|^2=(0-1)^2+(0-1)^2+(5-1)^2=18,$$
$$|BC|^2=[0-(-1)]^2+(0-2)^2+(5-3)^2=9.$$
由于 $|AB|^2+|BC|^2=|AC|^2$ 且 $|AB|=|BC|$, 所以 $\triangle ABC$ 是等腰直角三角形.

2. 方向角与方向余弦

设有两个非零向量 a,b，任取空间一点 O，作 $\overrightarrow{OA}=a,\overrightarrow{OB}=b$，在两向量 a,b 所决定的平面内，规定大于等于 0 且不超过 π 的角 $\angle AOB$ 为向量 a 与 b 的**夹角**，如图 7-18 所示，记作 $(\widehat{a,b})$ 或 $(\widehat{b,a})$. 如果向量 a 与 b 中有一个是零向量，则规定它们的夹角可在 $[0,\pi]$ 任意取值.

非零向量 a 与三个坐标轴正向之间的夹角 α,β,γ 称为向量 a 的**方向角**，方向角的余弦 $\cos\alpha,\cos\beta,\cos\gamma$ 称为向量 a 的**方向余弦**，如图 7-19 所示. 设 $a=\overrightarrow{OM}=(x,y,z)$，在 $\triangle OPM$ 中，$MP\perp OP$，故

$$\cos\alpha=\frac{x}{|a|}=\frac{x}{\sqrt{x^2+y^2+z^2}},$$

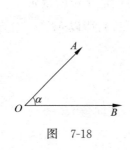

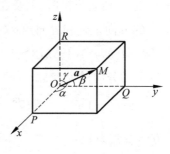

图 7-18　　　　　　　　　图 7-19

同理得

$$\cos\beta=\frac{y}{|a|}=\frac{y}{\sqrt{x^2+y^2+z^2}},$$

$$\cos\gamma=\frac{z}{|a|}=\frac{z}{\sqrt{x^2+y^2+z^2}}.$$

显然有

$$\cos^2\alpha+\cos^2\beta+\cos^2\gamma=1,$$

且

$$a°=\frac{a}{|a|}=(\cos\alpha,\cos\beta,\cos\gamma).$$

上式表明：与向量 a 同方向的单位向量就是以 a 的方向余弦为坐标的向量.

3. 向量在轴上的投影

设 u 为一数轴，M 为一已知点，如图 7-20 所示，过点 M 作垂直于 u 轴的平面交 u 轴于点 M'（点 M' 称为点 M 在 u 轴上的**投影点**），称向量 $\overrightarrow{OM'}$ 为向量 $\overrightarrow{OM}$ 在 u 轴上的**分向量**. 设 $\overrightarrow{OM'}=\lambda e$（其中 e 为单位向量），则称数 λ 为向量 $\overrightarrow{OM}$ 在 u 轴上的**投影**，记作 $\mathrm{Prj}_u\overrightarrow{OM}$.

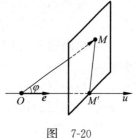

图 7-20

由上述定义，向量 $a=(a_x,a_y,a_z)$ 在三个坐标轴上的投影分别为

$$a_x=\mathrm{Prj}_x a,\quad a_y=\mathrm{Prj}_y a,\quad a_z=\mathrm{Prj}_z a,$$

值得注意的是,向量在坐标轴上的投影与向量在坐标轴上的分向量有本质的区别,如向量 $a=(a_x,a_y,a_z)$ 在坐标轴上的投影是三个数 a_x,a_y 和 a_z,而向量在坐标轴上的分向量是三个向量 $a_x\boldsymbol{i},a_y\boldsymbol{j}$ 和 $a_z\boldsymbol{k}$.

设 $\boldsymbol{a},\boldsymbol{b}$ 为两个向量,且 $\boldsymbol{b}\neq\boldsymbol{0}$,则称 $\boldsymbol{a}$ 在与 $\boldsymbol{b}$ 同向的数轴上的投影为**向量 $\boldsymbol{a}$ 在向量 $\boldsymbol{b}$ 上的投影**,记作 $\operatorname{Prj}_{\boldsymbol{b}}\boldsymbol{a}$.

向量的投影具有下列性质:

性质 1(投影定理) $\operatorname{Prj}_u\boldsymbol{a}=|\boldsymbol{a}|\cos\varphi$,其中 φ 为向量 $\boldsymbol{a}$ 与 u 轴正向的夹角;

性质 2 $\operatorname{Prj}_u(\boldsymbol{a}+\boldsymbol{b})=\operatorname{Prj}_u\boldsymbol{a}+\operatorname{Prj}_u\boldsymbol{b}$;

性质 3 $\operatorname{Prj}_u(\lambda\boldsymbol{a})=\lambda\operatorname{Prj}_u\boldsymbol{a}$.

例 4 已知两点 $M_1(2,2,0)$ 和 $M_2(1,3,\sqrt{2})$,计算

(1) $\overrightarrow{M_1M_2}$ 在 x 轴上的投影,以及在 z 轴上的分向量;(2) $|\overrightarrow{M_1M_2}|$;

(3) $\overrightarrow{M_1M_2}$ 的方向余弦和方向角;(4) 与 $\overrightarrow{M_1M_2}$ 同方向的单位向量 $\boldsymbol{e}$.

解 (1) 因为 $\overrightarrow{M_1M_2}=(1-2,3-2,\sqrt{2}-0)=(-1,1,\sqrt{2})$,所以 $\overrightarrow{M_1M_2}$ 在 x 轴上的投影为 -1,在 z 轴上的分向量为 $\sqrt{2}\boldsymbol{k}$;

(2) $|\overrightarrow{M_1M_2}|=\sqrt{(-1)^2+1^2+(\sqrt{2})^2}=2$;

(3) 它的方向余弦为 $\cos\alpha=-\dfrac{1}{2},\cos\beta=\dfrac{1}{2},\cos\gamma=\dfrac{\sqrt{2}}{2}$,方向角为

$$\alpha=\frac{2\pi}{3},\quad \beta=\frac{\pi}{3},\quad \gamma=\frac{\pi}{4};$$

(4) 与 $\overrightarrow{M_1M_2}$ 同方向的单位向量

$$\boldsymbol{e}=\frac{1}{|\overrightarrow{M_1M_2}|}\overrightarrow{M_1M_2}=\frac{1}{2}(-1,1,\sqrt{2})=\left(-\frac{1}{2},\frac{1}{2},\frac{\sqrt{2}}{2}\right).$$

习题 7-2

1. 说明下列各点所在的位置:

$$A(0,-2,1);\ B(5,-1,-8);\ C(3,0,0);\ D(2,1,-3).$$

2. 求点 $(1,-2,3)$ 关于各坐标面、各坐标轴以及坐标原点的对称点的坐标.

3. 设 $\boldsymbol{a}=(3,-2,2)$,求 $\boldsymbol{a}$ 的模及与 $\boldsymbol{a}$ 平行的单位向量.

4. 求与点 $A(0,-2,3)$、点 $B(4,1,0)$ 等距离的点的轨迹方程.

5. 求到点 $(3,1,-4)$ 的距离等于到 yOz 面的距离的动点的轨迹方程.

6. 设点 $A(7,1,-4),B(-2,5,3)$,点 M 在 Ox 轴上,且 $|AM|=|BM|$,求点 M 的坐标.

7. 设向量 $\boldsymbol{b}$ 与向量 $\boldsymbol{a}=(16,-15,12)$ 平行,且方向相反,$\boldsymbol{b}$ 的模为 75,求向量 $\boldsymbol{b}$ 的坐标.

8. 设向量 $\boldsymbol{a}=(1,3,2),\boldsymbol{b}=\lambda(2,y,4)$,且 $\lambda\neq 0$,若 $\boldsymbol{a}$ 平行于 $\boldsymbol{b},|\boldsymbol{b}|=28$,求向量 $\boldsymbol{b}$.

9. 一向量的起点为 $A(2,-1,7)$,该向量在三个坐标轴上的投影依次为 $4,2,-2$,求此向量的终点坐标.

10. 设已知两点 $M_1(2,2,\sqrt{2})$ 和 $M_2(1,3,0)$,计算:

(1) 向量 $\overrightarrow{M_1M_2}$ 的模； (2) 向量 $\overrightarrow{M_1M_2}$ 的方向余弦和方向角；

(3) $\overrightarrow{M_1M_2}$ 在 x 轴上的投影； (4) $\overrightarrow{M_1M_2}$ 在 y 轴上的分向量.

11. 设 $M_1(1,1,1)$ 和 $M_2(1,2,0)$，求 M_1M_2 连线上一点 M，使得 $M_1M:MM_2=2:1$.

12. 已知向量 $\overrightarrow{OM}$ 与 Ox 轴的夹角为 $45°$，与 Oy 轴的夹角为 $60°$，向量 $\overrightarrow{OM}$ 的模为 6，且在 Oz 轴坐标为负值，求 M 点的坐标.

13. 一个质点的位置向量函数为

$$r(t)=(\sin t)\boldsymbol{i}+(\cos 2t)\boldsymbol{j}+(\sin t)\boldsymbol{k},$$

(1) 求质点的速度向量和加速度向量；(2) $t(0\leqslant t\leqslant 2\pi)$ 取何值时，$\dfrac{\mathrm{d}\boldsymbol{r}}{\mathrm{d}t}=\boldsymbol{0}$?

第三节　向量的乘法运算

向量的代数运算除了线性运算外，还包括乘法运算. 向量的乘法运算应用广泛，我们将通过几个典型的几何和物理问题引入这种运算.

一、两个向量的数量积

1. 数量积的概念与性质

设一物体在常力 $\boldsymbol{F}$ 的作用下沿直线运动，s 表示位移，那么力 $\boldsymbol{F}$ 所做的功为

$$W=|\boldsymbol{F}||\boldsymbol{s}|\cos\theta,$$

其中 θ 是 $\boldsymbol{F}$ 与 $\boldsymbol{s}$ 的夹角，如图 7-21 所示.

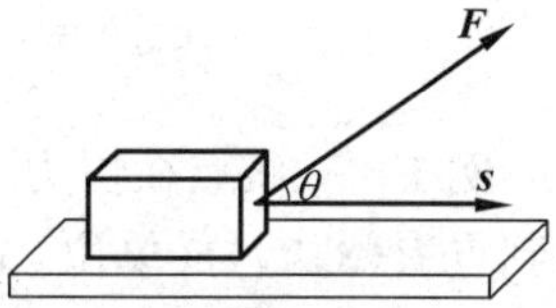

从研究这类实际问题的需要出发，数学上引入了向量的一种乘法运算.

定义 7.5 设有两个向量 $\boldsymbol{a}$ 和 $\boldsymbol{b}$，它们之间的夹角为 θ，乘积 $|\boldsymbol{a}||\boldsymbol{b}|\cos\theta$ 称为向量 $\boldsymbol{a}$ 与 $\boldsymbol{b}$ 的**数量积**，记作 $\boldsymbol{a}\cdot\boldsymbol{b}$，即

$$\boldsymbol{a}\cdot\boldsymbol{b}=|\boldsymbol{a}||\boldsymbol{b}|\cos\theta. \tag{7.5}$$

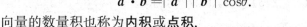

图 7-21

向量的数量积也称为**内积**或**点积**.

由定义 7.5，上述例子中力 $\boldsymbol{F}$ 所做的功就等于力 $\boldsymbol{F}$ 与位移 $\boldsymbol{s}$ 的数量积，即 $W=\boldsymbol{F}\cdot\boldsymbol{s}$.

根据数量积的定义，容易证明如下结论：

(1) $\boldsymbol{a}\cdot\boldsymbol{a}=|\boldsymbol{a}|^2$，且 $\boldsymbol{a}\cdot\boldsymbol{a}=0\Leftrightarrow\boldsymbol{a}=\boldsymbol{0}$;

(2) 设 $\boldsymbol{a},\boldsymbol{b}$ 为两非零向量，则 $\boldsymbol{a}\perp\boldsymbol{b}\Leftrightarrow\boldsymbol{a}\cdot\boldsymbol{b}=0$;

由于零向量的方向可以看作是任意的，故可认为零向量与任何向量都垂直，因此，上述结论可叙述为：向量 $\boldsymbol{a}\perp\boldsymbol{b}\Leftrightarrow\boldsymbol{a}\cdot\boldsymbol{b}=0$.

(3) 当 $\boldsymbol{a}\neq\boldsymbol{0}$ 时，$\boldsymbol{a}\cdot\boldsymbol{b}=|\boldsymbol{a}|\mathrm{Prj}_{\boldsymbol{a}}\boldsymbol{b}$；当 $\boldsymbol{b}\neq\boldsymbol{0}$ 时，

$$\boldsymbol{a}\cdot\boldsymbol{b}=|\boldsymbol{b}|\mathrm{Prj}_{\boldsymbol{b}}\boldsymbol{a}. \tag{7.6}$$

即两个向量的数量积等于其中一个向量的模和另一个向量在此向量上投影的乘积. 此外

$$\mathrm{Prj}_{\boldsymbol{a}}\boldsymbol{b}=\frac{\boldsymbol{a}\cdot\boldsymbol{b}}{|\boldsymbol{a}|},\quad \mathrm{Prj}_{\boldsymbol{b}}\boldsymbol{a}=\frac{\boldsymbol{a}\cdot\boldsymbol{b}}{|\boldsymbol{b}|}.$$

数量积具有下列运算规律：

(1) **交换律**　$\boldsymbol{a}\cdot\boldsymbol{b}=\boldsymbol{b}\cdot\boldsymbol{a}$;

(2) (**数乘**)**结合律** $(\lambda a)\cdot b = a\cdot(\lambda b)=\lambda(a\cdot b)$ (λ 为实数);

(3) **分配律** $(a+b)\cdot c = a\cdot c + b\cdot c$.

以上三个运算规律都可由向量数量积的定义以及式(7.6)导出,我们仅对(3)加以证明. 如果 $c=0$,显然成立;如果 $c\neq 0$,则有

$$(a+b)\cdot c = |c|\,\mathrm{Prj}_c(a+b) = |c|\,(\mathrm{Prj}_c a + \mathrm{Prj}_c b)$$
$$= |c|\,\mathrm{Prj}_c a + |c|\,\mathrm{Prj}_c b = a\cdot c + b\cdot c.$$

2. 数量积的坐标表示

设 $a=(a_x,a_y,a_z)$, $b=(b_x,b_y,b_z)$,则

$$a\cdot b = (a_x i + a_y j + a_z k)\cdot(b_x i + b_y j + b_z k)$$
$$= a_x b_x(i\cdot i) + a_x b_y(i\cdot j) + a_x b_z(i\cdot k) +$$
$$\quad a_y b_x(j\cdot i) + a_y b_y(j\cdot j) + a_y b_z(j\cdot k) +$$
$$\quad a_z b_x(k\cdot i) + a_z b_y(k\cdot j) + a_z b_z(k\cdot k),$$

因为 i,j,k 互相垂直,且为单位向量,故由数量积的定义得

$$i\cdot j = j\cdot k = k\cdot i = 0,\quad i\cdot i = j\cdot j = k\cdot k = 1,$$

因此得到两向量**数量积的坐标表达式**

$$a\cdot b = a_x b_x + a_y b_y + a_z b_z.$$

即两个向量的数量积等于这两个向量对应坐标的乘积之和.

由于 $a\cdot b = |a||b|\cos\theta$,故两非零向量 a 和 b 夹角余弦的坐标表达式为

$$\cos\theta = \frac{a\cdot b}{|a|\cdot|b|} = \frac{a_x b_x + a_y b_y + a_z b_z}{\sqrt{a_x^2+a_y^2+a_z^2}\cdot\sqrt{b_x^2+b_y^2+b_z^2}}.$$

例1 一质点在恒力 $F=i-2j+3k$(单位:N)的作用下沿直线从点 $A(-1,2,-1)$ 移动到点 $B(3,2,1)$(单位:m),求力 F 所做的功.

解 质点的位移向量 $s=\overrightarrow{AB}=(3+1,2-2,1+1)=(4,0,2)$,故力 F 所做的功为

$$W = F\cdot s = (1,-2,3)\cdot(4,0,2) = 10\,\mathrm{J}.$$

例2 设 $|a|=2$, $|b|=3\sqrt{2}$, $(\widehat{a,b})=\dfrac{\pi}{4}$,计算:

(1) $a\cdot b$; (2) $(a+b)^2$; (3) $(a+b)\cdot(a-b)$; (4) $\mathrm{Prj}_b a$.

解 (1) $a\cdot b = |a||b|\cos\dfrac{\pi}{4} = 6\sqrt{2}\cdot\dfrac{\sqrt{2}}{2} = 6$;

(2) $(a+b)^2 = (a+b)\cdot(a+b) = a\cdot a + a\cdot b + b\cdot a + b\cdot b$
$$= |a|^2 + 2a\cdot b + |b|^2 = |a|^2 + 2|a||b|\cos(\widehat{a,b}) + |b|^2$$
$$= 4 + 2\times 2\times 3\sqrt{2}\times\dfrac{\sqrt{2}}{2} + 18 = 34;$$

(3) $(a+b)\cdot(a-b) = a\cdot a - a\cdot b + b\cdot a - b\cdot b$
$$= |a|^2 - |b|^2 = 2^2 - (3\sqrt{2})^2 = -14;$$

(4) $\mathrm{Prj}_b a = \dfrac{a\cdot b}{|b|} = \dfrac{|a||b|\cos\dfrac{\pi}{4}}{|b|} = |a|\cos\dfrac{\pi}{4} = \sqrt{2}.$

例3 已知三点 $A(1,1,1), B(2,2,1)$ 和 $C(3,2,2)$，求：(1) $\angle ABC$；(2) $\overrightarrow{BA}$ 在 $\overrightarrow{BC}$ 上的投影.

解 (1) 因为 $\overrightarrow{BA}=(-1,-1,0), \overrightarrow{BC}=(1,0,1)$，则有

$$\cos\angle ABC = \frac{\overrightarrow{BA}\cdot\overrightarrow{BC}}{|\overrightarrow{BA}||\overrightarrow{BC}|} = \frac{-1\times 1 - 1\times 0 + 0\times 1}{\sqrt{1^2+1^2+0^2}\cdot\sqrt{1^2+0^2+1^2}} = -\frac{1}{2},$$

所以 $\angle ABC = \dfrac{2\pi}{3}$；

(2) 因为 $\overrightarrow{BA}\cdot\overrightarrow{BC} = |\overrightarrow{BC}|\operatorname{Prj}_{\overrightarrow{BC}}\overrightarrow{BA}$，所以

$$\operatorname{Prj}_{\overrightarrow{BC}}\overrightarrow{BA} = \frac{\overrightarrow{BA}\cdot\overrightarrow{BC}}{|\overrightarrow{BC}|} = -\frac{1}{\sqrt{2}}.$$

例4 设液体流过平面 S 上面积为 A 的一个区域，流体在这区域上各点处的流速均为（常向量）$\boldsymbol{v}$，设 $\boldsymbol{n}$ 为垂直于 S 的单位向量（如图 7-22(a) 所示）. 计算单位时间内经过此区域流向 $\boldsymbol{n}$ 所指一侧的流体的质量 M（流体的密度为 ρ）.[1]

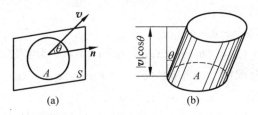

图 7-22

解 单位时间内流过此区域的液体组成一个底面积为 A、斜高为 $|\boldsymbol{v}|$ 的斜柱体（如图 7-22(b) 所示），该柱体的斜高与底面垂线的夹角就是流速 $\boldsymbol{v}$ 与向量 $\boldsymbol{n}$ 的夹角 θ，所以该柱体的高为 $|\boldsymbol{v}|\cos\theta$，体积为

$$A|\boldsymbol{v}|\cos\theta = A\boldsymbol{v}\cdot\boldsymbol{n},$$

因此，单位时间内经过此区域流向 $\boldsymbol{n}$ 所指一侧的液体的质量为 $M=\rho A\boldsymbol{v}\cdot\boldsymbol{n}$.

二、两个向量的向量积

1. 向量积的概念与性质

在研究物体的转动问题时，要考虑作用在物体上的力所产生的力矩. 设 O 是一杠杆的支点，力 $\boldsymbol{F}$ 作用于杠杆上的 P 点处，$\boldsymbol{F}$ 与 $\overrightarrow{OP}$ 的夹角为 θ（图 7-23）. 力学中规定，力 $\boldsymbol{F}$ 对支点 O 的力矩 $\boldsymbol{M}$ 是一个向量，它的大小为

$$|\boldsymbol{M}| = |\boldsymbol{F}||\overrightarrow{OQ}| = |\boldsymbol{F}||\overrightarrow{OP}|\sin\theta.$$

它的方向垂直于 $\overrightarrow{OP}$ 与 $\boldsymbol{F}$ 确定的平面，并且 $\overrightarrow{OP}, \boldsymbol{F}, \boldsymbol{M}$ 三者的方向符合右手法则（有序向量组 $\boldsymbol{a},\boldsymbol{b},\boldsymbol{c}$ 符合右手法则是指当右手的四指从 $\boldsymbol{a}$ 以不超过 π 的转角转向 $\boldsymbol{b}$ 时，竖起的大拇指的指向为 $\boldsymbol{c}$ 的方向（见图 7-24））. 由此实际背景出发，可以抽象出两个向量的向量积概念.

定义 7.6 设 $\boldsymbol{a},\boldsymbol{b}$ 是两个向量，若向量 $\boldsymbol{c}$ 满足

(1) $\boldsymbol{c}$ 的模 $|\boldsymbol{c}|=|\boldsymbol{a}||\boldsymbol{b}|\sin\theta$，其中 θ 为 $\boldsymbol{a}$ 与 $\boldsymbol{b}$ 的夹角；

(2) $\boldsymbol{c}$ 的方向垂直于 $\boldsymbol{a}$ 与 $\boldsymbol{b}$ 所决定的平面，$\boldsymbol{c}$ 的指向按右手法则从 $\boldsymbol{a}$ 转向 $\boldsymbol{b}$ 来确定（图 7-24），则称向量 $\boldsymbol{c}$ 为 $\boldsymbol{a}$ 与 $\boldsymbol{b}$ 的**向量积**，也称为**外积**，记作 $\boldsymbol{a}\times\boldsymbol{b}$.

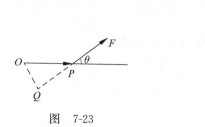
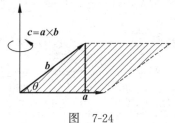

图 7-23　　　　　　　图 7-24

因此，上面提到的力矩 M 可以表示为 $M=\overrightarrow{OP}\times F$.

向量积的模的几何意义：因为 $|a\times b|=|a||b|\sin\theta$，所以向量积的模 $|a\times b|$ 等于以 a，b 为邻边的平行四边形的面积.

根据向量积的定义，容易证明如下结论：

(1) $a\times a=0$；

(2) a 与 b 平行（或共线）的充要条件是 $a\times b=0$.

向量积具有下列运算规律：

(1) **反交换律**　$a\times b=-b\times a$；

(2) （数乘）**结合律**　$(\lambda a)\times b=a\times(\lambda b)=\lambda(a\times b)$（$\lambda$ 为实数）；

(3) （关于加法的）**分配律**　$(a+b)\times c=a\times c+b\times c, c\times(a+b)=c\times a+c\times b$.

2. 向量积的坐标表示

设 $a=(a_x,a_y,a_z)$，$b=(b_x,b_y,b_z)$，由于 i,j,k 互相垂直，且为单位向量，所以

$$i\times i=j\times j=k\times k=0,$$
$$i\times j=k,\quad j\times k=i,\quad k\times i=j,$$
$$j\times i=-k,\quad k\times j=-i,\quad i\times k=-j.$$

于是得到两向量的**向量积的坐标表达式**

$$a\times b=(a_x i+a_y j+a_z k)\times(b_x i+b_y j+b_z k)$$
$$=(a_y b_z-a_z b_y)i+(a_z b_x-a_x b_z)j+(a_x b_y-a_y b_x)k.$$

为便于记忆，利用三阶行列式按第一行展开的公式，将 a 与 b 的向量积写成如下形式：

$$a\times b=\begin{vmatrix} i & j & k \\ a_x & a_y & a_z \\ b_x & b_y & b_z \end{vmatrix}=\begin{vmatrix} a_y & a_z \\ b_y & b_z \end{vmatrix}i-\begin{vmatrix} a_x & a_z \\ b_x & b_z \end{vmatrix}j+\begin{vmatrix} a_x & a_y \\ b_x & b_y \end{vmatrix}k.$$

例 5　求与向量 $a=(1,0,2)$ 和 $b=(-1,1,0)$ 同时垂直的单位向量.

解　$a\times b=\begin{vmatrix} i & j & k \\ 1 & 0 & 2 \\ -1 & 1 & 0 \end{vmatrix}=\begin{vmatrix} 0 & 2 \\ 1 & 0 \end{vmatrix}i-\begin{vmatrix} 1 & 2 \\ -1 & 0 \end{vmatrix}j+\begin{vmatrix} 1 & 0 \\ -1 & 1 \end{vmatrix}k=-2i-2j+k$，$|a\times b|=\sqrt{(-2)^2+(-2)^2+1^2}=3$，所以同时垂直于 a 与 b 的单位向量为 $\pm\dfrac{1}{3}(-2,-2,1)$.

例 6　已知三角形 ABC 的顶点分别为 $A(2,1,-1)$，$B(1,0,-1)$，$C(1,2,3)$，求三角形 ABC 的面积.

解　由于 $\overrightarrow{AB}=(-1,-1,0)$，$\overrightarrow{AC}=(-1,1,4)$，因此

$$\overrightarrow{AB} \times \overrightarrow{AC} = \begin{vmatrix} i & j & k \\ -1 & -1 & 0 \\ -1 & 1 & 4 \end{vmatrix} = -4i + 4j - 2k,$$

根据向量积的模的几何意义，三角形 ABC 的面积为

$$S_{\triangle ABC} = \frac{1}{2} |\overrightarrow{AB} \times \overrightarrow{AC}| = \frac{1}{2} \sqrt{(-4)^2 + 4^2 + (-2)^2} = 3.$$

例 7 设刚体以等角速度 ω 绕 l 轴旋转，计算刚体上一点 M 的线速度.

解 刚体绕 l 轴旋转，可以用一个向量 ω 表示旋转角速度，该向量的大小表示角速度的大小，它的方向由右手法则定出：用右手握住 l 轴，当右手的四个手指的弯曲方向与刚体的旋转方向一致时，大拇指的指向就是 ω 的方向（图 7-25）.

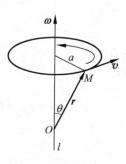

图 7-25

设点 M 到旋转轴 l 的距离为 a，在 l 轴上任取一点 O 作向量 $r = \overrightarrow{OM}$，以 θ 表示 ω 与 r 的夹角，那么 $a = |r|\sin\theta$.

设线速度为 v，由线速度与角速度的关系可知，线速度 v 的大小为

$$|v| = |\omega| a = |\omega| |r| \sin\theta,$$

方向垂直于过点 M 与 l 轴组成的平面，即 v 垂直于 ω 与 r，又 v 的指向按 ω, r, v 的顺序符合右手法则，因此 $v = \omega \times r$.

三、三个向量的混合积

向量如图 7-26 所示，由于平行六面体的底面积为 $S = |a \times b|$，高为

$$h = |c| |\cos(\widehat{a \times b, c})|,$$

所以

$$V = Sh = |a \times b| |c| |\cos(\widehat{a \times b, c})| = |(a \times b) \cdot c|.$$

上式中，既有向量的数量积又有向量积，这样的运算就是向量的混合积.

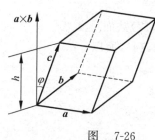

图 7-26

1. 混合积的概念

已知三个向量 a, b, c，先作两向量 a 和 b 的向量积 $a \times b$，把所得到的向量与第三个向量 c 再作数量积，所得的数量 $(a \times b) \cdot c$ 称为有序的向量组 a, b, c 的**混合积**，记作 $[a\ b\ c]$，即

$$[a\ b\ c] = (a \times b) \cdot c.$$

混合积的几何意义：如图 7-26 所示，$|(a \times b) \cdot c|$ 表示以 a, b, c 为棱的平行六面体的体积，混合积的符号取决于 $(\widehat{a \times b, c})$ 是锐角还是钝角，即若设向量 $a \times b$ 与 c 的夹角为 φ，当 $0 \leqslant \varphi \leqslant \frac{\pi}{2}$ 时，$h = |c|\cos\varphi$ 为平行六面体的高，则平行六面体的体积为

$$V = |a \times b| h = |a \times b| |c| \cos\varphi = (a \times b) \cdot c,$$

当 $\frac{\pi}{2} < \varphi \leqslant \pi$ 时，$-|c|\cos\varphi$ 为平行六面体的高，体积 $V = -(a \times b) \cdot c$.

所以，混合积 $[a\ b\ c]$ 的绝对值表示以向量 a, b, c 为棱的平行六面体的体积. 即 $V =$

$|a \times b||c||\cos\varphi| = |(a \times b) \cdot c| = |[a, b, c]|.$

特别地,当 $[a\ b\ c] = 0$ 时,平行六面体的体积为零,即向量 a, b, c 共面.

2. 混合积的坐标表示

设 $a = (a_x, a_y, a_z), b = (b_x, b_y, b_z), c = (c_x, c_y, c_z)$,因为

$$a \times b = \begin{vmatrix} i & j & k \\ a_x & a_y & a_z \\ b_x & b_y & b_z \end{vmatrix}$$

$$= \begin{vmatrix} a_y & a_z \\ b_y & b_z \end{vmatrix} i - \begin{vmatrix} a_x & a_z \\ b_x & b_z \end{vmatrix} j + \begin{vmatrix} a_x & a_y \\ b_x & b_y \end{vmatrix} k,$$

所以

$$[a\ b\ c] = (a \times b) \cdot c = c_x \begin{vmatrix} a_y & a_z \\ b_y & b_z \end{vmatrix} - c_y \begin{vmatrix} a_x & a_z \\ b_x & b_z \end{vmatrix} + c_z \begin{vmatrix} a_x & a_y \\ b_x & b_y \end{vmatrix}$$

$$= \begin{vmatrix} a_x & a_y & a_z \\ b_x & b_y & b_z \\ c_x & c_y & c_z \end{vmatrix}.$$

利用混合积的坐标表达式可以证明以下结论:

(1) $[a\ b\ c] = [b\ c\ a] = [c\ a\ b]$;

(2) 三个向量 a, b, c 共面的充要条件是 $\begin{vmatrix} a_x & a_y & a_z \\ b_x & b_y & b_z \\ c_x & c_y & c_z \end{vmatrix} = 0.$

例 8 证明四点 $A(1,1,1), B(4,5,6), C(2,3,3), D(10,15,17)$ 共面.

证 因为 $\overrightarrow{AB} = (3,4,5), \overrightarrow{BC} = (-2,-2,-3), \overrightarrow{CD} = (8,12,14)$,所以

$$[\overrightarrow{AB}, \overrightarrow{BC}, \overrightarrow{CD}] = \begin{vmatrix} 3 & 4 & 5 \\ -2 & -2 & -3 \\ 8 & 12 & 14 \end{vmatrix} = 0.$$

因此 A, B, C, D 四点共面.

习题 7-3

1. 设 $a = (2,1,1), b = (3,-1,2)$,求:
   (1) $(2a+b) \cdot (a-2b)$;(2) $(b-3a) \times (2a)$;(3) $\text{Prj}_b a$;(4) $\cos(\widehat{a,b})$.

2. 设向量 b 和 $a = (2,-1,2)$ 平行,并且 $a \cdot b = 18$,求向量 b.

3. 将质量为 100kg 的物体从点 $M_1(3,1,8)$ 沿直线移动到点 $M_2(1,4,2)$,求重力所做的功(长度单位为 m).

4. 判断以 $A(1,2,3), B(3,1,5)$ 和 $C(2,4,3)$ 为顶点的三角形是否为直角三角形.

5. 已知 $|a| = 1, |b| = \sqrt{3}, a \perp b$,求 $a+b$ 与 $a-b$ 的夹角.

6. 已知 $|a| = 2, |b| = 5, (\widehat{a,b}) = \dfrac{2\pi}{3}$,且向量 $\alpha = \lambda a + 17b$ 与 $\beta = 3a - b$ 垂直,求常数 λ.

7. 设 $a=i+2j+\dfrac{1}{2}k$, $b=\lambda(x,4,1)$ 为单位向量且 $\lambda\neq 0$,问 λ,x 为何值时,

(1) b 与 a 垂直;(2) b 与 a 平行?

8. 判断向量 $a=(-4,2,1)$, $b=(2,6,-3)$, $c=(1,-4,1)$ 是否共面.

9. 已知三点 $A(1,0,2)$, $B(3,2,2)$ 和 $C(1,4,-1)$,求:

(1) 同时与 $\overrightarrow{AB}$, $\overrightarrow{AC}$ 垂直的单位向量;(2) $\triangle ABC$ 的面积;(3) 点 B 到边 AC 的距离.

10. 设 $|a|=|b|=1$, $a-2b$ 与 $2a-b$ 垂直,求 a 与 b 的夹角,并求以 $a+3b$ 和 $2a+b$ 为边的平行四边形的面积.

第四节　曲面及其方程

日常生活中经常会遇到各种各样的曲面,例如,汽车前灯的反光镜面、建筑物的外表面等.本节建立几类常见曲面的方程.

一、曲面的方程

与平面解析几何中把平面曲线看作动点的轨迹一样,在空间解析几何中,空间曲面也可以看作空间中的动点按一定规律运动的轨迹.

定义 7.7　在空间直角坐标系中,如果曲面 S 与三元方程 $F(x,y,z)=0$ 有下述关系:

(1) 曲面 S 上任一点的坐标都满足方程 $F(x,y,z)=0$;

(2) 不在曲面 S 上的点的坐标都不满足方程 $F(x,y,z)=0$,

则称方程 $F(x,y,z)=0$ 为**曲面 S 的方程**,称曲面 S 为方程 $F(x,y,z)=0$ 的**图形**(图 7-27).

建立了空间曲面与方程的联系之后,就可以利用方程的解析性质来研究空间曲面的几何特征.空间曲面主要有以下两个基本问题:

(1) 已知曲面上点的几何特征,求曲面方程;

(2) 已知曲面方程,研究曲面的几何特征.

例 1　求球心在点 $M_0(x_0,y_0,z_0)$、半径为 R 的球面的方程.

解　设 $M(x,y,z)$ 是球面上任一点,如图 7-28 所示,由题意得 $|M_0M|=R$,所以

$$\sqrt{(x-x_0)^2+(y-y_0)^2+(z-z_0)^2}=R,$$

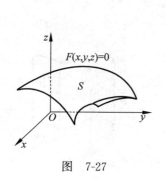

图 7-27

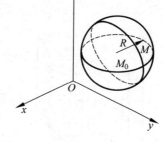

图 7-28

即
$$(x-x_0)^2+(y-y_0)^2+(z-z_0)^2=R^2. \tag{7.7}$$

显然,球面上点的坐标都满足方程(7.7),不在球面上的点的坐标不满足方程(7.7),所以方程(7.7)就是球心在 $M_0(x_0,y_0,z_0)$、半径为 R 的球面方程.

特别地,如果球心在原点,那么球面方程为
$$x^2+y^2+z^2=R^2.$$

例2 确定方程 $x^2+y^2+z^2+2x-2y-2=0$ 所表示的曲面.

解 将方程配方并整理,得
$$(x+1)^2+(y-1)^2+z^2=4,$$
所以方程表示以 $(-1,1,0)$ 为球心、2 为半径的球面.

一般地,设有三元二次方程
$$Ax^2+Ay^2+Az^2+Dx+Ey+Fz+G=0(A\neq 0),$$
这个方程的特点是缺 xy,yz,zx 项,而且平方项系数相同,显然方程经过配方可以化成方程(7.7)的形式,所以此方程一般表示一个球面.

例3 已知动点满足如下轨迹方程: $x^2+y^2=a^2$. 试问在空间中它表示什么图形?

解 显然在 xOy 平面上,它表示一个圆. 注意到方程 $x^2+y^2=a^2$ 不显含 z,换句话说就是方程 $x^2+y^2=a^2$ 不依赖于 z 的变化,因而,凡是与 z 轴平行的直线,只要它在 xOy 面上的投影落在圆 $x^2+y^2=a^2$ 上,就满足方程 $x^2+y^2=a^2$,即这一曲面可以看作与 z 轴平行的直线沿 $x^2+y^2=a^2$ 旋转而成的曲面.

二、柱面

定义 7.8 平行于定直线 L,沿定曲线 C 移动的动直线所形成的曲面称为**柱面**,如图 7-29 所示,定曲线 C 称为柱面的**准线**,动直线称为柱面的**母线**.

上述例3中方程 $x^2+y^2=a^2$ 所表示的曲面,可以看作由平行于 z 轴的直线 L 沿 xOy 面上的圆 $x^2+y^2=a^2$ 移动而形成,所以此方程表示以 xOy 面上的圆 $x^2+y^2=a^2$ 为准线、母线平行于 z 轴的柱面,我们称该柱面为圆柱面.

一般地,不含变量 z 的方程 $F(x,y)=0$ 在空间直角坐标系中表示以 xOy 面上的曲线 C: $F(x,y)=0$ 为准线,母线平行于 z 轴的柱面. 它由平行于 z 轴的直线沿曲线 C 移动而形成,如图 7-30 所示.

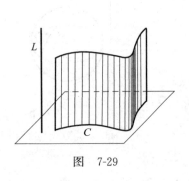

图 7-29

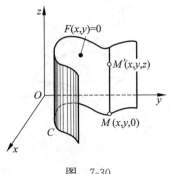

图 7-30

类似地，不含变量 x 的方程 $G(y,z)=0$ 表示以 yOz 面上的曲线 $G(y,z)=0$ 为准线，母线平行于 x 轴的柱面；不含变量 y 的方程 $H(x,z)=0$ 表示以 zOx 面上的曲线 $H(x,z)=0$ 为准线，母线平行于 y 轴的柱面.

例如，方程 $y^2=2x$ 表示以 xOy 面上的抛物线 $y^2=2x$ 为准线，母线平行于 z 轴的**抛物柱面**，如图 7-31 所示.

方程 $\dfrac{x^2}{a^2}+\dfrac{z^2}{c^2}=1$ 表示以 zOx 面上的椭圆 $\dfrac{x^2}{a^2}+\dfrac{z^2}{c^2}=1$ 为准线，母线平行于 y 轴的**椭圆柱面**，如图 7-32 所示.

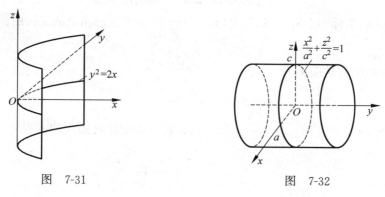

图 7-31　　　　　　　　　　　图 7-32

方程 $\dfrac{y^2}{b^2}-\dfrac{x^2}{a^2}=1$ 表示以 xOy 面上的双曲线 $\dfrac{y^2}{b^2}-\dfrac{x^2}{a^2}=1$ 为准线，母线平行于 z 轴的**双曲柱面**，如图 7-33 所示.

方程 $y+z=1$ 表示以 yOz 面上的直线 $y+z=1$ 为准线，母线平行于 x 轴的柱面，这个柱面是一个平面，如图 7-34 所示.

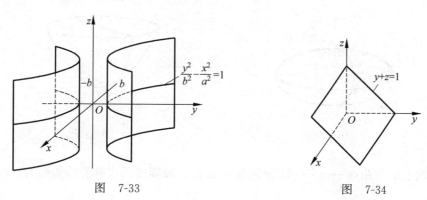

图 7-33　　　　　　　　　　　图 7-34

三、旋转曲面

定义 7.9　一条平面曲线绕其所在平面上的一条定直线旋转一周所形成的曲面称为**旋转曲面**，旋转曲线和定直线分别称为**旋转曲面的母线**和**轴**.

假设 yOz 面上有一已知曲线 $C：f(y,z)=0$，将该曲线绕 z 轴旋转一周，就得到一个以 z 轴为轴的旋转曲面，如图 7-35 所示，它的方程可以用如下的方法求得.

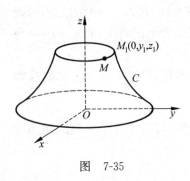

图 7-35

设 $M(x,y,z)$ 是旋转曲面上任意一点,则点 M 应当是曲线 C 上一点 $M_1(0,y_1,z_1)$ 绕 z 轴旋转所得,因此 $z=z_1$,且 M 与 M_1 到 z 轴的距离相同,即 $\sqrt{x^2+y^2}=|y_1|$. 因为 $M_1(0,y_1,z_1)$ 是曲线 C 上的点,所以
$$f(y_1,z_1)=0,$$
将 $y_1=\pm\sqrt{x^2+y^2}$,$z_1=z$ 代入上式,得
$$f(\pm\sqrt{x^2+y^2},z)=0,$$
可以验证,此即旋转曲面的方程.

一般地,yOz 坐标面上的曲线 C:$f(y,z)=0$ 绕 z 轴旋转而成的旋转曲面为
$$f(\pm\sqrt{x^2+y^2},z)=0,$$
绕 y 轴旋转而成的旋转曲面为
$$f(y,\pm\sqrt{x^2+z^2})=0.$$

例如,yOz 面上的椭圆 $\dfrac{y^2}{a^2}+\dfrac{z^2}{b^2}=1$ 绕 y 轴旋转而成的旋转曲面的方程为
$$\dfrac{y^2}{a^2}+\dfrac{x^2+z^2}{b^2}=1,$$
这个曲面称为**旋转椭球面**,如图 7-36 所示.

zOx 面上的抛物线 $x^2=2pz$ 绕 z 轴旋转而成的旋转曲面的方程为
$$x^2+y^2=2pz,$$
这个曲面称为**旋转抛物面**,如图 7-37 所示. 常用的旋转抛物面是 $z=x^2+y^2$.

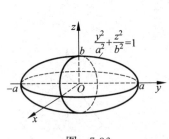

图 7-36

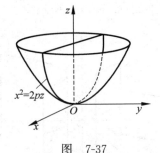

图 7-37

zOx 面上的双曲线 $\dfrac{x^2}{a^2}-\dfrac{z^2}{c^2}=1$ 分别绕 z 轴和 x 轴旋转而成的旋转曲面的方程分别为
$$\dfrac{x^2+y^2}{a^2}-\dfrac{z^2}{c^2}=1, \quad \dfrac{x^2}{a^2}-\dfrac{y^2+z^2}{c^2}=1,$$
这两个曲面分别称为**单叶旋转双曲面**(图 7-38)和**双叶旋转双曲面**(图 7-39).

特别地,由一直线绕另一与之相交的直线旋转一周所得到的旋转面为**圆锥面**,如图 7-40 所示. 两直线的交点称为该圆锥面的**顶点**,两直线间的夹角 $\alpha\left(0<\alpha<\dfrac{\pi}{2}\right)$ 称为圆锥面的**半顶角**.

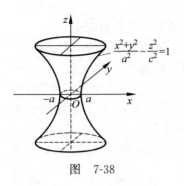 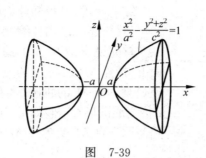 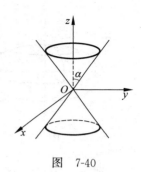

图 7-38　　　　　　　　　图 7-39　　　　　　　　　图 7-40

例如，由 xOz 面上的直线 $z=2x$ 绕 z 轴旋转一周所得到的圆锥面方程为
$$z^2=4(x^2+y^2).$$
显然，此圆锥面是以原点为顶点、以 z 轴为对称轴的圆锥面.

例 4　说明下列方程表示什么曲面. 若是旋转曲面，指出它们是如何旋转产生的.

(1) $x^2+y^2+z^2+2z=0$；(2) $y^2+z^2-x=0$.

解　(1) 整理，得 $x^2+y^2+(z+1)^2=1$，此方程表示球心在 $(0,0,-1)$，半径为 1 的球面，可以看作 xOz 面上的圆 $x^2+(z+1)^2=1$ 绕 z 轴旋转而成的旋转曲面；或者看作 yOz 面上的圆 $y^2+(z+1)^2=1$ 绕 z 轴旋转而成的旋转曲面.

(2) 方程表示旋转抛物面，可以看作 xOy 面上的抛物线 $x=y^2$ 绕 x 轴旋转而成的旋转曲面；或者看作 xOz 面上的抛物线 $x=z^2$ 绕 x 轴旋转而成的旋转曲面.

四、常见的二次曲面

由三元二次方程所表示的曲面称为**二次曲面**. 例如，上面介绍的球面、准线为平面二次曲线的柱面、母线为平面二次曲线的旋转面等都是二次曲面. 对于一般二次曲面的讨论是很复杂的，我们将利用截痕法讨论几类典型的二次曲面的几何形状. 所谓**截痕法**，就是利用坐标面或平行于坐标面的平面去截割曲面，考察其交线的形状，然后加以综合，从而了解曲面全貌的分析方法.

1. 椭球面

其方程为
$$\frac{x^2}{a^2}+\frac{y^2}{b^2}+\frac{z^2}{c^2}=1 \quad (a>0,b>0,c>0),$$
其中 a,b,c 称为椭球面的**半轴**.

下面研究椭球面的形状. 用平面 $z=t(|t|<c)$ 去截割椭球面，所得截痕是平面 $z=t$ 上的椭圆
$$\frac{x^2}{\frac{a^2}{c^2}(c^2-t^2)}+\frac{y^2}{\frac{b^2}{c^2}(c^2-t^2)}=1,$$

它的两个半轴分别为 $\frac{a}{c}\sqrt{c^2-t^2}$ 与 $\frac{b}{c}\sqrt{c^2-t^2}$. 显然，当 t 变动时，该椭圆的中心都在 z 轴上，当 $|t|$ 由 0 逐渐增大到 c 时，椭圆的截痕由大到小，最后缩成一点.

用平面 $x=m(|m|<a)$ 或平面 $y=n(|n|<b)$ 去截割椭球面，分别可得到与上述类似的结果.

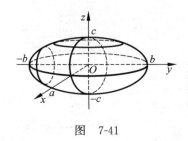

图 7-41

综上所述，可得椭球面的图形如图 7-41 所示.

另外，还可以用伸缩变形法得到椭球面的形状.

首先说明 xOy 面上的图形伸缩变形的方法. 在 xOy 面上，把点 $M(x,y)$ 变为点 $M'(x,\lambda y)$，从而把点 M 的轨迹 C 变为点 M' 的轨迹 C'，称为把图形 C 沿 y 轴方向伸缩 λ 倍变成图形 C'. 假如 C 为曲线 $F(x,y)=0$，点 $M(x_1, y_1)\in C$，点 M 变为点 $M'(x_2, y_2)$，其中 $x_2=x_1$，$y_2=\lambda y_1$，即 $x_1=x_2$，$y_1=\frac{1}{\lambda}y_2$. 因点 $M\in C$，有 $F(x_1,y_1)=0$，故 $F(x_2,\frac{1}{\lambda}y_2)=0$，因此点 $M'(x_2,y_2)$ 的轨迹 C' 的方程为 $F(x,\frac{1}{\lambda}y)=0$. 例如把圆 $x^2+y^2=a^2$ 沿 y 轴方向伸缩 $\frac{b}{a}$ 倍，就变为椭圆 $\frac{x^2}{a^2}+\frac{y^2}{b^2}=1$.

类似地，把 xOz 面上的椭圆 $\frac{x^2}{a^2}+\frac{z^2}{c^2}=1$ 绕 z 轴旋转，得到旋转椭球面 $\frac{x^2+y^2}{a^2}+\frac{z^2}{c^2}=1$，然后利用伸缩变形法将旋转椭球面沿 y 轴方向伸缩 $\frac{b}{a}$ 倍，便得到椭球面 $\frac{x^2}{a^2}+\frac{y^2}{b^2}+\frac{z^2}{c^2}=1$ 的形状.

伸缩变形法是研究曲面形状的一种较简便的方法.

2. 椭圆锥面

其方程为

$$\frac{x^2}{a^2}+\frac{y^2}{b^2}-\frac{z^2}{c^2}=0.$$

椭圆锥面的形状可由圆锥面的图形通过伸缩变形法得到，其图形如图 7-42 所示.

3. 抛物面

1) 椭圆抛物面

其方程为

$$z=\frac{x^2}{2p}+\frac{y^2}{2q} \quad (pq>0).$$

其图形可由旋转抛物面通过伸缩变形法得到，如图 7-43 所示.

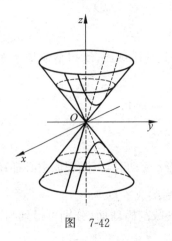

图 7-42

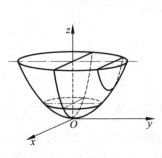

图 7-43

2) 双曲抛物面

其方程为

$$-\frac{x^2}{2p}+\frac{y^2}{2q}=z \quad (pq>0).$$

此曲面又称为**马鞍面**. 我们用截痕法讨论它的形状.

用平面 $y=t$ 截此曲面, 所得截痕 l 为平面 $y=t$ 上的抛物线 $z=-\frac{x^2}{2p}+\frac{t^2}{2q}$, 此抛物线开口向下, 其顶点坐标为 $x=0, y=t, z=\frac{t^2}{2q}$. 当 t 变化时, l 的形状不变, 位置只作平移, 而 l 的顶点轨迹 L 为平面 $x=0$ 上的抛物线 $z=\frac{y^2}{2q}$. 因此以 l 为母线、L 为准线, 母线 l 的顶点在准线 L 上滑动, 且母线作平行移动, 这样得到的曲面就是双曲抛物面, 如图 7-44 所示.

4. 双曲面

1) 单叶双曲面

其方程为

$$\frac{x^2}{a^2}+\frac{y^2}{b^2}-\frac{z^2}{c^2}=1 \quad (a>0, b>0, c>0).$$

利用伸缩变形法可得其图形如图 7-45 所示.

2) 双叶双曲面

其方程为

$$\frac{x^2}{a^2}+\frac{y^2}{b^2}-\frac{z^2}{c^2}=-1 \quad (a>0, b>0, c>0).$$

利用伸缩变形法可得其图形如图 7-46 所示.

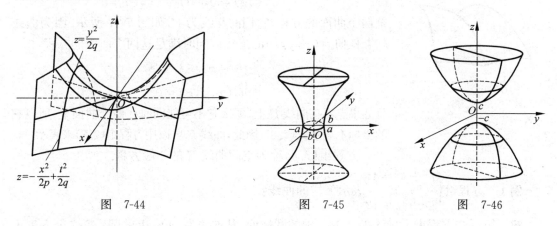

图 7-44　　　　图 7-45　　　　图 7-46

习题 7-4

1. 建立以 $(-1,-3,2)$ 为球心, 且通过点 $(1,-1,1)$ 的球面方程.
2. 求下列平面曲线绕指定坐标轴旋转所得的旋转面方程:

(1) xOy 面上的椭圆 $x^2+\frac{y^2}{4}=1$ 绕 y 轴;　　(2) xOz 面上的抛物线 $z^2=5x$ 绕 x 轴;

(3) yOz 面上的直线 $2y-3z+1=0$ 绕 z 轴; (4) yOz 面上的双曲线 $\dfrac{z^2}{4}-\dfrac{y^2}{9}=1$ 绕 z 轴.

3. 说明下列旋转曲面是怎样形成的:

(1) $\dfrac{x^2}{4}+\dfrac{y^2}{9}+\dfrac{z^2}{9}=1$;　　　　　　(2) $x^2-\dfrac{y^2}{4}+z^2=1$;

(3) $x^2-3y^2-3z^2=1$;　　　　　　(4) $(z-a)^2=x^2+y^2$.

4. 写出满足下列条件的动点的轨迹方程. 它们分别表示什么曲面?

(1) 动点到点 $(5,0,0)$ 的距离与到点 $(-5,0,0)$ 的距离之和为 20;

(2) 动点到坐标原点的距离等于到 $z=4$ 平面的距离;

(3) 动点到 z 轴的距离等于到 yOz 平面距离的 2 倍.

5. 画出下列各方程所表示的曲面的图形:

(1) $x^2+\dfrac{y^2}{9}+\dfrac{z^2}{4}=1$;　　(2) $x^2-y^2+z^2=1$;　　(3) $z=2-x^2$;

(4) $x^2+\dfrac{y^2}{4}=z$;　　　　(5) $x^2-y^2=2z$;　　　　(6) $z^2=4(x^2+y^2)$.

第五节　空间曲线及其方程

本节研究空间曲线的一般方程和参数方程及空间曲线在坐标面上的投影.

一、空间曲线的方程

1. 空间曲线的一般方程

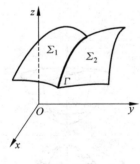

图 7-47

空间曲线可以看作两个曲面的交线. 设
$$F(x,y,z)=0,\quad G(x,y,z)=0$$
是两个曲面的方程, 它们的交线为 Γ, 如图 7-47 所示. 因为曲线 Γ 上任何点 (x,y,z) 的坐标应同时满足这两个曲面的方程, 即

$$\begin{cases} F(x,y,z)=0, \\ G(x,y,z)=0. \end{cases} \quad (7.8)$$

且如果点不在曲线 Γ 上, 那么它不可能同时在两个曲面上, 所以它的坐标不满足式(7.8). 因此, 曲线 Γ 可以用方程组(7.8)来表示.

方程组(7.8)称为空间曲线 Γ 的**一般方程**.

例 1　方程组 $\begin{cases} x^2+y^2=4, \\ 3x+4z=12 \end{cases}$ 表示怎样的曲线?

解　第一个方程表示母线平行于 z 轴的圆柱面, 其准线为 xOy 上的圆; 第二个方程表示母线平行于 y 轴的柱面(平面), 其准线是 zOx 面上的直线. 所以方程组表示圆柱面与平面的交线(图 7-48).

例 2　方程组 $\begin{cases} z=\sqrt{4a^2-x^2-y^2}, \\ (x-a)^2+y^2=a^2 \end{cases}$ 表示怎样的曲线?

解 第一个方程表示球心在坐标原点、半径为 $2a$ 的上半球面. 第二个方程表示母线平行 z 轴的圆柱面,其准线是 xOy 面上的圆,该圆的圆心在点 $(a,0)$,半径为 a. 因此方程组表示上述半球面与圆柱面的交线,如图 7-49 所示.

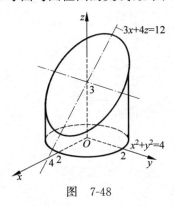

图 7-48

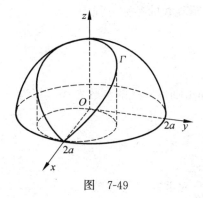

图 7-49

2. 空间曲线的参数方程

空间曲线除了用一般方程表示外,还可以用参数方程来表示. 例如,球面 $x^2+y^2+z^2=R^2$ 与 xOy 面相交所得的圆的一般方程为

$$\begin{cases} x^2+y^2+z^2=R^2, \\ z=0. \end{cases}$$

这个圆的参数方程可以表示为

$$\begin{cases} x=R\cos\varphi, \\ y=R\sin\varphi, \quad (0\leqslant\varphi<2\pi). \\ z=0, \end{cases}$$

一般地,空间曲线 Γ 的参数方程是含有一个参数的方程组:

$$\begin{cases} x=x(t), \\ y=y(t), \\ z=z(t). \end{cases} \tag{7.9}$$

对于 t 的每个值,由式(7.9)所确定的点 (x,y,z) 在此曲线上,而此曲线上任一点的坐标都可由 t 的某个值通过式(7.9)表示. 方程组(7.9)称为空间曲线 Γ 的**参数方程**.

例 3 平头螺丝钉的外缘曲线是螺旋形曲线. 在拧紧螺丝钉时,它的外缘曲线上的任一点 M 一方面绕螺丝钉的轴旋转,另一方面又沿平行于轴线的方向前进. 这可抽象为:空间点 M 在圆柱面 $x^2+y^2=a^2$ 上以等角速度 ω 绕 z 轴旋转,同时又以线速度 v 沿平行于 z 轴的正方向上升(其中 ω、v 都是常数). 这样的曲线称为**螺旋线**. 下面建立该曲线的参数方程.

解 取时间 t 为参数. 如图 7-50 所示,设 $t=0$ 时,动点位于点 $A(a,0,0)$ 处,经过时间 t 后,动点运动到点 $M(x,y,z)$. 记点 M 在 xOy 面上的投影为 M',则 M' 的坐标为 $(x,y,0)$. 因为动点在圆柱面上以角速度 ω 绕 z 轴旋转,所以经过时间

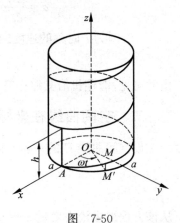

图 7-50

t 后，$\angle AOM' = \omega t$，由此得

$$x = |OM'|\cos\omega t = a\cos\omega t, \quad y = |OM'|\sin\omega t = a\sin\omega t.$$

因为动点同时以线速度 v 沿平行于 z 轴的正向上升，所以 $z = |MM'| = vt$. 这样，动点的运动轨迹即螺旋线的参数方程为

$$\begin{cases} x = a\cos\omega t, \\ y = a\sin\omega t, \\ z = vt. \end{cases}$$

若记 $\theta = \omega t$，则螺旋线的参数方程可写为

$$\begin{cases} x = a\cos\theta, \\ y = a\sin\theta, \\ z = b\theta. \end{cases}$$

其中 $b = \dfrac{v}{w}$ 为常数，θ 为参数.

螺旋线有一个重要的性质：当 θ 从 θ_0 变到 $\theta_0 + \alpha$ 时，z 从 $b\theta_0$ 变到 $b\theta_0 + b\alpha$. 这说明当 OM' 转过角 α 时，M 点沿螺旋线上升了高度 $b\alpha$，即上升的高度与 OM' 转过的角度成正比. 特别是当 OM' 转过一周，即 $\alpha = 2\pi$ 时，M 点就上升固定的高度 $h = 2\pi b$. 这个高度 $h = 2\pi b$ 在工程技术上叫作螺距.

质点在空间运动时，它的坐标随时间而变化，即 $x = x(t), y = y(t), z = z(t)$. 质点在 t 时刻的位置向量就是一个向量值函数

$$\boldsymbol{r}(t) = x(t)\boldsymbol{i} + y(t)\boldsymbol{j} + z(t)\boldsymbol{k}.$$

例 4 一个人在悬挂式滑翔机上由于快速上升的气流而沿空间曲线

$$\boldsymbol{r}(t) = (3\cos t)\boldsymbol{i} + (3\sin t)\boldsymbol{j} + (t^2)\boldsymbol{k}$$

螺旋向上(此路径类似于例 3 中的螺旋线，但并非螺旋线). 求：

(1) 速度向量和加速度向量；(2) 滑翔机在 t 时刻的速率.

解 (1)

$$\boldsymbol{r}(t) = (3\cos t)\boldsymbol{i} + (3\sin t)\boldsymbol{j} + t^2\boldsymbol{k},$$

$$\boldsymbol{v} = \frac{\mathrm{d}\boldsymbol{r}}{\mathrm{d}t} = (-3\sin t)\boldsymbol{i} + (3\cos t)\boldsymbol{j} + 2t\boldsymbol{k},$$

$$\boldsymbol{a} = \frac{\mathrm{d}^2\boldsymbol{r}}{\mathrm{d}t^2} = \frac{\mathrm{d}\boldsymbol{v}}{\mathrm{d}t} = (-3\cos t)\boldsymbol{i} + (-3\sin t)\boldsymbol{j} + 2\boldsymbol{k};$$

(2) 因为 t 时刻的速度向量为 $\boldsymbol{v} = (-3\sin t)\boldsymbol{i} + (3\cos t)\boldsymbol{j} + 2t\boldsymbol{k}$，所以速率为

$$|\boldsymbol{v}| = \sqrt{(-3\sin t)^2 + (3\cos t)^2 + (2t)^2} = \sqrt{9 + 4t^2},$$

由此可见，滑翔机沿其路径升高时运动得越来越快.

二、空间曲线在坐标面上的投影

设空间曲线 Γ 的一般方程为

$$\begin{cases} F(x, y, z) = 0, \\ G(x, y, z) = 0. \end{cases} \tag{7.10}$$

从该方程组中消去变量 z 得到方程

$$H(x,y)=0. \tag{7.11}$$

由于方程(7.11)是由方程组(7.10)消去 z 后所得的结果,因此曲线 Γ 上的点 $M(x,y,z)$ 既满足方程组(7.10),也满足方程(7.11),这说明曲线 Γ 上的所有点都在方程(7.11)所表示的曲面上.

因为方程(7.11)不含变量 z,所以表示的是母线平行于 z 轴的柱面,这个柱面必定包含曲线 Γ,称以曲线 Γ 为准线、母线平行于 z 轴的柱面为曲线 Γ 关于 xOy 面的**投影柱面**,投影柱面与 xOy 面的交线 C 称为曲线 Γ 在 xOy 面上的**投影(曲线)**.

因此方程(7.11)为 Γ 关于 xOy 面的投影柱面. Γ 在 xOy 面上的投影曲线为

$$\begin{cases} H(x,y)=0, \\ z=0. \end{cases}$$

同理,消去方程组(7.10)中的变量 x 或变量 y,分别得到曲线 Γ 关于 yOz 面的投影柱面 $R(y,z)=0$ 或曲线 Γ 关于 zOx 面的投影柱面 $T(x,z)=0$,因此可得曲线 Γ 在 yOz 面或 zOx 面上的投影曲线分别为

$$\begin{cases} R(y,z)=0, \\ x=0, \end{cases} \quad \text{或} \quad \begin{cases} T(x,z)=0, \\ y=0. \end{cases}$$

例 5 求曲线 $\Gamma: \begin{cases} x^2+y^2+z^2=a^2, \\ x^2+y^2+(z-a)^2=a^2 \end{cases}$ 在 xOy 面上的投影柱面和投影曲线.

解 将两方程相减,得

$$2az-a^2=0,$$

解得 $z=\dfrac{a}{2}$,代入第一个方程中,得 $x^2+y^2=\left(\dfrac{\sqrt{3}}{2}a\right)^2$,此即 Γ 在 xOy 面上的投影柱面,它是一个圆柱面,底面圆半径为 $\dfrac{\sqrt{3}}{2}a$. 投影曲线为

$$\begin{cases} x^2+y^2=\left(\dfrac{\sqrt{3}}{2}a\right)^2, \\ z=0. \end{cases}$$

例 6 设一立体由上半球面 $z=\sqrt{4-x^2-y^2}$ 和锥面 $z=\sqrt{3(x^2+y^2)}$ 所围成,如图 7-51 所示,求它在 xOy 面上的投影.

解 上半球面和锥面的交线 Γ 为 $\begin{cases} z=\sqrt{4-x^2-y^2}, \\ z=\sqrt{3(x^2+y^2)}, \end{cases}$ 从方程组中消去 z,得投影柱面的方程

$$x^2+y^2=1,$$

因此,交线 Γ 在 xOy 面上的投影曲线为

$$\begin{cases} x^2+y^2=1, \\ z=0. \end{cases}$$

这是 xOy 面上的单位圆,故所求立体在 xOy 面上的投影区

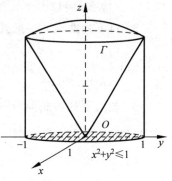

图 7-51

域即为该圆在 xOy 面上所围部分 $\begin{cases} x^2+y^2 \leqslant 1, \\ z=0. \end{cases}$

例 7 求两个圆柱面 $x^2+y^2=R^2$ 和 $x^2+z^2=R^2$ ($x>0, y>0, z>0$) 的交线在 xOy 面的投影区域,如图 7-52 所示.

解 两圆柱面的交线为

$$\begin{cases} x^2+y^2=R^2, \\ x^2+z^2=R^2. \end{cases}$$

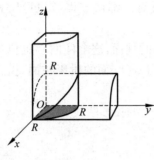

图 7-52

显然交线在 xOy 面的投影曲线为

$$\begin{cases} x^2+y^2=R^2, \\ z=0, \end{cases} \quad \text{其中 } x>0, y>0,$$

因此投影区域为

$$\begin{cases} x^2+y^2 \leqslant R^2, \\ z=0, \end{cases} \quad (x>0, y>0).$$

习题 7-5

1. 画出下列曲线在第一卦限内的图形:

(1) $\begin{cases} z=\sqrt{1-x^2-y^2}, \\ x-y=0; \end{cases}$ (2) $\begin{cases} x^2+y^2=1, \\ x^2+z^2=1. \end{cases}$

2. 指出下列方程所表示的曲线:

(1) $\begin{cases} x^2+y^2-z=0, \\ y=1; \end{cases}$ (2) $\begin{cases} x^2-y^2-\dfrac{z^2}{4}=1, \\ z=-2. \end{cases}$

3. 分别求母线平行于 x 轴及 y 轴,而且通过曲线 $\begin{cases} 2x^2+y^2+z^2=16, \\ x^2+z^2-y^2=0 \end{cases}$ 的柱面方程.

4. 求下列曲线在各坐标面上的投影曲线方程:

(1) $\begin{cases} y^2+z^2-3x=0, \\ y+z=1; \end{cases}$ (2) $\begin{cases} z=2-x^2-y^2, \\ z=x^2+y^2. \end{cases}$

5. 将下列曲线的一般式方程化为参数方程:

(1) $\begin{cases} 2x^2+y^2=z^2, \\ x+z=1; \end{cases}$ (2) $\begin{cases} z=\sqrt{4-x^2-y^2}, \\ (x-1)^2+y^2=1. \end{cases}$

6. 画出下列各曲面所围成的立体的图形:

(1) $z=-1, z=-\sqrt{4-x^2-y^2}$; (2) $z=x^2+y^2, z=\sqrt{5-x^2-y^2}$;

(3) $z=6-x^2-y^2, z=\sqrt{x^2+y^2}$; (4) $z=\sqrt{x^2+y^2}, z=\sqrt{1-x^2-y^2}$.

第六节 平面及其方程

在本节和下一节中,我们将以向量为工具,在空间直角坐标系中讨论最简单的一类曲面和曲线——平面和直线.

一、平面的方程

平面可以由不同的几何条件确定. 以下我们将利用不同的几何条件建立几类常用的平面方程.

1. 平面的点法式方程

如果一个非零向量垂直于平面 Π,则称此向量为平面 Π 的**法向量**. 显然,具有给定法向量的平面有无穷多个,若要求平面再过一定点,则该平面就可以唯一确定. 以下我们就根据这两个条件来建立平面的方程.

如图 7-53 所示,设 $M_0(x_0, y_0, z_0)$ 为平面 Π 上一点,$\boldsymbol{n} = (A, B, C)$ 为平面的一个法向量. 在平面 Π 上任取一点 $M(x, y, z)$,因为 $\boldsymbol{n} \perp \Pi$,所以 $\overrightarrow{M_0M} \perp \boldsymbol{n}$,即 $\overrightarrow{M_0M} \cdot \boldsymbol{n} = 0$. 由 $\overrightarrow{M_0M} = (x - x_0, y - y_0, z - z_0)$,得

$$A(x - x_0) + B(y - y_0) + C(z - z_0) = 0. \quad (7.12)$$

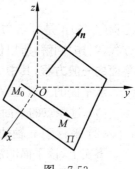

图 7-53

显然,平面 Π 上任意一点的坐标都满足这个方程. 反之,如果点 M 不在平面 Π 上,则向量 $\overrightarrow{M_0M}$ 不可能垂直于 $\boldsymbol{n}$,故点 M 的坐标就不会满足方程(7.12). 因此方程(7.12)就是过点 M_0 且以 $\boldsymbol{n}$ 为法向量的平面 Π 的方程,称为**平面的点法式方程**.

例 1 求过点 $M_0(-1, 2, 3)$ 且法向量与 x 轴平行的平面方程.

解 由题意,设法向量 $\boldsymbol{n} = (A, 0, 0)(A \neq 0)$,则所求的平面方程为

$$A \cdot (x + 1) + 0 \cdot (y - 2) + 0 \cdot (z - 3) = 0,$$

即 $x + 1 = 0$.

例 2 求过三点 $A(1, 1, 1), B(2, 0, 1)$ 和 $C(1, 2, 3)$ 的平面方程.

解 先求出平面的法向量 $\boldsymbol{n}$. 由于 $\boldsymbol{n} \perp \overrightarrow{AB}, \boldsymbol{n} \perp \overrightarrow{AC}$,因此可取 $\boldsymbol{n} = \overrightarrow{AB} \times \overrightarrow{AC}$,而 $\overrightarrow{AB} = (1, -1, 0), \overrightarrow{AC} = (0, 1, 2)$,所以

$$\boldsymbol{n} = \overrightarrow{AB} \times \overrightarrow{AC} = \begin{vmatrix} \boldsymbol{i} & \boldsymbol{j} & \boldsymbol{k} \\ 1 & -1 & 0 \\ 0 & 1 & 2 \end{vmatrix} = -2\boldsymbol{i} - 2\boldsymbol{j} + \boldsymbol{k},$$

于是,所求平面方程为

$$-2(x - 2) - 2(y - 0) + (z - 1) = 0,$$

即

$$2x + 2y - z - 3 = 0.$$

假设三点 $A(x_1, y_1, z_1), B(x_2, y_2, z_2), C(x_3, y_3, z_3)$ 不共线,则它们可以确定一个平面. 设 $M(x, y, z)$ 为该平面上任一点,则向量 $\overrightarrow{AM}, \overrightarrow{AB}, \overrightarrow{AC}$ 共面,于是它们的混合积等于零,即 $[\overrightarrow{AM}, \overrightarrow{AB}, \overrightarrow{AC}] = 0$,因此得

$$\begin{vmatrix} x-x_1 & y-y_1 & z-z_1 \\ x_2-x_1 & y_2-y_1 & z_2-z_1 \\ x_3-x_1 & y_3-y_1 & z_3-z_1 \end{vmatrix}=0, \tag{7.13}$$

式(7.13)称为**平面的三点式方程**.

例 2 也可利用上述三点式方程来计算.

2. 平面的一般方程

平面的点法式方程(7.12)可改写为
$$Ax+By+Cz-(Ax_0+By_0+Cz_0)=0,$$
令 $D=-(Ax_0+By_0+Cz_0)$,则平面的点法式方程就化为三元一次方程
$$Ax+By+Cz+D=0. \tag{7.14}$$
反之,给定三元一次方程(7.14),任取满足该方程的一组数 x_0,y_0,z_0,即
$$Ax_0+By_0+Cz_0+D=0, \tag{7.15}$$
两式相减,得
$$A(x-x_0)+B(y-y_0)+C(z-z_0)=0, \tag{7.16}$$
方程(7.16)正是过点 $M_0(x_0,y_0,z_0)$,以 $\boldsymbol{n}=(A,B,C)$ 为法向量的平面方程.而方程(7.14)与方程(7.16)同解,所以任一三元一次方程(7.14)的图形总是一个平面.我们称方程(7.14)为**平面的一般方程**,其中 A,B,C 就是平面的一个法向量 $\boldsymbol{n}$ 的坐标,即 $\boldsymbol{n}=(A,B,C)$.

从平面的一般方程 $Ax+By+Cz+D=0$ 入手,我们考察一些特殊位置的平面.

(1) 过原点的平面:$D=0$,即 $Ax+By+Cz=0$.

(2) 平行于 x 轴的平面:$A=0,D\neq 0$,即 $By+Cz+D=0$.

事实上,该平面的法向量为 $\boldsymbol{n}=(0,B,C)$,而 x 轴对应的向量为 $\boldsymbol{n}_1=(1,0,0)$,因此,$\boldsymbol{n}\cdot\boldsymbol{n}_1=0$,即平面平行于 x 轴.

同理,方程 $Ax+Cz+D=0$ 和 $Ax+By+D=0$ 分别表示平行于 y 轴和平行于 z 轴的平面.

(3) 过 x 轴的平面:$A=D=0$,即 $By+Cz=0$.

(4) 平行于 xOy 面的平面:$A=B=0,D\neq 0$,即 $Cz+D=0$.

事实上,该平面的法向量为 $\boldsymbol{n}=(0,0,C)$,与 x 轴和 y 轴都垂直,即 $\boldsymbol{n}$ 垂直于 xOy 面,所以该平面平行于 xOy 面.

同理,方程 $Ax+D=0$ 和 $By+D=0$ 分别表示平行 yOz 面和平行 zOx 面的平面.

(5) xOy 面:$A=B=D=0$,即 $z=0$.

同理,方程 $y=0$ 和 $x=0$ 分别表示 zOx 面和 yOz 面.

例 3 已知一个平面过 x 轴和点 $(4,2,-1)$,求该平面方程.

解 由于平面过 x 轴,故 $A=D=0$.于是设所求平面方程为
$$By+Cz=0.$$
又因为平面过点 $(4,2,-1)$,所以 $2B-C=0$,即 $C=2B$,将上式代入所设方程,得 $By+2Bz=0$,因为 $B\neq 0$,故所求的平面方程为
$$y+2z=0.$$

3. 平面的截距式方程

设平面 Π 的方程为

$$Ax+By+Cz+D=0,$$

当 $D\neq 0$ 时，上述方程化为

$$\frac{x}{-\dfrac{D}{A}}+\frac{y}{-\dfrac{D}{B}}+\frac{z}{-\dfrac{D}{C}}=1,$$

令 $a=-\dfrac{D}{A}, b=-\dfrac{D}{B}, c=-\dfrac{D}{C}$，则有

$$\frac{x}{a}+\frac{y}{b}+\frac{z}{c}=1. \tag{7.17}$$

如图 7-54 所示，平面 Π 过三点 $(a,0,0),(0,b,0),(0,0,c)$，称式(7.17)为平面的**截距式方程**，其中 a,b,c 分别称为平面在 x,y,z 轴上的**截距**.

例 4 求平面 $x-2y+3z-12=0$ 与三坐标面所围成的四面体的体积.

解 将平面化为截距式：

$$\frac{x}{12}+\frac{y}{-6}+\frac{z}{4}=1,$$

则四面体的体积为 $V=\dfrac{1}{3}Sh=\dfrac{1}{3}\times\left(\dfrac{1}{2}\times 12\times 6\right)\times 4=48.$

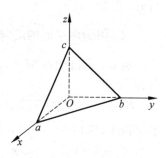

图 7-54

二、两平面的位置关系

两平面的位置关系有三种可能的情形：(1)平行；(2)重合；(3)相交.
设有两个平面

$$\Pi_1: A_1x+B_1y+C_1z+D_1=0, \quad \Pi_2: A_2x+B_2y+C_2z+D_2=0,$$

它们的法向量分别为 $\boldsymbol{n}_1=(A_1,B_1,C_1), \boldsymbol{n}_2=(A_2,B_2,C_2)$，称两平面法向量所成的锐角或直角为两**平面的夹角**，如图 7-55 所示. 设两平面的夹角为 θ，则

$$\cos\theta=\frac{|\boldsymbol{n}_1\cdot\boldsymbol{n}_2|}{|\boldsymbol{n}_1||\boldsymbol{n}_2|}=\frac{|A_1A_2+B_1B_2+C_1C_2|}{\sqrt{A_1^2+B_1^2+C_1^2}\cdot\sqrt{A_2^2+B_2^2+C_2^2}}.$$

结合两向量平行、垂直的条件，可以得到以下结论：

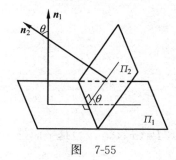

图 7-55

(1) 平面 Π_1 和 Π_2 互相平行 $\Leftrightarrow \dfrac{A_1}{A_2}=\dfrac{B_1}{B_2}=\dfrac{C_1}{C_2}\neq\dfrac{D_1}{D_2}$；

(2) 平面 Π_1 和 Π_2 重合 $\Leftrightarrow \dfrac{A_1}{A_2}=\dfrac{B_1}{B_2}=\dfrac{C_1}{C_2}=\dfrac{D_1}{D_2}$；

(3) 平面 Π_1 和 Π_2 互相垂直 $\Leftrightarrow A_1A_2+B_1B_2+C_1C_2=0$.

例 5 说明下列各组中的两个平面的位置关系.

(1) $\Pi_1: x-2y+3z-1=0, \Pi_2: 2x-4y+6z+1=0$；

(2) $\Pi_1: x+y=0, \Pi_2: x+z=0$；

(3) $\Pi_1: 2x+4y-3z-6=0, \Pi_2: 8x+5y+12z+1=0$；

(4) $\Pi_1: x-2y+2z+1=0, \Pi_2: 3x-6y+6z+3=0.$

解 （1）因为两平面的法向量有比例关系 $\frac{1}{2}=\frac{-2}{-4}=\frac{3}{6}\neq\frac{-1}{1}$，所以 Π_1 与 Π_2 平行；

（2）两平面的法向量分别为 $\boldsymbol{n}_1=(1,1,0), \boldsymbol{n}_2=(1,0,1)$，因为

$$\cos\theta = \frac{|\boldsymbol{n}_1 \cdot \boldsymbol{n}_2|}{|\boldsymbol{n}_1||\boldsymbol{n}_2|} = \frac{|1\times 1+1\times 0+0\times 1|}{\sqrt{1^2+1^2+0^2}\cdot\sqrt{1^2+0^2+1^2}} = \frac{1}{2},$$

所以 Π_1 与 Π_2 相交，并且夹角为 $\frac{\pi}{3}$；

（3）两平面的法向量分别为 $\boldsymbol{n}_1=(2,4,-3), \boldsymbol{n}_2=(8,5,12)$，因为 $\boldsymbol{n}_1\cdot\boldsymbol{n}_2=0$，所以 Π_1 与 Π_2 垂直；

（4）因为两平面的法向量有比例关系 $\frac{1}{3}=\frac{-2}{-6}=\frac{2}{6}=\frac{1}{3}$，所以 Π_1 与 Π_2 重合.

例 6 求过两点 $M_1(1,1,1)$ 和 $M_2(0,1,-1)$ 且与平面 $x+y+z=0$ 垂直的平面的方程.

解一 设所求平面的一个法向量为 $\boldsymbol{n}=(A,B,C)$. 由于 $\overrightarrow{M_1M_2}=(-1,0,-2)$ 在所求的平面上，所以 $\overrightarrow{M_1M_2}\perp\boldsymbol{n}$，故有 $\overrightarrow{M_1M_2}\cdot\boldsymbol{n}=0$，即

$$-A-2C=0.$$

又因为所求平面与已知平面 $x+y+z=0$ 垂直，所以 $\boldsymbol{n}\cdot(1,1,1)=0$，因此有 $A+B+C=0$.

从上述两个方程中解得 $A=-2C, B=C$. 由点法式方程，所求平面为

$$A(x-0)+B(y-1)+C(z+1)=0,$$

将 $A=-2C, B=C$ 代入，并约去 $C(C\neq 0)$，整理得所求的平面方程为 $2x-y-z=0$.

解二 由于所求平面的法向量 $\boldsymbol{n}=(A,B,C)$ 与 $\overrightarrow{M_1M_2}=(-1,0,-2)$ 垂直，并且又与平面 $x+y+z=0$ 垂直，即与该平面的法向量 $(1,1,1)$ 垂直，因此 $\boldsymbol{n}$ 可取 $\overrightarrow{M_1M_2}$ 与向量 $(1,1,1)$ 的向量积，即

$$\boldsymbol{n} = \begin{vmatrix} \boldsymbol{i} & \boldsymbol{j} & \boldsymbol{k} \\ -1 & 0 & -2 \\ 1 & 1 & 1 \end{vmatrix} = 2\boldsymbol{i}-\boldsymbol{j}-\boldsymbol{k},$$

因此所求平面为 $2x-y-z=0$.

三、点到平面的距离

如图 7-56 所示，设平面 Π 的方程为 $Ax+By+Cz+D=0$，$P_0(x_0,y_0,z_0)$ 是平面外一点，如何求点 P_0 到平面 Π 的距离 d？

在平面 Π 上任取一点 $P_1(x_1,y_1,z_1)$，则点 P_0 与已知平面的距离 d 就是向量 $\overrightarrow{P_1P_0}$ 在平面法向量 $\boldsymbol{n}=(A,B,C)$ 上的投影的绝对值（因为 $\overrightarrow{P_1P_0}$ 与 $\boldsymbol{n}$ 的夹角有可能为钝角），即

$$d=|\operatorname{Prj}_{\boldsymbol{n}}\overrightarrow{P_1P_0}|=|\overrightarrow{P_1P_0}||\cos\theta|=\frac{|\boldsymbol{n}\cdot\overrightarrow{P_1P_0}|}{|\boldsymbol{n}|},$$

由于

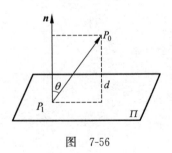

图 7-56

$$\boldsymbol{n} \cdot \overrightarrow{P_1P_0} = A(x_0-x_1)+B(y_0-y_1)+C(z_0-z_1)$$
$$= Ax_0+By_0+Cz_0-(Ax_1+By_1+Cz_1),$$

由 $P_1(x_1,y_1,z_1)$ 在平面上,得 $Ax_1+By_1+Cz_1+D=0$,所以
$$D=-(Ax_1+By_1+Cz_1),$$

因此,点 $P_0(x_0,y_0,z_0)$ 到平面 $Ax+By+Cz+D=0$ 的距离公式为
$$d=\frac{|Ax_0+By_0+Cz_0+D|}{\sqrt{A^2+B^2+C^2}}. \tag{7.18}$$

例如,求点 $M(1,-3,3)$ 到平面 $\Pi:x+2\sqrt{2}z-1=0$ 的距离,可利用式(7.18),得
$$d=\frac{|1\times 1+0\times(-3)+2\sqrt{2}\times 3-1|}{\sqrt{1^2+0^2+(2\sqrt{2})^2}}=\frac{6\sqrt{2}}{3}=2\sqrt{2}.$$

进一步,可得两平行平面 $\Pi_1:Ax+By+Cz+D_1=0$ 和 $\Pi_2:Ax+By+Cz+D_2=0$ 之间的距离为
$$d=\frac{|D_1-D_2|}{\sqrt{A^2+B^2+C^2}}.$$

习题 7-6

1. 求过点 $M(2,-1,-1)$ 且与平面 $x-3y+4z+1=0$ 平行的平面方程.

2. 求过点 $M(2,9,-6)$ 且与 OM(其中 O 为坐标原点)垂直的平面方程.

3. 求下列特殊位置的平面方程:

(1) 通过 z 轴和点 $(2,-4,1)$;

(2) 平行于 yOz 面且过点 $(2,-5,3)$;

(3) 平行于 x 轴且过点 $(4,0,-2)$ 和 $(5,1,7)$;

(4) 通过 z 轴且与平面 $2x+y-3z-1=0$ 垂直.

4. 平面 Π 过 y 轴,且与平面 $\Pi_0: y-z=0$ 的夹角为 $\frac{\pi}{3}$,求平面 Π 的方程.

5. 求过点 $(3,-2,9)$ 和 $(-6,0,-4)$ 且垂直于平面 $2x-y-4z-8=0$ 的平面方程.

6. 一平面平行于向量 $\boldsymbol{a}=(2,3,-4),\boldsymbol{b}=(1,-2,0)$ 且经过点 $(1,0,-1)$,求该平面方程.

7. 求与平面 $\Pi: 2x-6y+3z-2=0$ 平行且距离为 4 的平面方程.

8. 在 y 轴上求一点,使它与两平面
$$\Pi_1: 2x+3y+6z-6=0,$$
$$\Pi_2: 8x+9y-72z+73=0$$
的距离相等.

9. 求平行于平面 $\Pi_0: x+2y+3z+4=0$,且与球面 $\Sigma: x^2+y^2+z^2=9$ 相切的平面方程.

第七节　空间直线及其方程

一、直线的方程

1. 空间直线的对称式方程

设 L 是一给定的空间直线,称与 L 平行的任意非零向量 (l,m,n) 为直线 L 的**方向向量**,一般记为 s,其中 l,m,n 称为直线 L 的一组**方向数**. 显然一条直线的方向向量不是唯一的. 由于通过已知点 $M_0(x_0,y_0,z_0)$ 且与一非零向量 $s=(l,m,n)$ 平行的直线是唯一的,因此我们可以利用 $M_0(x_0,y_0,z_0)$ 和 $s=(l,m,n)$ 确定直线 L 的方程.

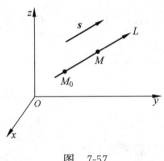

图 7-57

如图 7-57 所示,设 $M(x,y,z)$ 为直线 L 上任意一点,显然 $\overrightarrow{M_0M}/\!/s$,因此

$$\frac{x-x_0}{l}=\frac{y-y_0}{m}=\frac{z-z_0}{n}, \quad (7.19)$$

反之,如果点 M 不在直线 L 上,则向量 $\overrightarrow{M_0M}$ 与 s 不平行,这两向量的对应坐标就不成比例. 所以方程组(7.19)就是直线 L 的方程,称其为直线 L 的**对称式方程**或**点向式方程**.

设点 $M_1(x_1,y_1,z_1)$ 和 $M_2(x_2,y_2,z_2)$ 为直线 L 上的任意两个不同的点,则直线 L 的方向向量为 $s=\overrightarrow{M_1M_2}=(x_2-x_1,y_2-y_1,z_2-z_1)$,因此根据直线 L 的对称式方程得到该方程的**两点式方程**

$$\frac{x-x_1}{x_2-x_1}=\frac{y-y_1}{y_2-y_1}=\frac{z-z_1}{z_2-z_1}. \quad (7.20)$$

2. 空间直线的参数方程

在方程(7.19)中,如果令

$$\frac{x-x_0}{l}=\frac{y-y_0}{m}=\frac{z-z_0}{n}=t,$$

则有

$$\begin{cases} x=x_0+lt, \\ y=y_0+mt, \\ z=z_0+nt. \end{cases} \quad (7.21)$$

方程组(7.21)称为直线 L 的**参数方程**.

如果用 $r(t)$ 表示点 $M(x,y,z)$ 在直线 L 上的位置向量,用 r_0 表示点 $M_0(x_0,y_0,z_0)$ 在直线 L 上的位置向量,直线 L 的方向向量为 s,那么上述直线方程有下列向量形式:

$$r(t)=r_0+ts \quad (-\infty<t<+\infty).$$

3. 空间直线的一般方程

如果两个平面不平行,则必相交于一直线. 因此空间中任一直线都可以看作两个相交平面的交线.

如图 7-58 所示,设平面 Π_1 和平面 Π_2 的方程分别为

$$A_1x+B_1y+C_1z+D_1=0,$$
$$A_2x+B_2y+C_2z+D_2=0,$$

它们的一次项系数不成比例,则方程组

$$\begin{cases} A_1x+B_1y+C_1z+D_1=0, \\ A_2x+B_2y+C_2z+D_2=0 \end{cases}$$

称为空间直线的**一般式方程**.

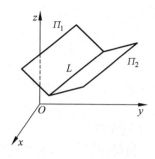

图 7-58

直线的上述几种形式的方程之间是可以互相转化的. 现在我们将直线 L 的对称式方程(7.19)转化为它的一般式方程. 对称式方程(7.19)中,直线的方向向量 s 是非零向量,若 $lmn \neq 0$,则方程(7.19)可写成

$$\begin{cases} \dfrac{x-x_0}{l}=\dfrac{y-y_0}{m}, \\ \dfrac{y-y_0}{m}=\dfrac{z-z_0}{n}. \end{cases} \tag{7.22}$$

方程组(7.22)就是直线 L 的一般方程,其中第一个方程表示平行于 z 轴的平面,第二个方程表示平行于 x 轴的平面.

例 1 已知直线过点 $M(2,-1,3)$ 且与平面 $\Pi:3x+2y-z=0$ 垂直,求直线 L 的对称式方程及参数式方程.

解 由题意知,直线 L 的方向向量为 $s=(3,2,-1)$,所以对称式方程为

$$\dfrac{x-2}{3}=\dfrac{y+1}{2}=\dfrac{z-3}{-1},$$

参数方程为

$$\begin{cases} x=2+3t, \\ y=-1+2t, \\ z=3-t. \end{cases}$$

例 2 将直线 L 的一般式方程

$$\begin{cases} x-2y+3z-4=0, \\ x-2y-z=0 \end{cases}$$

化为对称式方程.

解 先求出直线 L 的方向向量. 方程组中两个平面的法向量分别为

$$\boldsymbol{n}_1=(1,-2,3) \quad \text{和} \quad \boldsymbol{n}_2=(1,-2,-1),$$

因为直线 L 平行于向量

$$\boldsymbol{n}_1 \times \boldsymbol{n}_2 = \begin{vmatrix} \boldsymbol{i} & \boldsymbol{j} & \boldsymbol{k} \\ 1 & -2 & 3 \\ 1 & -2 & -1 \end{vmatrix} = 8\boldsymbol{i}+4\boldsymbol{j}+0\boldsymbol{k}=4(2,1,0),$$

所以可以取向量 $\boldsymbol{s}=(2,1,0)$ 为直线 L 的方向向量.

再在直线上任取一点. 不妨取 $y=0$,将其代入直线 L 的一般式方程,得

$$\begin{cases} x+3z=4, \\ x-z=0, \end{cases}$$

解得 $x=1, z=1$，则点 $(1,0,1)$ 即为直线 L 上的一点，所以直线的对称式方程为
$$\frac{x-1}{2}=\frac{y}{1}=\frac{z-1}{0}.$$

以上方程又可以写成 $\begin{cases}\frac{x-1}{2}=\frac{y}{1},\\ z-1=0,\end{cases}$ 即 $\begin{cases}x-2y=1,\\ z=1.\end{cases}$ 则直线 L 可以看作平面 $x-2y=1$ 与平面 $z=1$ 的交线.

值得注意的是，通过空间一直线 L 的平面有无限多个，只要在这些无限多个平面中任意选取两个，把它们的方程联立起来，所得的方程组就表示空间曲线 L，所以直线的一般式方程不唯一.

二、直线与直线、直线与平面的位置关系

1. 直线与直线的位置关系

直线与直线的位置关系如下：

$$\text{两直线的位置关系}\begin{cases}\text{共面（在同一平面上的直线）}\begin{cases}\text{相交}\\\text{平行}\\\text{重合}\end{cases}\\\text{异面（不在同一平面上的直线）}\end{cases}$$

与研究平面间的位置关系类似，可以利用给定直线的方向向量的夹角公式和平行、垂直的条件确定两直线的夹角公式和平行、垂直的条件.

设有两条直线 L_1 和 L_2，它们的方向向量分别为
$$\boldsymbol{s}_1=(l_1,m_1,n_1), \quad \boldsymbol{s}_2=(l_2,m_2,n_2).$$
称两直线方向向量的夹角（通常指锐角）为**两直线的夹角**.

若两直线的夹角为 φ，则
$$\cos\varphi=|\cos(\widehat{\boldsymbol{s}_1,\boldsymbol{s}_2})|=\frac{|l_1l_2+m_1m_2+n_1n_2|}{\sqrt{l_1^2+m_1^2+n_1^2}\sqrt{l_2^2+m_2^2+n_2^2}}.$$

结合两向量垂直或平行的充要条件，可得下面的结论：

(1) 直线 L_1 与 L_2 互相垂直的充要条件是
$$l_1l_2+m_1m_2+n_1n_2=0;$$

(2) 直线 L_1 与 L_2 互相平行或重合的充要条件是
$$\frac{l_1}{l_2}=\frac{m_1}{m_2}=\frac{n_1}{n_2}.$$

例 3 求两条直线
$$L_1:\frac{x}{1}=\frac{y-3}{-4}=\frac{z+1}{1}, \quad L_2:\frac{x-1}{2}=\frac{y+1}{-2}=\frac{z}{-1}$$
的交点及夹角余弦.

解 由题意知，直线 L_1 的参数方程为
$$\begin{cases}x=t,\\ y=3-4t,\\ z=-1+t,\end{cases}$$

代入直线 L_2 的方程得 $t=1$,所以交点为 $(1,-1,0)$.

两直线的方向向量分别为 $\boldsymbol{s}_1=(1,-4,1)$,$\boldsymbol{s}_2=(2,-2,-1)$,所以两直线夹角的余弦为

$$\cos\varphi=\frac{|1\times 2+(-4)\times(-2)+1\times(-1)|}{\sqrt{1^2+(-4)^2+1^2}\sqrt{2^2+(-2)^2+(-1)^2}}=\frac{\sqrt{2}}{2}.$$

2. 直线与平面的位置关系

直线 L 和平面 Π 的位置关系有直线与平面平行、直线与平面相交和直线在平面上,以下讨论直线与平面位置关系成立的条件.

设直线 $L:\dfrac{x-x_1}{l}=\dfrac{y-y_1}{m}=\dfrac{z-z_1}{n}$ 及平面 $\Pi:Ax+By+Cz+D=0$,记 $\boldsymbol{s}=(l,m,n)$,$\boldsymbol{n}=(A,B,C)$,则直线 L 与平面 Π 平行或直线 L 在平面上的充要条件是 $\boldsymbol{s}\perp\boldsymbol{n}$;直线 L 与平面 Π 垂直的充要条件是 $\boldsymbol{s}/\!/\boldsymbol{n}$. 可得:

(1) 直线 L 与平面 Π 平行的充要条件是 $Al+Bm+Cn=0$;

(2) 直线 L 在平面 Π 上的充要条件是 $Al+Bm+Cn=0$ 且 $Ax_1+By_1+Cz_1+D=0$;

(3) 直线 L 与平面 Π 垂直的充要条件是 $\dfrac{A}{l}=\dfrac{B}{m}=\dfrac{C}{n}$.

当直线 L 和平面 Π 垂直时,规定直线与平面的夹角为 $\dfrac{\pi}{2}$. 当直线与平面 Π 平行,且直线在平面上时,规定直线与平面的夹角为 0. 当直线 L 和平面 Π 不垂直时,直线和它在平面上的投影直线的夹角(通常指锐角)称为**直线 L 与平面 Π 的夹角**.

如图 7-59 所示,设直线与平面的夹角为 φ,则

$$\sin\varphi=\sin\left|\frac{\pi}{2}-(\widehat{\boldsymbol{n},\boldsymbol{s}})\right|=|\cos(\widehat{\boldsymbol{n},\boldsymbol{s}})|$$

$$=\frac{|Al+Bm+Cn|}{\sqrt{A^2+B^2+C^2}\sqrt{l^2+m^2+n^2}}.$$

例 4 求直线 $L:\begin{cases}x-2z-1=0,\\ y+2z+5=0\end{cases}$ 与平面 $\Pi:x+z+5=0$

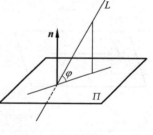

图 7-59

的夹角与交点.

解 由题意知,平面的法向量 $\boldsymbol{n}=(1,0,1)$,直线的方向向量为

$$\boldsymbol{s}=\begin{vmatrix}\boldsymbol{i}&\boldsymbol{j}&\boldsymbol{k}\\1&0&-2\\0&1&2\end{vmatrix}=2\boldsymbol{i}-2\boldsymbol{j}+\boldsymbol{k},$$

所以

$$\sin\varphi=\frac{|1\times 2+0\times(-2)+1\times 1|}{\sqrt{1^2+0^2+1^2}\sqrt{2^2+(-2)^2+1^2}}=\frac{\sqrt{2}}{2},$$

因此直线与平面的夹角为 $\dfrac{\pi}{4}$.

直线 L 中令 $z=0$,得直线上一点 $(1,-5,0)$,所以直线的参数方程为

$$\begin{cases}x=1+2t,\\ y=-5-2t,\\ z=t,\end{cases}$$

代入平面方程中得 $t=-2$,因此直线与平面的交点为 $(-3,-1,-2)$.

例5 求 $M_0(1,3,-4)$ 关于平面 $\Pi:3x+y-2z=0$ 的对称点.

解 过 $M_0(1,3,-4)$ 且垂直于平面的直线方程为
$$L:\begin{cases}x=1+3t,\\y=3+t,\\z=-4-2t,\end{cases}$$

代入平面 Π 的方程中,得
$$3(1+3t)+(3+t)-2(-4-2t)=0,$$

解得 $t=-1$. 再代入直线的参数方程中,求得 $x=-2,y=2,z=-2$,所以点 M_0 在平面 Π 上的投影点为 $M_0'(-2,2,-2)$,设所求点为 $M(x,y,z)$,则
$$\frac{x+1}{2}=-2,\quad \frac{y+3}{2}=2,\quad \frac{z-4}{2}=-2.$$

由此可得 M_0 关于平面 Π 的对称点为 $M(-5,1,0)$.

上一节中给出了点到平面的距离公式,由例5可以发现:求出了点在平面 Π 上的投影点之后,也可以通过两点的距离公式得到点到平面的距离.

例6（光线的镜像） 求光线 $L_0:\dfrac{x+1}{2}=\dfrac{y-2}{1}=\dfrac{z+1}{2}$ 照在镜面 $\Pi:x+y=4$ 上所产生的反射光线 L 的直线方程.

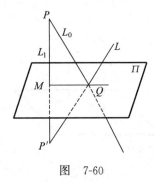

图 7-60

解 如图 7-60 所示,显然点 $P(-1,2,-1)$ 是直线 L_0 上一点,将直线 L_0 的参数方程
$$\begin{cases}x=-1+2t,\\y=2+t,\\z=-1+2t\end{cases}$$

代入平面 Π 的方程,解得 $t=1$,因此直线 L_0 与平面 Π 的交点为 $Q(1,3,1)$. 过点 P 与平面 Π 垂直的直线为
$$L_1:\frac{x+1}{1}=\frac{y-2}{1}=\frac{z+1}{0}.$$

可以求出直线 L_1 与平面 Π 的交点为 $M\left(\dfrac{1}{2},\dfrac{7}{2},-1\right)$. 设点 P 关于平面 Π 的对称点为 P',则点 M 为线段 PP' 的中点. 根据中点坐标公式可求出 $P'(2,5,-1)$.

因此所求的反射光线即为过 $Q(1,3,1)$ 和 $P'(2,5,-1)$ 两点的直线,其方程为
$$L:\frac{x-1}{1}=\frac{y-3}{2}=\frac{z-1}{-2}.$$

例7（交叉管道的距离） 在工程中有时要将两条交叉管道连通,需求出连接管的最短长度和连接位置. 这在几何上归结为求两条异面直线的距离. 设交叉管道 AB 与 CD 所在直线方程分别为
$$L_1:\frac{x-x_1}{l_1}=\frac{y-y_1}{m_1}=\frac{z-z_1}{n_1},$$
$$L_2:\frac{x-x_2}{l_2}=\frac{y-y_2}{m_2}=\frac{z-z_2}{n_2}.$$

求 L_1 与 L_2 之间的距离.

解 过直线 L_2 作平行于直线 L_1 的平面 Π,则平面的法向量为

$$\boldsymbol{n}=\boldsymbol{l}_1\times\boldsymbol{l}_2=\begin{vmatrix} \boldsymbol{i} & \boldsymbol{j} & \boldsymbol{k} \\ l_1 & m_1 & n_1 \\ l_2 & m_2 & n_2 \end{vmatrix}=\begin{vmatrix} m_1 & n_1 \\ m_2 & n_2 \end{vmatrix}\boldsymbol{i}+\begin{vmatrix} n_1 & l_1 \\ n_2 & l_2 \end{vmatrix}\boldsymbol{j}+\begin{vmatrix} l_1 & m_1 \\ l_2 & m_2 \end{vmatrix}\boldsymbol{k},$$

所以平面 Π 的方程为

$$\begin{vmatrix} m_1 & n_1 \\ m_2 & n_2 \end{vmatrix}(x-x_2)+\begin{vmatrix} n_1 & l_1 \\ n_2 & l_2 \end{vmatrix}(y-y_2)+\begin{vmatrix} l_1 & m_1 \\ l_2 & m_2 \end{vmatrix}(z-z_2)=0,$$

即

$$\begin{vmatrix} m_1 & n_1 \\ m_2 & n_2 \end{vmatrix}x+\begin{vmatrix} n_1 & l_1 \\ n_2 & l_2 \end{vmatrix}y+\begin{vmatrix} l_1 & m_1 \\ l_2 & m_2 \end{vmatrix}z-\begin{vmatrix} m_1 & n_1 \\ m_2 & n_2 \end{vmatrix}x_2-\begin{vmatrix} n_1 & l_1 \\ n_2 & l_2 \end{vmatrix}y_2-\begin{vmatrix} l_1 & m_1 \\ l_2 & m_2 \end{vmatrix}z_2=0.$$

因为 $L_1 /\!/ \Pi$,所以直线 L_1 上任意一点到平面 Π 的距离即为两异面直线 L_1 与 L_2 之间的距离. 因此直线 L_1 上的点 (x_1,y_1,z_1) 到平面 Π 的距离为

$$d=\frac{|Ax_1+By_1+Cz_1+D|}{\sqrt{A^2+B^2+C^2}}$$

$$=\frac{\left|(x_1-x_2)\begin{vmatrix} m_1 & n_1 \\ m_2 & n_2 \end{vmatrix}+(y_1-y_2)\begin{vmatrix} n_1 & l_1 \\ n_2 & l_2 \end{vmatrix}+(z_1-z_2)\begin{vmatrix} l_1 & m_1 \\ l_2 & m_2 \end{vmatrix}\right|}{\sqrt{\begin{vmatrix} m_1 & n_1 \\ m_2 & n_2 \end{vmatrix}^2+\begin{vmatrix} n_1 & l_1 \\ n_2 & l_2 \end{vmatrix}^2+\begin{vmatrix} l_1 & m_1 \\ l_2 & m_2 \end{vmatrix}^2}}.$$

这就是交叉管道 AB 与 CD 之间的距离.

三、平面束

如图 7-61 所示,通过空间一条定直线可以作无穷多个平面. 过直线 L 的平面的全体称为直线 L 的**平面束**.

设直线 L 是以下两个平面的交线:

$$A_1x+B_1y+C_1z+D_1=0, \tag{7.23}$$

$$A_2x+B_2y+C_2z+D_2=0, \tag{7.24}$$

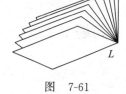

图 7-61

其中系数 A_1,B_1,C_1 与 A_2,B_2,C_2 不成比例,则三元一次方程

$$A_1x+B_1y+C_1z+D_1+\lambda(A_2x+B_2y+C_2z+D_2)=0 \tag{7.25}$$

称为过直线 L 的**平面束方程**,其中 λ 为参数.

因为 A_1,B_1,C_1 与 A_2,B_2,C_2 不成比例,所以对于任何一个 λ 值,方程(7.25)的系数 $A_1+\lambda A_2,B_1+\lambda B_2,C_1+\lambda C_2$ 不全为零,从而方程(7.25)表示一个平面. 设 M 为直线 L 上任意一点,则 M 的坐标必同时满足方程(7.23)和方程(7.24),因而满足方程(7.25),故方程(7.25)表示过直线 L 的平面,且对于不同的 λ 值,方程(7.25)表示通过直线 L 的不同平面. 反之,通过直线 L 的任何平面(方程(7.24)所表示的平面除外)都包含在方程(7.25)所表示的一族平面内.

平面束在处理有关平面和直线的问题时是非常有用的.

例8 求过直线 $\begin{cases} 2x-y+z=0, \\ x-3y+2z+4=0 \end{cases}$ 且与 x 轴平行的平面方程.

解 过已知直线的平面束方程为
$$2x-y+z+\lambda(x-3y+2z+4)=0,$$
即
$$(2+\lambda)x+(-1-3\lambda)y+(1+2\lambda)z+4\lambda=0.$$
该平面的法向量为 $\boldsymbol{n}=(2+\lambda,-1-3\lambda,1+2\lambda)$,因所求平面与 x 轴平行,所以
$$(2+\lambda)\times 1+(-1-3\lambda)\times 0+(1+2\lambda)\times 0=0.$$
解得 $\lambda=-2$,因此所求平面为 $5y-3z-8=0$.

例9 求直线 $L:\begin{cases} 2x-y+z-1=0, \\ x+y-z+1=0 \end{cases}$ 在平面 $\Pi:x+2y-z=0$ 上的投影直线的方程.

解 L 的平面束方程为
$$2x-y+z-1+\lambda(x+y-z+1)=0,$$
即
$$(2+\lambda)x+(-1+\lambda)y+(1-\lambda)z+\lambda-1=0,$$
其中 λ 为待定常数.下面求过直线 L 的这些平面中与已知平面 Π 垂直的平面.

因为过直线 L 的这些平面的法向量为 $(2+\lambda,-1+\lambda,1-\lambda)$,平面 Π 的法向量为 $(1,2,-1)$,所以有
$$(2+\lambda)\times 1+(-1+\lambda)\times 2+(1-\lambda)\times(-1)=0,$$
解得 $\lambda=\dfrac{1}{4}$,由此得到平面束中与已知平面 Π 垂直的平面 Π_1:
$$3x-y+z-1=0.$$
因此所求的投影直线为两平面 Π 和 Π_1 的交线,其方程为
$$\begin{cases} x+2y-z=0, \\ 3x-y+z-1=0. \end{cases}$$

习题 7-7

1. 求过点 $(-1,2,5)$ 且平行于直线 $\dfrac{x+1}{-4}=\dfrac{y-2}{3}=\dfrac{z+2}{1}$ 的直线方程.

2. 求过点 $(1,2,1)$ 与平面 $2x+2y-z+23=0$ 垂直的直线方程.

3. 求过点 $(1,-2,2)$ 与直线 $L:\dfrac{x}{1}=\dfrac{y}{1}=\dfrac{z+2}{-3}$ 垂直的平面方程.

4. 求过点 $P(1,1,1)$ 且与直线 $L:\dfrac{x}{1}=\dfrac{y}{1}=\dfrac{z+2}{-3}$ 垂直相交的直线方程.

5. 求过直线 $L_1:x-1=\dfrac{y-2}{0}=3-z$ 且平行于直线 $L_2:\dfrac{x+2}{2}=y-1=z$ 的平面方程.

6. 用对称式方程及参数式方程表示直线 $\begin{cases} x-2y+z-1=0, \\ 2x+y-2z+2=0. \end{cases}$

7. 求直线 $L_1: x-1=\dfrac{y-5}{2}=z+6$ 与 $L_2: \begin{cases} x+2y-z+1=0, \\ x-y+z+2=0 \end{cases}$ 的夹角.

8. 求直线 $\dfrac{x-3}{2}=\dfrac{y-4}{3}=\dfrac{z-5}{6}$ 与平面 $x+y+z=0$ 的交点与夹角.

9. 求点 $M_0(2,-1,1)$ 到直线 $L: \begin{cases} x-2y+z-1=0, \\ x+2y-z+3=0 \end{cases}$ 的距离 d.

10. 判断下列各组中的直线和平面间的关系:

(1) $L: \dfrac{x-2}{-2}=\dfrac{y+2}{-7}=\dfrac{z-3}{3}$ 和 $\Pi: 4x-2y-2z=3$;

(2) $L: \dfrac{x-2}{3}=\dfrac{y+2}{1}=\dfrac{z-3}{-4}$ 和 $\Pi: x+y+z=3$;

(3) $L: \dfrac{x}{3}=\dfrac{y+2}{1}=\dfrac{z-3}{-4}$ 和 $\Pi: 3x+y-4z=3$.

11. 求过点 $(-1,2,3)$ 垂直于直线 $L: \dfrac{x}{4}=\dfrac{y}{5}=\dfrac{z}{6}$ 且平行于平面 $\Pi: 7x+8y+9z+10=0$ 的直线方程.

12. 求点 $(-1,2,-3)$ 在直线 $\dfrac{x}{2}=\dfrac{y-3}{3}=\dfrac{z+6}{-1}$ 上的垂足.

13. 求过点 $(-1,0,4)$,且平行于平面 $3x-4y+z-10=0$,又与直线 $\dfrac{x+1}{1}=\dfrac{y-3}{1}=\dfrac{z}{2}$ 相交的直线方程.

14. 求直线 $\begin{cases} 2x-y+z-1=0, \\ x+y-z+1=0 \end{cases}$ 在平面 $x+2y-z=0$ 上的投影直线方程.

15. 一直升机以 20m/s 的速度从位于坐标原点的停机坪朝点 $(200,200,100)$ 直飞,则 10s 后直升机在什么位置(长度的单位为 m)?

附录 7 基于 Python 的向量运算与三维图形的绘制

一、基于 Python 的向量运算

在 Python 编程语言中,NumPy 库是处理空间向量运算的不二之选. 它是一个功能强大的库,专为支持多维数组和矩阵运算而设计,同时还提供了丰富的数学函数来操作这些数组. NumPy 的高效性使其成为科学计算的理想选择,特别是在处理空间向量时.

使用 NumPy,可以轻松执行以下向量运算:

向量的加法和减法:通过简单的数组操作实现向量的线性组合.

数量积(点积):计算两个向量的点积,以衡量它们在空间中的投影关系.

向量积(叉积):确定两个向量在三维空间中的垂直方向,并计算它们构成的平行四边形的面积.

求向量模:计算向量的长度,也称为向量的欧几里得范数.

计算向量之间的夹角:通过向量的点积和模来确定两个向量之间的夹角大小.

NumPy 提供的这些功能不仅操作简便,而且执行效率高,非常适合进行复杂的科学和工程计算.通过表 7-1,可以找到详细的调用格式和功能说明,帮助读者更好地利用 NumPy 进行空间向量的计算.

表 7-1　向量运算命令的调用格式和功能说明

调 用 格 式	功 能 说 明
numpy.array([x,y,z])	创建一个空间向量,其中 x,y,z 是向量的分量
u+v	计算两个向量 u 和 v 的加法
u−v	计算两个向量 u 和 v 的减法
numpy.dot(u,v)	计算两个向量 u 和 v 的点积(数量积)
numpy.cross(u,v)	计算两个向量 u 和 v 的叉积(向量积)
numpy.linalg.norm(v)	计算向量 v 的模(长度)
numpy.arccos(numpy.dot(u,v)/(numpy.linalg.norm(u)*numpy.linalg.norm(v)))	计算两个向量 u 和 v 之间的夹角(以 rad 为单位)

例 1　设 $a=3i+j-2k, b=2i-3j+4k$,求 $a+b, a-b, a \cdot b, a \times b$.

```
from sympy.vector import CoordSys3D
# 定义坐标系
N = CoordSys3D('N')
# 定义向量
a = 3*N.i + N.j − 2*N.k
b = 2*N.i − 3*N.j + 4*N.k
c = N.i + 2*N.j + 3*N.k
# 向量的和、差、点乘积、叉乘积和混合乘积
ab_sum = a + b
ab_difference = a − b
ab_dot_product = a.dot(b)
ab_cross_product = a.cross(b)
ab_mixed_product = a.cross(b).dot(c)
print("ab_sum:", ab_sum)
print("ab_difference:", ab_difference)
print("ab_dot_product:", ab_dot_product)
print("ab_cross_product:", ab_cross_product)
print("ab_mixed_product:", ab_mixed_product)
```

结果为:

```
ab_sum: 5*N.i + (−2)*N.j + 2*N.k
ab_difference: N.i + 4*N.j + (−6)*N.k
ab_dot_product: −5
ab_cross_product: (−2)*N.i + (−16)*N.j + (−11)*N.k
ab_mixed_product: −67
```

例 2　已知两点 $M_1(2,2,\sqrt{2})$ 和 $M_2(1,3,0)$,计算向量 $\overrightarrow{M_1M_2}$ 的模,同方向的单位向量 $\overrightarrow{M_1M_2}^0$,方向余弦和方向角.

```
from sympy import symbols, sqrt, acos
# 定义向量
OM1 = [2, 2, sqrt(2)]
OM2 = [1, 3, 0]
# 求向量
M1M2 = [OM2[i] - OM1[i] for i in range(3)]
# 求同方向的单位向量
M1M2_magnitude = sqrt(sum(x ** 2 for x in M1M2))
Unit_M1M2 = [x / M1M2_magnitude for x in M1M2]
# 求方向余弦
cos_abc = M1M2[0] / M1M2_magnitude
# 求方向角
abc = acos(cos_abc)
print("M1M2:", M1M2)
print("Unit_M1M2:", Unit_M1M2)
print("cos_abc:", cos_abc)
print("abc:", abc)
```

结果为：

```
M1M2: [-1, 1, -sqrt(2)]
Unit_M1M2: [-1/2, 1/2, -sqrt(2)/2]
cos_abc: -1/2
abc: 2*pi/3
```

例3 求过点 $A(2,-1,4)$, $B(-1,3,-2)$ 和 $C(0,2,3)$ 的平面方程.

```
import sympy as sp
# 定义符号变量
x, y, z = sp.symbols('x y z')
# 定义点和向量
D = sp.Matrix([x, y, z])
A = sp.Matrix([2, -1, 4])
B = sp.Matrix([-1, 3, -2])
C = sp.Matrix([0, 2, 3])
# 计算向量 E
E = (A - B).cross(A - C)
# 计算点积
dot_product = (E.dot(D - A)).expand()
# 打印结果方程
print(dot_product)
```

结果为：

```
14*x + 9*y - z - 15
```

例4 求直线 $\dfrac{x+3}{1}=\dfrac{y+2}{2}=\dfrac{z}{-2}$ 与平面 $2x+2y+z-1=0$ 的夹角.

```
from sympy import symbols, acos, pi
from sympy.vector import CoordSys3D
N = CoordSys3D('N')
```

```
s = N.i + 2*N.j − 2*N.k        # 直线的方向向量
n = 2*N.i + 2*N.j + N.k        # 平面的法向量
# 计算点积
dot_product = s.dot(n)
# 计算向量的模
s_magnitude = s.magnitude()
n_magnitude = n.magnitude()
# 计算直线的方向向量和平面法向量的夹角的余弦值
cos_theta = dot_product / (s_magnitude * n_magnitude)
# 计算直线的方向向量和平面法向量的夹角
theta = acos(cos_theta)
# 计算直线和平面的夹角
alpha = pi/2 − theta
print(alpha)
```

结果为:

```
−acos(4/9) + pi/2
```

二、基于 Python 的三维图形的绘制

在 Python 编程中,如果需要绘制三维图形和空间曲线与曲面,matplotlib 库及其 mplot3d 模块是理想的选择. matplotlib 是一个功能全面、灵活的库,它支持创建静态图像、动态图形以及交互式可视化.

mplot3d 模块是 matplotlib 中专门用于三维图形绘制的部分,它提供了强大的工具来帮助用户在三维空间中可视化数据. 使用 mplot3d,可以绘制各种三维图形,包括但不限于:

空间曲线:展示数据在三维空间中的路径和趋势.

曲面图:呈现三维空间中的数据分布,如等高线图或 3D 曲面.

散点图:在三维空间中显示数据点的分布情况.

这些图形不仅有助于更好地理解数据的三维特性,而且可以增强数据表现力,使得复杂的数据关系更加直观易懂. 表 7-2 提供了 mplot3d 模块中常用的绘制三维图形命令的调用格式和功能说明,这将是读者在使用 matplotlib 进行三维数据可视化时的重要参考. 无论是在科学研究、工程设计还是数据分析领域,通过这些详细的说明,读者可以更加高效和精确地实现可视化需求.

表 7-2 绘制三维图形命令的调用格式和功能说明

调 用 格 式	功 能 说 明
ax.plot3D(X, Y, Z)	绘制空间曲线,其中 X,Y,Z 是曲线上各点的坐标数组
ax.scatter3D(X, Y, Z)	绘制三维散点图,其中 X,Y,Z 是点的坐标数组
ax.plot_surface(X, Y, Z)	绘制三维曲面图,X,Y 是网格的坐标矩阵,Z 是曲面上每个点的高度
ax.contour3D(X, Y, Z, N)	绘制三维等高线图,X,Y,Z 是三维空间中的点坐标,N 是等高线层数

例5 绘制螺旋线 $\begin{cases} x=\sin t, \\ y=\cos t, \\ z=t, \end{cases} 0 \leqslant t \leqslant 10\pi.$

```
import numpy as np
import matplotlib.pyplot as plt
# 生成时间数组
t = np.arange(0, 10 * np.pi, 0.001)
# 计算坐标
x = np.sin(t)
y = np.cos(t)
z = t
# 绘制图形
fig = plt.figure(figsize=(8, 6))
ax = fig.add_subplot(111, projection='3d')
ax.plot(x, y, z)
ax.set_xlabel('x')
ax.set_ylabel('y')
ax.set_zlabel('z')
ax.set_title('x=sin(t), y=cos(t), z=t')
plt.show()
```

运行结果如图 7-62 所示.

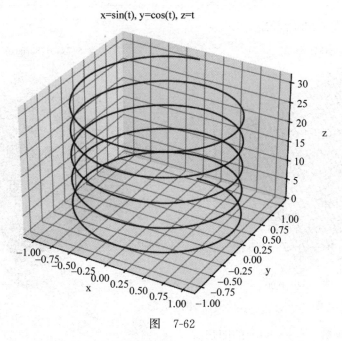

图 7-62

例6 绘制平面 $z=5-2x+9y$,其中 $0 \leqslant x \leqslant 3, 0 \leqslant y \leqslant 2.$

```
import numpy as np
import matplotlib.pyplot as plt
# 生成网格
```

```
x = np.arange(0, 3.1, 0.1)
y = np.arange(0, 2.1, 0.1)
x, y = np.meshgrid(x, y)
# 计算 z 值
z = 5 - 2 * x + 9 * y
# 绘制图形
fig = plt.figure(figsize=(12, 6))
# 第一个子图——网格图
ax1 = fig.add_subplot(121, projection='3d')
ax1.plot_wireframe(x, y, z, cmap='viridis')
ax1.set_xlabel('x')
ax1.set_ylabel('y')
ax1.set_zlabel('z')
ax1.set_title('z=5-2x+9y (Meshgrid)')
# 第二个子图——曲面图
ax2 = fig.add_subplot(122, projection='3d')
ax2.plot_surface(x, y, z, cmap='viridis')
ax2.set_xlabel('x')
ax2.set_ylabel('y')
ax2.set_zlabel('z')
ax2.set_title('z=5-2x+9y (Surface)')
plt.show()
```

运行结果如图 7-63 所示.

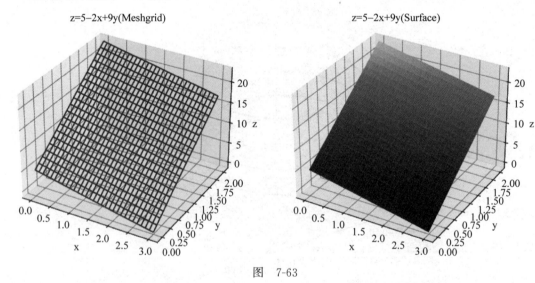

图 7-63

例 7 绘制函数 $z = x^2 + y^2$ 的图形.

```
import numpy as np
import matplotlib.pyplot as plt
from mpl_toolkits.mplot3d import Axes3D
# 生成网格
x = np.arange(-4, 4.5, 0.5)
```

```
y = np.arange(-4, 4.5, 0.5)
x, y = np.meshgrid(x, y)
# 计算 z 值
z = x**2 + y**2
# 绘制网格图
fig = plt.figure(figsize=(8, 6))
ax = fig.add_subplot(111, projection='3d')
ax.plot_surface(x, y, z, cmap='viridis')
ax.set_xlabel('x')
ax.set_ylabel('y')
ax.set_zlabel('z')
ax.set_title('z=x^2+y^2')
plt.show()
```

运行结果如图 7-64 所示.

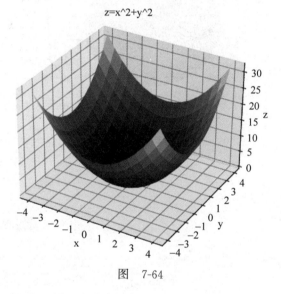

图 7-64

例 8 绘制椭球面 $\dfrac{x^2}{25}+\dfrac{y^2}{16}+\dfrac{z^2}{1}=1$.

解 该曲线的参数方程为 $\begin{cases} x=5\sin u\cos v, \\ y=4\sin u\sin v, \\ z=\cos u, \end{cases}$ $0\leqslant u\leqslant\pi, 0\leqslant v\leqslant 2\pi$.

```
import numpy as np
import matplotlib.pyplot as plt
# 创建参数
u = np.arange(0, np.pi + 0.1*np.pi, 0.1*np.pi)
v = np.arange(0, 2*np.pi + 0.1*np.pi, 0.1*np.pi)
u, v = np.meshgrid(u, v)
# 计算球面上的点
x = 5 * np.sin(u) * np.cos(v)
```

```
y = 4 * np.sin(u) * np.sin(v)
z = np.cos(u)
# 绘制三维图形
fig = plt.figure()
ax = fig.add_subplot(111, projection='3d')
ax.plot_surface(x, y, z, cmap='viridis')
# 显示图形
plt.show()
```

运行结果如图 7-65 所示.

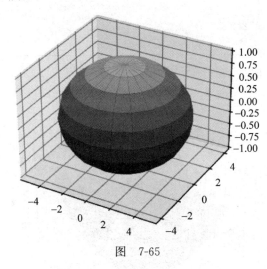

图 7-65

第五篇 综合练习

一、填空题

1. 设 $\boldsymbol{a}=(3,-1,2), \boldsymbol{b}=(1,2,-1)$，则 $(\boldsymbol{a}+2\boldsymbol{b})\cdot(\boldsymbol{a}-2\boldsymbol{b})=$ _____ .

2. 设 $\boldsymbol{a}=(3,2,1), \boldsymbol{b}=\left(2,\dfrac{4}{3},k\right)$，若 $\boldsymbol{a}\perp\boldsymbol{b}$，则 $k=$ _____ ；若 $\boldsymbol{a}//\boldsymbol{b}$，则 $k=$ _____ .

3. 设 $|\boldsymbol{a}|=2, |\boldsymbol{b}|=3$，则 $|(\boldsymbol{a}+\boldsymbol{b})\times(\boldsymbol{a}-\boldsymbol{b})|=$ _____ .

4. 过点 $(3,2,-1)$ 且与两平面 $x-4z-3=0$ 及 $2x-y-5z-1=0$ 都平行的直线方程为_____ .

5. 与两条直线 $L_1:\begin{cases}x=1,\\ y=-1+t,\\ z=2+t,\end{cases} L_2:\dfrac{x+1}{1}=\dfrac{y+2}{2}=\dfrac{z-1}{1}$ 都平行，且过原点的平面方程为_____ .

6. 点 $P(3,-1,-1)$ 在平面 $\Pi:x+2y+3z-40=0$ 上的投影为_____ .

二、单项选择题

1. 设 $\boldsymbol{a}\neq\boldsymbol{0}, \boldsymbol{b}\neq\boldsymbol{0}$，则下列结论正确的是（　　）.
   A. $|\boldsymbol{a}\cdot\boldsymbol{b}|^2=|\boldsymbol{a}|^2|\boldsymbol{b}|^2$
   B. $(\boldsymbol{a}+\boldsymbol{b})\times(\boldsymbol{a}-\boldsymbol{b})=|\boldsymbol{a}|^2-|\boldsymbol{b}|^2$
   C. $\boldsymbol{a}\times\boldsymbol{b}=\boldsymbol{a}\times\boldsymbol{c}\Leftrightarrow \boldsymbol{b}=\boldsymbol{c}$
   D. 存在实数 λ，使得 $\boldsymbol{b}=\lambda\boldsymbol{a}\Leftrightarrow \boldsymbol{a}//\boldsymbol{b}$

2. 设直线过点 $(2,-3,4)$ 且与 z 轴垂直相交，则直线的方向向量为（　　）.
   A. $(2,3,0)$　　B. $(2,-3,1)$　　C. $(2,-3,0)$　　D. $(2,3,1)$

3. 曲面 $x^2+4y^2+z^2=4$ 与平面 $x+z=a$ 的交线在 yOz 平面上的投影曲线为（　　）.
   A. $\begin{cases}(a-z)^2+4y^2+z^2=4,\\ x=0\end{cases}$
   B. $\begin{cases}x^2+4y^2+(a-x)^2=4,\\ z=0\end{cases}$
   C. $\begin{cases}x^2+4y^2+(a-x)^2=4,\\ x=0\end{cases}$
   D. $(a-z)^2+4y^2+z^2=4$

4. 设直线 $L_1:\dfrac{x-1}{1}=\dfrac{y-5}{-2}=\dfrac{z+8}{1}, L_2:\begin{cases}x-y=0,\\ 2y+z=3,\end{cases}$ 则 L_1 和 L_2 的夹角为（　　）.
   A. $\dfrac{\pi}{6}$　　B. $\dfrac{\pi}{4}$　　C. $\dfrac{\pi}{3}$　　D. $\dfrac{\pi}{2}$

5. 已知直线 $\begin{cases}3x-y+2z-6=0,\\ x+4y-z+k=0\end{cases}$ 与 z 轴相交，则 k 的值为（　　）.
   A. 2　　B. 3　　C. 4　　D. 1

6. 设有直线 $L_1:\begin{cases}x+3y+2z+1=0,\\ 2x-y-10z+3=0\end{cases}$ 及平面 $\Pi:4x-2y+z-3=0$，则直线 L（　　）.
   A. 垂直于平面 Π　　B. 在平面 Π 上　　C. 平行于平面 Π　　D. 与平面 Π 斜交

三、计算题

1. 设 $|\boldsymbol{a}|=4, |\boldsymbol{b}|=3$ 且 $(\widehat{\boldsymbol{a},\boldsymbol{b}})=\dfrac{\pi}{6}$，求以 $\boldsymbol{a}+2\boldsymbol{b}$ 和 $\boldsymbol{a}-3\boldsymbol{b}$ 为邻边的平行四边形的

面积.

2. 设 $a+3b$ 与 $7a-5b$ 垂直，$a-4b$ 与 $7a-2b$ 垂直，其中 $a \neq 0, b \neq 0$，求 a 与 b 之间的夹角.

3. 设有两点 $A(-5,4,0), B(-4,3,4)$，求满足条件 $|\overrightarrow{PA}| = \sqrt{2}|\overrightarrow{PB}|$ 的动点 $P(x,y,z)$ 的轨迹方程，并说明该方程表示的图形.

4. 平面 Π 过 x 轴，且与平面 $\Pi_0: x-y=0$ 的夹角为 $\dfrac{\pi}{3}$，求平面 Π 的方程.

5. 已知点 $A(1,2,3)$，直线 $L: \dfrac{x}{1} = \dfrac{y-4}{-3} = \dfrac{z-3}{-2}$，求：

(1) 点 A 在直线 L 上的投影点 M；(2) 点 A 到直线 L 的距离 d.

四、综合题

1. 已知向量 $\overrightarrow{OA}$ 的模为 8，它与 Ox 轴和 Oy 轴的夹角均为 $\dfrac{\pi}{3}$，求 $\overrightarrow{OA}$ 的坐标.

2. 已知 $\overrightarrow{AB} = (-3,0,4), \overrightarrow{AC} = (5,-2,-14)$，求 $\angle BAC$ 角平分线上的单位向量.

3. 求旋转抛物面 $z = x^2 + y^2$ 与平面 $y+z=1$ 的交线在各坐标面上的投影曲线.

4. 求曲面 $z = \sqrt{a^2-x^2-y^2}$，$x^2+y^2-ax=0 (a>0)$ 及平面 $z=0$ 所围成立体 Ω 在 xOy 坐标面上的投影区域 D_{xOy}.

5. 求过直线 $L: \begin{cases} 4x-y+3z-1=0, \\ x+5y-z+2=0 \end{cases}$ 且分别满足如下条件的平面 Π 的方程：

(1) 过原点；(2) 与 x 轴平行；(3) 与平面 $\Pi_0: 2x-y+5z+2=0$ 垂直.

6. 求过点 $A(1,0,-1)$，且与平面 $\Pi: 2x-y+z-5=0$ 平行，又与直线 $L_1: \dfrac{x+1}{2} = \dfrac{y-1}{-1} = \dfrac{z}{2}$ 相交的直线 L 的方程.

第六篇

多元函数微分学

　　第二篇中介绍了一元函数的导数和微分，它可以有效地求解平面曲线的切线，以及一元函数的单调性、凹凸性、极值与最值等问题．但实际问题中要研究的函数常常涉及多个自变量，这种函数叫作多元函数．在工程技术与经济生活中经常遇到求多元函数的最大值和最小值问题，对于这类问题，仅用一元微分学无法完美解决，需要使用多元微分学的相关知识．本篇将在一元函数微分学的基础上，进一步介绍多元函数微分学．内容主要包括多元函数的基本概念、极限、连续性、偏导数、全微分、多元复合函数求导、多元隐函数求导、方向导数、多元函数的极值与最值以及多元函数在几何上的应用等．

第八章　多元函数微分学

多元函数微分学的问题主要按二元函数展开,相关知识可以自然地推广到二元以上的多元函数.在几何上,二元函数与空间曲面相对应,因此,二元函数的有关概念、方法和结论大多有比较直观的解释,便于理解.

第一节　多元函数、极限与连续

一、预备知识

二元函数的自变量有两个,自变量的变化范围是平面点集.下面介绍一些特殊的平面点集,再进一步介绍二元以上函数自变量的变化范围——n 维空间的点集.

1. 邻域

设 $P_0(x_0, y_0)$ 是 xOy 平面上一点,$\delta > 0$. 与 P_0 点的距离小于 δ 的点 $P(x, y)$ 的全体称为**点 P_0 的 δ 邻域**,记为 $U(P_0, \delta)$,即

$$U(P_0, \delta) = \{P \mid |PP_0| < \delta\}, \text{ 或 } U(P_0, \delta) = \{(x, y) \mid \sqrt{(x-x_0)^2 + (y-y_0)^2} < \delta\}.$$

称 $U(P_0, \delta) \setminus P_0$ 为**点 P_0 的去心 δ 邻域**,记为 $\mathring{U}(P_0, \delta)$,即

$$\mathring{U}(P_0, \delta) = \{P \mid 0 < |PP_0| < \delta\}, \text{ 或 } \mathring{U}(P_0, \delta) = \{(x, y) \mid 0 < \sqrt{(x-x_0)^2 + (y-y_0)^2} < \delta\}.$$

$U(P_0, \delta)$ 在几何上表示 xOy 平面上以点 P_0 为圆心,$\delta > 0$ 为半径的开圆盘,如图 8-1 所示.它是数轴上 a 点的 δ 邻域在平面上的推广,请对比数轴上点 a 的 δ 邻域(图 8-2).

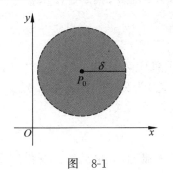

图　8-1　　　　　　　　　　图　8-2

在不考虑邻域半径的情况下,可用 $U(P_0)$ 表示点 P_0 的某个邻域,用 $\mathring{U}(P_0)$ 表示点 P_0 的某个去心邻域.

2. 区域

设 D 是平面上的一个点集,P 是平面上一点,如果存在点 P 的某个邻域 $U(P)$,使得 $U(P) \subset D$,则称 P 为 D 的**内点**,如图 8-3 所示;如果点 P 的任意一个邻域内既有属于 D 的点也有不属于 D 的点,则称 P 为 D 的**边界点**,如图 8-4 所示.

点集 D 的内点必属于 D,而 D 的边界点则可能属于 D 也可能不属于 D.

点集 D 的全部边界点的集合称为 D 的**边界**. 如果点集 D 中的点都是 D 的内点,则称 D 为**开集**;如果点集 D 的余集是开集,则称 D 为**闭集**.

如果点集 D 内的任何两点总可以用 D 中的折线连接,则称 D 为**连通集**,如图 8-5 所示;连通的开集称为**开区域**,简称**区域**;开区域连同它的边界称为**闭区域**. 对于平面点集 D,如果它能够包含在某个圆盘内,则称之为**有界集**,否则称之为**无界集**.

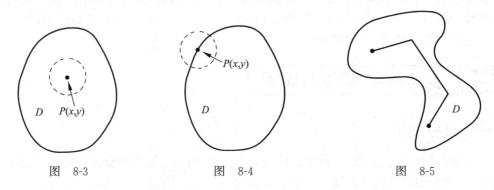

图 8-3   图 8-4   图 8-5

平面内的线段、三角形、矩形、圆盘都是有界集. 直线、半平面、四分之一象限等都是无界集.

3. n 维空间的概念

由解析几何知道,数轴上的点和实数 x 一一对应,因此对数轴上的点与实数可以不加区别;在直角坐标系下,平面上的点和有序实数对 (x, y) 一一对应,因此平面图形可以用 x,y 所满足的某种关系式表示;在建立了空间直角坐标系之后,空间中的点和三元有序实数组 (x, y, z) 一一对应,因此空间图形可以由 x, y, z 所满足的关系式表示. 通常用 $\mathbb{R}$ 表示整个数轴,用 $\mathbb{R}^2$ 表示坐标平面,而 $\mathbb{R}^3$ 表示现实的三维空间,即

$$\mathbb{R}^2 = \{(x, y) \mid x, y \in \mathbb{R}\}, \quad \mathbb{R}^3 = \{(x, y, z) \mid x, y, z \in \mathbb{R}\}.$$

进一步推广,定义

$$\mathbb{R}^n = \{(x_1, x_2, \cdots, x_n) \mid x_1, x_2, \cdots, x_n \in \mathbb{R}\},$$

并称 $\mathbb{R}^n$ 为 n **维空间**,其中 n 为一取定的自然数,而每个有序实数组 $(x_1, x_2, \cdots, x_n)$ 称为 n 维空间中的一点. 设 $A(x_1, x_2, \cdots, x_n), B(y_1, y_2, \cdots, y_n)$ 为 $\mathbb{R}^n$ 中任意两点,定义 A,B **两点间的距离**为

$$|AB| = \sqrt{(x_1 - y_1)^2 + (x_2 - y_2)^2 + \cdots + (x_n - y_n)^2}.$$

类似平面点集的情况,可以定义 $\mathbb{R}^n$ 中的邻域、区域等概念,n 元函数自变量的变化范围是 $\mathbb{R}^n$ 中的点集.

二、多元函数的基本概念

1. 引例

在分析自然现象、科学研究和工程技术中遇到的多因素、多变量问题时,找出多个变量之间的依赖关系,是基本而且重要的一步.下面给出几个具体的例子.

例 1(气动阻力) 汽车在行驶过程中受到的空气的阻力简称为气动阻力,由汽车动力学知识知道,气动阻力 F 与气动阻力系数 C、空气密度 ρ、汽车行驶速度 v 以及汽车正面投影面积 A 之间具有如下关系:

$$F = \frac{1}{2} C \rho v^2 A.$$

其中 C,ρ 可视作常量;F,v,A 是三个变量,当 v,A 在一定范围内取定一组数值时,根据给定的关系,气动阻力 F 有确定的值与之对应.

例 2(气体状态方程) 根据大量实验结果可知,气体的压强 p、密度 ρ 与温度 T 之间存在一定的关系,在一般工程问题中,通常用下面的关系式描述气体状态:

$$p = \rho R T.$$

其中 R 为气体常数,取决于气体的性质.当 ρ 和 T 每取定一组值时,可确定气体的压强 p. 即 p 随 ρ 和 T 变化而变化.

例 3(飞机平飞速度) 飞机平飞是指飞机作等高、等速的直线飞行.平飞是运输机的一种主要飞行状态.根据飞行原理可知,影响飞机平飞速度 v 的因素主要有飞机重量 W、升力系数 ρ、空气密度 C 和机翼面积 S,具体关系如下:

$$v = \sqrt{\frac{2W}{C\rho S}}.$$

当变量 W,C,ρ,S 取定一组数值时,根据给定的关系,变量 v 就有一个确定的值与之对应.

上面三个例子的具体意义虽各不相同,但仅从数量关系上来考察,可总结出它们的共性,由此引出如下多元函数的定义.

2. 多元函数的定义

定义 8.1 设 D 是平面上的一个非空点集,如果对于 D 中的每一个点 (x,y),按照某个确定的法则 f,变量 z 总有确定的数值与之对应,则称 z 为定义在 D 上的**二元函数**,记作

$$z = f(x,y), \quad (x,y) \in D.$$

其中 x,y 为**自变量**,z 为**因变量**,D 为函数的**定义域**.[1-5] 习惯上将 $f(x,y)$ 称为 x,y 的函数.

对每个 $(x_0,y_0) \in D$,由对应法则 f,变量 z 有确定的对应值 z_0,也记作 $f(x_0,y_0)$ 或 $z|_{(x_0,y_0)}$,称 $z_0 = f(x_0,y_0)$ 为函数 $z = f(x,y)$ 在 (x_0,y_0) 点的**函数值**. 数集 D 上函数值的集合

$$W = R_f = \{z \mid z = f(x,y), (x,y) \in D\}$$

称为函数的**值域**.

类似地,可以定义三元函数 $u = f(x,y,z)$ 以及 $n(n>3)$ 元函数 $u = f(x_1,x_2,\cdots,x_n)$. 多于一个自变量的函数统称为**多元函数**. 例 1 和例 2 的函数都是二元函数,例 3 的函数是四元函数.

多元函数的定义域的确定方法与一元函数类似. 对于实际问题中的多元函数,其定义域

是根据问题的实际意义来确定的,如例 3 中飞机重量、升力系数、空气密度和机翼面积均应大于零,因此,该函数的定义域为四维空间 $\mathbb{R}^4$ 中的区域

$$\Omega = \{(W, C, \rho, S) \mid W > 0, C > 0, \rho > 0, S > 0\}.$$

对于由解析式表示的二元函数 $z = f(x, y)$,它的定义域是自然定义域,也就是使得算式 $z = f(x, y)$ 有意义的平面点的集合.

例 4 求下列函数的定义域 D,并画出 D 的图形.

(1) $z = \arcsin(x + y) + \ln(1 - x^2 - y^2)$; (2) $z = \sqrt{\dfrac{4 - x^2 - y^2}{x^2 + y^2 - 1}}$.

解 (1) 要使得函数表达式有意义,x, y 应满足 $\begin{cases} -1 \leqslant x + y \leqslant 1, \\ 1 - x^2 - y^2 > 0, \end{cases}$ 所以函数的定义域为 $D = \{(x, y) \mid -1 \leqslant x + y \leqslant 1, x^2 + y^2 < 1\}$,如图 8-6 所示.

(2) 定义域 $D = \{(x, y) \mid 1 < x^2 + y^2 \leqslant 4\}$,它是如图 8-7 所示的阴影部分.

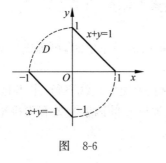

图 8-6

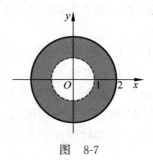

图 8-7

如同一元函数情形,多元函数微积分研究的常见对象是多元初等函数.什么是多元初等函数?

由常量和具有不同自变量的一元基本初等函数经过有限次的四则运算或复合运算,所得到的可用一个式子表示的多元函数称为**多元初等函数**.

例如,$z = \dfrac{x^2 - y^2}{x^2 + y^2}$,$z = \sqrt{1 - x^2 - y^2}$,$u = \ln(x + y + z)$ 都是多元初等函数.

3. 多元函数的图像

几何上,一元函数 $y = f(x)$ 的图像是平面点集 $S = \{(x, y) \mid y = f(x), x \in D\}$,一般表示平面上的一条曲线,类似地将三维空间的点集 $S = \{(x, y, z) \mid z = f(x, y), (x, y) \in D\}$

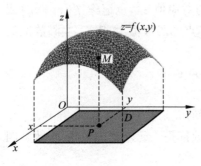

图 8-8

称为二元函数 $z = f(x, y)$ 的**图像**.如图 8-8 所示,给定二元函数 $z = f(x, y), (x, y) \in D$,设点 $P(x, y) \in D$,对应的函数值为 $z = f(x, y)$,则得有序数组 (x, y, z),它可以确定空间一点 $M(x, y, z)$.当点 P 在定义域 D 内变动时,对应的点 M 在空间形成二元函数 $z = f(x, y)$,$(x, y) \in D$ 的图像.

一般地,二元函数 $z = f(x, y)$ 表示空间中的一张曲面,函数的定义域 D 就是曲面在 xOy 坐标面上的投影区域.

从空间解析几何的角度,将表达式 $z=f(x,y)$ 改写成三元方程
$$z-f(x,y)=0, \quad 或 \quad f(x,y)-z=0.$$
因为三元方程的图形通常表示空间的一个曲面,所以二元函数的图像通常也表示一个空间曲面.

在第七章空间解析几何部分,我们介绍了一些常见的曲面和其方程. 在此基础上,容易得到一些比较简单、在今后的学习中经常遇到的二元函数的图像,读者应该学会绘制它们的草图.

例 5 作下列函数的图像.

(1) $z=1-x-y$; (2) $z=\sqrt{x^2+y^2}$; (3) $z=x^2+y^2$.

解 (1) 图像是平面 $x+y+z=1$,如图 8-9 所示.

(2) $z=\sqrt{x^2+y^2}$ 是开口朝上的圆锥面,如图 8-10 所示.

(3) $z=x^2+y^2$ 是开口朝上的旋转抛物面,如图 8-11 所示.

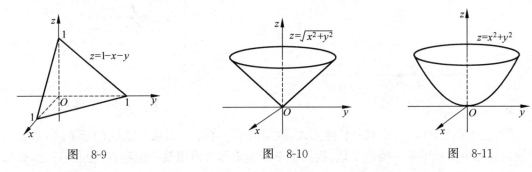

图 8-9   图 8-10   图 8-11

对于其他的二元初等函数,可以利用数学软件 Mathematic 绘制它们的图像. 例如,图 8-12~图 8-14 就是利用 Mathematic 绘制的,它们分别对应于二元函数
$$z=\mathrm{e}^{-x}\sin y, \quad z=\frac{\sin(x^2+y^2)}{x^2+y^2}, \quad z=\frac{xy(x^2-y^2)}{x^2+y^2}$$
在原点附近的图像.

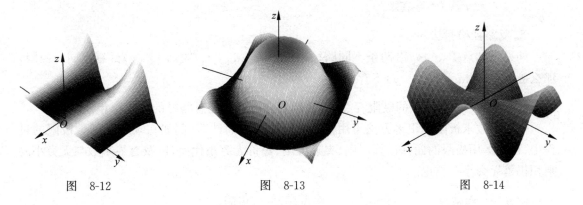

图 8-12   图 8-13   图 8-14

三、多元函数的极限

同研究一元函数一样,极限也是研究多元函数微积分的重要工具. 二元函数 $z=f(x,y)$ 的极限主要考察当自变量 x,y 趋于有限值 x_0,y_0 时,对应函数值的变化趋势.

定义 8.2（描述性定义） 设二元函数 $z=f(x,y)$ 在点 $P_0(x_0,y_0)$ 的某个去心邻域内有定义. 如果当点 $P(x,y)$ 无限地逼近点 $P_0(x_0,y_0)$ 时, 函数值 $f(x,y)$ 无限趋近于一个确定的常数 A, 则称 A 为函数 $z=f(x,y)$ 当 (x,y) 趋于 (x_0,y_0) 时的极限, 记为

$$\lim_{(x,y)\to(x_0,y_0)} f(x,y)=A, \text{或} \lim_{\substack{x\to x_0\\y\to y_0}} f(x,y)=A, \text{或} \lim_{P\to P_0} f(P)=A.$$

二元函数的极限比一元函数的极限复杂得多, 主要反映在自变量的变化趋势方面. 如图 8-15 所示, 在考虑一元函数极限时, $x\to x_0$ 是指点 x 只是沿 x 轴趋于点 x_0; 但对于二元函数的极限, $(x,y)\to(x_0,y_0)$ 是点 $P(x,y)$ 在 xOy 坐标面上以任意路径趋于点 $P_0(x_0,y_0)$, 如图 8-16 所示.

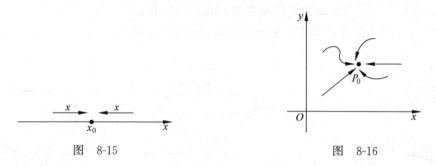

图 8-15　　　　　　　　　　图 8-16

因此, 如果点 $P(x,y)$ 以某一特殊方式, 例如沿某一条定直线或定曲线趋于 $P_0(x_0,y_0)$, 即使函数无限逼近于某一确定常数, 我们也不能断定函数极限就一定存在. 但是, 反之, 如果当点 $P(x,y)$ 以不同方式趋于 $P_0(x_0,y_0)$ 时, 函数趋于不同的值, 则可以断定函数在 $P_0(x_0,y_0)$ 的极限不存在. 由此得到以下结论.

（1）极限不存在的检验法：

① 沿某条路径极限不存在.

如果当动点 $P(x,y)$ 沿某条路径趋近于 $P_0(x_0,y_0)$ 时, $f(x,y)$ 的极限不存在, 则极限 $\lim\limits_{(x,y)\to(x_0,y_0)} f(x,y)$ 不存在.

② 双路径检验法.

如果当动点 $P(x,y)$ 沿两条不同路径趋近于 $P_0(x_0,y_0)$ 时, $f(x,y)$ 具有不同的极限, 那么极限 $\lim\limits_{(x,y)\to(x_0,y_0)} f(x,y)$ 不存在.

（2）如果函数在一点的极限存在, 那么函数在该点沿任意路径的极限都相同.

一元函数求极限的很多方法可用于二元函数极限的计算, 例如在求二元函数极限的过程中, 可以运用极限的四则运算法则、夹逼准则、等价无穷小代换, 以及有界函数与无穷小的乘积仍是无穷小等结论.

例 6 考察函数 $f(x,y)=\dfrac{x+y}{x^2+y^2}$ 在点 $(0,0)$ 的极限.

解 因为当点 $P(x,y)$ 沿直线 $y=0$ 趋于点 $(0,0)$ 时有

$$\lim_{\substack{(x,y)\to(0,0)\\y=0}} \frac{x+y}{x^2+y^2}=\lim_{x\to 0}\frac{1}{x}.$$

而 $\lim\limits_{x\to 0}\dfrac{1}{x}$ 不存在，因此 $\lim\limits_{(x,y)\to(0,0)}\dfrac{x+y}{x^2+y^2}$ 不存在．

例 7 考察函数 $f(x,y)=\begin{cases}\dfrac{xy}{x^2+y^2}, & x^2+y^2\neq 0,\\ 0, & x^2+y^2=0\end{cases}$ 在原点的极限．

解 因为当点 $P(x,y)$ 沿直线 $y=kx$ 趋于点 $(0,0)$ 时有

$$\lim_{\substack{(x,y)\to(0,0)\\ y=kx}}\dfrac{xy}{x^2+y^2}=\lim_{x\to 0}\dfrac{kx^2}{x^2+k^2x^2}=\dfrac{k}{1+k^2},$$

上式的值与 k 的取值有关，即点 $P(x,y)$ 沿不同的直线 $y=kx$ 趋于点 $(0,0)$ 时，函数 $f(x,y)$ 趋于不同的值，因此 $f(x,y)$ 在原点处无极限．

例 8 求极限 $\lim\limits_{\substack{x\to 0\\ y\to 1}}\dfrac{\sin(x^2 y)}{x}$．

解 $\lim\limits_{\substack{x\to 0\\ y\to 1}}\dfrac{\sin(x^2 y)}{x}=\lim\limits_{\substack{x\to 0\\ y\to 1}}\dfrac{\sin(x^2 y)}{x^2 y}\cdot x\cdot y=\lim\limits_{\substack{x\to 0\\ y\to 1}}\dfrac{\sin(x^2 y)}{x^2 y}\cdot\lim\limits_{x\to 0}x\cdot\lim\limits_{y\to 1}y=1\times 0\times 1=0.$

四、多元函数的连续性

1. 多元函数连续的定义

定义 8.3 $z=f(x,y)$ 在点 $P_0(x_0,y_0)$ 的某个邻域内有定义，且 $\lim\limits_{(x,y)\to(x_0,y_0)}f(x,y)=f(x_0,y_0)$，则称函数 $z=f(x,y)$ **在点 $P_0(x_0,y_0)$ 处连续**．

例 9 证明函数 $f(x,y)=\begin{cases}\dfrac{xy}{x^2+y^2}, & x^2+y^2\neq 0,\\ 0, & x^2+y^2=0\end{cases}$ 在点 $(1,2)$ 连续．

证 由极限的四则运算法则，有

$$\lim_{(x,y)\to(1,2)}\dfrac{xy}{x^2+y^2}=\dfrac{\lim\limits_{(x,y)\to(1,2)}xy}{\lim\limits_{(x,y)\to(1,2)}(x^2+y^2)}=\dfrac{\lim\limits_{x\to 1}x\cdot\lim\limits_{y\to 2}y}{\lim\limits_{x\to 1}x^2+\lim\limits_{y\to 2}y^2}=\dfrac{2}{5}=f(1,2),$$

因此 $f(x,y)$ 在点 $(1,2)$ 连续．

如果函数 $f(x,y)$ 在区域 D 的每一点都连续，则称函数 $f(x,y)$ **在 D 上连续**，也称 $f(x,y)$ 为 D 上的连续函数．

令 $\Delta x=x-x_0,\Delta y=y-y_0,\Delta z=f(x_0+\Delta x,y_0+\Delta y)-f(x,y)$，则 $\lim\limits_{(x,y)\to(x_0,y_0)}f(x,y)=f(x_0,y_0)$ 又可以改写成 $\lim\limits_{\substack{\Delta x\to 0\\ \Delta y\to 0}}\Delta z=0$．因此，二元函数连续的定义还可表述如下：

定义 8.4 设 $z=f(x,y)$ 在点 $P_0(x_0,y_0)$ 的某个邻域内有定义，如果极限 $\lim\limits_{\substack{\Delta x\to 0\\ \Delta y\to 0}}\Delta z=0$，则称函数 $z=f(x,y)$ **在点 $P_0(x_0,y_0)$ 处连续**．

上述连续性的定义更能说明连续现象的本质，即当自变量改变很小时，函数值的改变量也很小．在后文中，特别是在引入各种积分概念时，都充分利用了连续函数的这一特征，即在自变量的一个很小的变化范围内，通常认为连续函数的函数值的改变量也很小，从而在局部可将复杂问题简单化．

二元函数的连续性概念可推广到 n 元函数 $u=f(x_1,x_2,\cdots,x_n)$.

2. 间断点

如果函数 $f(x,y)$ 在点 $P_0(x_0,y_0)$ 不连续,则称 $P_0(x_0,y_0)$ 为函数 $f(x,y)$ 的**间断点**.

由函数连续的定义,函数 $z=f(x,y)$ 在 $P_0(x_0,y_0)$ 点连续有三个必要条件,即:

(1) $z=f(x,y)$ 在点 $P_0(x_0,y_0)$ 的某个邻域内有定义;

(2) $f(x,y)$ 在点 $P_0(x_0,y_0)$ 的极限存在;

(3) $\lim\limits_{(x,y)\to(x_0,y_0)}f(x,y)=f(x_0,y_0)$.

因此,只要上述三个条件中有一个不满足,$P_0(x_0,y_0)$ 必为 $f(x,y)$ 的间断点.

例 10 证明原点是函数

$$f(x,y)=\begin{cases}\dfrac{xy}{x^2+y^2}, & x^2+y^2\neq 0,\\ 0, & x^2+y^2=0\end{cases}$$

的一个间断点.

证明思路:由本节例 7 知 $\lim\limits_{(x,y)\to(0,0)}f(x,y)$ 不存在,所以原点是该函数的一个间断点.

例 11 证明双曲线 $C=\{(x,y)|xy=1\}$ 上任一点都是函数

$$z=\frac{\sin(xy-1)}{xy-1}$$

的间断点.

证明思路:尽管在双曲线 $C=\{(x,y)|xy=1\}$ 上任一点处函数的极限都存在,但 $f(x,y)$ 在曲线 C 上没有定义,所以 C 上各点都是该函数的间断点.

可以发现,在上述两个函数中,前一个函数的间断点是一个孤立点,函数的图像(曲面)上有一个"点洞";后一个函数的间断点形成两条曲线,函数的图像(曲面)上有两条"裂缝".

3. 多元函数连续的性质

定理 8.1 多元连续函数的和、差、积仍为连续函数;连续函数的商在分母不为零处仍连续;多元连续函数的复合函数也是连续函数.

定理 8.2 一切多元初等函数在其定义区域内是连续的.

所谓定义区域是指包含在定义域内的区域.

例如,计算多元初等函数 $f(P)$ 在点 P_0 的极限,已知点 P_0 在该函数的定义区域内,则

$$\lim_{P\to P_0}f(P)=f(P_0).$$

例 12 求极限 $\lim\limits_{(x,y)\to(3,0)}\dfrac{\ln(x+y)}{xy+1}$.

解 $f(x,y)=\dfrac{\ln(x+y)}{xy+1}$ 是初等函数,$f(x,y)$ 在 $(3,0)$ 某邻域有定义,则 $f(x,y)$ 在点 $(3,0)$ 连续.因此 $\lim\limits_{(x,y)\to(3,0)}f(x,y)=f(3,0)=\ln 3$.

例 13 求极限 $\lim\limits_{(x,y)\to(1,3)}\dfrac{\sqrt{xy+1}-2}{\sin(xy-3)}$.

解 $\lim\limits_{(x,y)\to(1,3)}\dfrac{\sqrt{xy+1}-2}{\sin(xy-3)}=\lim\limits_{(x,y)\to(1,3)}\dfrac{(\sqrt{xy+1}-2)(\sqrt{xy+1}+2)}{(xy-3)(\sqrt{xy+1}+2)}=\lim\limits_{(x,y)\to(1,3)}\dfrac{1}{\sqrt{xy+1}+2}=\dfrac{1}{4}$.

例 14 求极限 $\lim\limits_{\substack{x\to 0\\y\to 1}}\ln(x+y)\sin\dfrac{x}{x^2+y^2}$.

解 因为 $f(x,y)=\ln(x+y)$ 在点 $(0,1)$ 连续，因此 $\lim\limits_{\substack{x\to 0\\y\to 1}}\ln(x+y)=0$，又因为 $\left|\sin\dfrac{x}{x^2+y^2}\right|\leqslant 1$，根据有界函数与无穷小的乘积仍是无穷小，得

$$\lim_{\substack{x\to 0\\y\to 1}}\ln(x+y)\sin\dfrac{x}{x^2+y^2}=0.$$

4. 有界闭区域上多元函数连续的性质

定理 8.3（有界性定理） 有界闭区域上多元连续函数在该区域上一定有界.

定理 8.4（最大值最小值定理） 有界闭区域上多元连续函数一定有最大值和最小值.

定理 8.5（介值定理） 有界闭区域上多元连续函数，必能取得介于它的两个不同函数值之间的任何值.

习题 8-1

1. 求下列函数的表达式：

(1) 已知 $f(x,y)=xy+1$，求 $f(xy,x-y)$；

(2) 已知 $f\left(x+y,\dfrac{y}{x}\right)=x-y$，求 $f(x,y)$.

2. 求下列函数的定义域，并作出定义域的图形：

(1) $z=\ln(xy+1)$； (2) $z=\sqrt{y-\sqrt{x}}$；

(3) $z=\dfrac{\sqrt{4x-y^2}}{\ln(1-x^2-y^2)}$； (4) $z=\sqrt{\arcsin(x^2+y^2)}$.

3. 作出下列函数的图像：

(1) $z=x+2y-4$； (2) $z=\sqrt{4-x^2-y^2}$；

(3) $y=\sqrt{x^2+z^2}$； (4) $z=4-(x^2+y^2)$.

4. 求下列函数的极限：

(1) $\lim\limits_{(x,y)\to(0,0)}\dfrac{(e^x-1)\sin(xy)}{x^2 y}$； (2) $\lim\limits_{(x,y)\to(1,1)}\dfrac{xy-y-2x+2}{x-1}$；

(3) $\lim\limits_{(x,y)\to(0,0)}\dfrac{2-\sqrt{xy+4}}{xy}$； (4) $\lim\limits_{(x,y)\to(0,1)}\dfrac{\ln(y+e^x)}{\sqrt{x^2+y^2}}$.

5. 利用双路径检验法，证明下列极限不存在：

(1) $\lim\limits_{(x,y)\to(0,0)}\dfrac{x+y}{x-y}$； (2) $\lim\limits_{(x,y)\to(0,1)}\dfrac{x+y^2-1}{y-1}$.

6. 考察下列函数的连续性：

(1) $f(x,y)=\dfrac{xy}{x+y}$； (2) $f(x,y)=\ln(x+y)+1$；

(3) $f(x,y)=\dfrac{1}{\sin(xy)}$； (4) $f(x,y,z)=\sqrt{x^2+y^2-z}$.

第二节 偏导数

一元函数的导数刻画因变量关于自变量的变化率. 对于多元函数,也常常需要考察因变量关于某个自变量的变化率,这种变化率就是偏导数.

一、偏导数的概念与计算

1. 偏导数的定义与计算

对于二元函数 $z=f(x,y)$,取 $y=y_0$,则 $z=f(x,y_0)$ 就是 x 的一元函数,它对 x 的导数称为 $z=f(x,y)$ 关于 x 的偏导数. 具体定义如下:

定义 8.5 设函数 $z=f(x,y)$ 在点 (x_0,y_0) 的某一邻域内有定义,当 y 固定为 y_0 而 x 在 x_0 处取得增量 Δx 时,相应地,函数取得增量 $\Delta z=f(x_0+\Delta x,y_0)-f(x_0,y_0)$,如果极限

$$\lim_{\Delta x \to 0} \frac{f(x_0+\Delta x,y_0)-f(x_0,y_0)}{\Delta x}$$

存在,则称此极限为函数 $z=f(x,y)$ 在点 (x_0,y_0) 处**对 x 的偏导数**,记作

$$\frac{\partial z}{\partial x}\bigg|_{\substack{x=x_0\\y=y_0}}, \frac{\partial f}{\partial x}\bigg|_{\substack{x=x_0\\y=y_0}}, \quad \text{或} \quad z_x(x_0,y_0), f_x(x_0,y_0).$$

即

$$f_x(x_0,y_0)=\lim_{\Delta x \to 0}\frac{f(x_0+\Delta x,y_0)-f(x_0,y_0)}{\Delta x}.$$

类似地,$z=f(x,y)$ 在点 (x_0,y_0) 处**对 y 的偏导数**定义为

$$\lim_{\Delta y \to 0}\frac{f(x_0,y_0+\Delta y)-f(x_0,y_0)}{\Delta y}.$$

记作

$$\frac{\partial z}{\partial y}\bigg|_{\substack{x=x_0\\y=y_0}}, \frac{\partial f}{\partial y}\bigg|_{\substack{x=x_0\\y=y_0}}, \quad \text{或} \quad z_y(x_0,y_0), f_y(x_0,y_0).$$

如果函数 $z=f(x,y)$ 在平面区域 D 内每一点 (x,y) 处都存在对 x 的偏导数,则这个偏导数就是 x,y 的函数,称为函数 $z=f(x,y)$ 对自变量 x 的**偏导函数**,简称**对 x 的偏导数**,记作

$$\frac{\partial z}{\partial x}, \quad \frac{\partial f}{\partial x}, \quad \text{或} \quad z_x, f_x(x,y).$$

同样可定义 $z=f(x,y)$ 对 y 的偏导数,记作 $\frac{\partial z}{\partial y}, \frac{\partial f}{\partial y}$,或 $z_y, f_y(x,y)$.

上述二元函数偏导数的定义可推广到二元以上的多元函数.

上述定义表明:在求多元函数对某个自变量的偏导数时,只需将其余变量视作常数,然后可直接利用一元函数的求导公式和求导法则计算.

例 1 求 $z=x^3+x^2y+y^2$ 在点 $(1,1)$ 处的偏导数.

解 $\frac{\partial z}{\partial x}=3x^2+2xy, \frac{\partial z}{\partial y}=x^2+2y.$

$\frac{\partial z}{\partial x}\bigg|_{\substack{x=1\\y=1}}=3\times 1^2+2\times 1\times 1=5, \frac{\partial z}{\partial y}\bigg|_{\substack{x=1\\y=1}}=1^2+2\times 1=3.$

解二 $z(x,1)=x^3+x^2+1, z(1,y)=1+y+y^2$,

$\left.\dfrac{\partial z}{\partial x}\right|_{\substack{x=1\\y=1}} = \left.\dfrac{\mathrm{d}z(x,1)}{\mathrm{d}x}\right|_{x=1} = (3x^2+2x)|_{x=1}=5, \left.\dfrac{\partial z}{\partial y}\right|_{\substack{x=1\\y=1}} = \left.\dfrac{\mathrm{d}z(1,y)}{\mathrm{d}y}\right|_{y=1} = (1+2y)|_{y=1}=3$.

例 2 求 $z=\mathrm{e}^{xy}\tan^2 y$ 的偏导数.

解 $\dfrac{\partial z}{\partial x}=y\mathrm{e}^{xy}\tan^2 y, \dfrac{\partial z}{\partial y}=x\mathrm{e}^{xy}\tan^2 y+2\mathrm{e}^{xy}\tan y \sec^2 y$.

例 3（偏导数与气流的无旋运动） 所谓无旋运动是指流体微团在运动过程中不发生旋转. 空气动力学中的某些问题涉及流体微团的无旋运动. 假设一流体在 x,y,z 三个坐标轴上的分速度分别为 V_x,V_y,V_z, 根据流体力学的知识可知, 流体微团绕 (x,y,z) 点旋转的角速度向量为 $\boldsymbol{\omega}=(\omega_x,\omega_y,\omega_z)$, 其中 $\omega_x,\omega_y,\omega_z$ 分别为 $\boldsymbol{\omega}$ 在三个坐标轴上的分量, 且

$$\omega_x=\dfrac{1}{2}\left(\dfrac{\partial V_z}{\partial y}-\dfrac{\partial V_y}{\partial z}\right), \quad \omega_y=\dfrac{1}{2}\left(\dfrac{\partial V_x}{\partial z}-\dfrac{\partial V_z}{\partial x}\right), \quad \omega_z=\dfrac{1}{2}\left(\dfrac{\partial V_y}{\partial x}-\dfrac{\partial V_x}{\partial y}\right),$$

因此流体运动是否为无旋运动可归结为 V_x,V_y,V_z 是否满足

$$\dfrac{\partial V_x}{\partial z}=\dfrac{\partial V_z}{\partial x}, \quad \dfrac{\partial V_y}{\partial x}=\dfrac{\partial V_x}{\partial y}, \quad \dfrac{\partial V_z}{\partial y}=\dfrac{\partial V_y}{\partial z}.$$

如果

$$V_x=\dfrac{x}{(x^2+y^2+z^2)^{3/2}}, \quad V_y=\dfrac{y}{(x^2+y^2+z^2)^{3/2}}, \quad V_z=\dfrac{z}{(x^2+y^2+z^2)^{3/2}},$$

试证明该流体运动是无旋运动.

证 因为

$$V_x=x(x^2+y^2+z^2)^{-3/2}, \quad V_z=z(x^2+y^2+z^2)^{-3/2},$$

$$\dfrac{\partial V_x}{\partial z}=x\cdot\left(-\dfrac{3}{2}\right)(x^2+y^2+z^2)^{-5/2}\cdot 2z, \quad \dfrac{\partial V_z}{\partial x}=z\cdot\left(-\dfrac{3}{2}\right)(x^2+y^2+z^2)^{-5/2}\cdot 2x.$$

所以 $\dfrac{\partial V_x}{\partial z}=\dfrac{\partial V_z}{\partial x}$, 同理可证 $\dfrac{\partial V_y}{\partial x}=\dfrac{\partial V_x}{\partial y}, \dfrac{\partial V_z}{\partial y}=\dfrac{\partial V_y}{\partial z}$. 因此该流体运动是无旋运动.

例 4 已知理想气体的状态方程为 $pV=RT$, 其中 p,V 和 T 分别表示气体的压强、体积和温度, R 为常数. 求证: $\dfrac{\partial p}{\partial V}\cdot\dfrac{\partial V}{\partial T}\cdot\dfrac{\partial T}{\partial p}=-1$.

证 因为

$$p=\dfrac{RT}{V}, \quad \dfrac{\partial p}{\partial V}=-\dfrac{RT}{V^2}; \quad V=\dfrac{RT}{p}, \quad \dfrac{\partial V}{\partial T}=\dfrac{R}{p}; \quad T=\dfrac{pV}{R}, \quad \dfrac{\partial T}{\partial p}=\dfrac{V}{R};$$

所以

$$\dfrac{\partial p}{\partial V}\cdot\dfrac{\partial V}{\partial T}\cdot\dfrac{\partial T}{\partial p}=-\dfrac{RT}{V^2}\cdot\dfrac{R}{p}\cdot\dfrac{V}{R}=-\dfrac{RT}{pV}=-1.$$

注 对于一元函数, 导数 $\dfrac{\mathrm{d}y}{\mathrm{d}x}$ 可看作函数的微分 $\mathrm{d}y$ 与自变量的微分 $\mathrm{d}x$ 的商, 但是 $\dfrac{\partial z}{\partial x}$ 不能看作分子与分母的商, 偏导数的记号 $\dfrac{\partial z}{\partial x}$ 是不可拆分的.

2. 偏导数存在与函数连续的关系

对于一元函数, 可导函数一定是连续函数, 反之, 连续函数不一定是可导函数. 对于多元

函数,这种关系是否仍然成立? 请看下面的例子.

例 5 已知函数 $f(x,y) = \begin{cases} \dfrac{xy}{x^2-y^2}, & x^2-y^2 \neq 0, \\ 0, & x^2-y^2 = 0, \end{cases}$ 证明 $f_x(0,0)=0, f_y(0,0)=0$, 但函数在点 $(0,0)$ 并不连续.

证
$$f_x(0,0) = \lim_{\Delta x \to 0} \frac{f(0+\Delta x,0)-f(0,0)}{\Delta x} = \lim_{\Delta x \to 0} \frac{0}{\Delta x} = 0,$$
$$f_y(0,0) = \lim_{\Delta y \to 0} \frac{f(0,0+\Delta y)-f(0,0)}{\Delta y} = \lim_{\Delta y \to 0} \frac{0}{\Delta y} = 0.$$

当点 $P(x,y)$ 沿直线 $y=kx(k \neq \pm 1)$ 趋于点 $(0,0)$ 时,
$$\lim_{\substack{(x,y) \to (0,0) \\ y=kx}} \frac{xy}{x^2-y^2} = \lim_{x \to 0} \frac{kx^2}{x^2-k^2x^2} = \frac{k}{1-k^2}.$$

因此,极限 $\lim_{(x,y) \to (0,0)} f(x,y)$ 不存在,故函数 $f(x,y)$ 在点 $(0,0)$ 处不连续.

例 5 表明,对于多元函数,偏导数存在时函数不一定连续.

3. 偏导数的几何意义

一元函数的导数 $f'(x_0)$ 表示曲线 $y=f(x)$ 在点 (x_0,y_0) 处切线的斜率. 二元函数的偏导数也有类似的几何解释.

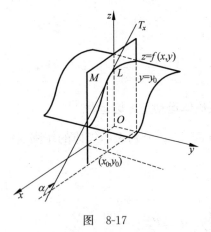

图 8-17

一般地,二元函数 $z=f(x,y)$ 表示空间的一个曲面,如图 8-17 所示. 设 $M(x_0,y_0,f(x_0,y_0))$ 是该曲面上一点,过 M 作平面 $y=y_0$,截曲面 $z=f(x,y)$ 得一空间曲线
$$L: \begin{cases} z=f(x,y), \\ y=y_0, \end{cases}$$
由于偏导数 $f_x(x_0,y_0)$ 就是一元函数 $z=f(x,y_0)$ 在 x_0 点的导数,所以 $f_x(x_0,y_0)$ 表示曲线 L 在点 M 处的切线 T_x 对 x 轴的斜率 $\tan\alpha$. 同理,$f_y(x_0,y_0)$ 的几何意义是曲面被平面 $x=x_0$ 所截的曲线在 M 点的切线对 y 轴的斜率.

二、高阶偏导数

设函数 $z=f(x,y)$ 在平面区域 D 内具有偏导数 $\dfrac{\partial z}{\partial x}=f_x(x,y), \dfrac{\partial z}{\partial y}=f_y(x,y)$,如果 $f_x(x,y), f_y(x,y)$ 仍然可以求偏导数,则称 $f_x(x,y), f_y(x,y)$ 的偏导数为函数 $z=f(x,y)$ 的二阶偏导数. 按照求导次序的不同,有下列四种不同的二阶偏导数:
$$\frac{\partial}{\partial x}\left(\frac{\partial z}{\partial x}\right), \quad \frac{\partial}{\partial y}\left(\frac{\partial z}{\partial x}\right), \quad \frac{\partial}{\partial x}\left(\frac{\partial z}{\partial y}\right), \quad \frac{\partial}{\partial y}\left(\frac{\partial z}{\partial y}\right).$$

这四个二阶偏导数分别记作

$$\frac{\partial^2 z}{\partial x^2}, \quad \frac{\partial^2 z}{\partial x \partial y}, \quad \frac{\partial^2 z}{\partial y \partial x}, \quad \frac{\partial^2 z}{\partial y^2},$$

或

$$f_{xx}(x,y), \quad f_{xy}(x,y), \quad f_{yx}(x,y), \quad f_{yy}(x,y).$$

即

$$\frac{\partial}{\partial x}\left(\frac{\partial z}{\partial x}\right) = \frac{\partial^2 z}{\partial x^2} = f_{xx}(x,y), \quad \frac{\partial}{\partial y}\left(\frac{\partial z}{\partial x}\right) = \frac{\partial^2 z}{\partial x \partial y} = f_{xy}(x,y),$$

$$\frac{\partial}{\partial x}\left(\frac{\partial z}{\partial y}\right) = \frac{\partial^2 z}{\partial y \partial x} = f_{yx}(x,y), \quad \frac{\partial}{\partial y}\left(\frac{\partial z}{\partial y}\right) = \frac{\partial^2 z}{\partial y^2} = f_{yy}(x,y).$$

其中 $\frac{\partial}{\partial y}\left(\frac{\partial z}{\partial x}\right) = \frac{\partial^2 z}{\partial x \partial y} = f_{xy}(x,y), \frac{\partial}{\partial x}\left(\frac{\partial z}{\partial y}\right) = \frac{\partial^2 z}{\partial y \partial x} = f_{yx}(x,y)$ 称为**二阶混合偏导数**.

同理可定义三阶、四阶以及 n 阶偏导数. 二阶及二阶以上的偏导数统称为**高阶偏导数**.

例 6 设 $z = xy - \cos y + y\ln(xy)$,求偏导数 $\frac{\partial^3 z}{\partial x^3}, \frac{\partial^2 z}{\partial y \partial x}$ 和 $\frac{\partial^2 z}{\partial x \partial y}$.

解

$$\frac{\partial z}{\partial x} = y + y \cdot \frac{y}{xy} = y + \frac{y}{x},$$

$$\frac{\partial z}{\partial y} = x + \sin y + \ln(xy) + y \cdot \frac{x}{xy} = x + \sin y + \ln(xy) + 1,$$

$$\frac{\partial^2 z}{\partial x^2} = -\frac{y}{x^2}, \quad \frac{\partial^3 z}{\partial x^3} = \frac{2y}{x^3}; \quad \frac{\partial^2 z}{\partial y \partial x} = 1 + \frac{1}{xy} \cdot y = 1 + \frac{1}{x}; \quad \frac{\partial^2 z}{\partial x \partial y} = 1 + \frac{1}{x}.$$

注意,例 6 中的两个二阶混合偏导数相等: $\frac{\partial^2 z}{\partial y \partial x} = \frac{\partial^2 z}{\partial x \partial y} = 1 + \frac{1}{x}$. 然而并非所有多元函数的二阶混合偏导数都相等,这样的反例的确是存在的. 但是可以证明,在下面定理的条件下,二阶混合偏导数一定相等.

定理 8.6 如果函数 $z = f(x,y)$ 的两个二阶混合偏导数 $\frac{\partial^2 z}{\partial y \partial x}$ 与 $\frac{\partial^2 z}{\partial x \partial y}$ 在区域 D 内存在并连续,那么在该区域内有 $\frac{\partial^2 z}{\partial y \partial x} = \frac{\partial^2 z}{\partial x \partial y}$.

这个定理表明,二阶混合偏导数在区域内连续的条件下与求偏导数的先后次序无关,这给混合偏导数的计算带来了方便. 更加一般地,对于一般的多元函数,高阶混合偏导数在区域内连续的条件下与求偏导的先后次序无关.

例 7(不可压流体的速度位与拉普拉斯方程) 根据流体力学知识可知,对于不可压缩的流体,其速度位函数 $\varphi(x,y,z)$ 满足下面的方程:

$$\frac{\partial^2 \varphi}{\partial x^2} + \frac{\partial^2 \varphi}{\partial y^2} + \frac{\partial^2 \varphi}{\partial z^2} = 0.$$

证明函数

$$\varphi(x,y,z) = e^{3x+4y}\cos 5z$$

满足上述方程.

证

$$\frac{\partial \varphi}{\partial x}=3e^{3x+4y}\cos 5z, \quad \frac{\partial \varphi}{\partial y}=4e^{3x+4y}\cos 5z, \quad \frac{\partial \varphi}{\partial z}=-5e^{3x+4y}\sin 5z,$$

$$\frac{\partial^2 \varphi}{\partial x^2}=9e^{3x+4y}\cos 5z, \quad \frac{\partial^2 \varphi}{\partial y^2}=16e^{3x+4y}\cos 5z, \quad \frac{\partial^2 \varphi}{\partial z^2}=-25e^{3x+4y}\cos 5z,$$

因此

$$\frac{\partial^2 \varphi}{\partial x^2}+\frac{\partial^2 \varphi}{\partial y^2}+\frac{\partial^2 \varphi}{\partial z^2}=0.$$

本节例 7 中的方程 $\frac{\partial^2 \varphi}{\partial x^2}+\frac{\partial^2 \varphi}{\partial y^2}+\frac{\partial^2 \varphi}{\partial z^2}=0$ 在数学中称为**拉普拉斯方程**,是一种重要的数学物理方程. 例 7 证明了函数 $\varphi(x,y,z)=e^{3x+4y}\cos 5z$ 为拉普拉斯方程 $\frac{\partial^2 \varphi}{\partial x^2}+\frac{\partial^2 \varphi}{\partial y^2}+\frac{\partial^2 \varphi}{\partial z^2}=0$ 的解.

习题 8-2

1. 求下列函数的所有一阶偏导数:

(1) $z=x+xy-\sin y^3$;   (2) $z=e^x\sin(x+y)$;   (3) $z=x+\sqrt{x^2-y^2}$;

(4) $z=(1+x)^y$;   (5) $z=\dfrac{x}{x^2+y^2}$;   (6) $z=\ln\tan\dfrac{y}{x}$.

2. 设 $f(x,y)=e^{xy}\cos(\pi x)+y\arctan\sqrt{\dfrac{y}{x}}$,求 $f_x(1,1), f_y(1,1)$.

3. 求下列函数的所有二阶偏导数:

(1) $z=\sin(xy)$;   (2) $z=x^y$;   (3) $z=\ln(x+y)$.

4. 证明函数 $u=\dfrac{1}{r}$ 满足拉普拉斯方程 $\dfrac{\partial^2 u}{\partial x^2}+\dfrac{\partial^2 u}{\partial y^2}+\dfrac{\partial^2 u}{\partial z^2}=0$,其中 $r=\sqrt{x^2+y^2+z^2}$.

5. 设 $w=\ln(2x+3y)$,证明 $w_{xy}=w_{yx}$.

6. 设 $f(x,y,z)=xy^2+x^2z^3+yz$,求 $f_{xy}(1,0,2), f_{yz}(0,0,-1)$.

7. 设 $z=x\ln(xy)$,求 $\dfrac{\partial^3 z}{\partial x^2 \partial y}, \dfrac{\partial^3 z}{\partial x \partial y^2}$.

8. 设在某电路中,电源两端的电压 V、电路中的电流 I、电阻器的电阻 R 满足定律 $V=IR$,且 V 随着电池的耗损而逐渐下降,同时 R 随着电阻器的加热而增加. 利用方程

$$\frac{dV}{dt}=\frac{\partial V}{\partial I}\cdot\frac{dI}{dt}+\frac{\partial V}{\partial R}\cdot\frac{dR}{dt}$$

求 $R=600\Omega, I=0.04A, dR/dt=0.5\Omega/s$ 和 $dV/dt=-0.01V/s$ 时电流的变化率.

第三节　全微分及其应用

在理论研究和实际应用中,常常需要考虑所有自变量同时发生微小改变时函数值的改变情况,比如对于二元函数 $z=f(x,y)$,当自变量 x 和 y 同时发生微小改变时,求函数的微

小改变量
$$\Delta z = f(x+\Delta x, y+\Delta y) - f(x,y).$$
对于较复杂的函数 $z=f(x,y)$，差值 Δz 往往是一个非常复杂的表达式，不易求得. 一个自然的想法是：和一元函数增量的近似计算一样，设法将 Δz 表示为 Δx 和 Δy 的线性函数，从而把复杂问题简单化，这就是全微分.

一、全微分

二元函数 $z=f(x,y)$ 对某个自变量的偏导数表示当其中一个自变量固定不变时，因变量对另一个自变量的变化率. 根据一元函数微分学增量与微分的关系得
$$f(x+\Delta x, y) - f(x, y) \approx f_x(x,y)\Delta x,$$
$$f(x, y+\Delta y) - f(x, y) \approx f_y(x,y)\Delta y,$$
上面两式左端分别称为二元函数对 x 和 y 的**偏增量**，而当 $z=f(x,y)$ 的偏导数存在时，则称 $f_x(x,y)\mathrm{d}x$ 为函数关于 x 的**偏微分**，称 $f_y(x,y)\mathrm{d}y$ 为函数关于 y 的**偏微分**.

如果 x,y 同时取得增量 $\Delta x, \Delta y$，则称
$$\Delta z = f(x+\Delta x, y+\Delta y) - f(x,y)$$
为函数 $z=f(x,y)$ 在 (x,y) 对应于自变量增量 $\Delta x, \Delta y$ 的**全增量**.

定义 8.6 设函数 $z=f(x,y)$ 在点 (x_0, y_0) 的某邻域内有定义，如果函数在点 (x_0, y_0) 的全增量 $\Delta z = f(x_0+\Delta x, y_0+\Delta y) - f(x_0, y_0)$ 可表示为
$$\Delta z = A\Delta x + B\Delta y + o(\rho),$$
其中 A, B 不依赖于 $\Delta x, \Delta y$ 而仅与 x_0, y_0 有关，$\rho = \sqrt{(\Delta x)^2 + (\Delta y)^2}$，则称函数 $z=f(x,y)$ **在点** (x_0, y_0) **可微**，称 $A\Delta x + B\Delta y$ 为函数 $z=f(x,y)$ **在点** (x_0, y_0) **的全微分**，记作 $\mathrm{d}z|_{(x_0,y_0)}$. 即
$$\mathrm{d}z|_{(x_0,y_0)} = A\Delta x + B\Delta y.$$

通常，可将自变量的增量 $\Delta x, \Delta y$ 写成 $\mathrm{d}x, \mathrm{d}y$，分别称它们为**自变量** x, y **的微分**. 所以全微分 $\mathrm{d}z|_{(x_0,y_0)}$ 常写成 $\mathrm{d}z|_{(x_0,y_0)} = A\mathrm{d}x + B\mathrm{d}y$.

函数 $z=f(x,y)$ 在任意一点 (x,y) 的全微分记作 $\mathrm{d}z$. 如果函数 $z=f(x,y)$ 在区域 D 内每一点处都可微，则称该函数**在区域** D **内可微**.

由全微分的定义可知：可微函数的全增量可近似表示为自变量增量的线性函数. 全微分概念自然地引起下列问题：

(1) 什么样的函数的全增量可近似表示为自变量增量的线性函数，也即什么样的函数可微？定义式中的 A, B 如何求？

(2) 函数可微与函数的连续性、偏导数有关吗？

定理 8.7 如果函数 $f(x,y)$ 在点 (x,y) 可微，则 $f(x,y)$ 在点 (x,y) 连续.

证 设 $z=f(x,y)$ 在点 (x,y) 可微，则
$$\Delta z = f(x+\Delta x, y+\Delta y) - f(x,y) = A\Delta x + B\Delta y + o(\rho),$$
其中 $\rho = \sqrt{(\Delta x)^2 + (\Delta y)^2}$，显然，$\lim_{\rho \to 0} \Delta z = 0$，从而有
$$\lim_{(\Delta x, \Delta y) \to (0,0)} f(x+\Delta x, y+\Delta y) = \lim_{\rho \to 0}[f(x,y) + \Delta z] = f(x,y).$$
因此函数 $z=f(x,y)$ 在点 (x,y) 处连续.

定理 8.8（可微的必要条件） 如果函数 $z=f(x,y)$ 在点 (x,y) 可微，则函数在该点的偏导数 $\dfrac{\partial z}{\partial x},\dfrac{\partial z}{\partial y}$ 存在，且函数 $z=f(x,y)$ 在点 (x,y) 的全微分为

$$\mathrm{d}z=\frac{\partial z}{\partial x}\mathrm{d}x+\frac{\partial z}{\partial y}\mathrm{d}y.$$

证 设函数 $z=f(x,y)$ 在点 $P(x,y)$ 可微．因此，对于点 P 的某个邻域内的任意一点 $Q(x+\Delta x,y+\Delta y)$，有 $\Delta z=A\Delta x+B\Delta y+o(\rho)$．特别当 $\Delta y=0$ 时有

$$f(x+\Delta x,y)-f(x,y)=A\Delta x+o(|\Delta x|).$$

上式两边各除以 Δx，再令 $\Delta x\to 0$ 取极限，得

$$\lim_{\Delta x\to 0}\frac{f(x+\Delta x,y)-f(x,y)}{\Delta x}=A,$$

从而偏导数 $\dfrac{\partial z}{\partial x}$ 存在，且 $\dfrac{\partial z}{\partial x}=A$，同理可证偏导数 $\dfrac{\partial z}{\partial y}$ 存在，且 $\dfrac{\partial z}{\partial y}=B$．所以

$$\mathrm{d}z=\frac{\partial z}{\partial x}\Delta x+\frac{\partial z}{\partial y}\Delta y=\frac{\partial z}{\partial x}\mathrm{d}x+\frac{\partial z}{\partial y}\mathrm{d}y.$$

定理 8.9（可微的充分条件） 如果函数 $z=f(x,y)$ 的偏导函数 $\dfrac{\partial z}{\partial x},\dfrac{\partial z}{\partial y}$ 在点 (x,y) 连续，则函数 $z=f(x,y)$ 在该点可微．

证明略．

上述二元函数的全微分的概念和定理可以推广到一般的多元函数，例如三元函数 $u=f(x,y,z)$ 的全微分为

$$\mathrm{d}u=\frac{\partial u}{\partial x}\mathrm{d}x+\frac{\partial u}{\partial y}\mathrm{d}y+\frac{\partial u}{\partial z}\mathrm{d}z.$$

一元函数在某点的导数存在是其微分存在的充要条件，但对于多元函数来说，情形就不同了．

例 1 证明函数 $z=f(x,y)=\begin{cases}\dfrac{xy}{\sqrt{x^2+y^2}}, & x^2+y^2\neq 0,\\ 0, & x^2+y^2=0\end{cases}$ 在点 $(0,0)$ 的偏导数都存在，但不可微．

证 由定义得

$$f_x(0,0)=\lim_{\Delta x\to 0}\frac{f(0+\Delta x,0)-f(0,0)}{\Delta x}=\lim_{\Delta x\to 0}\frac{0}{\Delta x}=0,$$

$$f_y(0,0)=\lim_{\Delta y\to 0}\frac{f(0,0+\Delta y)-f(0,0)}{\Delta y}=\lim_{\Delta y\to 0}\frac{0}{\Delta y}=0.$$

因此，$f(x,y)$ 在点 $(0,0)$ 的偏导数都存在．

下面用反证法证明函数在点 $(0,0)$ 不可微．假设函数 $f(x,y)$ 在点 (x_0,y_0) 可微，则由可微的定义知必有

$$\Delta z-[f_x(x_0,y_0)\Delta x+f_y(x_0,y_0)\Delta y]=o(\rho),$$

即

$$\lim_{\rho\to 0}\frac{\Delta z-[f_x(x_0,y_0)\Delta x+f_y(x_0,y_0)\Delta y]}{\rho}=0.$$

另一方面,因为 $f_x(0,0)=0, f_y(0,0)=0$,所以
$$\lim_{\rho \to 0} \frac{\Delta z - [f_x(0,0) \cdot \Delta x + f_y(0,0) \cdot \Delta y]}{\rho} = \lim_{\rho \to 0} \frac{\Delta z}{\rho} = \lim_{\rho \to 0} \frac{\Delta x \cdot \Delta y}{[(\Delta x)^2 + (\Delta y)^2]^{3/2}}$$
不存在,因此函数在点 $(0,0)$ 不可微.

例1 表明:偏导数 $\frac{\partial z}{\partial x}, \frac{\partial z}{\partial y}$ 存在是 $f(x,y)$ 可微的必要条件,但不是充分条件. 多元函数 $f(x,y)$ 在点 P 连续、偏导数存在与可微之间有如图 8-18 所示的关系.

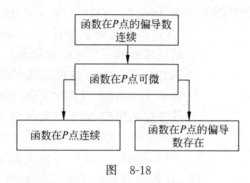

图 8-18

例2 求函数 $z = \arctan(xy)$ 在点 $(1,1)$ 处的全微分.

解 因为 $\frac{\partial z}{\partial x} = \frac{y}{1+x^2y^2}, \frac{\partial z}{\partial y} = \frac{x}{1+x^2y^2}, \frac{\partial z}{\partial x}\Big|_{\substack{x=1\\y=1}} = \frac{\partial z}{\partial y}\Big|_{\substack{x=1\\y=1}} = \frac{1}{2}$,所以 $\mathrm{d}z = \frac{1}{2}\mathrm{d}x + \frac{1}{2}\mathrm{d}y$.

例3 求函数 $z = \sin(x^2+y^2) + xy$ 的全微分.

解 因为 $\frac{\partial z}{\partial x} = 2x\cos(x^2+y^2) + y, \frac{\partial z}{\partial y} = 2y\cos(x^2+y^2) + x$,且这两个偏导数连续,所以 $\mathrm{d}z = [2x\cos(x^2+y^2)+y]\mathrm{d}x + [2y\cos(x^2+y^2)+x]\mathrm{d}y$.

例4 求函数 $u = \ln(xy) + xe^z$ 的全微分.

解 因为 $\frac{\partial u}{\partial x} = \frac{1}{x} + e^z, \frac{\partial u}{\partial y} = \frac{1}{y}, \frac{\partial u}{\partial z} = xe^z$,所以 $\mathrm{d}u = \left(\frac{1}{x}+e^z\right)\mathrm{d}x + \frac{1}{y}\mathrm{d}y + xe^z\mathrm{d}z$.

二、二元函数的线性化

设 $z = f(x,y)$ 在点 (x_0, y_0) 可微,则由可微的定义,函数在点 (x_0, y_0) 的全增量可写成
$$\Delta z = f(x_0+\Delta x, y_0+\Delta y) - f(x_0, y_0)$$
$$= A\Delta x + B\Delta y + o(\rho) = \mathrm{d}z + o(\rho).$$
当 $|\Delta x|, |\Delta y|$ 都比较小时, $o(\rho)$ 可忽略不计,因此有近似等式 $\Delta z \approx \mathrm{d}z$,即
$$f(x_0+\Delta x, y_0+\Delta y) - f(x_0, y_0) \approx f_x(x_0, y_0)\Delta x + f_y(x_0, y_0)\Delta y,$$
令 $x = x_0+\Delta x, y = y_0+\Delta y$,则 $\Delta x = x - x_0, \Delta y = y - y_0$,上面的近似等式转化为
$$f(x,y) - f(x_0, y_0) \approx f_x(x_0, y_0)(x-x_0) + f_y(x_0, y_0)(y-y_0),$$
移项得
$$f(x,y) \approx f(x_0, y_0) + f_x(x_0, y_0)(x-x_0) + f_y(x_0, y_0)(y-y_0).$$

定义 8.7 设函数 $z=f(x,y)$ 在点 (x_0,y_0) 可微,称函数
$$L(x,y)=f(x_0,y_0)+f_x(x_0,y_0)(x-x_0)+f_y(x_0,y_0)(y-y_0)$$
为 $z=f(x,y)$ 在点 (x_0,y_0) 处的**线性化**. 在点 (x_0,y_0) 的某个邻域内,近似等式 $f(x,y)\approx L(x,y)$ 称为函数 $z=f(x,y)$ 在点 (x_0,y_0) 处的**标准线性近似**.

注意到 $z=L(x,y)$,即三元一次方程
$$f_x(x_0,y_0)(x-x_0)+f_y(x_0,y_0)(y-y_0)-z+f(x_0,y_0)=0$$
表示通过点 $(x_0,y_0,f(x_0,y_0))$ 且以 $(f_x(x_0,y_0),f_y(x_0,y_0),-1)$ 为法向量的平面,而此平面就是本章第六节将要讲述的"曲面 $z=f(x,y)$ 在点 (x_0,y_0) 的切平面".

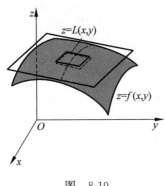

图 8-19

因此,从几何上来看,二元函数的线性化就是将曲面上某点邻近的一小片曲面用相应的一小块切平面近似替代,如图 8-19 所示. 这种在局部范围内用特定的线性函数代替非线性函数,以简化复杂问题的思想在数学上称为**局部线性化的思想**. 对于二元函数 $z=f(x,y)$,这种思想就是在局部用切平面 $z=L(x,y)$ 代替曲面 $z=f(x,y)$.

局部线性化的思想在实际应用中有广泛的应用背景,比如在计算机绘图,轮船、飞机等其他各种飞行器的外形设计以及现代控制技术中都用到了局部线性化的思想.

例 5 求 $f(x,y)=x^2y+y\ln(xy)$ 在点 $(1,1)$ 处的线性化.

解 首先求出 $f(x,y),f_x(x,y)$ 和 $f_y(x,y)$ 在点 $(1,1)$ 处的值:
$$f(1,1)=1,\quad f_x(1,1)=\left(2xy+\frac{y}{x}\right)\bigg|_{(1,1)}=3,\quad f_y(1,1)=[x^2+\ln(xy)+1]|_{(1,1)}=2.$$
因此,$f(x,y)$ 在点 $(1,1)$ 的线性化为
$$L(x,y)=1+3(x-1)+2(y-1)=3x+2y+4.$$

二元函数的线性化可用于近似计算.

例 6 计算 $(0.98)^2\times(3.01)^3$ 的近似值.

解 设函数 $f(x,y)=x^2y^3$. 显然,要计算的值就是函数当 $x=0.98,y=3.01$ 时的函数值 $f(0.98,3.01)$. 取 $x_0=1,y_0=3,\Delta x=-0.02,\Delta y=0.01$. 由于
$$f(x+\Delta x,y+\Delta y)\approx f(x,y)+f_x(x,y)\Delta x+f_y(x,y)\Delta y$$
$$=x^2y^3+2xy^3\Delta x+3x^2y^2\Delta y,$$
因此
$$0.98^2\times 3.01^3\approx 1^2\times 3^3-2\times 1\times 3^3\times 0.02+3\times 1^2\times 3^2\times 0.01=26.19.$$

例 7 一家公司制造一个储存罐,过其中心轴的截面如图 8-20 所示,罐体左右两端为半球体,半径为 5cm,罐体中间为圆柱体,柱体高为 25cm. 请分析储存罐的体积对于高度和半径的微小改变的敏感度.

解 设储存罐的半径、高和体积依次为 r,h 和 V,则有
$$V=V(r,h)=\frac{4}{3}\pi r^3+\pi r^2h.$$

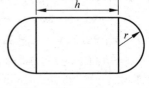

图 8-20

已知 $r=5,h=25$,由近似公式 $\Delta V\approx dV$ 得

$$\Delta V \approx \mathrm{d}V\Big|_{\substack{r=5\\h=25}} = (4\pi r^2 + 2\pi rh)\Big|_{\substack{r=5\\h=25}}\Delta r + \pi r^2\Big|_{\substack{r=5\\h=25}}\Delta h$$
$$= 350\pi\Delta r + 25\pi\Delta h.$$

因此,半径 r 的 1 个单位的改变将使体积产生约 350π 单位的改变,高度 h 的 1 个单位的改变将使体积产生约 25π 单位的改变. 这表明,储存罐的体积对于半径 r 微小改变的敏感度是对于高度 h 的同样微小改变的敏感度的 14 倍. 作为承担质量控制任务的工程师,应保证储存罐的体积准确,因此需要特别关注储存罐半径的精度.

思考与探索:如果将例 7 中 r 和 h 的取值互换,即 $r=25\mathrm{cm}, h=5\mathrm{cm}$,那么体积对于哪一个变量的变化具有更大的敏感度?

习题 8-3

1. 求下列函数的全微分:
 (1) $z=xy+x^2$;   (2) $z=\mathrm{e}^{\frac{y}{x}}$;   (3) $u=\sqrt{x^2+y^2+z^2}$;   (4) $z=(2y+1)^x$.

2. 求下列函数在给定点的全微分:
 (1) $z=\ln(1+y^2+x^2)$,求 $\mathrm{d}z\big|_{(1,1)}$;   (2) $z=x\cos(x+y)$,求 $\mathrm{d}z\big|_{(\frac{\pi}{4},\frac{\pi}{4})}$.

3. 求下列函数在给定点处的线性化:
 (1) $f(x,y)=x^2-y^2+xy+2,(1,1)$;   (2) $z=\mathrm{e}^{xy},(1,1)$.

4. 计算下列各式的近似值:
 (1) $\sin 44°\tan 46°$;   (2) $(1.01)^{1.99}$.

5. 有一圆柱体,受压后发生形变,它的半径由 20cm 增大到 20.05cm,高度由 100cm 减小到 99cm. 求此圆柱体体积变化的近似值.

6. 假定你是质量工程师,你想通过测量长方体的长、宽、高来计算长方体容器的容积. 你应该对长度、宽度和高度中哪个尺寸的测量更加关注?并说明理由.

第四节 多元复合函数的求导法则

在一元函数微分学中,曾讨论过复合函数求导的链式法则. 对于多元复合函数,由于中间变量与自变量个数增多,复合关系更加复杂. 但无论复合关系多么复杂,我们仍然可以借助链式法则解决多元复合函数偏导数的计算问题. 本节主要介绍多元复合函数求偏导的链式法则.

一、多元复合函数求偏导的链式法则

多元复合函数的复合关系比较复杂,下面分几种情形讨论.

1. 中间变量都是多元函数

定理 8.10 设函数 $u=\varphi(x,y), v=\psi(x,y)$ 在点 (x,y) 的偏导数都存在,而 $z=f(u,v)$ 在相应的点 (u,v) 处有连续的偏导数,则复合函数 $z=f(\varphi(x,y),\psi(x,y))$ 在点 (x,y) 的两个偏导数存在,且

$$\frac{\partial z}{\partial x}=\frac{\partial z}{\partial u}\cdot\frac{\partial u}{\partial x}+\frac{\partial z}{\partial v}\cdot\frac{\partial v}{\partial x}, \quad \frac{\partial z}{\partial y}=\frac{\partial z}{\partial u}\cdot\frac{\partial u}{\partial y}+\frac{\partial z}{\partial v}\cdot\frac{\partial v}{\partial y}.$$

证明略.

以上的求导规则称为**复合函数的链式求导法则**.

求多元复合函数的偏导数,关键是要分清楚复合函数的层次结构,即分清哪些是自变量,哪些是中间变量.为了更清楚地表示这些关系,可以借助于复合函数的链式图来分析.例如,为求 $\dfrac{\partial z}{\partial x}$,第一步,作链式图 8-21;第二步,找到从 $z\to x$ 的所有链,即 $z\to u\to x$ 和 $z\to v\to x$;第三步,每条链上依次前一个变量对后一个变量求导,然后把这些导数相乘;第四步,把第三步所得每条链上的导数乘积相加,得

$$\frac{\partial z}{\partial x}=\frac{\partial z}{\partial u}\cdot\frac{\partial u}{\partial x}+\frac{\partial z}{\partial v}\cdot\frac{\partial v}{\partial x}.$$

推论 设 $u=\varphi(x,y),v=\psi(x,y),w=\omega(x,y)$ 在点 (x,y) 的偏导数存在,而 $z=f(u,v,w)$ 在相应的 (u,v,w) 点有连续的偏导数,则复合函数 $z=f(\varphi(x,y),\psi(x,y),\omega(x,y))$ 在点 (x,y) 的两个偏导数存在,且

$$\frac{\partial z}{\partial x}=\frac{\partial z}{\partial u}\cdot\frac{\partial u}{\partial x}+\frac{\partial z}{\partial v}\cdot\frac{\partial v}{\partial x}+\frac{\partial z}{\partial w}\cdot\frac{\partial w}{\partial x},$$

$$\frac{\partial z}{\partial y}=\frac{\partial z}{\partial u}\cdot\frac{\partial u}{\partial y}+\frac{\partial z}{\partial v}\cdot\frac{\partial v}{\partial y}+\frac{\partial z}{\partial w}\cdot\frac{\partial w}{\partial y}.$$

中间变量有三个,复合后为二元函数,自变量为 x,y.其链式图如图 8-22 所示.

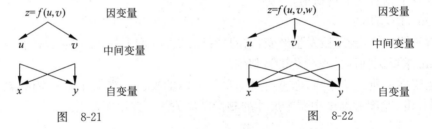

图 8-21　　　　　　　　图 8-22

例 1 设 $z=u+v,u=x\sin y,v=x^2+y^2$,求 $\dfrac{\partial z}{\partial x},\dfrac{\partial z}{\partial y}$.

解 变量之间关系的链式图如图 8-21 所示.

$\dfrac{\partial z}{\partial u}=\dfrac{\partial z}{\partial v}=1;\quad \dfrac{\partial u}{\partial x}=\sin y,\quad \dfrac{\partial u}{\partial y}=x\cos y;\quad \dfrac{\partial v}{\partial x}=2x,\quad \dfrac{\partial v}{\partial y}=2y;$

$\dfrac{\partial z}{\partial x}=\dfrac{\partial z}{\partial u}\cdot\dfrac{\partial u}{\partial x}+\dfrac{\partial z}{\partial v}\cdot\dfrac{\partial v}{\partial x}=\sin y+2x,\quad \dfrac{\partial z}{\partial y}=\dfrac{\partial z}{\partial u}\cdot\dfrac{\partial u}{\partial y}+\dfrac{\partial z}{\partial v}\cdot\dfrac{\partial v}{\partial y}=x\cos y+2y.$

例 2 设 $z=u^v,u=xy,v=x+y$,求 $\dfrac{\partial z}{\partial x},\dfrac{\partial z}{\partial y}$.

解 $\dfrac{\partial z}{\partial x}=\dfrac{\partial z}{\partial u}\cdot\dfrac{\partial u}{\partial x}+\dfrac{\partial z}{\partial v}\cdot\dfrac{\partial v}{\partial x}=vu^{v-1}\cdot y+u^v\ln u\cdot 1$

$=u^{v-1}(vy+u\ln u)=(xy)^{x+y-1}[xy+y^2+xy\ln(xy)];$

$\dfrac{\partial z}{\partial y}=\dfrac{\partial z}{\partial u}\dfrac{\partial u}{\partial y}+\dfrac{\partial z}{\partial v}\dfrac{\partial v}{\partial y}=vu^{v-1}\cdot x+u^v\ln u\cdot 1=u^{v-1}(vx+u\ln u)$

$=(xy)^{x+y-1}[x^2+xy+xy\ln(xy)].$

注 最后的结果中要将 $u=xy$ 和 $v=x+y$ 都代入,它是关于 x,y 的表达式.

2. 中间变量都是一元函数——全导数

定理 8.11 如果函数 $u=\varphi(t)$ 及 $v=\psi(t)$ 都在点 t 可导,函数 $z=f(u,v)$ 在对应点 (u,v) 具有连续偏导数,则复合所得一元函数 $z=f(\varphi(t),\psi(t))$ 在点 t 可导,且有

$$\frac{\mathrm{d}z}{\mathrm{d}t}=\frac{\partial z}{\partial u}\cdot\frac{\mathrm{d}u}{\mathrm{d}t}+\frac{\partial z}{\partial v}\cdot\frac{\mathrm{d}v}{\mathrm{d}t}.$$

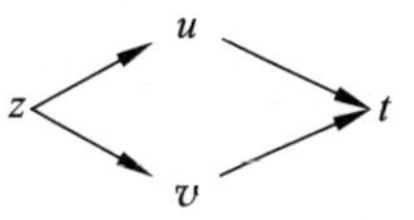

图 8-23

其链式图如图 8-23 所示. 式中的导数 $\dfrac{\mathrm{d}z}{\mathrm{d}t}$ 称为**全导数**.

注 如果复合的结果是一元函数,则应使用全导数符号 $\dfrac{\mathrm{d}z}{\mathrm{d}t}$;如果复合的结果是多元函数,则应使用偏导数符号.

例 3 设 $z=\mathrm{e}^{x^2+y^2}, x=\ln t, y=t^2$,求全导数 $\dfrac{\mathrm{d}z}{\mathrm{d}t}$.

解
$$\frac{\mathrm{d}z}{\mathrm{d}t}=\frac{\partial z}{\partial x}\cdot\frac{\mathrm{d}x}{\mathrm{d}t}+\frac{\partial z}{\partial y}\cdot\frac{\mathrm{d}y}{\mathrm{d}t}=\mathrm{e}^{x^2+y^2}\cdot 2x\cdot\frac{1}{t}+\mathrm{e}^{x^2+y^2}\cdot 2y\cdot 2t$$
$$=\mathrm{e}^{\ln^2 t+t^4}\left(\frac{2\ln t}{t}+4t^3\right).$$

注 最后的结果中要将 $x=\ln t$ 和 $y=t^2$ 都代入.

3. 中间变量既有一元函数,又有多元函数

定理 8.12 设 $z=f(x,u,v), u=\varphi(x,y), v=\psi(x,y)$,中间变量 u,v 关于自变量 x,y 的偏导数都存在,三元函数 $z=f(x,u,v)$ 在相应点 (x,u,v) 有一阶连续的偏导数,则复合函数 $z=f(x,\varphi(x,y),\psi(x,y))$ 在点 (x,y) 的偏导数都存在:

$$\frac{\partial z}{\partial x}=\frac{\partial f}{\partial x}\cdot\frac{\mathrm{d}x}{\mathrm{d}x}+\frac{\partial f}{\partial u}\cdot\frac{\partial u}{\partial x}+\frac{\partial f}{\partial v}\cdot\frac{\partial v}{\partial x}=f'_x+f'_u\frac{\partial u}{\partial x}+f'_v\frac{\partial v}{\partial x},$$

$$\frac{\partial z}{\partial y}=\frac{\partial f}{\partial u}\cdot\frac{\partial u}{\partial y}+\frac{\partial f}{\partial v}\cdot\frac{\partial v}{\partial y}=f'_u\frac{\partial u}{\partial y}+f'_v\frac{\partial v}{\partial y},$$

图 8-24

其链式图如图 8-24 所示.

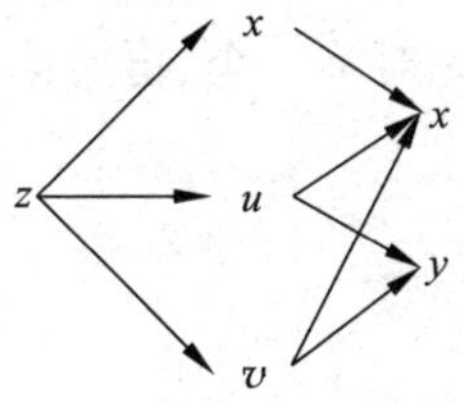

需要指出的是,定理 8.12 中的 x 既是中间变量也是自变量,第一个等式左端的 $\dfrac{\partial z}{\partial x}$ 表示在复合后的函数 $z=f(x,\varphi(x,y),\psi(x,y))$ 中将 y 看成常数而对 x 求偏导,右端的 $\dfrac{\partial f}{\partial x}$ 则表示在复合前的函数 $z=f(x,u,v)$ 中将 u,v 视作常数,对作为中间变量的 x 求导. 显然,当 x 具有既是中间变量又是自变量的"双重身份"时,$\dfrac{\partial z}{\partial x}$ 与 $\dfrac{\partial f}{\partial x}$ 的含义不同. 请读者特别注意,记号不能用错!

例 4 设 $z=\sin x+y^2, y=\mathrm{e}^x$,求全导数 $\dfrac{\mathrm{d}z}{\mathrm{d}x}$.

解
$$\frac{\mathrm{d}z}{\mathrm{d}x}=\frac{\partial z}{\partial x}\cdot\frac{\mathrm{d}x}{\mathrm{d}x}+\frac{\partial z}{\partial y}\cdot\frac{\mathrm{d}y}{\mathrm{d}x}=\frac{\partial z}{\partial x}+\frac{\partial z}{\partial y}\cdot\frac{\mathrm{d}y}{\mathrm{d}x}$$
$$=\cos x+2y\mathrm{e}^x.$$

4. 中间变量只有一个

定理 8.13 设 $z=f(u)$，$u=u(x,y)$，其中 $u(x,y)$ 在点 (x,y) 的一阶偏导数均存在，$f(u)$ 的一阶导数连续，则复合函数 $z=f(u(x,y))$ 在点 (x,y) 的偏导数都存在，且有

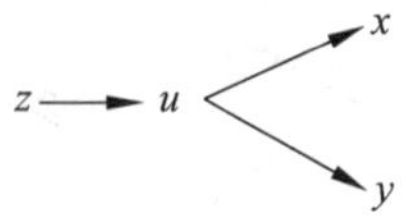

图 8-25

$$\frac{\partial z}{\partial x}=\frac{\mathrm{d}f}{\mathrm{d}u}\cdot\frac{\partial u}{\partial x};\quad \frac{\partial z}{\partial y}=\frac{\mathrm{d}f}{\mathrm{d}u}\cdot\frac{\partial u}{\partial y}.$$

其链式图如图 8-25 所示.

二、抽象复合函数求偏导

例 5 设 $z=f(xy,\mathrm{e}^{xy^2})$，其中 f 具有连续的偏导数，求 $\frac{\partial z}{\partial x},\frac{\partial z}{\partial y}$.

解 引进中间变量，设 $u=xy$，$v=\mathrm{e}^{xy^2}$，则链式图如图 8-21 所示，有

$$\begin{aligned}\frac{\partial z}{\partial x}&=\frac{\partial z}{\partial u}\cdot\frac{\partial u}{\partial x}+\frac{\partial z}{\partial v}\cdot\frac{\partial v}{\partial x}\\&=f_u\cdot y+f_v\cdot\mathrm{e}^{xy^2}y^2=yf_u+y^2\mathrm{e}^{xy^2}f_v,\\\frac{\partial z}{\partial y}&=\frac{\partial z}{\partial u}\cdot\frac{\partial u}{\partial y}+\frac{\partial z}{\partial v}\cdot\frac{\partial v}{\partial y}\\&=f_u\cdot x+f_v\cdot\mathrm{e}^{xy^2}2xy=xf_u+2xy\mathrm{e}^{xy^2}f_v.\end{aligned}$$

为使表达式简洁，引用如下记号表示抽象函数 $f(u,v)$ 对其第一、第二个自变量的偏导数：

$$f_1'=\frac{\partial f}{\partial u},\quad f_2'=\frac{\partial f}{\partial v}.$$

类似地，用 f_{11}'' 表示 f 对其第一个中间变量的二阶偏导数，f_{12}'' 表示 f 先对第一个、再对第二个中间变量的二阶混合偏导数. 即

$$f_{11}''=\frac{\partial^2 f}{\partial u^2},\quad f_{12}''=\frac{\partial^2 f}{\partial u\partial v}.$$

利用这些记号，例 5 的结果可写成

$$\frac{\partial z}{\partial x}=yf_1'+y^2\mathrm{e}^{xy^2}f_2',\quad \frac{\partial z}{\partial y}=xf_1'+2xy\mathrm{e}^{xy^2}f_2'.$$

例 6 设 $w=f(x+y,xy)$，f 具有二阶连续偏导数，求 $\frac{\partial^2 w}{\partial x\partial y}$.

解 令 $u=x+y$，$v=xy$，则 $w=f(u,v)$，其链式图可参考图 8-21，有

$$\frac{\partial w}{\partial x}=\frac{\partial f}{\partial u}\cdot\frac{\partial u}{\partial x}+\frac{\partial f}{\partial v}\cdot\frac{\partial v}{\partial x}=f_1'+yf_2';$$

$$\begin{aligned}\frac{\partial^2 w}{\partial x\partial y}&=\frac{\partial}{\partial y}(f_1'+yf_2')=\frac{\partial f_1'}{\partial y}+y\frac{\partial f_2'}{\partial y}+f_2'=\frac{\partial f_1'}{\partial u}\cdot\frac{\partial u}{\partial y}+\frac{\partial f_1'}{\partial v}\cdot\frac{\partial v}{\partial y}+\\&\quad y\left(\frac{\partial f_2'}{\partial u}\cdot\frac{\partial u}{\partial y}+\frac{\partial f_2'}{\partial v}\cdot\frac{\partial v}{\partial y}\right)+f_2'=f_{11}''+f_{12}''\cdot x+y(f_{21}''+f_{22}''\cdot x)+f_2'.\end{aligned}$$

由例 6 的求解过程可见，弄清楚 $f_u(u,v)$，$f_v(u,v)$ 的结构(即 f_1'，f_2' 的结构)是求抽象复合函数二阶偏导数的关键. 其中 $f_u(u,v)$，$f_v(u,v)$ 仍是复合函数，它们仍然是以 u,v 为中间变量，以 x,y 为自变量的复合函数，因此在求它们关于 x,y 的偏导数时也需使用链式

法则.

例 7 设 $z=f(u,x)$，其中 f 具有对各变量的连续的二阶偏导数，$u=xe^y$，求 $\dfrac{\partial^2 z}{\partial x \partial y}$.

解 $\dfrac{\partial z}{\partial x} = f'_1 e^y + f'_2,$

$$\dfrac{\partial^2 z}{\partial x \partial y} = \dfrac{\partial f'_1}{\partial y}e^y + f'_1 e^y + \dfrac{\partial f'_2}{\partial y} = f''_{11} x e^{2y} + f'_1 e^y + f''_{21} x e^y.$$

三、全微分形式不变性

如果函数 $z=f(u,v)$ 有一阶连续的偏导数，则该函数一定可微，且
$$dz = \dfrac{\partial z}{\partial u} du + \dfrac{\partial z}{\partial v} dv.$$

注意这里将 u,v 看成自变量.

如果函数 $z=f(u,v)$ 中的 u,v 是中间变量，$u=u(x,y),v=v(x,y)$ 的偏导数连续，则复合后的 z 是自变量 x,y 的函数，因此应有
$$dz = \dfrac{\partial z}{\partial x} dx + \dfrac{\partial z}{\partial y} dy,$$

注意到
$$du = \dfrac{\partial u}{\partial x} dx + \dfrac{\partial u}{\partial y} dy, \quad dv = \dfrac{\partial v}{\partial x} dx + \dfrac{\partial v}{\partial y} dy,$$

所以
$$\begin{aligned} dz &= \dfrac{\partial z}{\partial x} dx + \dfrac{\partial z}{\partial y} dy = \left(\dfrac{\partial z}{\partial u} \cdot \dfrac{\partial u}{\partial x} + \dfrac{\partial z}{\partial v} \cdot \dfrac{\partial v}{\partial x}\right) dx + \left(\dfrac{\partial z}{\partial u} \cdot \dfrac{\partial u}{\partial y} + \dfrac{\partial z}{\partial v} \cdot \dfrac{\partial v}{\partial y}\right) dy \\ &= \dfrac{\partial z}{\partial u}\left(\dfrac{\partial u}{\partial x} dx + \dfrac{\partial u}{\partial y} dy\right) + \dfrac{\partial z}{\partial v}\left(\dfrac{\partial v}{\partial x} dx + \dfrac{\partial v}{\partial y} dy\right) \\ &= \dfrac{\partial z}{\partial u} du + \dfrac{\partial z}{\partial v} dv. \end{aligned}$$

这表明，无论将 u,v 看成自变量还是中间变量，全微分 dz 的形式都相同，此性质称为**一阶微分形式不变性**.

例 8 设 $z=e^u \sin v, u=xy, v=x+y$，利用全微分求偏导数 $\dfrac{\partial z}{\partial x}, \dfrac{\partial z}{\partial y}$.

解
$$\begin{aligned} dz &= d(e^u \sin v) = e^u \sin v du + e^u \cos v dv \\ &= e^u \sin v d(xy) + e^u \cos v d(x+y) \\ &= e^u \sin v (y dx + x dy) + e^u \cos v (dx + dy) \\ &= (y e^u \sin v + e^u \cos v) dx + (x e^u \sin v + e^u \cos v) dy \\ &= e^{xy}[y \sin(x+y) + \cos(x+y)] dx + e^{xy}[x \sin(x+y) + \cos(x+y)] dy, \end{aligned}$$

所以
$$\dfrac{\partial z}{\partial x} = e^{xy}[y \sin(x+y) + \cos(x+y)], \quad \dfrac{\partial z}{\partial y} = e^{xy}[x \sin(x+y) + \cos(x+y)].$$

习题 8-4

1. 设 $z = e^{uv}, u = x+y, v = xy$,求 $\dfrac{\partial z}{\partial x}, \dfrac{\partial z}{\partial y}$.

2. 设 $z = e^{xy^2}, y = \ln x$,求 $\dfrac{dz}{dx}$.

3. 设 $u = \sin(x + yz^2), x = \ln t, y = \sin t, z = t^2$,求 $\dfrac{du}{dt}$.

4. 设 $z = (y+1)^x, x = \sin t, y = \cos t$,求 $\dfrac{dz}{dt}\bigg|_{t=0}$.

5. 设 $z = u^2 + v^2, u = x\cos y, v = x\sin y$,求 $\dfrac{\partial z}{\partial x}, \dfrac{\partial z}{\partial y}$.

6. 求下列函数的一阶偏导数,其中 f 具有一阶连续偏导数:

    (1) $z = f(xy)$;   (2) $z = f\left(x^2+y^2, \sin\dfrac{x}{y}\right)$;   (3) $z = xf(x-y, xy)$.

7. 设 $z = f(xy, \ln x)$(其中 f 具有二阶连续偏导数),求 $\dfrac{\partial^2 z}{\partial x^2}, \dfrac{\partial^2 z}{\partial x \partial y}, \dfrac{\partial^2 z}{\partial y^2}$.

8. 设 $z = e^{-x} - f(x-3y)$,且当 $y = 0$ 时,$z = x^2$,求 $\dfrac{\partial z}{\partial x}$.

9. 已知 $e^{-xy} + \sin z = x^2 z$,利用全微分形式不变性,求 $\dfrac{\partial z}{\partial x}, \dfrac{\partial z}{\partial y}$.

第五节 隐函数的求导法则

第二章第四节中介绍了由二元方程 $F(x,y) = 0$ 确定的一元隐函数求导方法,我们知道,二元方程不一定能够确定一个隐函数,换句话说,若二元方程能够确定一个隐函数,必须满足一定的条件.那么,所需要的条件是什么呢?本节的隐函数存在定理可以从理论上保证:在一定条件下,一个二元方程 $F(x,y) = 0$ 可确定一个一元隐函数,一个三元方程 $F(x,y,z) = 0$ 可确定一个二元隐函数.隐函数存在定理不仅给出了这些隐函数存在的充分条件,还给出了求隐函数导数或偏导数的公式.

一、一元隐函数存在定理和隐函数的求导公式

定理 8.14(隐函数存在定理 1) 设二元函数 $F(x,y)$ 满足:
(1) $F(x,y)$ 在点 (x_0, y_0) 的某一邻域内具有连续偏导数,
(2) $F(x_0, y_0) = 0$,
(3) $F_y(x_0, y_0) \neq 0$,

则二元方程 $F(x,y) = 0$ 在点 (x_0, y_0) 的某邻域内能确定一个连续且具有连续导数的函数 $y = f(x)$,它满足条件 $y_0 = f(x_0)$,并有

$$\dfrac{dy}{dx} = -\dfrac{F_x}{F_y}.$$

这个公式称为**隐函数的求导公式**,式中 F_x,F_y 为二元函数 $F(x,y)$ 的偏导数.

该定理的证明略,下面只对定理的条件和结论作些说明.

条件(1)保证 F_x,F_y 的存在性,$\dfrac{\mathrm{d}y}{\mathrm{d}x}$ 的连续性;条件(2)保证 $y_0 = f(x_0)$;对于条件(3),通过一个简单的例子来说明:

在什么条件下可以由方程 $ax + by + c = 0$ 确定 y 是 x 的函数?即什么条件下,直线可以表示成 $y = kx + l$?显然,条件应当是 $b \neq 0$,即 $F_y \neq 0$.

下面说明结论 $\dfrac{\mathrm{d}y}{\mathrm{d}x} = -\dfrac{F_x}{F_y}$ 是怎样得到的.

将方程 $F(x,y) = 0$ 所确定的函数 $y = f(x)$ 代入该方程,得恒等式
$$F(x, f(x)) \equiv 0,$$
方程两边分别对 x 求导,并利用多元复合函数求导法则,得
$$\frac{\partial F}{\partial x} + \frac{\partial F}{\partial y} \cdot \frac{\mathrm{d}y}{\mathrm{d}x} = 0,$$
由 $F_y(x_0, y_0) \neq 0$ 以及 F_y 的连续性可知,存在 (x_0, y_0) 的一个邻域,在该邻域内 $F_y \neq 0$,因此
$$\frac{\mathrm{d}y}{\mathrm{d}x} = -\frac{F_x}{F_y}.$$

例1 设函数 $y = f(x)$ 由方程 $\sin(x^2 + y^2) = xy$ 确定,求 $\dfrac{\mathrm{d}y}{\mathrm{d}x}$.

解 设 $F(x,y) = \sin(x^2 + y^2) - xy$,则
$$F_x = 2x\cos(x^2 + y^2) - y, \quad F_y = 2y\cos(x^2 + y^2) - x,$$
可得
$$\frac{\mathrm{d}y}{\mathrm{d}x} = -\frac{F_x}{F_y} = \frac{y - 2x\cos(x^2 + y^2)}{2y\cos(x^2 + y^2) - x}.$$

二、二元隐函数存在定理和隐函数的求导公式

隐函数存在定理 1 可以进一步推广.一般地,在一定条件下,一个二元方程 $F(x,y) = 0$ 可以确定一个一元隐函数,一个三元方程 $F(x,y,z) = 0$ 可以确定一个二元隐函数.

定理 8.15(隐函数存在定理 2) 设三元函数 $F(x,y,z)$ 满足:

(1) $F(x,y,z)$ 在点 (x_0, y_0, z_0) 的某一邻域内具有连续偏导数,

(2) $F(x_0, y_0, z_0) = 0$,

(3) $F_z(x_0, y_0, z_0) \neq 0$,

则方程 $F(x,y,z) = 0$ 在点 (x_0, y_0, z_0) 的某邻域内能确定一个连续且具有连续偏导数的函数 $z = f(x,y)$,它满足 $z_0 = f(x_0, y_0)$,且有隐函数的求导公式
$$\frac{\partial z}{\partial x} = -\frac{F_x}{F_z}, \quad \frac{\partial z}{\partial y} = -\frac{F_y}{F_z}.$$

证明略.下面仅给出隐函数求导公式的推导.

将 $z = f(x,y)$ 代入 $F(x,y,z) = 0$,得 $F(x,y,f(x,y)) \equiv 0$,利用复合函数求导法则,

在方程的两端分别对 x 和 y 求导,得
$$F_x + F_z \cdot \frac{\partial z}{\partial x} = 0, \quad F_y + F_z \cdot \frac{\partial z}{\partial y} = 0.$$

因为 F_z 连续且 $F_z(x_0, y_0, z_0) \neq 0$,所以存在点 (x_0, y_0, z_0) 的一个邻域,使得 $F_z \neq 0$,解得
$$\frac{\partial z}{\partial x} = -\frac{F_x}{F_z}, \quad \frac{\partial z}{\partial y} = -\frac{F_y}{F_z}.$$

例 2 设由方程 $x^2 + y^2 + z^2 = 4z$ 可以确定二元隐函数 $z = f(x, y)$,求 $\dfrac{\partial z}{\partial x}, \dfrac{\partial z}{\partial y}, \dfrac{\partial^2 z}{\partial x \partial y}, \dfrac{\partial^2 z}{\partial x^2}$.

解 $F(x, y, z) = x^2 + y^2 + z^2 - 4z, F_x = 2x, F_y = 2y, F_z = 2z - 4$,

$$\frac{\partial z}{\partial x} = -\frac{F_x}{F_z} = -\frac{2x}{2z-4} = -\frac{x}{z-2} = \frac{x}{2-z},$$

$$\frac{\partial z}{\partial y} = -\frac{F_y}{F_z} = -\frac{2y}{2z-4} = -\frac{y}{z-2} = \frac{y}{2-z},$$

$$\frac{\partial^2 z}{\partial x \partial y} = \left(\frac{x}{2-z}\right)'_y = \frac{0 - x(2-z)'_y}{(2-z)^2} = \frac{x \cdot z_y}{(2-z)^2} = \frac{xy}{(2-z)^3},$$

$$\frac{\partial^2 z}{\partial x^2} = \left(\frac{x}{2-z}\right)'_x = -\frac{(2-z) - x(2-z)'_x}{(2-z)^2} = -\frac{(2-z) + x \cdot z_x}{(z-2)^2} = \frac{(2-z)^2 + x^2}{(2-z)^3}.$$

例 3 假设方程 $xz = y^2 + e^z$ 可以确定二元隐函数 $z = f(x, y)$,求 $\dfrac{\partial z}{\partial x}, \dfrac{\partial z}{\partial y}, dz$.

解一(公式法) 设 $F(x, y, z) = y^2 + e^z - xz$,则由隐函数求导公式得
$$\frac{\partial z}{\partial x} = -\frac{F_x}{F_z} = -\frac{-z}{e^z - x} = \frac{z}{e^z - x}, \quad \frac{\partial z}{\partial y} = -\frac{F_y}{F_z} = -\frac{2y}{e^z - x},$$

所以
$$dz = \frac{z}{e^z - x} dx - \frac{2y}{e^z - x} dy.$$

解二(方程两边求导法) 方程两边分别对 x 求偏导数,然后解出 $\dfrac{\partial z}{\partial x}$. 需要注意的是,方程中有三个变量 x, y, z,在对 x 求偏导数时,要将 z 看作 x, y 的二元函数. 对 x 求偏导数得
$$z + x\frac{\partial z}{\partial x} = e^z \frac{\partial z}{\partial x},$$

解得 $\dfrac{\partial z}{\partial x} = \dfrac{z}{e^z - x}$.

同样地,方程两边分别对 y 求偏导数可求出 $\dfrac{\partial z}{\partial y} = -\dfrac{2y}{e^z - x}$. 因此
$$dz = \frac{z}{e^z - x} dx - \frac{2y}{e^z - x} dy.$$

解三(全微分法) 方程两边求全微分,得
$$z\,dx + x\,dz = 2y\,dy + e^z\,dz,$$

移项得
$$z\mathrm{d}x - 2y\mathrm{d}y = (\mathrm{e}^z - x)\mathrm{d}z,$$
解得
$$\mathrm{d}z = \frac{z}{\mathrm{e}^z - x}\mathrm{d}x - \frac{2y}{\mathrm{e}^z - x}\mathrm{d}y,$$
从而有
$$\frac{\partial z}{\partial x} = \frac{z}{\mathrm{e}^z - x}, \quad \frac{\partial z}{\partial y} = -\frac{2y}{\mathrm{e}^z - x}.$$

由例 3 可见，求隐函数的偏导数有三种方法：公式法、方程两边求导法和全微分法. 在实际应用中，不一定非得用公式法，尤其在方程中含有抽象函数时，利用方程两边求导法或全微分法可能更为简洁、清楚.

例 4 设二元函数 $f(u,v)$ 具有连续的偏导数，且 $f_1' \neq 2f_2'$. 证明由三元方程 $f(x-z, y+2z) = 0$ 所确定的函数 $z = z(x,y)$ 满足 $\dfrac{\partial z}{\partial x} - 2\dfrac{\partial z}{\partial y} = 1$.

证 记 $F(x,y,z) = f(x-z, y+2z)$，则
$$F_x = f_1', \quad F_y = f_2', \quad F_z = -f_1' + 2f_2',$$
$$\frac{\partial z}{\partial x} = -\frac{F_x}{F_z} = \frac{f_1'}{f_1' - 2f_2'}, \quad \frac{\partial z}{\partial y} = -\frac{F_y}{F_z} = \frac{f_2'}{f_1' - 2f_2'},$$
从而有
$$\frac{\partial z}{\partial x} - 2\frac{\partial z}{\partial y} = \frac{f_1'}{f_1' - 2f_2'} - 2\frac{f_2'}{f_1' - 2f_2'} = 1.$$

请读者仿照例 3，利用两边求导法或全微分法重新解例 4，看哪种方法更简捷.

习题 8-5

1. 求下列隐函数的导数：

(1) $xy + \ln y + \ln x = 1$，求 $\dfrac{\mathrm{d}y}{\mathrm{d}x}\bigg|_{x=1}$; (2) $\dfrac{x}{z} = \ln\dfrac{z}{y}$，求 $\dfrac{\partial z}{\partial x}, \dfrac{\partial z}{\partial y}$;

(3) $\mathrm{e}^z + \sin y - xy^2 = z$，求 $\dfrac{\partial z}{\partial x}, \dfrac{\partial z}{\partial y}$.

2. 设函数 $z = z(x,y)$ 由方程 $z^3 - 3xy = 3z$ 确定，求 $\dfrac{\partial^2 z}{\partial x^2}$.

3. 假设由方程 $xyz + \sqrt{x^2 + y^2 + z^2} = \sqrt{2}$ 可以确定二元函数 $z = z(x,y)$，试求函数在点 $(1, 0, -1)$ 处的全微分 $\mathrm{d}z$.

4. 设 $z = f(x, yz)$，求 $\dfrac{\partial z}{\partial x}, \dfrac{\partial z}{\partial y}$.

5. 假设由方程 $x^2 + z^2 = y\varphi\left(\dfrac{z}{y}\right)$ 可以确定二元函数 $z = z(x,y)$，且 $\varphi(u)$ 可导，求 $\dfrac{\partial z}{\partial x}, \dfrac{\partial z}{\partial y}$.

6. 设 $g(u,v)$ 具有连续的一阶偏导数，由方程 $g(x-z, y-z) = 0$ 可以确定二元隐函数 $z = z(x,y)$，证明 $z_x + z_y = 1$.

第六节 多元函数微分学的几何应用

在分析有关空间曲线和曲面问题时,多元函数微分学具有重要的作用.本节主要介绍如何运用偏导数等概念求空间曲线的切线与法平面以及空间曲面的切平面和法线.

一、空间曲线的切线与法平面

第二章第一节给出了曲线切线的定义,即"曲线的切线是割线的极限位置".这个定义不仅适用于平面曲线,也适用于空间曲线,下面在此基础上讨论空间曲线的切线.

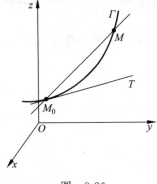

图 8-26

如图 8-26 所示,设空间曲线的参数方程为

$$\Gamma:\begin{cases} x=x(t), \\ y=y(t), \\ z=z(t), \end{cases} \alpha \leqslant t \leqslant \beta,$$

其中 $x(t),y(t),z(t)$ 均可导,且在 t_0 处导数不全为零.

设曲线上与 t_0 对应的点为 $M_0(x_0,y_0,z_0)$, $M(x_0+\Delta x, y_0+\Delta y, z_0+\Delta z)$ 为 M_0 附近的一点,对应的参数为 $t=t_0+\Delta t$. 由空间解析几何知识可知,过 M_0,M 两点的割线 M_0M 的方向向量可取为

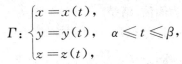

$\overrightarrow{M_0M} = (\Delta x, \Delta y, \Delta z)$, 或 $s = \left(\dfrac{\Delta x}{\Delta t}, \dfrac{\Delta y}{\Delta t}, \dfrac{\Delta z}{\Delta t}\right)$.

根据空间直线的对称式方程,过点 M_0、以 s 为方向向量的割线 M_0M 的方程为

$$\frac{x-x_0}{\dfrac{\Delta x}{\Delta t}} = \frac{y-y_0}{\dfrac{\Delta y}{\Delta t}} = \frac{z-z_0}{\dfrac{\Delta z}{\Delta t}},$$

当动点 M 沿曲线 Γ 趋近于 M_0 时,割线 M_0M 的极限位置 M_0T 就是曲线在 M_0 点的切线. 注意到,点 M 沿曲线 Γ 趋近于 M_0,也就是 $\Delta t \to 0$ 时,有

$$\lim_{\Delta t \to 0} \frac{\Delta x}{\Delta t} = x'(t_0), \quad \lim_{\Delta t \to 0} \frac{\Delta y}{\Delta t} = y'(t_0), \quad \lim_{\Delta t \to 0} \frac{\Delta z}{\Delta t} = z'(t_0).$$

这表明,如果令 $\Delta t \to 0$,则割线 M_0M 的方向向量 $s = \left(\dfrac{\Delta x}{\Delta t}, \dfrac{\Delta y}{\Delta t}, \dfrac{\Delta z}{\Delta t}\right)$ 将趋于向量

$$T = (x'(t_0), y'(t_0), z'(t_0)),$$

这个向量就是切线 M_0T 的方向向量,称向量 T 为曲线 Γ **在点 M_0 的切向量**. 由于切线 M_0T 过点 $M_0(x_0,y_0,z_0)$,以 T 为方向向量,所以切线 M_0T 的方程为

$$\frac{x-x_0}{x'(t_0)} = \frac{y-y_0}{y'(t_0)} = \frac{z-z_0}{z'(t_0)}.$$

因此,如果曲线 Γ 的参数方程为

$$x=x(t), \quad y=y(t), \quad z=z(t),$$

导数 $x'(t_0), y'(t_0), z'(t_0)$ 不全为零,则曲线 Γ 在 t_0 的对应点 $M_0(x_0,y_0,z_0)$ 处的切向量为

$$T = (x'(t_0), y'(t_0), z'(t_0)).$$

切线 M_0T 的方程为

$$\frac{x-x_0}{x'(t_0)}=\frac{y-y_0}{y'(t_0)}=\frac{z-z_0}{z'(t_0)}.$$

注 求曲线的切线,有两个关键点一定要把握,一是切点 $M_0(x_0,y_0,z_0)$,二是切向量 $\boldsymbol{T}=(x'(t_0),y'(t_0),z'(t_0))$.

过曲线 Γ 上点 M_0 且与切线垂直的平面称为曲线 Γ **在点 M_0 的法平面**. 显然,曲线在点 M_0 的切向量 $\boldsymbol{T}$ 可看成法平面的法向量,因此根据平面的点法式方程,法平面的方程为

$$x'(t_0)(x-x_0)+y'(t_0)(y-y_0)+z'(t_0)(z-z_0)=0.$$

例 1 求曲线 $x=\sin t, y=\cos t, z=2t$ 在点 $(1,0,\pi)$ 处的切线及法平面方程.

解 因为 $x'_t=\cos t, y'_t=-\sin t, z'_t=2$,而点 $(1,0,\pi)$ 所对应的参数 $t=\dfrac{\pi}{2}$,切向量 $\boldsymbol{T}=(0,-1,2)$,因此,切线方程为

$$\frac{x-1}{0}=\frac{y}{-1}=\frac{z-\pi}{2},$$

法平面方程为

$$y-2z+2\pi=0.$$

如果空间曲线是以两个柱面的交线形式给出的,例如 $\begin{cases} y=f(x), \\ z=g(x), \end{cases}$ 则可视 x 为参数,将它表示为 $\begin{cases} x=x, \\ y=f(x), \\ z=g(x), \end{cases}$ 则切向量为 $\boldsymbol{T}=(1,f'(x_0),g'(x_0))$,因此切线方程为

$$\frac{x-x_0}{1}=\frac{y-y_0}{f'(x_0)}=\frac{z-z_0}{g'(x_0)},$$

法平面方程为

$$(x-x_0)+f'(x_0)(y-y_0)+g'(x_0)(z-z_0)=0.$$

例 2 求曲线 $y^2=2x, z^2=y$ 在点 $\left(\dfrac{1}{2},1,1\right)$ 处的切线及法平面方程.

解 可将变量 z 视作参数,曲线可表示为 $\begin{cases} x=z^4/2, \\ y=z^2, \\ z=z, \end{cases}$ 求出切向量 $\boldsymbol{T}=(2,2,1)$. 因此,切线方程为

$$\frac{x-1/2}{2}=\frac{y-1}{2}=\frac{z-1}{1},$$

法平面方程为

$$2x+2y+z-4=0.$$

二、空间曲面的切平面与法线

设空间曲面 Σ 的方程为 $F(x,y,z)=0$,$P(x_0,y_0,z_0)$ 为曲面 Σ 上一点,函数 $F(x,y,z)$ 的一阶偏导数在 P 点连续且不同时为零.

可以证明：在曲面 Σ 上，通过点 P 且在点 P 具有切线的任何曲线，它们在点 P 的切线都在同一个平面上，这个平面就称为**曲面 Σ 在点 P 处的切平面**. 下面进行说明.

图 8-27

如图 8-27 所示，在曲面 Σ 上，通过点 P 任意引一条曲线 Γ，假定曲线 Γ 的参数方程为
$$x=x(t), \quad y=y(t), \quad z=z(t),$$
$x'(t_0), y'(t_0), z'(t_0)$ 不全为零，其中 t_0 为 P 点对应的参数值. 由于曲线 Γ 在曲面 Σ 上，故
$$F(x(t),y(t),z(t))\equiv 0.$$
因为复合函数 $F(x(t),y(t),z(t))$ 在 $t=t_0$ 处可导，上述恒等式两端对 t 求导，得
$$\left.\frac{\mathrm{d}F}{\mathrm{d}t}\right|_{t=t_0}=\left(\frac{\partial F}{\partial x}\cdot\frac{\mathrm{d}x}{\mathrm{d}t}+\frac{\partial F}{\partial y}\cdot\frac{\mathrm{d}y}{\mathrm{d}t}+\frac{\partial F}{\partial z}\cdot\frac{\mathrm{d}z}{\mathrm{d}t}\right)\bigg|_{t=t_0}=0$$

也即
$$F_x(x_0,y_0,z_0)\cdot x'(t_0)+F_y(x_0,y_0,z_0)\cdot y'(t_0)+F_z(x_0,y_0,z_0)\cdot z'(t_0)=0. \tag{8.1}$$

注意到曲线 Γ 在点 P 的切向量为 $\boldsymbol{T}=(x'(t_0),y'(t_0),z'(t_0))$，如果引入向量
$$\boldsymbol{n}=(F_x(x_0,y_0,z_0),F_y(x_0,y_0,z_0),F_z(x_0,y_0,z_0)),$$
则式(8.1)变为 $\boldsymbol{n}\cdot\boldsymbol{T}=0$，这表明两向量 $\boldsymbol{n}$ 与 $\boldsymbol{T}$ 垂直，如图 8-27 所示. 因为曲线 Γ 是曲面 Σ 上过点 P 的任意一条曲线，不同的 Γ 对应不同的向量 $\boldsymbol{T}$，而在点 P 向量 $\boldsymbol{n}$ 是固定不变的，所以可以得到结论：

曲面 Σ 上过点 P 的任意一条曲线在点 M 的切线都垂直于同一向量 $\boldsymbol{n}$，因此所有这样的切线都位于过点 P 的同一个平面 Π 上.

称此**平面 Π 为曲面 Σ 在点 P 的切平面**，通常记作 T_P.

切平面是平面，过点 $P(x_0,y_0,z_0)$，法向量为
$$\boldsymbol{n}=(F_x(x_0,y_0,z_0),F_y(x_0,y_0,z_0),F_z(x_0,y_0,z_0)).$$
根据平面的点法式方程，切平面 T_P 的方程为
$$F_x(x_0,y_0,z_0)(x-x_0)+F_y(x_0,y_0,z_0)(y-y_0)+F_z(x_0,y_0,z_0)(z-z_0)=0.$$
过点 P 且与切平面垂直的直线称为曲面在该点的**法线**. 法线方程为
$$\frac{x-x_0}{F_x(x_0,y_0,z_0)}=\frac{y-y_0}{F_y(x_0,y_0,z_0)}=\frac{z-z_0}{F_z(x_0,y_0,z_0)}.$$

例 3 求锥面 $x^2+y^2-z^2=0$ 在点 $(3,4,5)$ 处的切平面及法线方程.

解 令 $F(x,y,z)=x^2+y^2-z^2$，则
$$F_x=2x, \quad F_y=2y, \quad F_z=-2z,$$
从而 $F_x(3,4,5)=6, F_y(3,4,5)=8, F_z(3,4,5)=-10$. 因此法向量为 $\boldsymbol{n}=(6,8,-10)$，或 $\boldsymbol{n}=(3,4,-5)$，所求切平面方程为
$$3(x-3)+4(y-4)-5(z-5)=0,$$
即
$$3x+4y-5z=0,$$
法线方程为

$$\frac{x-3}{3}=\frac{y-4}{4}=\frac{z-5}{-5}.$$

如果曲面方程为 $z=f(x,y)$,其中 f 具有一阶连续的偏导数,则可令
$$F(x,y,z)=f(x,y)-z,$$
得 $F_x=f_x$, $F_y=f_y$, $F_z=-1$,曲面在 (x_0,y_0,z_0) 处的法向量为
$$\boldsymbol{n}=(f_x(x_0,y_0),f_y(x_0,y_0),-1),$$
故切平面方程为
$$f_x(x_0,y_0)\cdot(x-x_0)+f_y(x_0,y_0)\cdot(y-y_0)-(z-z_0)=0. \tag{8.2}$$
法线方程为
$$\frac{x-x_0}{f_x(x_0,y_0)}=\frac{y-y_0}{f_y(x_0,y_0)}=\frac{z-z_0}{-1}.$$

注 式(8.2)又可写成
$$z=f(x_0,y_0)+f_x(x_0,y_0)\cdot(x-x_0)+f_y(x_0,y_0)\cdot(y-y_0).$$
它正是本章第三节所定义的"函数 $z=f(x,y)$ 在点 (x_0,y_0) 处的线性化".

例 4 求上半球面 $z=\sqrt{3-x^2-y^2}$ 在点 $(1,1,1)$ 处的切平面及法线方程.

解 令 $f(x,y)=\sqrt{3-x^2-y^2}$,则 $\boldsymbol{n}=(f_x,f_y,-1)=\left(\dfrac{-x}{\sqrt{3-x^2-y^2}},\dfrac{-y}{\sqrt{3-x^2-y^2}},-1\right)$,
$\boldsymbol{n}|_{(1,1,1)}=(-1,-1,-1)$. 所以球面在点 $(1,1,1)$ 处的切平面方程为
$$-(x-1)-(y-1)-(z-1)=0,$$
化简得 $x+y+z-3=0$. 法线方程为 $x-1=y-1=z-1$ 或 $x=y=z$.

例 5 在曲面 $z=x^2-y^2$ 上求一点,使该点处的切平面平行于已知平面 $2x-2y+z+5=0$,并写出切平面的方程.

解 设所求点为 $P(x_0,y_0,z_0)$,令 $f(x,y)=x^2-y^2$,则 $f_x=2x$, $f_y=-2y$,得切平面 T_P 的法向量:$\boldsymbol{n}_0=(2x,-2y,-1)_P=(2x_0,-2y_0,-1)$.

由于曲面的切平面平行于平面 $2x-2y+z+5=0$,故法向量 $\boldsymbol{n}_0=(2x_0,-2y_0,-1)$ 平行于已知平面的法向量 $\boldsymbol{n}=(2,-2,1)$,因此
$$\frac{2x_0}{2}=\frac{-2y_0}{-2}=\frac{-1}{1},$$
解得 $x_0=-1$, $y_0=-1$, $z_0=x_0^2-y_0^2=0$,由此得到所求曲面上的点为 $P(-1,-1,0)$,过此点的切平面方程为
$$2(x+1)-2(y+1)+z=0, \quad \text{即} \quad 2x-2y+z=0.$$

例 6 求曲线 $\begin{cases} y=x^2, \\ z=x^3 \end{cases}$ 上垂直于直线 $\dfrac{x-1}{1}=\dfrac{y+2}{2}=\dfrac{z}{1}$ 的切线方程.

解 因曲线上任一点 (x,y,z) 处的切向量为 $\boldsymbol{T}=(1,2x,3x^2)$,由已知条件,切向量 $\boldsymbol{T}$ 和已知直线的方向向量 $\boldsymbol{n}=(1,2,1)$ 垂直,因此得
$$\boldsymbol{T}\cdot\boldsymbol{n}=1+4x+3x^2=0.$$
解得 $x_1=-1$, $x_2=-\dfrac{1}{3}$. 则曲线上满足条件的点(即切点)为

$$P_1(-1,1,-1), \quad P_2\left(-\frac{1}{3},\frac{1}{9},-\frac{1}{27}\right).$$

相应的切向量为 $\boldsymbol{T}_1=(1,-2,3), \boldsymbol{T}_2=\left(1,-\frac{2}{3},\frac{1}{3}\right)//(3,-2,1)$. 因此, 所求切线有两条:

过 P_1 点的切线方程为 $\dfrac{x+1}{1}=\dfrac{y-1}{-2}=\dfrac{z+1}{3}$, 过 P_2 点的切线方程为 $\dfrac{x+\frac{1}{3}}{3}=\dfrac{y-\frac{1}{9}}{-2}=\dfrac{z+\frac{1}{27}}{1}$.

习题 8-6

1. 求下列曲线在给定点的切线和法平面方程:

(1) $\begin{cases} x=\cos t, \\ y=\sin t, \\ z=2t, \end{cases}$ 在点 $\left(\dfrac{1}{2},\dfrac{\sqrt{3}}{2},\dfrac{2\pi}{3}\right)$ 处; (2) $\begin{cases} x=t, \\ y=2t^2, \\ z=-2t^4, \end{cases}$ 在点 $(1,2,-2)$ 处;

(3) $\begin{cases} x+y+z=0, \\ x^2+y^2+z^2=2, \end{cases}$ 在点 $(1,0,-1)$ 处.

2. 求下列曲面在指定点处的切平面与法线方程:

(1) $z=\arctan\dfrac{y}{x}$, 在点 $\left(1,1,\dfrac{\pi}{4}\right)$ 处; (2) $2x^2+3y^2+z^2=6$, 在点 $(1,1,1)$ 处;

(3) $e^z-z+xy=3$, 在点 $(2,1,0)$ 处.

3. 求曲面 $x^2+y^2+z^2=3$ 平行于平面 $x+y+z=0$ 的切平面方程.

4. 在曲线 $x=t, y=t^2, z=t^3$ 上求一点, 使在该点的切线平行于平面 $3x+3y+z=4$, 并求过该点的切线方程及法平面方程.

5. 证明曲面 $\sqrt{x}+\sqrt{y}+\sqrt{z}=\sqrt{a}\;(a>0)$ 上每一点的切平面在三个坐标轴上的截距之和为常数.

第七节　方向导数与梯度

偏导数 $\dfrac{\partial f}{\partial x},\dfrac{\partial f}{\partial y}$ 分别反映函数 $f(x,y)$ 沿 x 轴和 y 轴方向的变化率. 在物理学和工程技术领域中, 需要研究函数沿某一特定方向的变化率, 如研究大气温度沿某个方向的变化率或判断在哪一个方向的变化率最大, 这类沿特定方向的变化率问题就是本节要介绍的方向导数与梯度的问题.

一、方向导数

1. 函数 $z=f(x,y)$ 在点 (x,y) 沿方向 l 的方向导数

定义 8.8　设二元函数 $z=f(x,y)$ 在点 $P(x,y)$ 的某邻域 $U(P)$ 内有定义, l 为自点 $P(x,y)$ 出发的射线, 点 $P'(x+\Delta x,y+\Delta y)$ 在射线 l 上, 且在 $U(P)$ 内, 如图 8-28 所示. 以

$$\rho=\sqrt{(\Delta x)^2+(\Delta y)^2}$$

表示 P 和 P' 两点间的距离, 用 $\rho\to 0$ 表示点 P' 沿射线 l 趋于点 P, 如果极限

$$\lim_{\rho \to 0} \frac{\Delta z}{\rho} = \lim_{\rho \to 0} \frac{f(x+\Delta x, y+\Delta y) - f(x,y)}{\rho}$$

存在,则称此极限为 $z = f(x,y)$ 在点 P 沿方向 l 的**方向导数**,记作 $\frac{\partial z}{\partial l}$,或 $\frac{\partial f}{\partial l}$,即

$$\frac{\partial f}{\partial l} = \lim_{\rho \to 0} \frac{f(x+\Delta x, y+\Delta y) - f(x,y)}{\rho}.$$

定义中,$\frac{f(x+\Delta x, y+\Delta y) - f(x,y)}{\rho}$ 表示函数 $f(x,y)$ 自点 $P(x,y)$ 起,沿方向 l 上单位长度的函数的改变量,即函数关于距离 ρ 的平均变化率;方向导数 $\frac{\partial f}{\partial l}$ 则是函数 $f(x,y)$ 在点 $P(x,y)$ 处沿方向 l 的瞬时变化率.

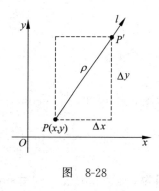

图 8-28

例 1 求可微函数 $z = f(x,y)$ 在点 $P(x,y)$ 沿 y 轴正向和负向的方向导数.

解 设 $\boldsymbol{j}$ 为 y 轴正向上的单位向量,则 $z = f(x,y)$ 沿 y 轴正向的方向导数可表示为 $\frac{\partial z}{\partial \boldsymbol{j}}$,因为沿 y 轴正向,$\Delta x = 0$,$\rho = \sqrt{(\Delta x)^2 + (\Delta y)^2} = \Delta y > 0$,因此

$$\frac{\partial z}{\partial \boldsymbol{j}} = \lim_{\rho \to 0} \frac{f(x+\Delta x, y+\Delta y) - f(x,y)}{\rho} = \lim_{\Delta y \to 0^+} \frac{f(x, y+\Delta y) - f(x,y)}{\Delta y} = \frac{\partial z}{\partial y}.$$

反之,沿 y 轴负向,$\Delta x = 0$,$\rho = \sqrt{(\Delta x)^2 + (\Delta y)^2} = -\Delta y > 0$,方向导数为

$$\frac{\partial z}{\partial (-\boldsymbol{j})} = \lim_{\rho \to 0} \frac{f(x+\Delta x, y+\Delta y) - f(x,y)}{\rho} = \lim_{\Delta y \to 0^-} \frac{f(x, y+\Delta y) - f(x,y)}{-\Delta y} = -\frac{\partial z}{\partial y}.$$

由例 1 可见,函数 $z = f(x,y)$ 在点 P 沿 y 轴正向与负向的方向导数在数值上就是偏导数 $\frac{\partial z}{\partial y}$ 与 $-\frac{\partial z}{\partial y}$.同理,函数 $z = f(x,y)$ 在点 P 沿 x 轴正向与负向的方向导数在数值上就是偏导数 $\frac{\partial z}{\partial x}$ 与 $-\frac{\partial z}{\partial x}$.一般情况下,方向导数与 $\frac{\partial z}{\partial x}$ 及 $\frac{\partial z}{\partial y}$ 间有什么关系呢?

2. 方向导数的计算

一般情况下,用方向导数的定义求 $z = f(x,y)$ 的方向导数相当困难.通常用下面的方法判断和计算方向导数.

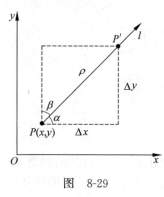

图 8-29

定理 8.16 设 $z = f(x,y)$ 在点 $P(x,y)$ 可微,则函数在该点沿任何指定方向 l 的方向导数都存在,且

$$\frac{\partial z}{\partial l} = \frac{\partial z}{\partial x}\cos\alpha + \frac{\partial z}{\partial y}\cos\beta, \quad \text{或} \quad \frac{\partial z}{\partial l} = \frac{\partial z}{\partial x}\cos\alpha + \frac{\partial z}{\partial y}\sin\alpha,$$

其中 α,β 为指定方向 l 的方向角,如图 8-29 所示.

证 根据函数可微的定义以及本章定理 8.8 可知,$z = f(x,y)$ 在点 $P(x,y)$ 沿方向 l 上的增量可以表示为

$$\Delta z = f(x+\Delta x, y+\Delta y) - f(x,y) = \frac{\partial f}{\partial x}\Delta x + \frac{\partial f}{\partial y}\Delta y + o(\rho).$$

两边同除以 ρ,并令 $\rho \to 0$,得

$$\frac{\partial z}{\partial l} = \lim_{\rho \to 0} \frac{f(x+\Delta x, y+\Delta y) - f(x,y)}{\rho}$$
$$= \lim_{\rho \to 0} \left(\frac{\partial z}{\partial x} \cdot \frac{\Delta x}{\rho} + \frac{\partial z}{\partial y} \cdot \frac{\Delta y}{\rho} + \frac{o(\rho)}{\rho} \right).$$

由图 8-29 可知，$\frac{\Delta x}{\rho} = \cos\alpha$，$\frac{\Delta y}{\rho} = \cos\beta$，故

$$\frac{\partial z}{\partial l} = \lim_{\rho \to 0} \left(\frac{\partial z}{\partial x} \cdot \frac{\Delta x}{\rho} + \frac{\partial z}{\partial y} \cdot \frac{\Delta y}{\rho} + \frac{o(\rho)}{\rho} \right) = \frac{\partial z}{\partial x} \cos\alpha + \frac{\partial z}{\partial y} \cos\beta.$$

因为 $\cos\beta = \cos\left(\frac{\pi}{2} - \alpha\right) = \sin\alpha$，所以又有 $\frac{\partial z}{\partial l} = \frac{\partial z}{\partial x} \cos\alpha + \frac{\partial z}{\partial y} \sin\alpha$.

例 2 设 $z = x^2 + y^2$，求在点 $P_0(1,2)$ 沿 $\overrightarrow{P_0P_1}$ 方向的方向导数，其中点 P_1 的坐标为 $(2,3)$.

解 $\frac{\partial z}{\partial x} = 2x, \frac{\partial z}{\partial y} = 2y, \left.\frac{\partial z}{\partial x}\right|_{P_0} = 2, \left.\frac{\partial z}{\partial y}\right|_{P_0} = 4$.

$l = \overrightarrow{P_0P_1} = (1,1)$，将向量 l 单位化：$l_0 = \frac{l}{|l|} = \left(\frac{1}{\sqrt{2}}, \frac{1}{\sqrt{2}}\right)$，得方向 l 的方向余弦

$$\cos\alpha = \frac{1}{\sqrt{2}}, \quad \cos\beta = \frac{1}{\sqrt{2}},$$

因此

$$\left.\frac{\partial z}{\partial l}\right|_{P_0} = \left.\frac{\partial z}{\partial x}\right|_{P_0} \cos\alpha + \left.\frac{\partial z}{\partial y}\right|_{P_0} \cos\beta = 2 \times \frac{1}{\sqrt{2}} + 4 \times \frac{1}{\sqrt{2}} = 3\sqrt{2}.$$

以上关于方向导数的概念和计算方法可以推广到二元以上的多元函数. 例如三元函数 $u = f(x,y,z)$ 沿方向 l 的方向导数为

$$\frac{\partial u}{\partial l} = \frac{\partial u}{\partial x} \cos\alpha + \frac{\partial u}{\partial y} \cos\beta + \frac{\partial u}{\partial z} \cos\gamma,$$

其中 α, β, γ 为方向 l 的方向角.

例 3 求三元函数 $u = xyz$ 在点 $(5,1,2)$ 处沿方向 $l = (2,-2,1)$ 的方向导数.

解 $\left.\frac{\partial u}{\partial x}\right|_{(5,1,2)} = yz|_{(5,1,2)} = 2, \left.\frac{\partial u}{\partial y}\right|_{(5,1,2)} = xz|_{(5,1,2)} = 10, \left.\frac{\partial u}{\partial z}\right|_{(5,1,2)} = xy|_{(5,1,2)} = 5$.

将向量 $l = (2,-2,1)$ 单位化，得方向 l 的方向余弦

$$\cos\alpha = \frac{2}{|l|} = \frac{2}{3}, \quad \cos\beta = \frac{-2}{|l|} = -\frac{2}{3}, \quad \cos\gamma = \frac{1}{|l|} = \frac{1}{3},$$

所以

$$\left.\frac{\partial u}{\partial l}\right|_{(1,0,1)} = 2 \times \frac{2}{3} + 10 \times \left(-\frac{2}{3}\right) + 5 \times \frac{1}{3} = -\frac{11}{3}.$$

二、梯度

如上所述，方向导数刻画函数在给定点 P 处沿给定方向的变化率. 一个自然的问题是，在点 P 处，函数在哪个方向上的变化最快？在哪个方向上的变化率为零？为了说明这些问题，下面介绍梯度的概念.

1. 梯度的定义

定义 8.9 设函数 $z=f(x,y)$ 在平面区域 D 上的两个一阶偏导数存在,则称向量 $\dfrac{\partial f}{\partial x}\boldsymbol{i}+\dfrac{\partial f}{\partial y}\boldsymbol{j}$ 为函数 $z=f(x,y)$ 在点 (x,y) 处的**梯度**,记作 $\mathbf{grad}f(x,y)$,或 $\nabla f(x,y)$. 即

$$\mathbf{grad}f(x,y)=\frac{\partial f}{\partial x}\boldsymbol{i}+\frac{\partial f}{\partial y}\boldsymbol{j}=\left(\frac{\partial f}{\partial x},\frac{\partial f}{\partial y}\right).$$

其中,grad 为 gradient(梯度)的缩写;∇ 为梯度运算符,读作 nabla.

以上关于梯度的概念可以推广到二元以上的多元函数. 例如三元函数 $u=f(x,y,z)$ 在点 (x,y,z) 处的**梯度**为

$$\nabla f(x,y,z)=\left(\frac{\partial f}{\partial x},\frac{\partial f}{\partial y},\frac{\partial f}{\partial z}\right).$$

2. 梯度与方向导数的关系

在给定点处,函数的梯度是不变的,而方向导数却随方向的改变而变化. 用 $\boldsymbol{e}=(\cos\alpha,\cos\beta)$ 表示与方向 $\boldsymbol{l}$ 同方向的单位向量,则

$$\frac{\partial z}{\partial l}=\frac{\partial f}{\partial x}\cos\alpha+\frac{\partial f}{\partial y}\cos\beta=\nabla f(x,y)\cdot\boldsymbol{e}.$$

如图 8-30 所示,设梯度 $\nabla f(x,y)$ 与方向 $\boldsymbol{l}$ 的夹角为 θ,则由向量的数量积的定义得

$$\frac{\partial z}{\partial l}=\nabla f(x,y)\cdot\boldsymbol{e}=|\nabla f(x,y)|\cos\theta.$$

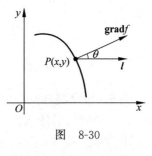

图 8-30

由此可得以下结论:

(1) 当 $\cos\theta=1$ 时,$\dfrac{\partial z}{\partial l}$ 取得最大值,$\dfrac{\partial z}{\partial l}\Big|_{\max}=|\nabla f(x,y)|.$

$\cos\theta=1$ 即 $\theta=0$,表明当方向 $\boldsymbol{l}$ 与梯度方向一致时,方向导数的值将达到最大,或者说,沿梯度方向的方向导数最大. **梯度方向是函数值增加最快的方向**.

显然,当 $\theta=\pi$ 时,$\dfrac{\partial z}{\partial l}=-|\nabla f(x,y)|$,即沿梯度方向的反方向,函数值减小得最快.

(2) 当 $\cos\theta=0$ 时,$\dfrac{\partial z}{\partial l}=0$.

$\cos\theta=0$ 即 $\theta=\dfrac{\pi}{2}$,此时方向 $\boldsymbol{l}$ 与梯度方向垂直,表明在垂直于梯度的方向上方向导数为零,即在此方向上函数的变化率 $\dfrac{\partial z}{\partial l}$ 为零.

3. 梯度的应用

梯度应用广泛,也可以用来解释现实生活中的许多现象. 请看下面的例子:

曲面 $z=f(x,y)$ 为凸曲面,形如山坡,如图 8-31 所示. 一人来登山,若沿梯度方向攀登,则山路一定最陡峭,他会比较累,但走过的路程却最少,效率最高;若沿垂直于梯度方向的路径行走,看上去省力,可因为是行走在高度相等的曲线上,永远也不可能到达山顶.

当你登山时,观察一下山间的溪流,你会看到,溪流总是沿山势下降最快,也即沿山坡高度函数 $z=f(x,y)$ 值减少最快的反梯度方向顺流而下.

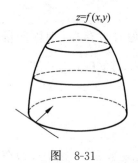

图 8-31

盲人爬山法. 我国著名数学家华罗庚(1910—1985)给出的方法是：一个盲人在山上某点,想要爬到山顶,怎么办？从立足处用明杖向前一试,觉得高些,就向前一步；如果前面不高,向左一试,高就向左一步；不高再试后面,高就退一步；不高再试右面,高就向右走一步；四面都不高,就原地不动. 总之,高了就走一步,就这样一步一步地走,就会走上山顶. 这一方法又称为逐个修改法、盲人爬山法, 这是科学研究中的常用方法之一.

关于梯度的应用,请注意把握以下两点：

(1) 函数的梯度是一个向量,其方向与取得最大方向导数的方向一致,它的模则为最大方向导数；

(2) 函数值在给定点处沿它的梯度方向增加最快,沿梯度的相反方向减小最快,沿与梯度垂直的方向变化率为零.

例 4 设 $f(x,y,z)=x^2+y^2+z^2-xy+y-5z+8$, 求 $\nabla f(0,1,0), \nabla f(2,-1,0)$.

解

$$\frac{\partial f}{\partial x}=2x-y, \quad \frac{\partial f}{\partial y}=2y-x+1, \quad \frac{\partial f}{\partial z}=2z-5,$$

$$\nabla f(0,1,0)=\left(\frac{\partial f}{\partial x},\frac{\partial f}{\partial y},\frac{\partial f}{\partial z}\right)\bigg|_{(0,1,0)}=(-1,3,-5),$$

$$\nabla f(2,-1,0)=\left(\frac{\partial f}{\partial x},\frac{\partial f}{\partial y},\frac{\partial f}{\partial z}\right)\bigg|_{(2,-1,0)}=(5,-3,-5).$$

例 5 设飞机在空间区域 Ω 上,机翼承受的压强分布函数为 $p=x^2+y^2+z$. 问在点 $M(1,2,-1)$ 处,沿什么方向压强增加最快？沿什么方向压强下降最快？沿什么方向压强的变化率为零？

解 $\frac{\partial p}{\partial x}\bigg|_M=2x|_M=2, \frac{\partial p}{\partial y}\bigg|_M=2y|_M=4, \frac{\partial p}{\partial z}\bigg|_M=1.$

函数 $p=x^2+y^2+z$ 在点 $P(1,2,-1)$ 处沿梯度 $\nabla p=2\boldsymbol{i}+4\boldsymbol{j}+\boldsymbol{k}$ 方向压强增加最快；沿梯度的相反方向 $-\nabla p=-2\boldsymbol{i}-4\boldsymbol{j}-\boldsymbol{k}$, 压强减小最快；沿与梯度垂直的方向压强变化率为零,由于过点 $P(1,2,-1)$ 且垂直于 $\nabla p=2\boldsymbol{i}+4\boldsymbol{j}+\boldsymbol{k}$ 的所有向量构成一个平面

$$2(x-1)+4(y-2)+(z+1)=0,$$

即

$$2x+4y+z-9=0,$$

因此在点 P 处,沿平面 $2x+4y+z-9=0$ 内任意非零向量,压强的变化率均为零.

三、场的概念

我们已经熟知电场、磁场、速度场的概念,它们看不见,摸不着,非常抽象. 但实际上,场与我们息息相关,生活中常常可见场的例子. 假定在空间区域内充满流动的流体,如流动的空气或水. 流体由大量的质点组成,将流体的流动看作质点的运动,在任意瞬间,一个质点具有速度 v. 在给定的时刻,在不同位置,这些质点的速度可能不同. 可以想象在流体的每个点上附着一个速度向量,代表在那个点的质点的速度. 这样一种流体的流动就是向量场的例子.

图 8-32 表示的是飞机机翼在某时刻的压强场. 在场中的每点上都附着一个代表机翼所承受的压强的向量,反映在该点处压强的大小和方向. 可以说,场是某种物理量在空间(或平面)的某区域上的一种分布.

一般地,如果对于空间(或平面)区域 G 内的任一点 M,都有一个确定的数量 $f(M)$ 与之对应,则称在此区域 G 内确定了一个**数量场**. 数量场可用数量函数 $f(M)$ 来表示. 常见的数量场有静电位场、温度场、密度场等.

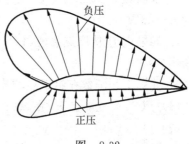

图 8-32

如果对于区域 G 内的任一点 M,都有一个确定的向量 $\boldsymbol{F}(M)$ 与之对应,则称在区域 G 内确定了一个**向量场**. 向量场可用向量值函数

$$\boldsymbol{F}(M)=P(M)\boldsymbol{i}+Q(M)\boldsymbol{j}+R(M)\boldsymbol{k}$$

表示,其中 $P(M),Q(M)$ 和 $R(M)$ 是点 M 的数量函数.

常见的向量场有静电场、引力场、速度场等. 根据场的概念,$\mathbf{grad}\, f(M)$ 是一个向量场,也称**梯度场**.

例 6 试求数量场 $f(M)=\dfrac{m}{r}$ 的梯度场,其中常数 $m>0$, $r=\sqrt{x^2+y^2+z^2}$ 为原点 O 与点 $M(x,y,z)$ 间的距离.

解

$$\frac{\partial}{\partial x}\left(\frac{m}{r}\right)=-\frac{m}{r^2}\frac{\partial r}{\partial x}=-\frac{mx}{r^3},\quad \frac{\partial}{\partial y}\left(\frac{m}{r}\right)=-\frac{my}{r^3},\quad \frac{\partial}{\partial z}\left(\frac{m}{r}\right)=-\frac{mz}{r^3},$$

因此

$$\mathbf{grad}\,\frac{m}{r}=-\frac{m}{r^2}\left(\frac{x}{r}\boldsymbol{i}+\frac{y}{r}\boldsymbol{j}+\frac{z}{r}\boldsymbol{k}\right).$$

记 $\boldsymbol{e}_r=\dfrac{x}{r}\boldsymbol{i}+\dfrac{y}{r}\boldsymbol{j}+\dfrac{z}{r}\boldsymbol{k}$,它是与 $\overrightarrow{OM}$ 同方向的单位向量,则 $\mathbf{grad}\,\dfrac{m}{r}=-\dfrac{m}{r^2}\boldsymbol{e}_r$.

力学解释:$\mathbf{grad}\,\dfrac{m}{r}=-\dfrac{m}{r^2}\boldsymbol{e}_r$ 是位于原点 O、质量为 m 的质点对位于点 M 的单位质点的引力,如图 8-33 所示,该引力的大小与两质点的质量的乘积成正比,与它们的距离平方成反比,引力的方向由点 M 指向原点. 因此数量场 $\dfrac{m}{r}$ 的势场 $\left(\text{也就是梯度场 }\mathbf{grad}\,\dfrac{m}{r}\right)$ 又称**引力场**,而函数 $\dfrac{m}{r}$ 称**引力势**.

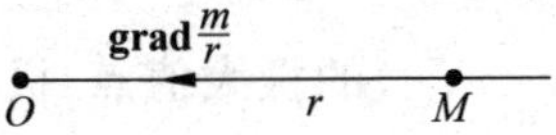

图 8-33

习题 8-7

1. 计算下列方向导数:

   (1) $f(x,y)=\mathrm{e}^{-2y}\cos x$ 在点 $(0,0)$ 处沿 $\boldsymbol{l}=(1,1)$ 的方向导数;

   (2) $f(x,y)=2x^2+y^2$ 在点 $(-1,1)$ 处沿 $\boldsymbol{l}=(3,-4)$ 的方向导数;

   (3) $u=xy+yz+zx$ 在点 $(1,-1,2)$ 处沿 $\boldsymbol{l}=(3,6,-2)$ 的方向导数.

2. 求 $z=\sqrt{x^2+y^2}$ 在点 $(1,1)$ 的梯度,并求函数在该点沿梯度方向的方向导数.

3. 求函数 $z=x\ln(1+y)$ 在点 $(1,1)$ 沿曲线 $2x^2-y^2=1$ 的切线(指向 x 增大方向)向量的方向导数.

4. 如果点 P 从原点沿 $(1,1,-1)$ 方向作微小移动,函数 $f(x,y,z)=xe^y+z^2$ 将大约改变多少?

5. 计算下列函数在给定点的梯度:

(1) $f(x,y)=y^2-x^2$ 在点 $(1,-1)$;

(2) $f(x,y,z)=x^2+y^2-2z^2+z\ln x$ 在点 $(1,1,1)$.

6. 设二元函数 $f(x,y)$ 在点 $(1,1)$ 沿指向点 $(2,2)$ 方向的方向导数为 2,沿指向点 $(1,2)$ 方向的方向导数为 3,求 $f(x,y)$ 在点 $(1,1)$ 的梯度.

7. 下列函数在指定点沿什么方向上的函数值增加得最快? 沿什么方向上的函数值减小得最快? 沿什么方向上的函数值的变化率为零?

(1) $z=\dfrac{x^2}{2}-\dfrac{y^2}{2}$ 在点 $(1,1)$;   (2) $u=xe^{yz}-y+z$ 在点 $(1,0,2)$.

第八节 多元函数的极值及其求法

本节主要研究二元函数的极值与最值问题. 与一元函数类似,多元函数的最大值、最小值与极大值、极小值之间有密切联系. 为此,先介绍极值及其判别法.

一、极值、最大值和最小值

1. 极值的概念

与一元函数类似,我们将二元函数局部最小(大)值点称为二元函数的极小(大)值点,具体定义如下:

定义 8.10 设函数 $z=f(x,y)$ 在点 $P_0(x_0,y_0)$ 的某邻域 $U(P_0)$ 内有定义,如果对任意异于 $P_0(x_0,y_0)$ 的点 $P(x,y)\in U(P_0)$ 总有
$$f(x_0,y_0)<f(x,y),$$
则称函数 $f(x,y)$ 在点 $P_0(x_0,y_0)$ 有**极小值** $f(x_0,y_0)$,称 (x_0,y_0) 为函数 $f(x,y)$ 的**极小值点**;如果总有
$$f(x_0,y_0)>f(x,y),$$
则称函数 $f(x,y)$ 在点 $P_0(x_0,y_0)$ 有**极大值**,称 (x_0,y_0) 为函数 $f(x,y)$ 的**极大值点**. 极大值、极小值统称为**极值**. 极大值点和极小值点统称为函数的**极值点**.

例 1 根据定义 8.10 容易验证:

(1) 函数 $z=x^2+y^2$ 在点 $(0,0)$ 处有极小值 0. 这是因为在原点的任何去心邻域内,所有点处的函数值均为正.

(2) 函数 $z=\sqrt{1-x^2-y^2}$ 在点 $(0,0)$ 处有极大值 1. 这是因为在原点的任何去心邻域内,所有点的函数值均小于 1.

(3) 函数 $z=y^2-x^2$ 在点 $(0,0)$ 既不取得极大值也不取得极小值. 这是因为 $z(0,0)=0$,而在原点的任一邻域内,总有使函数值为正的点,也有使函数值为负的点.

2. 极值存在的条件

1) 极值存在的必要条件

对于一元函数,我们知道,如果 $y=f(x)$ 在 $x=x_0$ 可导且取得极值,则必有 $f'(x_0)=0$. 对于二元函数,如果 $z=f(x,y)$ 在点 (x_0,y_0) 处的偏导数存在,且在点 (x_0,y_0) 取得极值,那么 $u=f(x,y_0)$ 作为 x 的一元函数,在 $x=x_0$ 处也一定取得极值,因此有

$$\frac{\mathrm{d}u}{\mathrm{d}x}\bigg|_{x=x_0}=f_x(x_0,y_0)=0.$$

同理可得 $f_y(x_0,y_0)=0$. 这样就得到了二元函数极值存在的必要条件.

定理 8.17 设函数 $z=f(x,y)$ 在点 (x_0,y_0) 的两个一阶偏导数都存在,且函数在点 (x_0,y_0) 取得极值,则

$$f_x(x_0,y_0)=0, \quad f_y(x_0,y_0)=0.$$

定义 8.11 如果 $f_x(x_0,y_0)=0, f_y(x_0,y_0)=0$,则称 (x_0,y_0) 为函数 $f(x,y)$ 的驻点.

由定理 8.17,偏导数存在的二元函数,它的极值点一定是驻点. 但驻点不一定是极值点,例如,点 $(0,0)$ 不是曲面 $z=x^2-y^2$ 的极值点,但容易验证点 $(0,0)$ 是函数 $z=x^2-y^2$ 的驻点.

此外,偏导数不存在的点也有可能是函数的极值点. 例如,容易验证,点 $(0,0)$ 是二元函数 $z=\sqrt{x^2+y^2}$ 的极小值点,但是 $z_x(0,0), z_y(0,0)$ 都不存在.

上述关于二元函数极值的概念、取得极值的必要条件、驻点以及相应的结论可以推广到二元以上的多元函数. 例如,如果三元函数 $u=f(x,y,z)$ 在点 (x_0,y_0,z_0) 的偏导数都存在,且在点 (x_0,y_0,z_0) 取得极值,则点 (x_0,y_0,z_0) 为此函数的驻点,即

$$f_x(x_0,y_0,z_0)=0, \quad f_y(x_0,y_0,z_0)=0, \quad f_z(x_0,y_0,z_0)=0.$$

2) 极值存在的充分条件

由前文可知,驻点不一定全是极值点,那么什么情况下驻点才是极值点?下面的定理部分地回答了这个问题.

定理 8.18 设 $z=f(x,y)$ 在点 (x_0,y_0) 的某邻域内有二阶连续的偏导数,且点 (x_0,y_0) 是其驻点,记

$$A=f_{xx}(x_0,y_0), \quad B=f_{xy}(x_0,y_0), \quad C=f_{yy}(x_0,y_0).$$

(1) 如果 $AC-B^2>0$,则点 (x_0,y_0) 是函数的极值点,且当 $A>0$ 时,函数取得极小值;当 $A<0$ 时,函数取得极大值.

(2) 如果 $AC-B^2<0$,则点 (x_0,y_0) 不是函数的极值点.

(3) 如果 $AC-B^2=0$,则点 (x_0,y_0) 可能是函数的极值点,也可能不是函数的极值点,需改用其他方法判别.

定理证明从略.

关于结论(3),我们举三个例子. 以下三个函数在点 $(0,0)$ 都满足 $AC-B^2=0$,但是,点 $(0,0)$ 不是函数 $z=x^2y$ 的极值点;函数 $z=(x^2+y^2)^2$ 在点 $(0,0)$ 取得极小值;函数 $z=-(x^2+y^2)^2$ 在点 $(0,0)$ 取得极大值.

根据定理 8.17、定理 8.18,可得对二元函数**求极值的主要步骤**如下:

(1) 确定函数 $z=f(x,y)$ 的定义域.

(2) 解方程组 $f_x(x,y)=0, f_y(x,y)=0$, 求出函数在定义域内的所有驻点.

(3) 对每一个驻点, 计算相应的 A, B, C, 并根据判别式 $\Delta = AC - B^2$ 的正负判定该驻点是否为极值点; 如果是, 则求出极值点处的函数值, 得到函数的极值.

例 2 求二元函数 $z = x^3 + y^3 - 3xy$ 的极值.

解 (1) 函数的定义域为整个坐标平面.

(2) 求驻点. 解方程组

$$\begin{cases} f_x(x,y) = 3x^2 - 3y = 0, \\ f_y(x,y) = 3y^2 - 3x = 0, \end{cases}$$

得两个驻点 $(0,0)$ 和点 $(1,1)$.

(3) 求 $f(x,y)$ 的二阶偏导数, 讨论驻点是否为极值点, 并求极值.

$$f_{xx}(x,y) = 6x, \quad f_{xy}(x,y) = -3, \quad f_{yy}(x,y) = 6y,$$

在点 $(0,0)$ 处, $A = 0, B = -3, C = 0, AC - B^2 = -9 < 0$, 因此, 点 $(0,0)$ 不是极值点; 在点 $(1,1)$ 处, $A = 6, B = -3, C = 6, AC - B^2 = 27 > 0$, 且 $A > 0$, 所以点 $(1,1)$ 为极小值点, $f(1,1) = -1$ 是函数的极小值.

3. 最大值和最小值

由本章第一节可知, 有界闭区域 D 上的多元连续函数必有最大值和最小值. 但如何求出函数的最大值和最小值呢? 与一元函数类似, 我们可以利用二元函数极值与最值之间的关系求二元函数在有界闭区域上的最值. 设函数 $f(x,y)$ 在有界闭区域 D 内可微且只有有限个驻点. 注意到, 有界闭区域 D 由其内部区域与边界共同组成. 如果最值在 D 的内部取到, 则这个最值就是某个极值; 如果最值在 D 的边界取得, 则可通过边界曲线的函数关系, 将二元函数转化为一元函数再考察其最值. 因此, 二元函数的最值问题比一元函数复杂得多. 一般地, 如果二元函数 $f(x,y)$ 在有界闭区域 D 上连续, 在 D 内部可微且只有有限个驻点, 那么, 可按以下步骤求二元函数的最值:

(1) 求出函数 $z = f(x,y)$ 在区域 D 内部的所有驻点;

(2) 求出函数 $z = f(x,y)$ 在 D 的边界曲线上的最大值和最小值;

(3) 将所有驻点处的函数值与边界曲线上的最大值、最小值比较, 其中最大的就是 $f(x,y)$ 在 D 上的最大值, 最小的就是最小值.

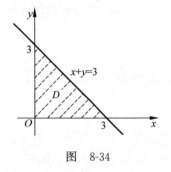

图 8-34

例 3 设区域 D 由 x 轴、y 轴及直线 $x + y = 3$ 围成, 如图 8-34 所示. 求 $f(x,y) = x^3 + y^3 - 3xy + 2$ 在 D 上的最大值和最小值.

解 令

$$\begin{cases} f_x(x,y) = 3x^2 - 3y = 0, \\ f_y(x,y) = 3y^2 - 3x = 0, \end{cases}$$

解方程组, 可得在 D 内部只有唯一驻点 $(1,1)$, 在该点处 $f(1,1) = 1$.

下面求函数在 D 的边界上的最值.

在边界 $x = 0 (0 \leqslant y \leqslant 3)$ 上, $f(x,y) = y^3 + 2$, 其最小值为 $f(0,0) = 2$, 最大值为 $f(0,3) = 29$.

在边界 $y=0(0\leqslant x\leqslant 8), f(x,y)=x^3+2$,其最小值为 $f(0,0)=2$,最大值为 $f(3,0)=29$.

在边界 $x+y=3(0\leqslant x\leqslant 3)$ 上,$y=3-x$,将其代入 $f(x,y)=x^3+y^3-3xy+2$,得
$$z=12x^2-36x+29, \quad 0\leqslant x\leqslant 3.$$

以下求 $z=12x^2-36x+29$ 在 $[0,3]$ 上的最值. 令 $\dfrac{\mathrm{d}z}{\mathrm{d}x}=24x-36=0$,得 $x=1.5$,且当 $x=1.5$ 时,$y=1.5$,计算得 $f(1.5,1.5)=2$.

比较:$f(1,1)=1, f(0,0)=2, f(0,3)=29, f(3,0)=29, f(1.5,1.5)=2$,得函数在区域 D 上的最大值为 $f(0,3)=f(3,0)=29$,最小值为 $f(1,1)=1$.

对于某些实际问题,如果根据问题的性质,判断出函数 $f(x,y)$ 的最大值(或最小值)一定在 D 的内部取得,且函数在 D 内只有一个驻点,则可以断定,该驻点处的函数值就是函数 $f(x,y)$ 在 D 上的最大值(或最小值).

例 4 某厂要用铁板做一个体积为 $a^3(a>0)(\mathrm{m}^3)$ 的有盖长方体油箱.问当长、宽、高各取多少时,才能使得用料最省?

解 当该油箱的表面积最小时,用料最省.设油箱的长为 $x(\mathrm{m})$,宽为 $y(\mathrm{m})$,则其高应为 $\dfrac{a^3}{xy}(\mathrm{m})$. 此油箱所用材料的面积为
$$S=2\left(xy+y\cdot\frac{a^3}{xy}+x\cdot\frac{a^3}{xy}\right)=2\left(xy+\frac{a^3}{x}+\frac{a^3}{y}\right), \quad x>0, y>0.$$

令
$$S_x=2\left(y-\frac{a^3}{x^2}\right)=0, \quad S_y=2\left(x-\frac{a^3}{y^2}\right)=0,$$

解方程组得 $x=y=a$. 根据题意可知,油箱所用材料面积的最小值一定存在,且在开区域
$$D=\{(x,y)\mid x>0, y>0\}$$
内取得. 又函数 $S(x,y)$ 在 D 内只有一个驻点,所以该驻点一定是 $S(x,y)$ 的最小值点,因此当油箱的长、宽、高均取 $a(\mathrm{m})$ 时,油箱用料最省.

思考与探索:

(1) 例 4 表明在体积一定的长方体中,正方体的表面积最小.那么,在体积都为 V_0 的长方体、球体和圆柱体中,哪一种的表面积最小?

(2) 观察一下你身边常见的饮料瓶、易拉罐的外形,分析它们目前的设计尺寸,从节约成本的角度来看,是否合理?你能否给生产厂家设计一个可行的改进方案?

二、条件极值　拉格朗日乘数法

前面讨论的极值问题除了对函数的定义域的限制外,并无其他约束条件,这类极值问题称为**无条件极值**问题. 但在实际问题中,遇到的更多的是对函数的自变量有附加条件的极值问题.

例 5 现要制作一个面积为 S 的长方形托盘,问怎样设计才能使得托盘的周长最小?

这个问题可以量化如下:记长方形的长、宽分别为 x, y,则长方形的周长 L 为
$$L=2x+2y \quad (x>0, y>0).$$

此外,x, y 还应满足附加条件

$$xy = S.$$

问题归结为求函数 $L = 2x + 2y$ 在附加条件 $xy = S$ 下的最小值. 这种对自变量有附加条件的极值问题称为**条件极值**. 如果由附加条件解出 $y = \dfrac{S}{x}$, 再代入式 $L = 2x + 2y$, 则问题将归结为求一元函数 $L = 2\left(x + \dfrac{S}{x}\right)$ 在区间 $(0, +\infty)$ 内的最小值问题. 可见, 条件极值问题有时可以转化成无条件极值来解决.

在实际操作中, 有些附加条件由隐函数给出, 无法显化, 这样就不能将条件极值转化为无条件极值. 因此, 有必要寻求其他的、不依赖于无条件极值的方法来处理条件极值问题.

下面介绍的拉格朗日乘数法就是一种非常好的选择.

问题: 求目标函数 $z = f(x, y)$ 在附加条件 $\varphi(x, y) = 0$ 下的极值.

如果函数 $z = f(x, y)$ 在点 (x_0, y_0) 取得所求的极值, 那么一定有
$$\varphi(x_0, y_0) = 0.$$

假定在点 (x_0, y_0) 的某一邻域内, 函数 $f(x, y)$ 与 $\varphi(x, y)$ 均有连续的一阶偏导数, 且 $\varphi_y(x_0, y_0) \neq 0$, 则由隐函数存在定理, 方程 $\varphi(x, y) = 0$ 可以确定一个有连续导数的函数 $y = y(x)$, 将其代入目标函数 $z = f(x, y)$, 得一元函数 $z = f(x, y(x))$, 易知 $x = x_0$ 就是 $z = f(x, y(x))$ 的极值点. 于是由一元函数取得极值的必要条件, 得

$$\left. \frac{dz}{dx} \right|_{x = x_0} = f_x(x_0, y_0) + f_y(x_0, y_0) \left. \frac{dy}{dx} \right|_{x = x_0} = 0.$$

再由隐函数求导公式, 得

$$\left. \frac{dy}{dx} \right|_{x = x_0} = -\frac{\varphi_x(x_0, y_0)}{\varphi_y(x_0, y_0)},$$

从而有

$$f_x(x_0, y_0) - f_y(x_0, y_0) \frac{\varphi_x(x_0, y_0)}{\varphi_y(x_0, y_0)} = 0.$$

也就是说, 在条件 $\varphi(x, y) = 0$ 的约束下, 函数 $z = f(x, y)$ 在 (x_0, y_0) 点取得极值的必要条件是

$$\begin{cases} f_x(x_0, y_0) - f_y(x_0, y_0) \dfrac{\varphi_x(x_0, y_0)}{\varphi_y(x_0, y_0)} = 0, \\ \varphi(x_0, y_0) = 0. \end{cases}$$

令 $\dfrac{f_y(x_0, y_0)}{\varphi_y(x_0, y_0)} = -\lambda$, 则上述必要条件可改写为

$$\begin{cases} f_x(x_0, y_0) + \lambda \varphi_x(x_0, y_0) = 0, \\ f_y(x_0, y_0) + \lambda \varphi_y(x_0, y_0) = 0, \\ \varphi(x_0, y_0) = 0. \end{cases}$$

分析上述三个条件, 引入辅助函数
$$L(x, y) = f(x, y) + \lambda \varphi(x, y),$$

则上述三个条件可表示为

$$\begin{cases} L_x(x_0, y_0) = f_x(x_0, y_0) + \lambda \varphi_x(x_0, y_0) = 0, \\ L_y(x_0, y_0) = f_y(x_0, y_0) + \lambda \varphi_y(x_0, y_0) = 0, \\ \varphi(x_0, y_0) = 0. \end{cases}$$

这样一个特别的辅助函数 $L(x,y)$ 称为**拉格朗日函数**,参数 λ 称为**拉格朗日乘数**.

由此得到求条件极值问题的方法——**拉格朗日乘数法**. 表述如下:

为求函数 $z=f(x,y)$ 在条件 $\varphi(x,y)=0$ 下的极值,可先构造辅助函数
$$L(x,y)=f(x,y)+\lambda\varphi(x,y),$$
然后解方程组
$$\begin{cases} L_x(x,y)=f_x(x,y)+\lambda\varphi_x(x,y)=0, \\ L_y(x,y)=f_y(x,y)+\lambda\varphi_y(x,y)=0, \\ \varphi(x,y)=0. \end{cases}$$

由该方程组解出的 (x,y) 就是所求的可能的极值点.

至于如何确定所求的点是不是极值点,在实际问题中往往可根据问题本身的性质来判定.

上述方法可以推广到自变量多于两个而条件多于一个的情形.

例如,在双约束条件 $\varphi(x,y,z)=0$ 与 $\psi(x,y,z)=0$ 下,求目标函数 $u=f(x,y,z)$ 的极值,可构造函数
$$L(x,y,z)=f(x,y,z)+\lambda_1\varphi(x,y,z)+\lambda_2\psi(x,y,z),$$
列方程组
$$\begin{cases} L_x=f_x+\lambda_1\varphi_x+\lambda_2\psi_x=0, \\ L_y=f_y+\lambda_1\varphi_y+\lambda_2\psi_y=0, \\ L_z=f_z+\lambda_1\varphi_z+\lambda_2\psi_z=0, \\ \varphi(x,y,z)=0, \\ \psi(x,y,z)=0. \end{cases}$$
求出该方程组的解,可得可能的极值点.

例 6 要建造一个容积为 $10\mathrm{m}^3$ 的储水池,底面材料单价为每平方米 20 元,侧面材料单价为每平方米 8 元. 问应如何设计尺寸才能使得材料造价最省?

解 设储水池的长、宽、高分别为 $x,y,z(\mathrm{m})$,则问题可转化为求目标函数
$$u=20xy+16z(x+y) \quad (x>0,y>0,z>0)$$
在附加条件 $xyz=10$ 下的最小值问题. 构造辅助函数
$$L(x,y,z)=20xy+16z(x+y)+\lambda(xyz-10),$$
解方程组
$$\begin{cases} L_x=20y+16z+\lambda yz=0, \\ L_y=20x+16z+\lambda xz=0, \\ L_z=16(x+y)+\lambda xy=0, \\ L_\lambda=xyz-10=0, \end{cases}$$
得 $x=y=2,z=\dfrac{5}{2}$. 因此得唯一可能的极值点 $\left(2,2,\dfrac{5}{2}\right)$. 因为本问题的最小值一定存在,所以最小值就在这个可能的极值点处取得. 也就是说,当 $x=y=2,z=\dfrac{5}{2}$ 时,储水池的材料造价最小.

习题 8-8

1. 求下列函数的驻点和极值：
   (1) $f(x,y)=2xy-3x^2-2y^2$；
   (2) $f(x,y)=x^2+xy+y^2+x-y+1$；
   (3) $f(x,y)=e^{2x}(x+2y+y^2)$；
   (4) $f(x,y)=x^3+y^3-3xy$.

2. 求由方程 $x^2+y^2+z^2-2x-2y-2z=6(z>0)$ 所确定的隐函数 $z=f(x,y)$ 的极值.

3. 求函数 $f(x,y)=x^2+y^2-12x+16y$ 在闭区域 $D=\{(x,y)|x^2+y^2\leqslant 25\}$ 上的最大值和最小值.

4. 求函数 $z=xy$ 在附加条件 $x+y=1$ 下的极大值.

5. 求过点 $(2,1,2)$ 的平面，使它与三个坐标面在第一卦限内所围成的立体的体积最小.

6. 求平面 $x+y+z=1$ 和锥面 $z^2=2x^2+2y^2$ 交线上距离原点最近的点.

7. 设有一条直线形引水渠，横截面为一等腰梯形，问在保持一定流量的前提下，如何选取等腰梯形的各边长度，才能使渠道表面材料用料最省？

附录 8　基于 Python 的多元函数偏导数与极值的计算

一、基于 Python 的多元函数偏导数的计算

在 Python 中，求多元函数的偏导数通常使用 SymPy 库，它提供了符号计算能力，包括求导数、积分、极限、方程求解等. SymPy 的 diff() 函数用于求函数的导数，包括偏导数，非常适合处理多元函数的偏导运算，其调用格式和功能说明如表 8-1 所示.

表 8-1　求多元函数的偏导数命令的调用格式和功能说明

调用格式	功能说明
diff(f,x)	求函数 f 对变量 x 的一阶偏导数. f 是一个 SymPy 表达式, x 是 SymPy 的符号变量
diff(f,x,n)	求函数 f 对变量 x 的 n 阶偏导数. f 是一个 SymPy 表达式, x 是 SymPy 的符号变量, n 是求导的阶数
diff(f,x,y,...)	求函数 f 对多个变量的混合偏导数. f 是一个 SymPy 表达式, x, y, … 是 SymPy 的符号变量

例 1　设 $z=x^y(x>0, x\neq 1, y$ 为任意实数$)$，求 $\dfrac{\partial z}{\partial x}$ 和 $\dfrac{\partial z}{\partial y}$.

```
import sympy as sp
# 定义符号变量
x, y = sp.symbols('x y')
# 定义函数
z = x**y
# 计算对 x 的偏导数,并进行化简
zx = sp.simplify(sp.diff(z, x))
print("对 x 的偏导数:", zx)
# 计算对 y 的偏导数,并进行化简
zy = sp.simplify(sp.diff(z, y))
print("对 y 的偏导数:", zy)
```

结果为：

对 x 的偏导数：x**(y - 1)*y
对 y 的偏导数：x**y*log(x)

例 2 设 $z=\sin(ax)+\cos(by)$ (a,b 为任意实数)，求 $\dfrac{\partial z}{\partial x}$ 和 $\dfrac{\partial z}{\partial y}$.

```
import sympy as sp
# 定义符号变量
x, y, a, b = sp.symbols('x y a b')
# 定义函数
z = sp.sin(a * x) + sp.cos(b * y)
# 对 x 求偏导数
zx = sp.diff(z, x)
# 对 y 求偏导数
zy = sp.diff(z, y)
# 打印结果
print('zx:', zx)
print('zy:', zy)
```

结果为：

zx: a*cos(a*x)
zy: -b*sin(b*y)

例 3 设 $z=\mathrm{e}^u\sin v$，而 $u=x^2+y^2$，$v=x^3-y^3$，求 $\dfrac{\partial z}{\partial x}$ 和 $\dfrac{\partial z}{\partial y}$.

```
import sympy as sp
# 定义符号变量
x, y = sp.symbols('x y')
# 定义函数
z = sp.exp(x**2 + y**2) * sp.sin(x**3 - y**3)
# 对 x 求偏导数
zx = sp.diff(z, x)
# 对 y 求偏导数
zy = sp.diff(z, y)
# 打印结果
print('zx:', zx)
print('zy:', zy)
```

结果为：

zx: 3*x**2*exp(x**2 + y**2)*cos(x**3 - y**3) + 2*x*exp(x**2 + y**2)*sin(x**3 - y**3)
zy: -3*y**2*exp(x**2 + y**2)*cos(x**3 - y**3) + 2*y*exp(x**2 + y**2)*sin(x**3 - y**3)

例4 设 $z=\sqrt{x^2+y^2}$,求二阶偏导数.

```
import sympy as sp
# 定义符号变量
x, y = sp.symbols('x y')
# 定义函数
z = sp.sqrt(x**2 + y**2)
# 对 x 求二阶偏导数
zxx = sp.simplify(sp.diff(z, x, 2))
# 对 x 和 y 求交叉偏导数
zxy = sp.diff(sp.diff(z, x), y)
zyx = sp.diff(sp.diff(z, y), x)
# 对 y 求二阶偏导数
zyy = sp.simplify(sp.diff(z, y, 2))
# 打印结果
print('zxx:', zxx)
print('zxy:', zxy)
print('zyx:', zyx)
print('zyy:', zyy)
```

结果为:

```
zxx: y**2/(x**2 + y**2)**(3/2)
zxy: -x*y/(x**2 + y**2)**(3/2)
zyx: -x*y/(x**2 + y**2)**(3/2)
zyy: x**2/(x**2 + y**2)**(3/2)
```

例5 设 $z=(1+xy)^y$,求 $\dfrac{\partial z}{\partial x}\bigg|_{(1,1)}, \dfrac{\partial z}{\partial y}\bigg|_{(1,1)}$.

```
import sympy as sp
# 定义符号变量
x, y = sp.symbols('x y')
# 定义函数
z = (1 + x*y)**y
# 对 x 求偏导数
zx = sp.diff(z, x)
# 对 y 求偏导数
zy = sp.diff(z, y)
# 将偏导数转换为函数
fzx = sp.lambdify((x, y), zx, 'numpy')
fzy = sp.lambdify((x, y), zy, 'numpy')
# 在点 (1, 1) 处计算偏导数的值
fzx11 = fzx(1, 1)
fzy11 = fzy(1, 1)
# 打印结果
print('fzx(1, 1):', fzx11)
print('fzy(1, 1):', fzy11)
```

结果为:

```
fzx(1, 1): 1.0
fzy(1, 1): 2.386294361119891
```

例6 求由方程 $\dfrac{x}{z}=\ln\dfrac{z}{y}$ 所确定的函数 $z=f(x,y)$ 的偏导数 $\dfrac{\partial z}{\partial x}$ 和 $\dfrac{\partial z}{\partial y}$.

```python
import sympy as sp
# 定义符号变量
x, y, z = sp.symbols('x y z')
# 定义方程
eq = x/z - sp.log(z/y)
# 对 x 的偏导数
# 首先求解 eq 关于 x 的偏导数
d_eq_dx = sp.diff(eq, x)
# 然后求解 z 关于 x 的偏导数 dz/dx
dz_dx = -d_eq_dx / sp.diff(eq, z)
# 对 y 的偏导数
# 首先求解 eq 关于 y 的偏导数
d_eq_dy = sp.diff(eq, y)
# 然后求解 z 关于 y 的偏导数 dz/dy
dz_dy = -d_eq_dy / sp.diff(eq, z)
# 打印结果
print("对 z 求 x 的偏导数:", dz_dx)
print("对 z 求 y 的偏导数:", dz_dy)
```

结果为：

对 z 求 x 的偏导数: -1/(z*(-x/z**2 - 1/z))
对 z 求 y 的偏导数: -1/(y*(-x/z**2 - 1/z))

二、基于 Python 的多元函数极值的计算

结合二元函数的极值判定定理，可以用 Python 求二元函数的极值.

例7 求函数 $f(x,y)=x^3-4x^2+2xy-y^2+3$ 的极值.

```python
import sympy as sp
# 定义符号变量
x, y = sp.symbols('x y')
# 定义函数
f = x**3 - 4*x**2 + 2*x*y - y**2 + 3
# 计算对 x 的偏导数
fx = sp.diff(f, x)
# 计算对 y 的偏导数
fy = sp.diff(f, y)
# 解方程
solutions = sp.solve((fx, fy), (x, y))
# 打印结果
print("驻点:")
for point in solutions:
    print(point)
```

结果为：

驻点:
(0, 0)
(2, 2)

下面利用二元函数的极值判定定理验证驻点是否极值点.

```
# 计算二阶偏导数
A = sp.diff(f, x, x)          # f 关于 x 的二阶偏导数
B = sp.diff(f, x, y)          # f 关于 x 和 y 的混合偏导数
C = sp.diff(f, y, y)          # f 关于 y 的二阶偏导数
# 计算判别式
D = A * C - B ** 2
# 在点 (0, 0) 和点 (2, 2) 处计算判别式和二阶偏导数的值
f1 = D.subs({x: 0, y: 0})
a1 = A.subs({x: 0, y: 0})
f2 = D.subs({x: 2, y: 2})
a2 = A.subs({x: 2, y: 2})
# 打印结果
print('在点 (0,0):')
if f1 == 0:
    print("无法通过判别式判断性质.")
elif f1 > 0:
    if a1 > 0:
        print("是极小值点.")
    else:
        print("是极大值点.")
else:
    print("是鞍点.")

print('在点 (2,2):')
if f2 == 0:
    print("无法通过判别式判断性质.")
elif f2 > 0:
    if a2 > 0:
        print("是极小值点.")
    else:
        print("是极大值点.")
else:
    print("是鞍点.")
```

结果为：

在点 (0,0):
是极大值点.
在点 (2,2):
是鞍点.

例 8 用钢板制作一个容积为 $8\mathrm{m}^3$ 的无盖长方体容器,问怎样选取长、宽、高,才能使用料最省？

解 设容器的长为 $x(\mathrm{m})$,宽为 $y(\mathrm{m})$,则高为 $\dfrac{8}{xy}(\mathrm{m})$,容器的表面积(即所用的钢板材料)为

$$S = xy + 2x \cdot \frac{8}{xy} + 2x \cdot \frac{8}{xy},$$

函数 S 的定义域为 $D=\{(x,y):x>0,y>0\}$. 现在的问题变为：求目标函数 S 在 D 上

的最小值点.

```python
import sympy as sp
# 定义符号变量
x, y = sp.symbols('x y')
# 定义函数
f = x*y + 16/x + 16/y
# 计算对 x 的偏导数
fx = sp.diff(f, x)
# 计算对 y 的偏导数
fy = sp.diff(f, y)
# 解方程
solutions = sp.solve((fx, fy), (x, y))
# 打印结果
print("驻点:")
for point in solutions:
    print(point)
```

结果为:

驻点:
(2 * 2 ** (1/3), 2 * 2 ** (1/3))
(-2 ** (1/3) - 2 ** (1/3) * sqrt(3) * I, -2 ** (1/3) - 2 ** (1/3) * sqrt(3) * I)
(-2 ** (1/3) + 2 ** (1/3) * sqrt(3) * I, -2 ** (1/3) + 2 ** (1/3) * sqrt(3) * I)

由上可知,$(2*2^{(1/3)}, 2*2^{(1/3)})$为 S 在 D 内的唯一驻点. 由该问题的实际性质可知,目标函数 S 在 D 内必有最小值. 因此,函数 S 在$(2*2^{(1/3)}, 2*2^{(1/3)})$处取得最小值.

第六篇 综合练习

一、填空题

1. 函数 $f(x,y)=\arctan(xy)+\dfrac{\ln(4-x^2-y^2)}{\sqrt{x^2+y^2-1}}$ 的定义域为 _____.

2. 曲线 $x=\cos t, y=\sin t, z=t$ 在 $t=\dfrac{\pi}{2}$ 处的切线方程为 _____.

3. $\lim\limits_{\substack{x\to 3\\ y\to 0}}\dfrac{\sqrt{3x+y}-3}{3x+y-9}=$ _____.

4. 函数 $f(x,y)=\dfrac{1}{\ln(x^2+y^2)}$ 的间断点是 _____.

二、单项选择题

1. 已知函数 $f(x,y)$ 在点 (x_0,y_0) 处的两个一阶偏导数存在，则下列结论正确的是( ).
   A. $f(x,y)$ 在点 (x_0,y_0) 连续
   B. $f(x,y)$ 在点 (x_0,y_0) 可微
   C. $f(x,y_0)$ 在 $x=x_0$ 处连续
   D. $f(x,y)$ 在点 (x_0,y_0) 有任意方向的方向导数

2. 以下结论正确的是( ).
   A. 如果函数 $f(x,y)$ 在点 (x_0,y_0) 取得极值，则必有 $f'_x(x_0,y_0)=0, f'_y(x_0,y_0)=0$
   B. 如果可微函数 $f(x,y)$ 在点 (x_0,y_0) 取得极值，则必有 $f'_x(x_0,y_0)=0, f'_y(x_0,y_0)=0$
   C. 如果 $f'_x(x_0,y_0)=0, f'_y(x_0,y_0)=0$，则 $f(x,y)$ 在点 (x_0,y_0) 取得极值
   D. 如果 $f'_x(x_0,y_0)=0, f'_y(x_0,y_0)$ 不存在，则 $f(x,y)$ 在点 (x_0,y_0) 取得极值

3. 设函数 $z=f(x,y)$ 可微，且 $\mathrm{d}z=2y\mathrm{d}x+x^2\mathrm{d}y$，则有( ).
   A. $f_x(x,y)=x^2$　　　　　　　　　B. $f_y(x,y)=2y$
   C. $f_x(2,2)=4$　　　　　　　　　　D. $f_y(2,1)=2$

4. 函数 $z=2x+y$ 在点 $(1,2)$ 方向导数的最大值为( ).
   A. 3　　　　　B. 0　　　　　C. $\sqrt{5}$　　　　　D. 2

5. 已知平面 Π 平行于直线 $\dfrac{x}{2}=\dfrac{y}{-2}=z$ 和 $2x=y=z$，并与曲面 $z=x^2+y^2+1$ 相切，则平面 Π 的方程为( ).
   A. $16x+8y-16z=0$　　　　　　　　B. $2x+3y-4z+5=0$
   C. $16x+8y-16z+11=0$　　　　　　D. $8x-3y+4z+7=0$

三、计算题

1. 求二重极限：

   (1) $\lim\limits_{\substack{x\to 1\\ y\to 0}}\dfrac{x\sin(xy)}{1-\sqrt{1-xy}}$;　　　(2) $\lim\limits_{\substack{x\to 1\\ y\to 0}}\dfrac{\ln(x+e^y)}{\sqrt{x^2+y^2}}$;　　　(3) $\lim\limits_{\substack{x\to 0\\ y\to 0}}\dfrac{(x^2+y^2)e^{x^2y^2}}{\ln(1+x^2+y^2)}$.

2. 设 $z=\arctan\dfrac{x}{y}$，求 $\dfrac{\partial z}{\partial x}$，$\dfrac{\partial^2 z}{\partial x^2}$，$\dfrac{\partial^2 z}{\partial x \partial y}$.

3. 设 $z=x^y+e^{xy}$，求 dz.

4. 设函数 $z=f(x+y,\ln(xy))$，求 $\dfrac{\partial z}{\partial x}$，$\dfrac{\partial z}{\partial y}$.

5. 已知 $z=\dfrac{1}{y}f(xy)+xf\left(\dfrac{y}{x}\right)$，$f$ 具有连续的二阶导数，求 $\dfrac{\partial^2 z}{\partial x \partial y}$.

四、应用题

1. 求曲面 $z=x^2+y^2$ 上点 $P(x_0,y_0,z_0)$，使得该点的切面平行于 $2x+4y-z=0$.

2. 求函数 $f(x,y)=x^2(2+y^2)+y\ln y$ 的极值.

3. 求函数 $f(x,y,z)=\sqrt{x^2+y^2+z^2}$ 在点 $P(2,6,9)$ 沿曲线 $x=2t,y=3t^2,z=3t^3$ 的切线方向的方向导数.

4. 求抛物线 $y=x^2$ 到直线 $x-y-2=0$ 之间的最短距离.

五、证明题

1. 证明：二重极限 $\lim\limits_{\substack{x\to 0\\ y\to 0}}\dfrac{x^2+y^2}{xy}$ 不存在.

2. 已知 $f(x,y)=x^2-y^2+2$. 求 $f(x,y)$ 在
$$D=\left\{(x,y)\mid x^2+\dfrac{y^2}{4}\leqslant 1\right\}$$
上的最大值和最小值.

3. 设 $z=xy+xF(u)$，$u=\dfrac{y}{x}$，$F(u)$ 为可导函数，证明：$x\dfrac{\partial z}{\partial x}+y\dfrac{\partial z}{\partial y}=z+xy$.

第七篇

多元函数积分学

定积分是利用"分割、求近似和、取极限"的方法,对一元函数求解一些用初等数学无法求出的量,例如,计算曲边梯形的面积、变力做功、水压力、变速直线运动的距离等. 对多元函数进行求解也常会遇到类似的问题,这些问题的解决也需要通过"分割、求近似和、取极限"的步骤建立起相应的数学模型. 这些属于多元函数积分学的范畴,主要包括二重积分、三重积分、曲线积分和曲面积分.

第九章 重积分

重积分与定积分具有类似的本质思想,即"元素法". 不同之处在于定积分处理的对象是一元函数,而重积分处理的对象是多元函数.

本章主要内容包括二重积分的概念与性质、二重积分的计算、三重积分和重积分的应用.

第一节 二重积分的概念与性质

二重积分与定积分具有类似的定义和性质,不同之处在于定积分是在实数区间上对一元函数的积分,二重积分则是对二元函数在平面区域上的积分.

一、二重积分的概念

为便于理解二重积分的定义,先看两个引例,其中第一个与空间立体体积的计算有关,第二个是求平面薄板的质量.

1. 引例

引例 1 曲顶柱体体积的计算.

如图 9-1 所示,D 是 xOy 坐标面上的有界闭区域,以 D 的边界曲线为准线,以平行于 z 轴的直线为母线作柱面,该柱面与二元非负连续函数 $z=f(x,y)$ 所表示的曲面及 D 所围成的立体称为**曲顶柱体**,其中 D 称为曲顶柱体的底. 如何求出它的体积 V?

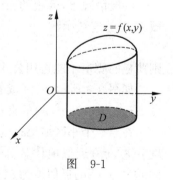

图 9-1

如果该柱体的顶是平面,则其体积为底面积×高. 如果柱体的顶是曲面,则它的体积就不能用上面的公式来计算. 运用定积分处理曲边梯形面积的方法,作如下处理:

(1) **分割**. 如图 9-2 所示,将有界闭区域 D 任意分割成 n 个小闭区域

$$\Delta\sigma_1, \Delta\sigma_2, \cdots, \Delta\sigma_i, \cdots, \Delta\sigma_n,$$

分别以这些小闭区域的边界曲线为准线,以平行于 z 轴的直线为母线作柱面,这些柱面把原来的曲顶柱体分成 n 个细小的曲顶柱体. 设这些小曲顶柱体的体积为 ΔV_i($i=$

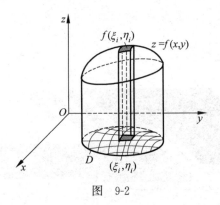

图 9-2

$1,2,\cdots,n$),则

$$V = \sum_{i=1}^{n} \Delta V_i.$$

(2) 求近似和. 闭区域上任意两点间距离的最大值称为该区域的直径. 设分割闭区域 D 后所得各个小区域 $\Delta\sigma_i$($i=1,2,\cdots,n$)的直径都很小,则由于函数 $f(x,y)$ 具有连续性,在 $\Delta\sigma_i$ 上 $f(x,y)$ 的函数值变动不大. 如图 9-2 所示,在 $\Delta\sigma_i$ 上任取一点(ξ_i,η_i),则在这个小区域上,$f(x,y) \approx f(\xi_i,\eta_i)$,将这个细小曲顶柱体近似看作高为 $f(\xi_i,\eta_i)$ 的平顶柱体,由此得该小曲顶柱体的近似体积

$$\Delta V_i \approx f(\xi_i,\eta_i)\Delta\sigma_i \quad (i=1,2,\cdots,n).$$

将这些小柱体的体积相加,得曲顶柱体体积的近似值

$$V = \sum_{i=1}^{n} \Delta V_i \approx \sum_{i=1}^{n} f(\xi_i,\eta_i)\Delta\sigma_i.$$

(3) 取极限. 设 λ 是上述 n 个小闭区域 $\Delta\sigma_1,\Delta\sigma_2,\cdots,\Delta\sigma_n$ 直径的最大值,令 $\lambda \to 0$,对上述和式取极限,得所求曲顶柱体的精确值为

$$V = \lim_{\lambda \to 0} \sum_{i=1}^{n} f(\xi_i,\eta_i)\Delta\sigma_i.$$

引例 2 求平面薄板的质量.

所谓**薄板**,是指厚度与面积相比几乎可以忽略不计的板. 面密度是指单位面积上的质量,通常用 $\rho(x,y)$ 表示平面薄板上点(x,y)处的面密度.

设一平面薄板占有 xOy 平面上的有界闭区域 D,其上任一点处的面密度为 $\rho = \rho(x,y)$,求它的质量 M.

如果薄板的面密度是均匀的(ρ = 常数),则

质量 = 面密度 × 面积,即 $M = \rho A$.

一般情况下,薄板的面密度是非均匀的,即 ρ 不再是常数. 设此种板的面密度是平面区域 D 上的连续函数

$$\rho = \rho(x,y), \quad (x,y) \in D,$$

则薄板的质量不能再用公式 $m = \rho A$ 来计算. 采用引例 1 的方法分析如下:

如图 9-3 所示,将区域 D 任意分割成 n 个小闭区域 $\Delta\sigma_1,\Delta\sigma_2,\cdots,\Delta\sigma_n$,并设各个小闭区域 $\Delta\sigma_i$($i=1,2,\cdots,n$)的直径都很小.

在第 i 个小区域 $\Delta\sigma_i$ 上任选一(ξ_i,η_i),以该点的面密度 $\rho(\xi_i,\eta_i)$ 近似地代替 $\Delta\sigma_i$ 上其他各点的面密度,得 $\Delta\sigma_i$ 的质量 Δm_i 的近似值为 $\rho(\xi_i,\eta_i)\Delta\sigma_i$. 作和

$$M = \sum_{i=1}^{n} \Delta m_i \approx \sum_{i=1}^{n} \rho(\xi_i,\eta_i)\Delta\sigma_i.$$

设 λ 是上述 n 个小区域直径的最大值,令 $\lambda \to 0$,对上述和式取极限,可得质量的精确值为

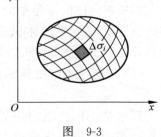

图 9-3

$$M = \lim_{\lambda \to 0} \sum_{i=1}^{n} \rho(\xi_i, \eta_i) \Delta \sigma_i.$$

以上两个例子背景不同,但处理问题的思路是一样的. 抛开它们的实际背景,抽取其共性,仅保留其中的数学表述,抽象出如下的二重积分定义.

2. 二重积分的定义

定义 9.1 设函数 $f(x,y)$ 在有界闭区域 D 上有界.

(1) 分割:将闭区域 D 任意划分成 n 个小闭区域 $\Delta \sigma_1, \Delta \sigma_2, \cdots, \Delta \sigma_n$, 其中 $\Delta \sigma_i$ 既表示第 i 个小闭区域,又表示该小区域的面积.

(2) 求和:在每个 $\Delta \sigma_i$ 上任取一点 (ξ_i, η_i), 作乘积 $f(\xi_i, \eta_i) \Delta \sigma_i (i=1,2,\cdots,n)$, 并求和得

$$\sum_{i=1}^{n} f(\xi_i, \eta_i) \Delta \sigma_i.$$

(3) 取极限:如果无论将区域 D 如何划分,且无论点 (ξ_i, η_i) 在 $\Delta \sigma_i$ 上怎样选取,当所有小闭区域 $\Delta \sigma_i$ 的直径中的最大值 $\lambda \to 0$ 时,上述和式的极限都存在,则称此极限为函数 $f(x,y)$ 在区域 D 上的**二重积分**,记作 $\iint\limits_{D} f(x,y) \mathrm{d}\sigma$, 即

$$\iint\limits_{D} f(x,y) \mathrm{d}\sigma = \lim_{\lambda \to 0} \sum_{i=1}^{n} f(\xi_i, \eta_i) \Delta \sigma_i,$$

这种情况下,称函数 $f(x,y)$ 在区域 D 上**可积**. 其中 $f(x,y)$ 称为**被积函数**,$f(x,y)\mathrm{d}\sigma$ 称为**被积表达式**,$\mathrm{d}\sigma$ 称为**面积元素**,x,y 称为**积分变量**,D 称为**积分区域**,$\sum_{i=1}^{n} f(\xi_i, \eta_i) \Delta \sigma_i$ 称为二重积分的**积分和**.

可以证明:如果函数 $f(x,y)$ 在区域 D 上连续,则函数 $f(x,y)$ 在区域 D 上可积.

二重积分记号 $\iint\limits_{D} f(x,y) \mathrm{d}\sigma$ 中的面积元素对应于积分和中的 $\Delta \sigma_i$. 由于定义中对积分区域 D 的划分是任意的,在直角坐标系中,如果用平行于坐标轴的直线去分割积分区域 D(图 9-4),那么除了包含 D 的边界点的一些小区域外,其余的小区域 $\Delta \sigma_i$ 都是矩形,边长分别为 Δx_i 和 Δy_j, 所以 $\Delta \sigma_i$ 的面积就是 $\Delta x_i \Delta y_j$. 因此在

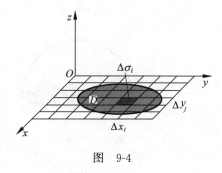

图 9-4

直角坐标系中,二重积分的面积元素 $\mathrm{d}\sigma$ 也可以写成 $\mathrm{d}x\mathrm{d}y$, 二重积分常记为 $\iint\limits_{D} f(x,y) \mathrm{d}x\mathrm{d}y$.

3. 二重积分的几何意义与物理意义

由上面的引例及二重积分的定义可得以下结论:

(1) **几何意义**:曲顶柱体的体积表示为顶曲面的函数 $z = f(x,y)$ 在底区域 D 上的二重积分:

$$V = \iint\limits_{D} f(x,y) \mathrm{d}x\mathrm{d}y,$$

其中 $f(x,y) \geqslant 0$. 特别地,若顶曲面函数为 $z=1$,即曲顶柱体是一个高度为 1 的平顶柱体,则积分和为 $\sum_{i=1}^{n} 1 \cdot \Delta\sigma_i =$ 区域 D 的面积 σ,因此 $\iint\limits_{D} dx dy = \sigma$.

(2) **物理意义**:平面薄板的质量 M 是面密度 $\rho(x,y)$ 在薄板所占区域 D 上的二重积分,即

$$M = \iint\limits_{D} \rho(x,y) dx dy.$$

例 1 下列二重积分在几何上表示什么?其值是多少?

(1) $\iint\limits_{D} \sqrt{1-x^2-y^2}\, dx dy$,$D: x^2+y^2 \leqslant 1$;

(2) $\iint\limits_{D} (1-x-y) dx dy$,$D$ 是由 x 轴、y 轴及直线 $x+y=1$ 所围区域.

解 (1) 被积函数为 $z = \sqrt{1-x^2-y^2}$,它表示上半球面. 如图 9-5 所示,所给积分表示以上半球面为顶、圆盘 $x^2+y^2 \leqslant 1$ 为底的上半球体的体积,值为 $\frac{2}{3}\pi$,即

$$\iint\limits_{D} \sqrt{1-x^2-y^2}\, dx dy = \frac{2}{3}\pi.$$

(2) 被积函数为 $z = 1-x-y$,表示一个平面. 如图 9-6 所示,所给积分表示该平面与三坐标面所围直三棱锥的体积,其值为 $\frac{1}{6}$,即

$$\iint\limits_{D} (1-x-y) dx dy = \frac{1}{6}.$$

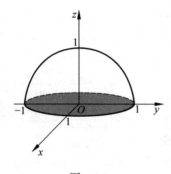

图 9-5

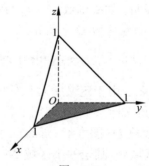

图 9-6

二、二重积分的性质

二重积分具有和定积分类似的性质,具体如下:

性质 1 (二重积分的线性性质)

(1) $\iint\limits_{D} kf(x,y) d\sigma = k\iint\limits_{D} f(x,y) d\sigma$($k$ 是与 x,y 无关的常数).

(2) $\iint\limits_{D} (f(x,y)+g(x,y)) d\sigma = \iint\limits_{D} f(x,y) d\sigma + \iint\limits_{D} g(x,y) d\sigma$.

性质 2 $\iint\limits_{D} d\sigma = \sigma$,其中 σ 为积分区域 D 的面积.

性质 3(二重积分关于积分区域的可加性) 如果用曲线将 D 分割成两个闭区域 D_1 和 D_2,记作 $D = D_1 + D_2$,则
$$\iint\limits_{D} f(x,y) d\sigma = \iint\limits_{D_1} f(x,y) d\sigma + \iint\limits_{D_2} f(x,y) d\sigma.$$

性质 4(比较定理) 如果在区域 D 上,$f(x,y) \leqslant g(x,y)$,则
$$\iint\limits_{D} f(x,y) d\sigma \leqslant \iint\limits_{D} g(x,y) d\sigma.$$

推论 1(保号性) 如果在区域 D 上,$f(x,y) \geqslant 0$,则 $\iint\limits_{D} f(x,y) d\sigma \geqslant 0$.

推论 2 $\left| \iint\limits_{D} f(x,y) d\sigma \right| \leqslant \iint\limits_{D} |f(x,y)| d\sigma.$

性质 5(估值定理) 如果 $f(x,y)$ 在有界闭区域 D 上的最大值和最小值分别为 M 和 m,σ 为积分区域 D 的面积,则
$$m\sigma \leqslant \iint\limits_{D} f(x,y) d\sigma \leqslant M\sigma.$$

性质 6(二重积分的积分中值定理) 如果 $f(x,y)$ 在有界闭区域 D 上连续,σ 为区域 D 的面积,则在 D 上至少存在一点 (ξ, η),使得
$$\iint\limits_{D} f(x,y) d\sigma = f(\xi, \eta)\sigma.$$

性质 7("偶倍奇零"[3]) 当积分区域关于坐标轴对称时,使用该性质可简化二重积分的计算,内容如下:

(1) 设积分区域 D 关于 y 轴对称,如图 9-7 所示,D_1 是 D 位于 y 轴右侧部分的子区域.

如果 $f(x,y)$ 是 x 的奇函数,即 $f(-x,y) = -f(x,y)$,则 $\iint\limits_{D} f(x,y) d\sigma = 0$;

如果 $f(x,y)$ 是 x 的偶函数,即 $f(-x,y) = f(x,y)$,则 $\iint\limits_{D} f(x,y) d\sigma = 2\iint\limits_{D_1} f(x,y) d\sigma$.

(2) 设积分区域 D 关于 x 轴对称,如图 9-8 所示,D_2 是 D 位于 x 轴上方部分的子区域.

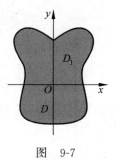
图 9-7

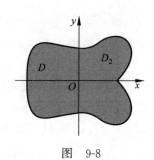
图 9-8

如果 $f(x,y)$ 是 y 的奇函数，即 $f(x,-y)=-f(x,y)$，则 $\iint\limits_{D} f(x,y)\mathrm{d}\sigma=0$；

如果 $f(x,y)$ 是 y 的偶函数，即 $f(x,-y)=f(x,y)$，则 $\iint\limits_{D} f(x,y)\mathrm{d}\sigma=2\iint\limits_{D_2} f(x,y)\mathrm{d}\sigma$。

例 2 试计算二重积分 $\iint\limits_{D}(2+3x-4xy)\mathrm{d}\sigma$ 的值，其中积分区域 D 是椭圆域 $\dfrac{x^2}{a^2}+\dfrac{y^2}{b^2}\leqslant 1$。

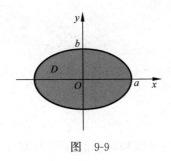

图 9-9

解 $\iint\limits_{D}(2+3x-4xy)\mathrm{d}\sigma=2\iint\limits_{D}\mathrm{d}\sigma+3\iint\limits_{D}x\mathrm{d}\sigma-4\iint\limits_{D}xy\mathrm{d}\sigma$，其中 $\iint\limits_{D}\mathrm{d}\sigma$ 是椭圆 $\dfrac{x^2}{a^2}+\dfrac{y^2}{b^2}=1$ 所围图形的面积，如图 9-9 所示，值为 πab；

$\iint\limits_{D} x\mathrm{d}\sigma$ 的被积函数是关于 x 的奇函数，且积分区域关于 y 轴对称，利用二重积分的"偶倍奇零"性质得，$\iint\limits_{D} x\mathrm{d}\sigma=0$；

同理，$\iint\limits_{D} xy\mathrm{d}\sigma=0$，所以

$$\iint\limits_{D}(2+3x-4xy)\mathrm{d}\sigma=2\pi ab.$$

例 3 比较二重积分 $\iint\limits_{D}(x+y)^2\mathrm{d}\sigma$ 和 $\iint\limits_{D}(x+y)^3\mathrm{d}\sigma$ 的大小，其中积分区域 D 为由 x 轴、y 轴及直线 $x+y=1$ 所围成的闭区域。

解 因为在区域 D 上，$0\leqslant x+y\leqslant 1$，所以在 D 上 $(x+y)^2\geqslant(x+y)^3$，于是

$$\iint\limits_{D}(x+y)^2\mathrm{d}\sigma\geqslant\iint\limits_{D}(x+y)^3\mathrm{d}\sigma.$$

例 4 对于如图 9-10 所示的倒立曲顶柱体，底面是 xOy 坐标面上的正方形区域 $0\leqslant x\leqslant 2,0\leqslant y\leqslant 2$，顶曲面是抛物面 $z=160-2x^2-y^2$，两个侧面在坐标面上，另外两个侧面平行于坐标面，试估算该立体的体积。

解 体积用二重积分表示为 $V=\iint\limits_{D}(160-2x^2-y^2)\mathrm{d}\sigma$，其中

$$D: 0\leqslant x\leqslant 2,\quad 0\leqslant y\leqslant 2.$$

根据估值定理，需要求出被积函数在积分区域 D 上的最大值和最小值。

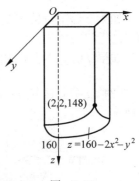

图 9-10

如图 9-10 所示，这两个值其实就是顶曲面 $z=160-2x^2-y^2$ 上的点到 xOy 坐标面的最大距离和最小距离。容易看出，最大距离在曲面的顶点处取得，即 $M=z(0,0)=160$，最小距离为 $m=z(2,2)=148$。区域 D 的面积为 $\sigma=4$。由估值定理，得

$$m\sigma\leqslant\iint\limits_{D} f(x,y)\mathrm{d}\sigma\leqslant M\sigma,\quad 即 592\leqslant V\leqslant 640.$$

习题 9-1

1. 设曲顶柱体的顶为曲面 $z=1+2x^2+y^2$，底在平面 $z=0$ 上，侧面是以 xOy 面上的圆 $x^2+y^2=1$ 为准线、母线平行于 z 轴的柱面，试用二重积分表示这个立体的体积.

2. 利用二重积分的性质及对称性计算下列积分的值：

(1) $\iint\limits_{D}(3x+4y)\mathrm{d}\sigma$，其中 D：$-1\leqslant x\leqslant 1, -2\leqslant y\leqslant 2$.

(2) $\iint\limits_{D}(2xy^2-3)\mathrm{d}\sigma$，其中 D 是由 $y=1+x, y=1-x$ 及 x 轴所围成的闭区域.

(3) $\iint\limits_{D}(\cos x\sin y+x^2y-2)\mathrm{d}\sigma$，其中 D：$|x|+|y|\leqslant 1$.

3. 根据二重积分的几何意义及性质计算 $I=\iint\limits_{D}(2+\sqrt{1-x^2-y^2})\mathrm{d}\sigma$，其中 D：$x^2+y^2\leqslant 1$.

4. 比较下列各组积分值的大小：

(1) $I_1=\iint\limits_{D}[\ln(x+y)]^3\mathrm{d}\sigma$ 与 $I_2=\iint\limits_{D}[\ln(x+y)]^2\mathrm{d}\sigma$，其中 D：$1\leqslant x\leqslant 2, 2\leqslant y\leqslant 3$.

(2) $I_1=\iint\limits_{D}\sqrt{1+x^2+y^2}\mathrm{d}\sigma$ 与 $I_2=\iint\limits_{D}(1+x^2+y^2)\mathrm{d}\sigma$，其中 D：$x^2+y^2\leqslant 1$.

5. 估算下列各积分的值：

(1) $I=\iint\limits_{D}(2x+y+1)\mathrm{d}\sigma$，其中 D：$0\leqslant x\leqslant 1, 0\leqslant y\leqslant 2$.

(2) $I=\iint\limits_{D}(x^2+2y^2+7)\mathrm{d}\sigma$，其中 D：$x^2+y^2\leqslant 4$.

第二节 二重积分的计算

二重积分的计算通常转化成两次定积分来完成，转化后的两次定积分称为累次积分（或二次积分）. 转化的过程中，需要根据被积函数和积分区域的具体形式选择适当的坐标系（直角坐标系或极坐标系）.

一、利用直角坐标计算二重积分

1. 积分区域 D 的两种表示法

要将二重积分转化为两次定积分，首先要确定两个定积分的上下限，这取决于积分区域的表示方法，主要有如下两种基本类型.

1）X 型区域

如图 9-11 所示，用平行于 y 轴的直线 l 穿过区域 D 时，l 与 D 的边界曲线的交点不多于两个，称这样的区域为 X 型区域.

如图 9-12 及图 9-13 所示，用平行于 y 轴的动直线 l 从左向右扫过积分区域 D，确定直线 l 与区域 D 初始相交时的交点的横坐标 a，再确定直线 l 离开 D 时的交点的横坐标 b，这

表明区域 D 中点的横坐标 x 的变化范围满足不等式 $a\leqslant x\leqslant b$；如图所示，可以确定区域 D 中点的纵坐标 y 的变化范围是从 $\varphi_1(x)$ 到 $\varphi_2(x)$，即 $\varphi_1(x)\leqslant y\leqslant \varphi_2(x)$，因此，$X$ 型区域 D 可表示为

$$\begin{cases} a\leqslant x\leqslant b, \\ \varphi_1(x)\leqslant y\leqslant \varphi_2(x). \end{cases} \tag{9.1}$$

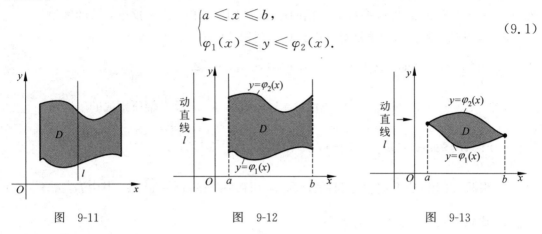

图 9-11　　　　　　图 9-12　　　　　　图 9-13

2) Y 型区域

Y 型区域如图 9-14 所示，如果用平行于 x 轴的直线 l 穿过区域 D，l 与 D 的边界曲线的交点不多于两个，则称这样的区域为 **Y 型区域**。

类似于 X 型区域，用平行于 x 轴的动直线 l 自下而上扫过积分区域 D（图 9-15、图 9-16），确定 y 的变化范围：$c\leqslant y\leqslant d$；再确定 x 的变化范围：$\psi_1(y)\leqslant x\leqslant \psi_2(y)$. 则 Y 型区域 D 可表示为

$$\begin{cases} c\leqslant y\leqslant d, \\ \psi_1(y)\leqslant x\leqslant \psi_2(y). \end{cases} \tag{9.2}$$

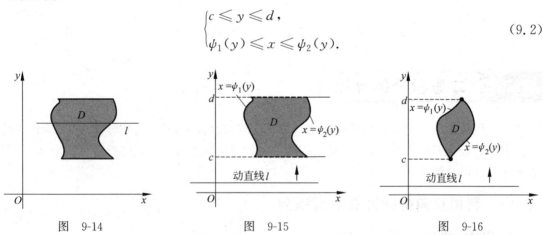

图 9-14　　　　　　图 9-15　　　　　　图 9-16

例 1　将下列平面区域化成不等式组：

(1) D 是由直线 $y=x$，$y=1$ 及 y 轴所围成的闭区域；

(2) D 是由直线 $y=x+2$ 与曲线 $y=x^2$ 所围成的闭区域．

解　(1) 作区域 D 的草图，如图 9-17(a) 所示．先将 D 看作 X 型区域，用平行于 y 轴的动直线 l 从左向右扫过积分区域 D，确定直线 l 与区域 D 初始交点的横坐标为 0，再确定直线 l 离开 D 时的交点的横坐标为 1，因此，区域 D 中点的横坐标的变化范围满足 $0\leqslant x\leqslant 1$；结合图形，可看出区域 D 中点的纵坐标 y 的变化范围是从 $y=x$ 到 $y=1$，即 $x\leqslant y\leqslant 1$，因

此，区域 D 可表示为
$$\begin{cases} 0 \leqslant x \leqslant 1, \\ x \leqslant y \leqslant 1. \end{cases}$$

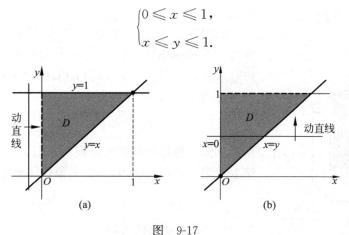

图 9-17

类似地，如图 9-17(b)所示，将 D 看作 Y 型区域，可表示为
$$\begin{cases} 0 \leqslant y \leqslant 1, \\ 0 \leqslant x \leqslant y. \end{cases}$$

(2) 区域 D 如图 9-18(a)所示，看作 X 型区域，可表示为
$$\begin{cases} -1 \leqslant x \leqslant 2, \\ x^2 \leqslant y \leqslant x+2. \end{cases}$$

将区域 D 看作 Y 型区域时(图 9-18(b))，用直线 $y=1$ 将区域 D 分成上下两部分 D_1 及 D_2，它们分别表示为

$$D_1: \begin{cases} 0 \leqslant y \leqslant 1, \\ -\sqrt{y} \leqslant x \leqslant \sqrt{y}; \end{cases} \qquad D_2: \begin{cases} 1 \leqslant y \leqslant 4, \\ y-2 \leqslant x \leqslant \sqrt{y}. \end{cases}$$

在实际计算中，有的区域既可看作 X 型区域又可看作 Y 型区域，区域类型的选择会影响重积分的计算过程.

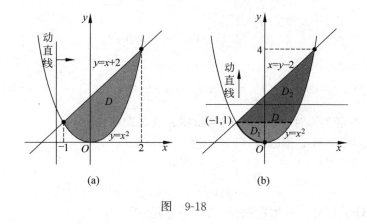

图 9-18

2. 利用几何意义将二重积分化为累次积分

以下从推导曲顶柱体体积的算式入手，分析如何将二重积分转化为累次积分.

设曲顶柱体的底区域 D 是 X 型区域,它由式(9.1)确定.区域 D 中点的横坐标 x 的变化范围为区间 $[a,b]$.

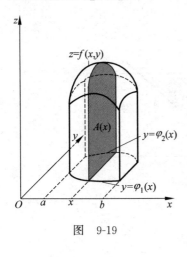

图 9-19

如图 9-19 所示,在区间 $[a,b]$ 上任取一点 x,过点 x 作垂直于 x 轴的切片,该切片是一曲边梯形;其曲边梯形的底边对应的是区间 $[\varphi_1(x),\varphi_2(x)]$,曲边是曲线 $z=f(x,y)$(x 看作常数),它的面积为

$$A(x)=\int_{\varphi_1(x)}^{\varphi_2(x)} f(x,y)\mathrm{d}y,$$

所给立体可看作平行截面面积为 $A(x)$ 函数的立体,由上册第五章第五节的知识可知,该曲顶柱体的体积为

$$V=\int_a^b A(x)\mathrm{d}x,$$

将 $A(x)$ 的表达式代入,得

$$V=\iint_D f(x,y)\mathrm{d}\sigma=\int_a^b \left[\int_{\varphi_1(x)}^{\varphi_2(x)} f(x,y)\mathrm{d}y\right]\mathrm{d}x.$$

上式表明,在计算二重积分时,可以先把 x 看作常数,$f(x,y)$ 看作 y 的函数,对 y 从 $\varphi_1(x)$ 到 $\varphi_2(x)$ 积分,再把所得结果在区间 $[a,b]$ 上对 x 积分.

类似可得:如果曲顶柱体的底区域 D 是 Y 型区域,由式(9.2)确定,则曲顶柱体的体积为

$$\iint_D f(x,y)\mathrm{d}\sigma=\int_c^d \left[\int_{\psi_1(y)}^{\psi_2(y)} f(x,y)\mathrm{d}x\right]\mathrm{d}y.$$

3. 将二重积分化为二次积分

上述利用二重积分几何意义所得二重积分的计算公式具有一般性,适用于任意可积函数,整理后得到如下的富比尼定理.该定理是由意大利数学家富比尼(Fubini Guido,1879—1943)在 20 世纪初提出的.

定理 9.1(富比尼定理) 设 $f(x,y)$ 是区域 D 上任意可积函数.

(1) 如果区域 D 是 X 型区域,可表示为

$$D:\begin{cases} a\leqslant x\leqslant b,\\ \varphi_1(x)\leqslant y\leqslant \varphi_2(x). \end{cases}$$

则

$$\iint_D f(x,y)\mathrm{d}\sigma=\int_a^b\left[\int_{\varphi_1(x)}^{\varphi_2(x)} f(x,y)\mathrm{d}y\right]\mathrm{d}x=\int_a^b \mathrm{d}x\int_{\varphi_1(x)}^{\varphi_2(x)} f(x,y)\mathrm{d}y. \qquad (9.3)$$

通常称式(9.3)右端为先对 y 后对 x 的**累次积分**或**二次积分**.

(2) 如果区域 D 是 Y 型区域,可表示为

$$D:\begin{cases} c\leqslant y\leqslant d,\\ \psi_1(y)\leqslant x\leqslant \psi_2(y). \end{cases}$$

则有如下的先对 x 后对 y 的累次积分(二次积分)公式:

$$\iint_D f(x,y)\mathrm{d}\sigma=\int_c^d\left[\int_{\psi_1(y)}^{\psi_2(y)} f(x,y)\mathrm{d}x\right]\mathrm{d}y=\int_c^d \mathrm{d}y\int_{\psi_1(y)}^{\psi_2(y)} f(x,y)\mathrm{d}x. \qquad (9.4)$$

由以上推导过程不难发现,累次积分的上下限完全是由积分区域所确定的不等式组决定的,这样的不等式组称为**二重积分的定限不等式**.

如图 9-20 所示,如果积分区域 D 既不是 X 型也不是 Y 型区域,则可用平行于坐标轴的直线把 D 分成若干个子区域,使每个子区域都是 X 型或 Y 型区域.

例 2 计算积分 $\iint\limits_{D}\sin(x+y)\mathrm{d}x\mathrm{d}y$,其中 D 为 $0 \leqslant x \leqslant \dfrac{\pi}{6}, 0 \leqslant y \leqslant \dfrac{\pi}{3}$ 的矩形区域.

解 如图 9-21 所示,将区域 D 看作 X 型区域,有

$$\iint\limits_{D}\sin(x+y)\mathrm{d}x\mathrm{d}y = \int_{0}^{\frac{\pi}{6}}\mathrm{d}x\int_{0}^{\frac{\pi}{3}}\sin(x+y)\mathrm{d}y$$

$$= \int_{0}^{\frac{\pi}{6}} -\cos(x+y)\Big|_{0}^{\frac{\pi}{3}}\mathrm{d}x = -\int_{0}^{\frac{\pi}{6}}\left[\cos\left(x+\frac{\pi}{3}\right) - \cos x\right]\mathrm{d}x = \frac{\sqrt{3}-1}{2}.$$

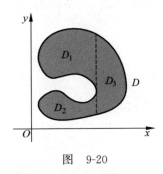

图 9-20

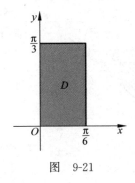

图 9-21

再将区域 D 看作 Y 型区域,有

$$\iint\limits_{D}\sin(x+y)\mathrm{d}x\mathrm{d}y = \int_{0}^{\frac{\pi}{3}}\mathrm{d}y\int_{0}^{\frac{\pi}{6}}\sin(x+y)\mathrm{d}x$$

$$= \int_{0}^{\frac{\pi}{3}} -\cos(x+y)\Big|_{0}^{\frac{\pi}{6}}\mathrm{d}y = -\int_{0}^{\frac{\pi}{3}}\left[\cos\left(y+\frac{\pi}{6}\right) - \cos y\right]\mathrm{d}y = \frac{\sqrt{3}-1}{2}.$$

虽然富比尼定理表明二重积分可以用两种次序的任一种累次积分去计算,但是其中一种可能比另一种容易些.下面的例子就说明了这一点.

例 3 计算 $\iint\limits_{D}2x\mathrm{d}\sigma$,其中 D 是由直线 $y = x + 2$ 与曲线 $y = x^2$ 所围成的闭区域,如图 9-18 所示.

解一 将积分区域 D 看作 X 型区域,定限不等式为 $\begin{cases} -1 \leqslant x \leqslant 2, \\ x^2 \leqslant y \leqslant x + 2. \end{cases}$ 因此,原积分化为先对 y 后对 x 的累次积分

$$\iint\limits_{D}2x\mathrm{d}\sigma = \int_{-1}^{2}\mathrm{d}x\int_{x^2}^{x+2}2x\mathrm{d}y = \int_{-1}^{2}2x(x+2-x^2)\mathrm{d}x = \frac{9}{2}.$$

解二 将积分区域 D 看作 Y 型区域.如例 1 所述,需将 D 分成上下两部分,定限不等式为

$$D_1:\begin{cases}0\leqslant y\leqslant 1,\\ -\sqrt{y}\leqslant x\leqslant\sqrt{y};\end{cases}\quad D_2:\begin{cases}1\leqslant y\leqslant 4,\\ y-2\leqslant x\leqslant\sqrt{y}.\end{cases}$$

由二重积分的区域可加性得

$$\iint\limits_{D}2x\,\mathrm{d}\sigma=\iint\limits_{D_1}2x\,\mathrm{d}\sigma+\iint\limits_{D_2}2x\,\mathrm{d}\sigma=\int_0^1\mathrm{d}y\int_{-\sqrt{y}}^{\sqrt{y}}2x\,\mathrm{d}x+\int_1^4\mathrm{d}y\int_{y-2}^{\sqrt{y}}2x\,\mathrm{d}x$$

$$=\int_0^1 x^2\Big|_{-\sqrt{y}}^{\sqrt{y}}\mathrm{d}y+\int_1^4 x^2\Big|_{y-2}^{\sqrt{y}}\mathrm{d}y=\int_1^4[y-(y-2)^2]\,\mathrm{d}y=\frac{9}{2}.$$

上例中,由于选取的积分区域类型不同,导致解法二比解法一的计算过程复杂许多. 因此,计算二重积分时应当注意合理地选取积分区域类型.

例 4 计算 $\iint\limits_{D}x^2\cos y^2\,\mathrm{d}\sigma$,其中 D 是由直线 $y=\sqrt{\dfrac{\pi}{2}}$,$y=x$,$x=0$ 所围成的闭区域.

解 积分区域 D 如图 9-22 所示,若将 D 看作 X 型区域,定限不等式为

$$D:\begin{cases}0\leqslant x\leqslant\sqrt{\dfrac{\pi}{2}},\\ x\leqslant y\leqslant\sqrt{\dfrac{\pi}{2}}.\end{cases}$$

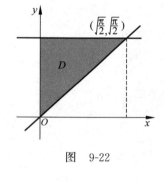

图 9-22

于是得

$$\iint\limits_{D}x^2\cos y^2\,\mathrm{d}\sigma=\int_0^{\sqrt{\pi/2}}\mathrm{d}x\int_x^{\sqrt{\pi/2}}x^2\cos y^2\,\mathrm{d}y.$$

上式中要先对 y 求积分. 由不定积分知识,我们知道积分 $\int\cos y^2\,\mathrm{d}y$ 不能用初等函数表示,计算只能终止. 因此改换积分次序,将积分区域 D 看作 Y 型区域,定限不等式为

$$\begin{cases}0\leqslant y\leqslant\sqrt{\dfrac{\pi}{2}},\\ 0\leqslant x\leqslant y,\end{cases}$$

则有

$$\iint\limits_{D}x^2\cos y^2\,\mathrm{d}\sigma=\int_0^{\sqrt{\pi/2}}\mathrm{d}y\int_0^y x^2\cos y^2\,\mathrm{d}x$$

$$=\int_0^{\sqrt{\pi/2}}\cos y^2\left(\frac{x^3}{3}\Big|_0^y\right)\mathrm{d}y=\int_0^{\sqrt{\pi/2}}\frac{y^3}{3}\cos y^2\,\mathrm{d}y$$

$$\xrightarrow{t=y^2}\frac{1}{6}\int_0^{\pi/2}t\cos t\,\mathrm{d}t=\frac{1}{6}\left(t\sin t\Big|_0^{\pi/2}-\int_0^{\pi/2}\sin t\,\mathrm{d}t\right)=\frac{1}{6}\left(\frac{\pi}{2}-1\right).$$

由例 4 可知,按一种积分次序所得积分算不出来时,可通过交换积分次序再求解.

例 5 交换积分次序:$\int_0^1\mathrm{d}x\int_{x^2}^1 f(x,y)\,\mathrm{d}y$.

解 由于该累次积分是先 y 后 x 型,因此积分区域是 X 型区域. 根据给定的上下限可得积分区域 D 的定限不等式为

也就是说，积分区域是由 $x=0, x=1, y=x^2, y=1$ 所围成的。据此画出积分区域 D 的图形，如图 9-23 所示。将 D 看作 Y 型区域时，定限不等式为

$$D: \begin{cases} 0 \leqslant y \leqslant 1, \\ 0 \leqslant x \leqslant \sqrt{y}, \end{cases}$$

于是

$$\int_0^1 dx \int_{x^2}^1 f(x,y) dy = \int_0^1 dy \int_0^{\sqrt{y}} f(x,y) dx.$$

例 6 交换积分次序并计算 $I = \int_0^1 dx \int_{x^2}^1 \dfrac{xy}{\sqrt{1+y^3}} dy$.

解 该累次积分的定限不等式为 $\begin{cases} 0 \leqslant x \leqslant 1, \\ x^2 \leqslant y \leqslant 1, \end{cases}$ 如图 9-24 所示。如果将 D 看作 Y 型区域，则定限不等式为 $\begin{cases} 0 \leqslant y \leqslant 1, \\ 0 \leqslant x \leqslant \sqrt{y}, \end{cases}$ 于是得

$$I = \int_0^1 dy \int_0^{\sqrt{y}} \frac{xy}{\sqrt{1+y^3}} dx = \int_0^1 \frac{y}{\sqrt{1+y^3}} \cdot \frac{x^2}{2} \Big|_0^{\sqrt{y}} dy$$

$$= \frac{1}{2} \int_0^1 \frac{y^2}{\sqrt{1+y^3}} dy = \frac{1}{3} \sqrt{1+y^3} \Big|_0^1 = \frac{\sqrt{2}-1}{3}.$$

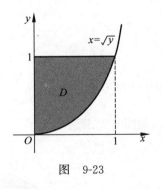

图 9-23

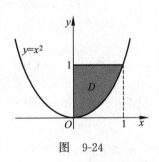

图 9-24

二、利用极坐标计算二重积分

有的积分区域 D 是圆盘、圆扇形、圆环等，或者被积函数中出现 x^2+y^2 等形式，对此采用极坐标比用直角坐标更容易求解。下面介绍利用极坐标计算二重积分的方法。

直角坐标与极坐标的转换关系为 $x = r\cos\theta, y = r\sin\theta$，代入被积函数 $f(x,y)$，得到关于极坐标的函数式 $f(r\cos\theta, r\sin\theta)$.

根据二重积分的定义，对积分区域 D 采用任意分割，积分的值都保持不变。因此采用如下形式的分割：

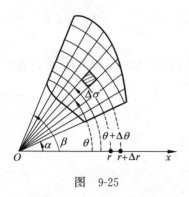

图 9-25

如图 9-25 所示,用以极点为中心的一族同心圆($r=$常数),以及从极点发出的一族射线($\theta=$常数),把 D 分割成若干个小区域,用 $\Delta\sigma$ 表示图示阴影小区域的面积,则 $\Delta\sigma$ 可以近似地表示为

$$\Delta\sigma = \frac{1}{2}(r+\Delta r)^2 \Delta\theta - \frac{1}{2}r^2 \Delta\theta$$
$$= r\Delta r\Delta\theta + \frac{1}{2}\Delta r^2 \Delta\theta \approx r\Delta r\Delta\theta,$$

因此,极坐标系下的面积元素

$$d\sigma = r\,dr\,d\theta.$$

从而得到直角坐标系到极坐标系的二重积分转换公式

$$\iint\limits_D f(x,y)\,d\sigma = \iint\limits_D f(r\cos\theta, r\sin\theta)\,r\,dr\,d\theta.$$

极坐标系下二重积分的定限不等式可用下面的动射线法求得.

如图 9-26 所示,从极点处发出动射线 l,让它绕极点 O 逆时针方向旋转,设当 $\theta=\alpha$ 时射线 l 旋转进入区域 D,当 $\theta=\beta$ 时射线 l 离开区域 D,这表明区域 D 中点的极坐标 θ 的变化范围为 $[\alpha,\beta]$;在 α,β 之间任取一角 θ,作自极点出发、极角为 θ 的射线 l,如果该射线穿入区域 D 时对应点的极径为 $r=r_1(\theta)$,从区域 D 出来时对应点的极径为 $r=r_2(\theta)$,则与 θ 相对应的点的极坐标 r 的变化范围为 $r_1(\theta)\leqslant r\leqslant r_2(\theta)$. 区域 D 可表示为

$$\begin{cases} \alpha\leqslant\theta\leqslant\beta, \\ r_1(\theta)\leqslant r\leqslant r_2(\theta). \end{cases}$$

这样可得到极坐标中的二重积分化为累次积分的公式为

$$\iint\limits_D f(x,y)\,d\sigma = \int_\alpha^\beta \left[\int_{r_1(\theta)}^{r_2(\theta)} f(r\cos\theta, r\sin\theta)\,r\,dr\right]d\theta,$$

也记作

$$\iint\limits_D f(x,y)\,d\sigma = \int_\alpha^\beta d\theta \int_{r_1(\theta)}^{r_2(\theta)} f(r\cos\theta, r\sin\theta)\,r\,dr. \tag{9.5}$$

例 7 计算 $\iint\limits_D e^{x^2+y^2}\,d\sigma$,其中 D 是圆域 $x^2+y^2\leqslant 1$,如图 9-27 所示.

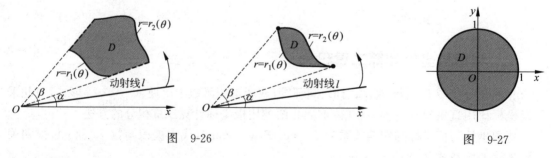

图 9-26　　　　　　图 9-27

解 极坐标系下 D 的定限不等式为

$$D: \begin{cases} 0\leqslant r\leqslant 1, \\ 0\leqslant\theta\leqslant 2\pi. \end{cases}$$

因此
$$\iint\limits_{D} e^{x^2+y^2} d\sigma = \int_0^{2\pi} d\theta \int_0^1 e^{r^2} r dr = 2\pi \left(\frac{1}{2} e^{r^2}\right)\Big|_0^1 = \pi(e-1).$$

例 8 计算二重积分 $\iint\limits_{D} \arctan \frac{y}{x} d\sigma$，其中 D 是由圆周 $x^2+y^2=9$，$x^2+y^2=4$ 以及直线 $y=0, y=x$ 所围成的在第一象限内的部分.

解 区域 D 如图 9-28 所示. 采用极坐标，定限不等式为
$$\begin{cases} 2 \leqslant r \leqslant 3, \\ 0 \leqslant \theta \leqslant \dfrac{\pi}{4}. \end{cases}$$

因此
$$\iint\limits_{D} \arctan \frac{y}{x} d\sigma = \int_0^{\frac{\pi}{4}} d\theta \int_2^3 \arctan(\tan\theta) r dr = \frac{5\pi^2}{64}.$$

例 9 将直角坐标系下的累次积分 $\int_1^2 dx \int_{2-x}^{\sqrt{2x-x^2}} f(x,y) dy$ 化为极坐标系下的累次积分.

解 由累次积分的上下限可知，积分区域 D 的定限不等式为
$$\begin{cases} 1 \leqslant x \leqslant 2, \\ 2-x \leqslant y \leqslant \sqrt{2x-x^2}. \end{cases}$$

积分区域由 $x=1, x=2, y=2-x, y=\sqrt{2x-x^2}$ 所围成，如图 9-29 所示.

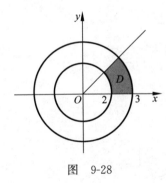

图 9-28

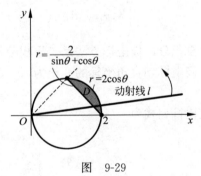

图 9-29

利用动射线法，得 $0 \leqslant \theta \leqslant \dfrac{\pi}{4}$，积分区域被分割后的内外边界方程化成极坐标，分别为
$$r = \frac{2}{\sin\theta + \cos\theta} \quad \text{和} \quad r = 2\cos\theta.$$

因此，在极坐标系下，积分区域 D 的定限不等式为
$$\begin{cases} \dfrac{2}{\sin\theta + \cos\theta} \leqslant r \leqslant 2\cos\theta, \\ 0 \leqslant \theta \leqslant \dfrac{\pi}{4}, \end{cases}$$

累次积分为
$$\int_1^2 dx \int_{2-x}^{\sqrt{2x-x^2}} f(x,y) dy = \int_0^{\frac{\pi}{4}} d\theta \int_{\frac{2}{\sin\theta+\cos\theta}}^{2\cos\theta} f(r\cos\theta, r\sin\theta) r dr.$$

三、二重积分换元法

在计算定积分时,换元法是一种非常有用的方法. 二重积分的极坐标方法是将变量从直角坐标(x,y)变换到极坐标(r,θ),本质上就是二重积分换元法. 一般地,当二重积分 $\iint\limits_{D} f(x,y)d\sigma$ 不易计算时,可根据积分区域 D 的形状和被积函数 $f(x,y)$ 的特点,用一个适当的变换 $\begin{cases} x=x(u,v), \\ y=y(u,v), \end{cases}$ 把 xOy 平面内区域 D 上的二重积分变成 uOv 平面内区域 D^* 上的二重积分,以简化二重积分的计算.

定理 9.2 设 $f(x,y)$ 在 xOy 平面内的闭区域 D 上连续,变换 $T:\begin{cases} x=x(u,v), \\ y=y(u,v) \end{cases}$ 将 uOv 平面内的闭区域 D^* 变为 xOy 平面内的闭区域 D,若变换 T 是一一对应的,且满足:

(1) $x(u,v),y(u,v)$ 在 D^* 上具有一阶连续偏导数,

(2) 变换 T 的雅克比(Jacobi)行列式为

$$J(u,v) = \begin{vmatrix} \dfrac{\partial x}{\partial u} & \dfrac{\partial x}{\partial v} \\ \dfrac{\partial y}{\partial u} & \dfrac{\partial y}{\partial v} \end{vmatrix} \neq 0, \tag{9.6}$$

则有

$$\iint\limits_{D} f(x,y)dxdy = \iint\limits_{D^*} f[x(u,v),y(u,v)]J(u,v)dudv. \tag{9.7}$$

二重积分的极坐标方法是二重积分换元法的一个特例.

设极坐标到直角坐标的变换为

$$x=r\cos\theta, \quad y=r\sin\theta,$$

则雅克比行列式为

$$J(r,\theta) = \begin{vmatrix} \dfrac{\partial x}{\partial r} & \dfrac{\partial x}{\partial \theta} \\ \dfrac{\partial y}{\partial r} & \dfrac{\partial y}{\partial \theta} \end{vmatrix} = \begin{vmatrix} \cos\theta & -r\sin\theta \\ \sin\theta & r\cos\theta \end{vmatrix} = r.$$

将 $J(r,\theta)$ 代入式(9.7)可得式(9.5).

例 10 计算 $\iint\limits_{D} dxdy$,其中 D 为椭圆 $\dfrac{x^2}{a^2}+\dfrac{y^2}{b^2}=1$ 所围成的闭区域.

解 作广义极坐标变换 $x=ar\cos\theta, y=br\sin\theta$. 其中 $a>0, b>0, r\geqslant 0, 0\leqslant\theta\leqslant 2\pi$,在此变换下,与 D 相应的区域

$$D^* = \{(r,\theta) \mid 0\leqslant r\leqslant 1, 0\leqslant\theta\leqslant 2\pi\}.$$

雅可比行列式为

$$J(r,\theta) = \begin{vmatrix} a\cos\theta & -ar\sin\theta \\ b\sin\theta & br\cos\theta \end{vmatrix} = abr.$$

从而有

$$\iint_D \mathrm{d}x\mathrm{d}y = \iint_{D^*} abr\,\mathrm{d}r\,\mathrm{d}\theta = \int_0^{2\pi}\mathrm{d}\theta\int_0^1 abr\,\mathrm{d}r = \pi ab.$$

例 11 计算 $\iint_D x^2 y^2 \mathrm{d}x\mathrm{d}y$，其中 D 是由曲线 $xy=1,xy=2$ 和直线 $x=y,x=4y$ 所围成的第一象限的区域.

解 该积分利用直角坐标或极坐标计算比较麻烦,根据积分区域所围成的曲线方程的特点,作变换

$$\begin{cases} xy=u, \\ \dfrac{y}{x}=v, \end{cases} \quad \text{即} \quad \begin{cases} x=\sqrt{\dfrac{u}{v}}, \\ y=\sqrt{uv}, \end{cases}$$

可得 $J(u,v)=\dfrac{1}{2v}$. 变换后 D^* 的定限不等式为 $\begin{cases} 1\leqslant u\leqslant 2, \\ 1\leqslant v\leqslant 4. \end{cases}$ 所以

$$\iint_D x^2 y^2 \mathrm{d}x\mathrm{d}y = \iint_{D^*} u^2 \dfrac{1}{2v}\mathrm{d}u\mathrm{d}v = \dfrac{1}{2}\int_1^2 u^2 \mathrm{d}u \int_1^4 \dfrac{1}{v}\mathrm{d}v = \dfrac{7}{3}\ln 2.$$

习题 9-2

1. 在直角坐标系下分别用两种不同的定限不等式表示下列区域（画出草图）：

(1) D 由 $y=\ln x, x=\mathrm{e}, y=0$ 所围；

(2) D 是以点 $A(0,0), B(1,1), C(2,0)$ 为顶点的三角形区域；

(3) D 由 $x=y^2, x-y-2=0$ 所围.

2. 用极坐标系下的定限不等式表示下列区域并画出草图：

(1) $D: 0\leqslant x\leqslant 1, 0\leqslant y\leqslant x$；

(2) D 是 $r=1$ 与 $r=\dfrac{1}{\sin\theta+\cos\theta}$ 相交的上半部分.

3. 交换下列积分次序：

(1) $\int_1^{\mathrm{e}}\mathrm{d}x\int_0^{\ln x} f(x,y)\mathrm{d}y$；

(2) $\int_{-1}^1 \mathrm{d}x\int_{-\sqrt{1-x^2}}^{\sqrt{1-x^2}} f(x,y)\mathrm{d}y$；

(3) $\int_0^{\frac{\pi}{2}}\mathrm{d}x\int_{-\sin\frac{x}{2}}^{\sin x} f(x,y)\mathrm{d}y$；

(4) $\int_0^1 \mathrm{d}x\int_0^1 f(x,y)\mathrm{d}y + \int_1^2 \mathrm{d}x\int_{\sqrt{x-1}}^1 f(x,y)\mathrm{d}y$.

4. 选取合适的坐标系计算下列二重积分：

(1) $\iint_D (x+y)\mathrm{d}\sigma$，其中积分区域 D 由直线 $x+y=1$ 以及 x 轴、y 轴所围成；

(2) $\iint_D xy\mathrm{d}\sigma$，其中积分区域 D 由曲线 $y=\dfrac{1}{x}$ 与直线 $y=1, y=2$ 以及 y 轴所围成；

(3) $\iint_D \mathrm{e}^{\frac{y}{x}}\mathrm{d}\sigma$，其中积分区域 D 由 $y=x^3, x=1$ 以及 x 轴所围成；

(4) $\iint_D \dfrac{1}{\sqrt{1+x^2+y^2}}\mathrm{d}\sigma$，其中积分区域 D 由双纽线 $r^2=\cos 2\theta$ 所围成；

(5) $\iint\limits_{D} \sin x \cos y \, dx \, dy$，其中积分区域 D 由不等式组 $0 \leqslant x \leqslant \dfrac{\pi}{2}$ 和 $0 \leqslant y \leqslant \dfrac{\pi}{2}$ 所确定；

(6) $\int_{1}^{3} dx \int_{x-1}^{2} \cos y^{2} \, dy$；

(7) $\iint\limits_{D} \sqrt{x^{2}+y^{2}} \, dx \, dy$，其中 D 是圆环形闭区域：$a^{2} \leqslant x^{2}+y^{2} \leqslant b^{2}$；

(8) $\iint\limits_{D} |y-x^{2}| \, d\sigma$，其中积分区域 D 由直线 $x=-1$，$x=1$，$y=1$ 以及 x 轴所围成.

5. 设区域 $D=\{(x,y) \mid 0 \leqslant x \leqslant 1, 0 \leqslant y \leqslant 2\}$，$f(x,y)$ 在 D 上连续，求 $f(x,y)$，使得
$$f(x,y) = xy + \iint\limits_{D} f(x,y) \, d\sigma.$$

6. 设函数 $f(x)$ 在 $[0,1]$ 上连续，$A = \int_{0}^{1} f(x) \, dx$，利用二重积分的性质证明：
$$\int_{0}^{1} dx \int_{x}^{1} f(x) f(y) \, dy = \dfrac{A^{2}}{2}.$$

第三节 三重积分

与二重积分类似，对空间区域上的三元函数进行"分割，求近似和，取极限"，便得到三重积分. 本节主要内容：三重积分的概念，利用直角坐标计算三重积分，利用柱面坐标和球面坐标计算三重积分.

一、三重积分的概念

引例 空间立体的质量

设空间立体 Ω 上任一点 (x,y,z) 处的体密度为 $\rho(x,y,z)$（体密度指立体单位体积的质量），如何求该物体的质量 M？

与求平面薄板的质量类似，仍采用"分割、求近似和、取极限"的方法来计算.

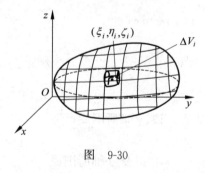

图 9-30

如图 9-30 所示，首先将物体任意分割成 n 个小闭区域，ΔV_{i} 表示第 i 个小闭区域，也表示它的体积. 在 ΔV_{i} 中任意取一点 $(\xi_{i}, \eta_{i}, \zeta_{i})$，以该点的体密度 $\rho(\xi_{i}, \eta_{i}, \zeta_{i})$ 作为 ΔV_{i} 的近似平均密度，则 $\rho(\xi_{i}, \eta_{i}, \zeta_{i}) \Delta V_{i}$ 表示 ΔV_{i} 的近似质量. $\sum\limits_{i=1}^{n} \rho(\xi_{i}, \eta_{i}, \zeta_{i}) \Delta V_{i}$ 表示 Ω 的近似质量. 记 λ 为 n 个小闭区域的直径（ΔV_{i} 的直径是指其上任意两点间距离的最大值）的最大值，若极限
$$\lim_{\lambda \to 0} \sum_{i=1}^{n} \rho(\xi_{i}, \eta_{i}, \zeta_{i}) \Delta V_{i}$$
存在，则该极限自然的定义为空间立体 Ω 的质量 M.

在物理、力学、几何和工程技术中有许多物理量或几何量都可归结为上述极限的形式. 因此，我们要研究这种和的极限的一般形式并抽象出下述三重积分的定义.

定义 9.2 设 $f(x,y,z)$ 是空间有界闭区域 Ω 上的有界函数.

(1) 分割：把 Ω 任意地分割成 n 个小闭区域 $\Delta V_1,\Delta V_2,\cdots,\Delta V_i,\cdots,\Delta V_n$，其中 ΔV_i 既表示第 i 个小闭区域，又表示该小闭区域的体积.

(2) 求和：在每个 ΔV_i 上任取一点 (ξ_i,η_i,ζ_i)，作乘积 $f(\xi_i,\eta_i,\zeta_i)\Delta V_i(i=1,2,\cdots,n)$，并作和 $\sum_{i=1}^{n}f(\xi_i,\eta_i,\zeta_i)\Delta V_i$.

(3) 取极限：用 λ 表示 n 个小闭区域 ΔV_i 的直径的最大值，当 $\lambda\to 0$ 时，和式 $\sum_{i=1}^{n}f(\xi_i,\eta_i,\zeta_i)\Delta V_i$ 的极限总存在，则称此极限为函数 $f(x,y,z)$ 在闭区域 Ω 上的三重积分，记作

$$\iiint_{\Omega}f(x,y,z)\mathrm{d}V=\lim_{\lambda\to 0}\sum_{i=1}^{n}f(\xi_i,\eta_i,\zeta_i)\Delta V_i,$$

其中 $\mathrm{d}V$ 称为**体积元素**，Ω 为**积分区域**.

与定积分及二重积分类似，当函数 $f(x,y,z)$ 在有界闭区域 Ω 上连续时，三重积分 $\iiint_{\Omega}f(x,y,z)\mathrm{d}V$ 存在.

三重积分与二重积分具有类似的性质.

特别地，当被积函数 $f(x,y,z)\equiv 1$ 时，三重积分 $\iiint_{\Omega}\mathrm{d}V$ 表示积分区域 Ω 的体积 V，即

$$V=\iiint_{\Omega}\mathrm{d}V.$$

在空间直角坐标系下，用平行于坐标面的平面来分割闭区域 Ω，除了在闭区域 Ω 的边界曲面附近有一些不规则的子区域外，其他小闭区域 ΔV_i 都是长方体，设其边长分别为 $\Delta x_i,\Delta y_i,\Delta z_i$，则体积 $\Delta V_i=\Delta x_i\Delta y_i\Delta z_i$. 所以在空间直角坐标系中，三重积分的体积元素又记为 $\mathrm{d}V=\mathrm{d}x\mathrm{d}y\mathrm{d}z$，三重积分也记作 $\iiint_{\Omega}f(x,y,z)\mathrm{d}x\mathrm{d}y\mathrm{d}z$.

三重积分的物理意义：由上面的引例及三重积分的定义可知，体密度为 $\rho(x,y,z)$ 的空间立体 Ω 的质量为

$$M=\iiint_{\Omega}\rho(x,y,z)\mathrm{d}V.$$

二、利用直角坐标计算三重积分

1. 投影法计算三重积分

设三重积分为 $\iiint_{\Omega}f(x,y,z)\mathrm{d}x\mathrm{d}y\mathrm{d}z$.

(1) 投影：如图 9-31 所示，将积分区域 Ω 投影到 xOy 坐标面，得投影区域 D，投影柱面记为 Σ.

(2) 定 z 的上下限：投影柱面 Σ 将积分区域 Ω 的表面分割为上下两部分（去除投影柱面与 Ω 表面的公共部分），设下半部分曲面方程为 $z=z_1(x,y)$，上半部分曲面方程为

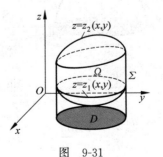

图 9-31

$z=z_2(x,y)$，则积分变量 z 的变化范围为 $z_1(x,y) \leqslant z \leqslant z_2(x,y)$，积分区域 Ω 表示为
$$\begin{cases} (x,y) \in D, \\ z_1(x,y) \leqslant z \leqslant z_2(x,y). \end{cases}$$

(3) 化三重积分为三次积分：

将 x,y 看作常数，$f(x,y,z)$ 只看作 z 的函数，在区间 $[z_1(x,y), z_2(x,y)]$ 上对 z 积分，积分 $\int_{z_1(x,y)}^{z_2(x,y)} f(x,y,z) \mathrm{d}z$ 的结果是 x,y 的函数，记作 $\varphi(x,y)$. 然后计算二重积分 $\iint_D \varphi(x,y) \mathrm{d}x\mathrm{d}y$，即

$$\iiint_\Omega f(x,y,z)\mathrm{d}x\mathrm{d}y\mathrm{d}z = \iint_D \left(\int_{z_1(x,y)}^{z_2(x,y)} f(x,y,z)\mathrm{d}z \right) \mathrm{d}x\mathrm{d}y$$
$$= \iint_D \mathrm{d}x\mathrm{d}y \int_{z_1(x,y)}^{z_2(x,y)} f(x,y,z)\mathrm{d}z.$$

该方法是先计算一个定积分，再计算一个二重积分，称为"**先一后二法**"。

如果投影区域 D 是 X 型区域，定限不等式为 $\begin{cases} a \leqslant x \leqslant b, \\ \varphi_1(x) \leqslant y \leqslant \varphi_2(x), \end{cases}$ 则 Ω 可以表示为

$$\Omega: \begin{cases} a \leqslant x \leqslant b, \\ \varphi_1(x) \leqslant y \leqslant \varphi_2(x), \\ z_1(x,y) \leqslant z \leqslant z_2(x,y). \end{cases}$$

三重积分化为**三次积分**：

$$\iiint_\Omega f(x,y,z)\mathrm{d}x\mathrm{d}y\mathrm{d}z = \int_a^b \mathrm{d}x \int_{\varphi_1(x)}^{\varphi_2(x)} \mathrm{d}y \int_{z_1(x,y)}^{z_2(x,y)} f(x,y,z)\mathrm{d}z.$$

类似地，可对二重积分积分区域是 Y 型区域的情况进行分析.

上述方法是先将积分区域向 xOy 坐标面投影，将三重积分转化为三次积分. 也可以先将积分区域向另外两个坐标面投影，可得类似结果.

例1 设空间区域 Ω 由 $z = \sqrt{1-x^2-y^2}$，$z=0$ 所围成，将三重积分 $\iiint_\Omega f(x,y,z)\mathrm{d}x\mathrm{d}y\mathrm{d}z$ 转化成三次积分.

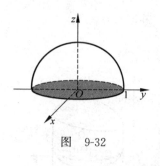

图 9-32

解 如图 9-32 所示，将 Ω 向 xOy 面投影，投影区域为 xOy 面上的圆域 $x^2+y^2 \leqslant 1$，z 的定限不等式为 $0 \leqslant z \leqslant \sqrt{1-x^2-y^2}$；再确定关于 x,y 的定限不等式 $\begin{cases} -1 \leqslant x \leqslant 1, \\ -\sqrt{1-x^2} \leqslant y \leqslant \sqrt{1-x^2}, \end{cases}$ 三重积分转化成三次积分，结果如下：

$$\iiint_\Omega f(x,y,z)\mathrm{d}x\mathrm{d}y\mathrm{d}z = \int_{-1}^1 \mathrm{d}x \int_{-\sqrt{1-x^2}}^{\sqrt{1-x^2}} \mathrm{d}y \int_0^{\sqrt{1-x^2-y^2}} f(x,y,z)\mathrm{d}z.$$

例2 计算 $\iiint_\Omega \dfrac{xz}{(1-x-y)^2} \mathrm{d}x\mathrm{d}y\mathrm{d}z$，其中 Ω 是由三个坐标面与平面 $x+y+z=1$ 所

围的四面体.

解 积分区域 Ω 如图 9-33 所示,积分限为

$$\Omega: \begin{cases} 0 \leqslant x \leqslant 1, \\ 0 \leqslant y \leqslant 1-x, \\ 0 \leqslant z \leqslant 1-x-y, \end{cases}$$

则得

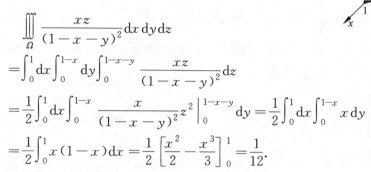

图 9-33

$$\iiint_\Omega \frac{xz}{(1-x-y)^2} dx\,dy\,dz$$

$$= \int_0^1 dx \int_0^{1-x} dy \int_0^{1-x-y} \frac{xz}{(1-x-y)^2} dz$$

$$= \frac{1}{2}\int_0^1 dx \int_0^{1-x} \frac{x}{(1-x-y)^2} z^2 \Big|_0^{1-x-y} dy = \frac{1}{2}\int_0^1 dx \int_0^{1-x} x\,dy$$

$$= \frac{1}{2}\int_0^1 x(1-x)dx = \frac{1}{2}\left[\frac{x^2}{2} - \frac{x^3}{3}\right]_0^1 = \frac{1}{12}.$$

2. 截面法计算三重积分

三重积分 $\iiint_\Omega f(x,y,z)dx\,dy\,dz$ 的计算也可以先计算一个二重积分,再计算一个定积

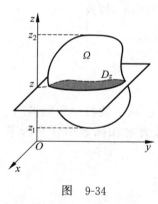

图 9-34

分.方法如下:求出积分区域 Ω 中的点的 z 坐标的最小值 z_1 和最大值 z_2,如图 9-34 所示,用平行于 xOy 坐标面且介于 $z=z_1$ 与 $z=z_2$ 之间的平面去截 Ω,设所得截面在 xOy 坐标面的投影为 D_z;然后,将被积函数 $f(x,y,z)$ 中的 z 看作常数,在 D_z 上关于 x,y 作二重积分,其结果 $\iint_{D_z} f(x,y,z)dx\,dy = \psi(z)$ 是 z 的函数,最后求定积分 $\int_{z_1}^{z_2}\psi(z)dz$,即

$$\iiint_\Omega f(x,y,z)dx\,dy\,dz = \int_{z_1}^{z_2}\left[\iint_{D_z} f(x,y,z)dx\,dy\right]dz = \int_{z_1}^{z_2}\psi(z)dz.$$

这种方法称为"截面法"或"先二后一法".

一般地,当计算形如 $\iiint_\Omega f(z)dV$ 的三重积分,即被积函数退化为一元函数时,采用"截面法"计算三重积分较为容易.

例 3 计算 $\iiint_\Omega z^2 dV$,Ω 是由 $z=\sqrt{x^2+y^2}$ 与平面 $z=1$ 所围闭区域.

解 被积函数是单变量 z 的函数,考虑采用截面法.如图 9-35 所示,确定 Ω 中 z 坐标的范围:$0 \leqslant z \leqslant 1$.用平行于 xOy 坐标面 ($0 \leqslant z \leqslant 1$)的平面截 Ω 所得截面 D_z 是一个半径为 z 的圆,记作 D_z.积分区域可表示为

$$\Omega: \begin{cases} (x,y) \in D_z, \\ 0 \leqslant z \leqslant 1. \end{cases}$$

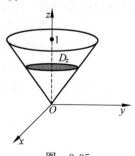

图 9-35

给定的三重积分化为

$$\iiint_\Omega z^2 \mathrm{d}V = \int_0^1 \mathrm{d}z \iint_{D_z} z^2 \mathrm{d}x\mathrm{d}y = \int_0^1 z^2 \mathrm{d}z \iint_{D_z} \mathrm{d}x\mathrm{d}y = \int_0^1 z^2 \pi z^2 \mathrm{d}z = \frac{\pi}{5}.$$

三、利用柱面坐标和球面坐标计算三重积分

先看一个例子.

例 4 计算三重积分 $\iiint_\Omega (x^2+y^2)\mathrm{d}V$,$\Omega$ 是由 $z=\sqrt{x^2+y^2}$ 与平面 $z=1$ 所围闭区域.

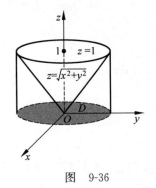

图 9-36

解 如图 9-36 所示,积分区域 Ω 在 xOy 坐标面上的投影区域为

$$D: x^2+y^2 \leqslant 1.$$

Ω 可表示为 $\begin{cases} \sqrt{x^2+y^2} \leqslant z \leqslant 1, \\ (x,y) \in D, \end{cases}$ 因此

$$\iiint_\Omega (x^2+y^2)\mathrm{d}V = \iint_D \mathrm{d}x\mathrm{d}y \int_{\sqrt{x^2+y^2}}^1 (x^2+y^2)\mathrm{d}z$$

$$= \iint_D (x^2+y^2)(1-\sqrt{x^2+y^2})\mathrm{d}x\mathrm{d}y,$$

显然,用极坐标计算这个二重积分较为简单,因此

$$\iiint_\Omega (x^2+y^2)\mathrm{d}V = \iint_D (x^2+y^2)(1-\sqrt{x^2+y^2})\mathrm{d}x\mathrm{d}y$$

$$= \int_0^{2\pi} \mathrm{d}\theta \int_0^1 r^2(1-r)r\mathrm{d}r = \frac{\pi}{10}.$$

本例中,三重积分的积分区域 Ω 是一个圆锥体,它在 xOy 坐标面上的投影为圆域. 人们发现,当积分区域 Ω 为圆锥体、圆柱体,甚至球体的一部分,或者被积函数中含有因子 x^2+y^2 或 $\dfrac{y}{x}$ 时,三重积分采用下面介绍的柱面坐标系更为简捷.

1. 利用柱面坐标计算三重积分

1) 柱面坐标的概念

如图 9-37 所示,设 $M(x,y,z)$ 为空间中一点,点 M 在 xOy 面上的投影 P 的极坐标为 (r,θ),则称 (r,θ,z) 为点 M 的**柱面坐标**,它们的变化范围为

$$0 \leqslant r < +\infty, \quad 0 \leqslant \theta \leqslant 2\pi, \quad -\infty < z < +\infty.$$

柱面坐标系中的三组坐标面为

$r=$ 常数,表示以 z 轴为轴的圆柱面;

$\theta=$ 常数,表示过 z 轴的半平面;

$z=$ 常数,表示与 xOy 坐标面平行的平面.

点 M 的直角坐标与柱面坐标的关系为

$$\begin{cases} x = r\cos\theta, \\ y = r\sin\theta, \\ z = z. \end{cases}$$

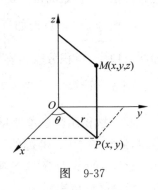

图 9-37

2）柱面坐标系中三重积分的计算式

如图 9-38 所示，用柱面坐标系中的三组坐标面"$r=$常数，$\theta=$常数，$z=$常数"来分割积分区域 Ω，除 Ω 的边界处一些小的不规则区域外，Ω 被分割成很多如图 9-38 中的小柱体. 在不计高阶无穷小的情况下，图中小柱体的底面积为 $r\mathrm{d}r\mathrm{d}\theta$，因此小柱体的体积为

$$\mathrm{d}V=r\mathrm{d}r\mathrm{d}\theta\mathrm{d}z,$$

这就是柱面坐标系下的体积元素.

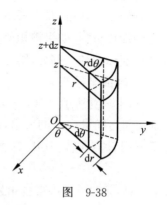

图 9-38

用柱面坐标计算三重积分的步骤如下：

（1）将被积函数中的 x 和 y 分别替换为 $r\cos\theta$ 和 $r\sin\theta$，z 保持不变.

（2）将原来的体积元素 $\mathrm{d}V$ 换成柱面坐标的体积元素 $r\mathrm{d}r\mathrm{d}\theta\mathrm{d}z$.

（3）将区域 Ω 投影到 xOy 坐标面，将投影域 D 中点的坐标的变化范围用关于极坐标 (r,θ) 的不等式表示，例如

$$D:\begin{cases}\alpha\leqslant\theta\leqslant\beta,\\ r_1(\theta)\leqslant r\leqslant r_2(\theta).\end{cases}$$

在 D 中任取一点 (r,θ)，过该点自下而上作射线穿过积分区域 Ω，确定坐标 z 的变化范围，例如

$$z_1(\theta,r)\leqslant z\leqslant z_2(\theta,r),$$

这样，积分区域可表示为

$$\Omega:\begin{cases}\alpha\leqslant\theta\leqslant\beta,\\ r_1(\theta)\leqslant r\leqslant r_2(\theta),\\ z_1(\theta,r)\leqslant z\leqslant z_2(\theta,r).\end{cases}$$

三重积分在柱面坐标系下的三次积分为

$$\iiint\limits_{\Omega}f(x,y,z)\mathrm{d}V=\int_\alpha^\beta\mathrm{d}\theta\int_{r_1(\theta)}^{r_2(\theta)}\mathrm{d}r\int_{z_1(\theta,r)}^{z_2(\theta,r)}rf(r\cos\theta,r\sin\theta,z)\mathrm{d}z.$$

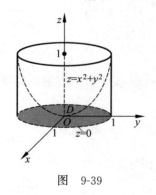

图 9-39

例 5 计算三重积分 $\iiint\limits_{\Omega}z^2\mathrm{d}V$，积分区域 Ω 是由如图 9-39 所示的抛物面 $z=x^2+y^2$、平面 $z=0$ 及柱面 $x^2+y^2=1$ 所围成的空间闭区域.

解 Ω 的表面可分为上下两个曲面，分别为 $z=x^2+y^2$ 和 $z=0$，其柱面坐标形式为 $z=r^2$ 与 $z=0$，所以，积分区域 Ω 在柱面坐标系下的定限不等式为

$$\Omega:\begin{cases}0\leqslant\theta\leqslant 2\pi,\\ 0\leqslant r\leqslant 1,\\ 0\leqslant z\leqslant r^2.\end{cases}$$

从而有

$$\iiint\limits_{\Omega}z^2\mathrm{d}V=\int_0^{2\pi}\mathrm{d}\theta\int_0^1 r\mathrm{d}r\int_0^{r^2}z^2\mathrm{d}z=2\pi\int_0^2\frac{r^7}{3}\mathrm{d}r=\frac{64}{3}\pi.$$

2. 利用球面坐标计算三重积分

我们已经知道,对于特定的被积函数以及特殊的积分区域,采用特殊的坐标系可以简化积分的计算过程. 如果被积函数 $f(x,y,z)$ 中含有因子 $x^2+y^2+z^2$,积分区域的边界曲面是球面或球面的一部分,则三重积分采用球面坐标计算较为简捷.

1) 球面坐标的概念

如图 9-40 所示,$M(x,y,z)$ 为空间中任意一点,用 r 表示点 M 到原点 O 的距离,φ 表示 z 轴正向与向量 $\overrightarrow{OM}$ 的夹角,P 是点 M 在 xOy 坐标面上的投影点,θ 表示 $\overrightarrow{Ox}$ 沿从 z 轴正向看逆时针方向转到 $\overrightarrow{OP}$ 的角. (r,θ,φ) 称为点 M 的**球面坐标**,它们的变化范围为

$$0 \leqslant r < +\infty, \quad 0 \leqslant \varphi \leqslant \pi, \quad 0 \leqslant \theta \leqslant 2\pi.$$

根据 r,θ,φ 的意义可得直角坐标与球面坐标的关系为

$$\begin{cases} x = r\sin\varphi\cos\theta, \\ y = r\sin\varphi\sin\theta, \\ z = r\cos\varphi. \end{cases} \tag{9.8}$$

2) 球面坐标系中三重积分的计算式

如图 9-41 所示,用球面坐标系中的三组坐标面 $r=$ 常数, $\theta=$ 常数, $\varphi=$ 常数将积分区域 Ω 分割成许多小闭区域. 不考虑高阶无穷小,图中小闭区域的体积近似为

$$\mathrm{d}V = r\sin\varphi \mathrm{d}\theta \cdot r\mathrm{d}\varphi \cdot \mathrm{d}r = r^2 \sin\varphi \mathrm{d}r\mathrm{d}\varphi\mathrm{d}\theta, \tag{9.9}$$

这是球面坐标系下的体积元素.

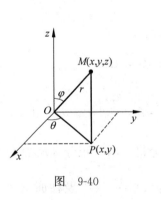

图 9-40

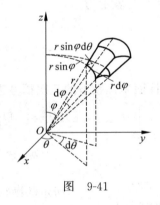

图 9-41

利用式(9.8)和式(9.9),可推出三重积分由直角坐标形式转换为球面坐标形式的公式为

$$\iiint_\Omega f(x,y,z)\mathrm{d}x\mathrm{d}y\mathrm{d}z = \iiint_\Omega f(r\sin\varphi\cos\theta, r\sin\varphi\sin\theta, r\cos\varphi)r^2\sin\varphi\mathrm{d}r\mathrm{d}\varphi\mathrm{d}\theta.$$

要计算球面坐标形式的三重积分,可把它转化为对 r,θ,φ 的三次积分.

例 6 计算三重积分 $\iiint_\Omega z\sqrt{x^2+y^2+z^2}\mathrm{d}V$,其中 Ω 是由曲面 $x^2+y^2+z^2=1$ 及 $z=\sqrt{3(x^2+y^2)}$ 所围成的区域.

解 如图 9-42 所示,Ω 为球面和圆锥面所围成的区域. 积分区域的边界曲面含球面的一部分,且被积函数中含有因式 $x^2+y^2+z^2$,所以选用球面坐标计算. 球面 $x^2+y^2+z^2=1$

的球面坐标方程为 $r=1$,锥面 $z=\sqrt{3(x^2+y^2)}$ 的球面坐标方程为 $\varphi=\dfrac{\pi}{6}$. Ω 的定限不等式为

$$\begin{cases} 0\leqslant\theta\leqslant 2\pi,\\ 0\leqslant\varphi\leqslant\dfrac{\pi}{6},\\ 0\leqslant r\leqslant 1. \end{cases}$$

则有

$$\iiint\limits_{\Omega}z\sqrt{x^2+y^2+z^2}\,\mathrm{d}V=\int_0^{2\pi}\mathrm{d}\theta\int_0^{\frac{\pi}{6}}\mathrm{d}\varphi\int_0^1 r^4\cos\varphi\sin\varphi\,\mathrm{d}r$$

$$=\dfrac{2\pi}{5}\int_0^{\frac{\pi}{6}}\cos\varphi\sin\varphi\,\mathrm{d}\varphi$$

$$=\dfrac{\pi}{10}\int_0^{\frac{\pi}{6}}\sin 2\varphi\,\mathrm{d}2\varphi$$

$$=-\dfrac{\pi}{10}\cos 2\varphi\Big|_0^{\frac{\pi}{6}}=\dfrac{\pi}{20}.$$

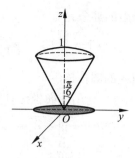

图 9-42

习题 9-3

1. 化三重积分 $I=\iiint\limits_{\Omega}(x+y-2z)\mathrm{d}x\mathrm{d}y\mathrm{d}z$ 为三次积分,其中 Ω 为 $0\leqslant x\leqslant 1, 0\leqslant y\leqslant 2, 1\leqslant z\leqslant 2$ 所围区域.

2. 对于指定的 Ω,化三重积分 $I=\iiint\limits_{\Omega}f(x,y,z)\mathrm{d}V$ 为三次积分:

(1) 由曲面 $z=x^2+y^2$ 及平面 $z=2$ 所围成的闭区域(用柱面直角坐标表示);

(2) 由曲面 $z=x^2+2y^2$ 及 $z=2-x^2$ 所围成的闭区域(用柱面直角坐标表示);

(3) Ω 由 $z=1$,$z=2-x^2-y^2$ 围成(用柱面坐标表示);

(4) Ω 是第一卦限部分的球体:$x^2+y^2+z^2\leqslant 2$(用球面坐标表示).

3. 利用直角坐标计算以下积分:

(1) $I=\iiint\limits_{\Omega}xy^2z^3\,\mathrm{d}x\mathrm{d}y\mathrm{d}z$,其中 Ω 是由曲面 $z=xy$ 与平面 $y=x,x=1$ 和 $z=0$ 所围成的闭区域;

(2) $I=\iiint\limits_{\Omega}\dfrac{1}{(1+x+y+z)^3}\mathrm{d}x\mathrm{d}y\mathrm{d}z$,其中 Ω 是由平面 $y=0,x=0,x+y+z=1$ 和 $z=0$ 所围成的四面体;

(3) $I=\iiint\limits_{\Omega}\sin z^2\,\mathrm{d}V$,其中 Ω 由旋转抛物面 $z=x^2+y^2$ 与平面 $z=1$ 所围成.

4. 利用柱面坐标计算以下积分:

(1) $I=\iiint\limits_{\Omega}z\,\mathrm{d}V$,其中 Ω 是由曲面 $z=\sqrt{2-x^2-y^2}$ 与 $z=x^2+y^2$ 所围成的闭区域;

(2) $I=\iiint\limits_{\Omega}xyz\,\mathrm{d}V$,其中 Ω 为圆锥面 $z=\sqrt{x^2+y^2}$ 与平面 $z=1$ 所围成的圆锥体在第一

卦限的部分；

(3) $I = \iiint\limits_{\Omega} |z - \sqrt{x^2+y^2}| dV$，其中 Ω 是由圆柱面 $x^2+y^2=1$ 与平面 $z=0, z=2$ 所围成的圆柱体.

5. 利用球面坐标计算以下积分：

(1) $I = \iiint\limits_{\Omega} \sqrt{x^2+y^2+z^2} dV$，其中 $\Omega: \sqrt{x^2+y^2} \leqslant z \leqslant \sqrt{1-x^2-y^2}$.

(2) $I = \iiint\limits_{\Omega} z dx dy dz$，其中 Ω 是两球体 $x^2+y^2+(z-a)^2 \leqslant a^2$ 和 $x^2+y^2 \leqslant z^2$ 的公共部分，$a \geqslant 0$.

6. 设函数 $f(u)$ 连续且恒正，
$$D(t): x^2+y^2 \leqslant t^2, \quad \Omega(t): x^2+y^2+z^2 \leqslant t^2,$$
$$F(t) = \frac{\iiint\limits_{\Omega(t)} f(x^2+y^2+z^2) dV}{\iint\limits_{D(t)} f(x^2+y^2) d\sigma},$$

试证：$F(t)$ 在 $(0, +\infty)$ 内单调递增.

第四节 重积分的应用

本节主要介绍重积分在几何、物理及工程方面的应用. 几何方面主要涉及平面图形的面积、曲顶柱体的体积、空间立体的体积等. 物理及工程方面主要涉及平面薄板及空间立体的质量、质心、形心、汽车盘式制动器的力矩等.

一、几何应用

1. 利用二重积分计算平面图形的面积

例1 求抛物线 $y = x^2$ 与直线 $y = x$ 所围部分图形的面积.

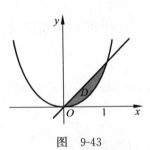

图 9-43

解 图形如图 9-43 所示. 所求面积为 $A = \iint\limits_{D} d\sigma$. 解方程组
$$\begin{cases} y = x^2, \\ y = x, \end{cases}$$
得交点 $(0,0)$ 和点 $(1,1)$. D 的定限不等式为 $\begin{cases} 0 \leqslant x \leqslant 1, \\ x^2 \leqslant y \leqslant x, \end{cases}$ 所求面积

$$A = \iint\limits_{D} d\sigma = \int_0^1 dx \int_{x^2}^{x} dy = \frac{1}{6}.$$

2. 利用二重积分计算空间立体的体积

例2 计算由旋转抛物面 $z = 2 - x^2 - y^2$ 及半圆锥面 $z = \sqrt{x^2+y^2}$ 所围成的空间区域的体积.

解 如图 9-44 所示，该空间区域体积可看作以 xOy 坐标面上的闭区域 $D: x^2+y^2 \leqslant 1$ 为底、旋转抛物面 $z = 2-x^2-y^2$ 为顶的曲顶柱体与以 $D: x^2+y^2 \leqslant 1$ 为底、圆锥面

$z=\sqrt{x^2+y^2}$ 为顶的曲顶柱体的体积之差. 投影区域 D 的定限不等式为

$$\begin{cases} 0 \leqslant r \leqslant 1, \\ 0 \leqslant \theta \leqslant 2\pi. \end{cases}$$

所求立体体积为

$$V = \iint\limits_{D}(2-x^2-y^2)\mathrm{d}\sigma - \iint\limits_{D}\sqrt{x^2+y^2}\,\mathrm{d}\sigma$$
$$= \int_0^{2\pi}\mathrm{d}\theta \int_0^1 r(2-r^2-r)\mathrm{d}r$$
$$= 2\pi \int_0^1 (2r-r^3-r^2)\mathrm{d}r = \frac{5}{6}\pi.$$

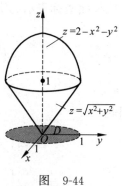

图 9-44

3. 利用三重积分计算空间立体的体积

例 3 计算旋转抛物面 $z=x^2+y^2$ 与半球面 $z=\sqrt{2-x^2-y^2}$ 所围成的立体 Ω 的体积.

解 图形如图 9-45 所示,由三重积分的几何意义知,该立体的体积为 $V=\iiint\limits_{\Omega}\mathrm{d}V$,$\Omega$ 用柱面坐标表示的定限不等式为

$$\begin{cases} 0 \leqslant \theta \leqslant 2\pi, \\ 0 \leqslant r \leqslant 1, \\ r^2 \leqslant z \leqslant \sqrt{2-r^2}, \end{cases}$$

因此

$$V = \int_0^{2\pi}\mathrm{d}\theta \int_0^1 \mathrm{d}r \int_{r^2}^{\sqrt{2-r^2}} r\,\mathrm{d}z$$
$$= 2\pi \int_0^1 (r\sqrt{2-r^2}-r^3)\mathrm{d}r = \frac{8\sqrt{2}-7}{6}\pi.$$

例 4 计算柱体 $x^2+y^2 \leqslant 2Rx$ 与球体 $x^2+y^2+z^2 \leqslant 4R^2$ 的公共部分立体的体积.

解 如图 9-46 所示,立体在第一卦限部分记为 Ω,根据对称性可知,所求体积为

$$V = 4\iiint\limits_{\Omega}\mathrm{d}V.$$

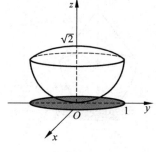

图 9-45

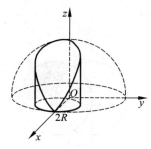

图 9-46

Ω 用柱面坐标表示的定限不等式为

$$D: \begin{cases} 0 \leqslant \theta \leqslant \dfrac{\pi}{2}, \\ 0 \leqslant r \leqslant 2R\cos\theta, \\ 0 \leqslant z \leqslant \sqrt{4R^2-r^2}, \end{cases}$$

因此

$$\begin{aligned} V &= 4\int_0^{\frac{\pi}{2}} d\theta \int_0^{2R\cos\theta} r\,dr \int_0^{\sqrt{4R^2-r^2}} dz = 4\int_0^{\frac{\pi}{2}} d\theta \int_0^{2R\cos\theta} r\sqrt{4R^2-r^2}\,dr \\ &= 4\int_0^{\frac{\pi}{2}} \left[-\frac{1}{3}(4R^2-r^2)^{\frac{3}{2}} \right]_0^{2R\cos\theta} d\theta = \frac{32}{3}R^3 \int_0^{\frac{\pi}{2}} (1-\sin^3\theta)\,d\theta \\ &= \frac{16}{9}(3\pi-4)R^3. \end{aligned}$$

二、质量、力矩、质心与形心

1. 质量

例 5 设有一平面薄板 $D: \{(x,y) \mid 1 \leqslant x^2+y^2 \leqslant 2x, y \geqslant 0\}$,其上任一点 (x,y) 的面密度为 $\rho(x,y)=xy$,求该平面薄板的质量 M.

解 积分区域 D 如图 9-47 所示. 两个圆的极坐标方程分别为

$$r=1, \quad r=2\cos\theta,$$

在第一象限的交点为 $\left(1, \dfrac{\pi}{3}\right)$,定限不等式为

$$\begin{cases} 1 \leqslant r \leqslant 2\cos\theta, \\ 0 \leqslant \theta \leqslant \dfrac{\pi}{3}. \end{cases}$$

所求质量为

$$M = \iint_D xy\,d\sigma = \int_0^{\frac{\pi}{3}} d\theta \int_1^{2\cos\theta} r^3 \sin\theta\cos\theta\,dr = \frac{9}{16}.$$

例 6 设物体由如图 9-48 所示的两曲面 $z=\dfrac{1}{a}(x^2+y^2)$ 和 $z=2a-\sqrt{x^2+y^2}$ 围成 $(a>0)$,其体密度为 $\rho(x,y,z)=\sqrt{x^2+y^2}$,求该物体的质量.

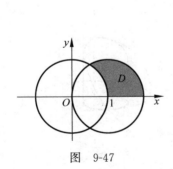

图 9-47

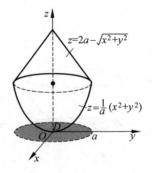

图 9-48

解 由三重积分的物理意义知,物体的质量为
$$M = \iiint_V \sqrt{x^2+y^2}\,\mathrm{d}V.$$

采用柱面坐标计算,$z = \dfrac{1}{a}(x^2+y^2)$ 化成柱面坐标方程为 $z = \dfrac{r^2}{a}$,$z = 2a - \sqrt{x^2+y^2}$ 化成柱面坐标方程为 $z = 2a - r$,联立两个方程解得投影区域是半径为 a 的圆盘 $r \leqslant a$. 定限不等式为
$$\begin{cases} 0 \leqslant \theta \leqslant 2\pi, \\ 0 \leqslant r \leqslant a, \\ \dfrac{r^2}{a} \leqslant z \leqslant 2a - r, \end{cases}$$

因此
$$M = \int_0^{2\pi}\mathrm{d}\theta\int_0^a\mathrm{d}r\int_{\frac{r^2}{a}}^{2a-r} r^2\,\mathrm{d}z = 2\pi\int_0^a r^2\left(2a - r - \frac{r^2}{a}\right)\mathrm{d}r = \frac{13}{30}\pi a^4.$$

2. 力矩、质心与形心

研究结构或力学系统时,常将其质量看作集中在一个点上,这个点称为**质心**.[1] 因此确定质心非常重要. 如图 9-49 所示,设有质点 m_1, m_2,放在原点为支点的刚性 x 轴上. 系统可能平衡,也可能不平衡,取决于各质点的质量及它们在 x 轴上的位置. 由于受重力作用,两个质点都有使轴绕原点向下转动的趋势,这一转动作用称为(转动)**力矩**. 它是由质点所受的重力 $m_k g\,(k=1,2)$ 与质点到原点的带符号的距离 $x_k\,(k=1,2)$ 的乘积 $m_k g x_k$ 来度量的. 原点左边的质量产生(逆时针)负力矩,原点右边的质量产生(顺时针)正力矩.

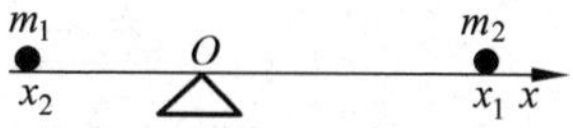

图 9-49

设 x 轴上有由 n 个质点构成的质点系,其总质量为 $M = \sum\limits_{i=1}^n m_i$,$x_i$ 为各质点的坐标. 其中的每个质点都会产生一个力矩,力矩之和表示系统将要绕原点转动的趋势,$\sum\limits_{i=1}^n m_i g x_i$ 称为**系统矩**. 当且仅当系统矩为零时系统处于平衡状态. 系统矩 $\sum\limits_{i=1}^n m_i g x_i$ 中,重力加速度 g 由系统所处的环境特征决定;$\sum\limits_{i=1}^n m_i x_i$ 是系统自身的特征,在不同环境中都是一个保持不变的常数,该常数称为**系统关于原点的矩**.

x 轴上质点系的质心就是使系统处于平衡状态的支点的位置. 设质心的坐标为 $\bar{x}$,则质点系绕质心的合力矩为 $\sum\limits_{i=1}^n m_i(x_i - \bar{x}) = 0$,解得
$$\bar{x} = \frac{\sum\limits_{i=1}^n m_i x_i}{\sum\limits_{i=1}^n m_i}.$$

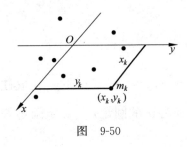

图 9-50

假设在 xOy 坐标面（相当于地平面）上有由 n 个质点构成的**质点系**（图 9-50），它们分别位于点
$$(x_1,y_1),(x_2,y_2),\cdots,(x_n,y_n)$$
处，质量分别为 $m_1,m_2,\cdots,m_n$. 每个质点 m_k 对于每个坐标轴都有一个力矩. 对于 x 轴的力矩为 $m_k y_k$，对于 y 轴的力矩为 $m_k x_k$，则整个系统对两轴的力矩分别为

对 x 轴的力矩：
$$M_x = \sum_{i=1}^{n} m_i y_i,$$

对 y 轴的力矩：
$$M_y = \sum_{i=1}^{n} m_i x_i.$$

该质点系的质心的 x 坐标为
$$\bar{x} = \frac{M_y}{M} = \frac{\sum_{i=1}^{n} m_i x_i}{\sum_{i=1}^{n} m_i},$$

如此确定的 $\bar{x}$ 可以使系统关于直线 $x=\bar{x}$ 平衡.

同理，可得该质点系的质心的 y 坐标为
$$\bar{y} = \frac{M_x}{M} = \frac{\sum_{i=1}^{n} m_i y_i}{\sum_{i=1}^{n} m_i},$$

如此确定的 $\bar{y}$ 可以使系统关于直线 $y=\bar{y}$ 平衡.

这样，质点系关于直线 $x=\bar{x}$ 与 $y=\bar{y}$ 产生的力矩都抵消了，就好像质点系把质量都集中到了点 $(\bar{x},\bar{y})$ 上，该点就是系统的质心.

在实际应用中，有时需要求出平面薄板的质心. 若薄板占据 xOy 面上的闭区域 D，面密度为 $\rho(x,y)$，假定 $\rho(x,y)$ 在 D 上连续. 把薄板分割成 n 小块，第 k 小块记为 m_k，m_k 也表示质量，其质心记为 (ξ_k,ζ_k)，则薄板可看作分别位于 (ξ_k,ζ_k) 处的 n 个质点组成的质点系. 质心坐标为

$$\bar{x} = \frac{M_y}{M} = \frac{\sum_{i=1}^{n} m_i x_i}{\sum_{i=1}^{n} m_i}, \quad \bar{y} = \frac{M_x}{M} = \frac{\sum_{i=1}^{n} m_i y_i}{\sum_{i=1}^{n} m_i},$$

令 n 小块薄板的最大直径趋向于 0，得薄板质心：

$$\bar{x} = \frac{M_y}{M} = \frac{\iint_D x\rho(x,y)\mathrm{d}\sigma}{\iint_D \rho(x,y)\mathrm{d}\sigma}, \quad \bar{y} = \frac{M_x}{M} = \frac{\iint_D y\rho(x,y)\mathrm{d}\sigma}{\iint_D \rho(x,y)\mathrm{d}\sigma}.$$

利用这种方法也可以得到空间立体的质心. 设一物体占据空间区域 Ω，它的密度函数

$\rho(x,y,z)$ 在 Ω 上连续,则质心坐标为

$$\bar{x} = \frac{1}{M}\iiint_{\Omega} x\rho(x,y,z)\mathrm{d}V, \quad \bar{y} = \frac{1}{M}\iiint_{\Omega} y\rho(x,y,z)\mathrm{d}V, \quad \bar{z} = \frac{1}{M}\iiint_{\Omega} z\rho(x,y,z)\mathrm{d}V,$$

其中 $M = \iiint_{\Omega}\rho(x,y,z)\mathrm{d}V$ 为该物体的质量.

例 7 设平面薄板的形状是由 x 轴、$y=x^2$ 与 $x=1$ 所围成的闭区域 D(图 9-51),薄板上任一点 (x,y) 处的面密度 $\rho(x,y)=1+xy$,求该物体关于坐标轴的力矩和质心.

解 该薄板的质量

$$M = \iint_{D}(1+xy)\mathrm{d}\sigma = \int_0^1 \mathrm{d}x \int_0^{x^2}(1+xy)\mathrm{d}y = \frac{5}{12}.$$

关于 y 轴的力矩:

$$M_y = \iint_{D} x(1+xy)\mathrm{d}\sigma = \frac{9}{28},$$

关于 x 轴的力矩:

$$M_x = \iint_{D} y(1+xy)\mathrm{d}\sigma = \frac{17}{120},$$

由质心公式,得

$$\bar{x} = \frac{M_y}{M} = \frac{27}{35}, \quad \bar{y} = \frac{M_x}{M} = \frac{17}{50},$$

所以,该平面薄板的质心为 $\left(\frac{27}{35}, \frac{17}{50}\right)$.

例 8 一物体呈半球体形: $x^2+y^2+z^2 \leqslant R^2, z \geqslant 0$(图 9-52),它在任一点的密度与该点到球心的距离成正比(比例系数为 k),求它的质心.

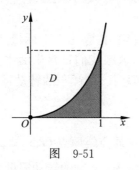
图 9-51

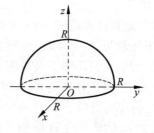
图 9-52

解 依题意,密度函数为 $\rho(x,y,z) = k\sqrt{x^2+y^2+z^2}$,$\Omega$ 可表示为

$$\Omega: 0 \leqslant r \leqslant R, \quad 0 \leqslant \varphi \leqslant \frac{\pi}{2}, \quad 0 \leqslant \theta \leqslant 2\pi,$$

则有

$$M = \iiint_{\Omega} k\sqrt{x^2+y^2+z^2}\,\mathrm{d}x\mathrm{d}y\mathrm{d}z$$

$$= k\int_0^{2\pi}\mathrm{d}\theta\int_0^{\frac{\pi}{2}}\sin\varphi\,\mathrm{d}\varphi\int_0^R r^3\mathrm{d}r = \frac{k\pi}{2}R^4,$$

$$M_{xOy} = k\iiint_\Omega z\sqrt{x^2+y^2+z^2}\,dx\,dy\,dz$$

$$= k\int_0^{2\pi} d\theta \int_0^{\frac{\pi}{2}} \sin\varphi\cos\varphi\,d\varphi \int_0^R r^4\,dr = \frac{k\pi}{5}R^5.$$

所以 $\bar{z} = \dfrac{M_{xOy}}{M} = \dfrac{2}{5}R.$

由对称性知 $\bar{x}=0, \bar{y}=0$,故质心坐标为 $\left(0, 0, \dfrac{2}{5}R\right).$

计算质心坐标时,不难发现,如果质量分布是均匀的,即面密度 ρ 为常数,则 ρ 可以提到积分号外并从分子、分母中约去,以平面薄板为例,质心公式就变为

$$\bar{x} = \frac{1}{A}\iint_D x\,d\sigma, \quad \bar{y} = \frac{1}{A}\iint_D y\,d\sigma,$$

其中 A 为区域 D 的面积. 这种情况下质心的坐标与密度无关,完全由 D 的形状所确定,也称为**形心**. 类似可得空间物体的形心公式. 例如质量均匀分布的球体、椭球体、立方体、长方体、正四面体等,其质心也是对称中心.

三、转动惯量

由物理学知,一个质量为 m、速度为 v 的质点具有的动能为 $E = \dfrac{1}{2}mv^2$. 若质点绕半径为 r 的圆以角速度 ω 作圆周运动,则线速度 $v = r\omega$. 因此,作旋转运动的物体的动能为

$$E = \frac{1}{2}mr^2\omega^2.$$

$I = mr^2$,称为物体的**转动惯量**(也称为**惯性矩**),一个转动惯量为 I、角速度为 ω 的物体的动能则为 $E = \dfrac{1}{2}I\omega^2$.

转动惯量是物体固有的一种"本性",是物体对转动的阻力,它是一个标量. 物体的质量越大,旋转半径越长,则物体转动的启动或停止就越困难,这跟我们日常生活中见到的现象是相吻合的. 例如我们用锤子敲东西,锤头重量越大,锤柄越长,则锤子的转动惯量越大;在相同的角速度下,锤子具有更大的动能.

1. 质点的转动惯量

设质量为 m 的质点在 xOy 面上的坐标为 (x, y),则该质点绕原点 O、x 轴、y 轴的旋转半径分别为 $\sqrt{x^2+y^2}, |y|, |x|$,因此该质点关于原点 O、x 轴、y 轴的转动惯量分别为

$$I_O = m(x^2+y^2), \quad I_x = my^2, \quad I_y = mx^2.$$

2. 质点系的转动惯量

设在 xOy 面上有 n 个质点,它们的坐标分别为 $(x_1, y_1), (x_2, y_2), \cdots, (x_n, y_n)$,质量分别为 $m_1, m_2, \cdots, m_n$. 该质点系关于原点 O、x 轴、y 轴的转动惯量分别为

$$I_O = \sum_{i=1}^n m_i(x_i^2+y_i^2), \quad I_x = \sum_{i=1}^n m_i y_i^2, \quad I_y = \sum_{i=1}^n m_i x_i^2.$$

3. 平面薄板的转动惯量

设一平面薄板所占区域为 xOy 坐标面上的闭区域 D,面密度为连续函数 $\rho(x, y)$. 类似

对于平面薄板求力矩,把薄板分割成 n 小块,每小块薄板均看作位于本身质心的质点,求出质点系的转动惯量后,令 n 小块薄板的最大直径趋向于 0 求极限,可得出薄板分别关于原点 O、x 轴、y 轴的转动惯量:

$$I_O = \iint\limits_D (x^2+y^2)\rho(x,y)\mathrm{d}\sigma, \quad I_x = \iint\limits_D y^2\rho(x,y)\mathrm{d}\sigma, \quad I_y = \iint\limits_D x^2\rho(x,y)\mathrm{d}\sigma.$$

显然,$I_x + I_y = I_O$.

4. 空间立体的转动惯量

设有一空间立体,所占区域为 Ω,体密度为连续函数 $\rho(x,y,z)$. 利用元素法,可以求出该立体关于 x 轴、y 轴、z 轴的转动惯量分别为

$$I_x = \iiint\limits_\Omega (y^2+z^2)\rho(x,y,z)\mathrm{d}V, \quad I_y = \iiint\limits_\Omega (x^2+z^2)\rho(x,y,z)\mathrm{d}V,$$

$$I_z = \iiint\limits_\Omega (x^2+y^2)\rho(x,y,z)\mathrm{d}V.$$

例 9 求中心在原点、半径为 a 的均匀圆盘($\rho=$ 常数)的转动惯量 I_O,I_x 和 I_y.

解 如图 9-53 所示,积分区域为

$$D:\begin{cases} 0 \leqslant r \leqslant a, \\ 0 \leqslant \theta \leqslant 2\pi, \end{cases}$$

则有

$$I_O = \iint\limits_D (x^2+y^2)\rho\mathrm{d}\sigma = \rho\int_0^{2\pi}\mathrm{d}\theta\int_0^a r^3\mathrm{d}r = \frac{\rho\pi a^4}{2}.$$

因为 ρ 为常数,且积分区域关于两坐标轴都是对称的,所以 $I_x = I_y$,再由 $I_x + I_y = I_O$,得

$$I_x = I_y = \frac{\rho\pi a^4}{4}.$$

例 10 如图 9-54 所示,一长方体中心位于原点,各表面均平行于坐标面,密度函数为 $\rho(x,y,z) = x^2+1$,求转动惯量 I_x,I_y 和 I_z.

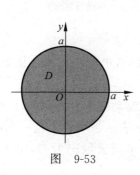

图 9-53

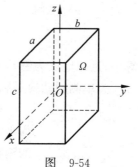

图 9-54

解 记该长方体为 Ω,由转动惯量公式,物体关于各坐标轴的转动惯量为

$$I_x = \iiint\limits_\Omega (x^2+1)(y^2+z^2)\mathrm{d}V$$

$$= \int_{-\frac{a}{2}}^{\frac{a}{2}}\mathrm{d}x\int_{-\frac{b}{2}}^{\frac{b}{2}}\mathrm{d}y\int_{-\frac{c}{2}}^{\frac{c}{2}}(x^2+1)(y^2+z^2)\mathrm{d}z$$

$$= \frac{abc(b^2+c^2)}{12}\left(1+\frac{a^3}{12}\right),$$

$$I_y = \iiint_\Omega (x^2+1)(x^2+z^2)\mathrm{d}V = \int_{-\frac{a}{2}}^{\frac{a}{2}}\mathrm{d}x\int_{-\frac{b}{2}}^{\frac{b}{2}}\mathrm{d}y\int_{-\frac{c}{2}}^{\frac{c}{2}}(x^2+1)(x^2+z^2)\mathrm{d}z$$
$$= abc\left(\frac{a^4}{80}+\frac{a^2}{4}+\frac{a^2c^2}{48}+\frac{c^2}{12}\right),$$
$$I_z = \iiint_\Omega (x^2+1)(x^2+y^2)\mathrm{d}V = \int_{-\frac{a}{2}}^{\frac{a}{2}}\mathrm{d}x\int_{-\frac{b}{2}}^{\frac{b}{2}}\mathrm{d}y\int_{-\frac{c}{2}}^{\frac{c}{2}}(x^2+1)(x^2+y^2)\mathrm{d}z$$
$$= abc\left(\frac{a^4}{80}+\frac{a^2}{4}+\frac{a^2b^2}{48}+\frac{b^2}{12}\right).$$

四、汽车盘式制动器的有效制动半径

在汽车的设计中,制动器是不可缺少的部分. 常见的制动器主要有鼓式制动器与盘式制动器.[3]

盘式制动器的稳定性、散热性较好,也容易维护,因此逐渐取代了传统的鼓式制动器. 盘式制动器通过制动衬块与制动盘之间的摩擦力实现制动,制动衬块往往设计成扇环形,如图 9-55 所示.

(a) 盘式制动器正面图　　　　(b) 盘式制动器侧面图

图　9-55

在实际计算中,近似地认为制动衬块与制动盘全接触,单位制动力在接触面上均匀. 记 f 为摩擦系数,F_a 为单侧制动块对制动盘的单位压力.

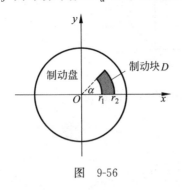

图 9-56

如图 9-56 所示,以制动盘中心为原点,水平及竖直的线为坐标轴建立坐标系. r 表示制动块上任一点 (x,y) 到原点的距离. 若制动块所占平面区域记为 D,由元素法,制动盘单侧制动力应为

$$\iint_D fF_a\,\mathrm{d}\sigma = fF_a S_D.$$

单侧制动力矩大小为

$$M_a = \iint_D fF_a\sqrt{x^2+y^2}\,\mathrm{d}\sigma.$$

由于 D 为扇环形区域,因此可采用极坐标计算:
$$M_a = \int_0^\alpha d\theta \int_{r_1}^{r_2} fF_a r^2 dr.$$

例 11 汽车制动力矩与制动力的比值称为制动盘的有效制动半径. 若某轿车的制动盘结构如图 9-56 所示,求其有效制动半径 R_e.

解 制动盘单侧制动力矩
$$M = \int_0^\alpha d\theta \int_{r_1}^{r_2} fF_a r^2 dr = \frac{1}{3} fF_a \alpha (r_2^3 - r_1^3),$$

单侧制动力为
$$F = \iint_D fF_a d\sigma = \int_0^\alpha d\theta \int_{r_1}^{r_2} fF_a r dr = \frac{1}{2} fF_a \alpha (r_2^2 - r_1^2),$$

因此,有效制动半径为
$$R_e = \frac{2M}{2F} = \frac{2}{3} \frac{r_2^3 - r_1^3}{r_2^2 - r_1^2}.$$

计算可知,有效制动半径恰好是制动块的形心与制动盘中心的距离.

习题 9-4

1. 用二重积分计算两个直交圆柱面 $x^2 + y^2 = a^2$ 和 $y^2 + z^2 = a^2$ 所围立体的体积.

2. 利用三重积分求曲面 $z = 2 - x^2 - y^2$ 与 $z = \sqrt{x^2 + y^2}$ 所围立体的体积.

3. 设平面薄片所占的区域 D 由圆周 $x^2 + y^2 = ay(a > 0)$ 围成,它的面密度 $\rho = x^2 + y^2$,求该薄片的质量与质心坐标.

4. 求位于两圆 $\rho = 2\cos\theta$, $\rho = 4\cos\theta$ 之间的均匀薄片的质心坐标.

5. 设一物体占据的空间区域 Ω 由曲面 $x^2 + y^2 = 1$ 及平面 $z = -1$ 和 $z = 1$ 围成,其密度函数 $\rho(x,y,z) = 1 - z^2$,求该物体的质量.

6. 立体由上半球面 $z = \sqrt{R^2 - x^2 - y^2}$ 与 xOy 面围成,且密度函数 $\rho(x,y,z) = 1$,求该立体的质心.

7. 设均匀薄片(面密度为常数 1)所占区域 D 由抛物线 $y^2 = \frac{9}{2}x$ 与直线 $x = 2$ 围成,求薄片对于 x 轴和 y 轴的转动惯量.

8. 设密度为 $\rho(x,y,z) = z$ 的空间立体占据由曲面 $z = \sqrt{x^2 + y^2}$ 与 $z = \sqrt{2 - x^2 - y^2}$ 所围成的区域 Ω,求该物体关于 x 轴、y 轴及 z 轴的转动惯量.

9. 已知某品牌汽车装有四个同型号盘式制动器,踩紧刹车时,制动衬块与制动盘之间的摩擦系数为 0.6,单位压紧力为 220N/cm²,制动盘半径为 9cm,制动衬块内径为 4cm、外径为 9cm,所跨圆心角为 $\frac{\pi}{3}$,求制动力,制动力矩及有效制动半径.

10. 若 $f(x,y) = 30(x+2)$ 表示地球上某一区域的人口密度,其中 x,y 的单位为 km,求在以曲线 $y = x^2$ 和 $y = 2x - x^2$ 为界的区域内的人口数量.

11. 设计越野车时,为使越野车的越野性能更好,往往需关注的问题是越野车倾斜多少度才会翻车. 当车倾斜到最大程度时,只要重心位于支撑轴的与倾斜方向相反的一侧,车会自动正过来. 下面考虑一个简化的问题:若质量均匀的抛物柱体截面所占区域为 $0 \leqslant y \leqslant a(1-x^2), -1 \leqslant x \leqslant 1$(图9-57),问 a 取什么值能保证该柱体朝一侧倾斜 $45°$ 才会翻倒?

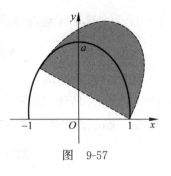

图 9-57

附录9 基于 Python 的二重积分的计算

用 Python 求二重积分也是由函数 integrate()实现的,其调用格式和功能说明如表 9-1 所示.

表 9-1 求二重积分命令的调用格式和功能说明

调用格式	功能说明
integrate(f,(x,a,b),(y,c,d))	对函数 f,先对变量 x 从 a 到 b 积分,然后对变量 y 从 c 到 d 积分. f 是一个 SymPy 表达式, x 和 y 是 SymPy 的符号变量

以下是使用 SymPy 来求二重积分的示例代码:

```
from sympy import symbols, integrate, exp
# 定义符号变量
x, y = symbols('x y')
# 定义被积函数 f
f = exp(x) * exp(y)
# 对 f 进行二重积分:先对 x 从 0 到 1 积分,然后对 y 从 0 到 1 积分
double_integral = integrate(f, (x, 0, 1), (y, 0, 1))
print(double_integral)
```

在这个示例中,我们首先定义了两个符号变量 x 和 y,然后定义了一个被积函数 f = exp(x) * exp(y). 之后,我们使用 integrate()函数对 f 进行二重积分:先对 x 从 0 到 1 积分,然后对 y 从 0 到 1 积分,并打印了结果.

例 1 计算二重积分 $\iint\limits_{D} e^{x+y} dx dy$,其中积分区域为 $D = \{(x,y) | 0 \leqslant x \leqslant 1, 0 \leqslant y \leqslant 1\}$.

```
import sympy as sp
# 定义符号变量
x, y = sp.symbols('x y')
# 定义函数
f = sp.exp(x + y)
# 计算对 x 的积分
Ix = sp.integrate(sp.integrate(f, (y, 0, 1)), (x, 0, 1))
print("对 x 的积分:", Ix)
# 计算对 y 的积分
Iy = sp.integrate(sp.integrate(f, (x, 0, 1)), (y, 0, 1))
print("对 y 的积分:", Iy)
```

结果为:

对 x 的积分: -E + 1 + E*(-1 + E)
对 y 的积分: -E + 1 + E*(-1 + E)

例 2 计算二重积分 $\iint\limits_{D} xy\,\mathrm{d}x\,\mathrm{d}y$，其中积分区域 D 是由抛物线 $x=y^2$ 和 $y=x^2$ 所围成的闭区域.

```python
from sympy import symbols, solve, sqrt, integrate
# 定义符号变量
x, y = symbols('x y')
# 解方程
p = solve([x - y**2, y - x**2], (x, y))
p0 = [list(point) for point in p]
# 输出解
print("p0:", p0)
# 绘制积分区域的图形
import matplotlib.pyplot as plt
import numpy as np
x_vals = np.linspace(0, 1, 100)
plt.plot(x_vals, np.sqrt(x_vals), label='x=y^2')
plt.plot(x_vals, x_vals**2, label='y=x^2')
plt.text(0.4, 0.7, 'x=y^2')
plt.text(0.3, 0.2, 'y=x^2')
plt.scatter([0, 1], [0, 1], color='red')
plt.title('Integral Region')
plt.xlabel('x')
plt.ylabel('y')
plt.legend()
plt.grid(True)
plt.show()
# 计算积分
Ix = integrate(integrate(x * y, (y, x**2, sqrt(x))), (x, 0, 1))
Iy = integrate(integrate(x * y, (x, y**2, sqrt(y))), (y, 0, 1))
# 输出积分结果
print("Ix:", Ix.evalf())
print("Iy:", Iy.evalf())
```

结果为：

```
p0: [[0, 0], [1, 1], [(-1/2 - sqrt(3)*I/2)**2, -1/2 - sqrt(3)*I/2], [(-1/2 + sqrt(3)*I/2)**2, -1/2 + sqrt(3)*I/2]]
Ix: 0.0833333333333333
Iy: 0.0833333333333333
```

运行结果如图 9-58 所示.

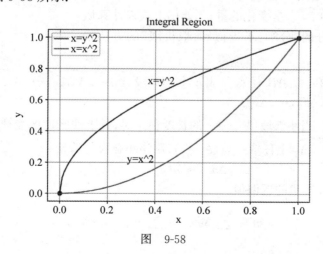

图 9-58

第十章 曲线积分与曲面积分

曲线积分是定积分的延续,曲面积分是二重积分的发展. 由于应用背景不同,曲线积分又分为对弧长的曲线积分和对坐标的曲线积分;曲面积分也分为两类,即对面积的曲面积分和对坐标的曲面积分.

第一节 对弧长的曲线积分

对弧长的曲线积分是二元函数或三元函数沿曲线段对弧长的积分,可用来计算曲线的长度、质量等. 对弧长的曲线积分的计算可以通过转化为定积分实现.

一、对弧长的曲线积分的概念与性质

引例 曲线形构件质量的计算.

设有一曲线形构件占据 xOy 面上的一段曲线弧 $\overparen{AB}$ (图10-1),构件的线密度为 $\rho(x,y) \geqslant 0$,且 $\rho(x,y)$ 在 $\overparen{AB}$ 上连续,求构件的质量.

如果 $\rho(x,y)$ 为常量,则

  质量=线密度×曲线的弧长,即 $m = \rho s$.

一般情形下,$\rho(x,y)$ 是变化的量,不能用上式来计算质量. 对此仍用定积分的"分割、求近似和、取极限"的方法来处理. 步骤如下:

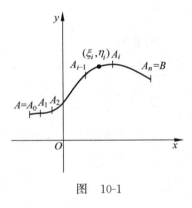

图 10-1

(1) 分割. 将曲线弧 $\overparen{AB}$ 任意分成 n 个小弧段 $\overparen{A_0A_1}, \overparen{A_1A_2}, \cdots, \overparen{A_{n-1}A_n}$(图10-1),其长度依次记作 $\Delta s_1, \Delta s_2, \cdots, \Delta s_n$.

(2) 求近似和. 当小弧段 $\overparen{A_{i-1}A_i}$ 的长度很小时,其上线密度的变化不大,可近似看作常数,在小弧段 $\overparen{A_{i-1}A_i}$ 上任取一点 (ξ_i, η_i),则该小弧段的质量

$$\Delta m_i \approx \rho(\xi_i, \eta_i) \Delta s_i.$$

求和,得曲线形构件质量的近似值

$$m = \sum_{i=1}^{n} \Delta m_i \approx \sum_{i=1}^{n} \rho(\xi_i, \eta_i) \Delta s_i.$$

(3) 取极限. 令 $\lambda = \max\{\Delta s_1, \Delta s_2, \cdots, \Delta s_n\} \to 0$,对上式取极限,得

$$m = \lim_{\lambda \to 0} \sum_{i=1}^n \rho(\xi_i, \eta_i) \Delta s_i.$$

以下给出对弧长的曲线积分的定义. 先介绍"光滑曲线""分段光滑曲线"的概念:如果曲线 L 上每一点都有切线,且切线随点的移动而连续地变动,则称曲线 L 为**光滑曲线**. 如果曲线 L 是由几段光滑曲线组成的,则称 L 为**分段光滑曲线**. 如无特殊说明,今后所提到的曲线都假定是光滑曲线或分段光滑的曲线.

定义 10.1 设 L 为 xOy 平面上的一条光滑曲线弧,$f(x,y)$ 为定义在 L 上的有界函数,将曲线 L 任意分成 n 个小弧段,用 Δs_i 表示第 i 个小弧段的长度,$i=1,2,\cdots,n$. 在每个小弧段上任取一点 (ξ_i, η_i),作乘积 $f(\xi_i, \eta_i)\Delta s_i$,并作和 $\sum_{i=1}^n f(\xi_i, \eta_i)\Delta s_i$,令 $\lambda = \max\{\Delta s_1, \Delta s_2, \cdots, \Delta s_n\}$,如果当 $\lambda \to 0$ 时,和式 $\sum_{i=1}^n f(\xi_i, \eta_i) \Delta s_i$ 的极限存在,则称此极限为函数 $f(x,y)$ 在曲线 L 上**对弧长的曲线积分**,或**第一类曲线积分**,记作 $\int_L f(x,y)\mathrm{d}s$,即

$$\int_L f(x,y)\mathrm{d}s = \lim_{\lambda \to 0} \sum_{i=1}^n f(\xi_i, \eta_i)\Delta s_i,$$

其中 $f(x,y)$ 称为被积函数,L 称为积分弧段(或积分路径),$f(x,y)\mathrm{d}s$ 称为**被积表达式**,$\mathrm{d}s$ 称为**弧微分**,又称为**弧长元素**,$\sum_{i=1}^n f(\xi_i, \eta_i)\Delta s_i$ 称为**积分和式**.

对弧长的曲线积分具有与定积分类似的性质. 例如:

性质 1 当 $f(x,y) \equiv 1$ 时,$\int_L f(x,y)\mathrm{d}s = s$,其中 s 为曲线 L 的弧长.

性质 2(线性性质)

(1) $\int_L k f(x,y)\mathrm{d}s = k \int_L f(x,y)\mathrm{d}s$ (k 为常数);

(2) $\int_L [f(x,y) \pm g(x,y)]\mathrm{d}s = \int_L f(x,y)\mathrm{d}s \pm \int_L g(x,y)\mathrm{d}s$.

性质 3(关于积分路径具有可加性) 若 L 由光滑曲线弧 L_1 与 L_2 组成,即 $L = L_1 + L_2$,则

$$\int_L f(x,y)\mathrm{d}s = \int_{L_1} f(x,y)\mathrm{d}s + \int_{L_2} f(x,y)\mathrm{d}s.$$

设 Γ 为空间光滑或分段光滑曲线弧,可类似地定义 $f(x,y,z)$ 在 Γ 上的对弧长的曲线积分为

$$\int_\Gamma f(x,y,z)\mathrm{d}s = \lim_{\lambda \to 0} \sum_{i=1}^n f(\xi_i, \eta_i, \zeta_i)\Delta s_i.$$

二、对弧长的曲线积分的计算及其应用

对弧长的曲线积分一般转化为定积分计算,转化的过程中要用到曲线的方程. 由于曲线方程可以有多种表示形式,因此分类叙述如下:

1. 曲线由参数方程给出

设平面曲线弧 L 由参数方程 $x=\varphi(t),y=\psi(t),\alpha\leqslant t\leqslant\beta$ 给出,其中 $\varphi(t),\psi(t)$ 在 $[\alpha,\beta]$ 上有连续的一阶导数,且在 $[\alpha,\beta]$ 的任何子区间上 $\varphi'^2(t)+\psi'^2(t)$ 不恒等于 0.

对于定义在曲线弧 L 上的连续函数 $f(x,y)$,下面推导 $\int_L f(x,y)\mathrm{d}s$ 的计算公式.

将 L 的参数方程代入弧微分公式 $\mathrm{d}s=\sqrt{(\mathrm{d}x)^2+(\mathrm{d}y)^2}$,得
$$\mathrm{d}s=\sqrt{\varphi'^2(t)+\psi'^2(t)}\,\mathrm{d}t.$$

在和式 $\sum_{i=1}^{n}f(\xi_i,\eta_i)\Delta s_i$ 中,设点 (ξ_i,η_i) 所对应的参数为 t_i,则
$$\Delta s_i\approx\sqrt{\varphi'^2(t_i)+\psi'^2(t_i)}\,\Delta t_i,$$
$$\lim_{\lambda\to 0}\sum_{i=1}^{n}f(\xi_i,\eta_i)\Delta s_i=\lim_{\lambda\to 0}\sum_{i=1}^{n}f[\varphi(t_i),\psi(t_i)]\sqrt{\varphi'^2(t_i)+\psi'^2(t_i)}\,\Delta t_i$$
$$=\int_{\alpha}^{\beta}f[\varphi(t),\psi(t)]\sqrt{\varphi'^2(t)+\psi'^2(t)}\,\mathrm{d}t.$$

因此,
$$\int_L f(x,y)\mathrm{d}s=\int_{\alpha}^{\beta}f[\varphi(t),\psi(t)]\sqrt{\varphi'^2(t)+\psi'^2(t)}\,\mathrm{d}t\,(\alpha\leqslant\beta).$$

这就是**对弧长的曲线积分的计算公式**.

可见,给定曲线的参数方程后,将参数方程代入被积函数 $f(x,y)$ 和弧微分的表示式,再将曲线端点所对应的参数值按照"小在下、大在上"的原则确定定积分的下限和上限,即可将曲线积分化为定积分.

如果曲线 L 是封闭的曲线,则此曲线积分记为 $\oint_L f(x,y)\mathrm{d}s$.

对于封闭曲线而言,起点和终点是同一个点,但它们所对应的参数值是不一样的,在化为定积分时,同样按照"小在下、大在上"的原则来确定定积分的下限和上限.

2. 曲线由一元函数给出

设平面曲线 $L:y=y(x),a\leqslant x\leqslant b$,可推得
$$\int_L f(x,y)\mathrm{d}s=\int_{a}^{b}f[x,y(x)]\sqrt{1+y'^2(x)}\,\mathrm{d}x\,(a\leqslant b). \tag{10.1}$$

设曲线弧 $L:x=x(y),c\leqslant x\leqslant d$,则
$$\int_L f(x,y)\mathrm{d}s=\int_{c}^{d}f[x(y),y]\sqrt{1+x'^2(y)}\,\mathrm{d}y\,(c\leqslant d). \tag{10.2}$$

3. 曲线由极坐标方程给出

设平面曲线 $L:r=r(\theta),\theta_1\leqslant\theta\leqslant\theta_2$,可得
$$\int_L f(x,y)\mathrm{d}s=\int_{\theta_1}^{\theta_2}f(r(\theta)\cos\theta,r(\theta)\sin\theta)\sqrt{r^2(\theta)+r'^2(\theta)}\,\mathrm{d}\theta.$$

类似地,设 Γ 为空间曲线,它的参数方程为
$$x=\varphi(t),\quad y=\psi(t),\quad z=\omega(t),\quad \alpha\leqslant t\leqslant\beta.$$

设函数 $f(x,y,z)$ 在曲线弧 Γ 上连续,则
$$\int_{\Gamma}f(x,y,z)\mathrm{d}s=\int_{\alpha}^{\beta}f[\varphi(t),\psi(t),\omega(t)]\sqrt{\varphi'^2(t)+\psi'^2(t)+\omega'^2(t)}\,\mathrm{d}t\,(\alpha\leqslant\beta).$$

4. 对弧长曲线积分的几何应用

当 $f(x,y)\equiv 1$ 时，$\int_L f(x,y)\mathrm{d}s = \int_L 1\cdot\mathrm{d}s = s$，它表示曲线段 L 的弧长. 因此，对弧长的曲线积分可用来计算曲线的弧长.

5. 曲线关于坐标轴对称

由式(10.1)和式(10.2)及定积分"偶倍奇零"的性质，可以证明：

(1) 若被积函数 $f(x,y)$ 是 x(或 y)的奇函数，且曲线 L 关于 y(或 x)轴对称，则
$$\int_L f(x,y)\mathrm{d}s = 0.$$

(2) 若被积函数 $f(x,y)$ 是 x(或 y)的偶函数，且曲线 L 关于 y(或 x)轴对称，则
$$\int_L f(x,y)\mathrm{d}s = 2\int_{L_1} f(x,y)\mathrm{d}s,$$

其中 L_1 为曲线 L 的右半部分(或上半部分).

6. 对弧长曲线积分的物理应用

(1) 由本节引例，线密度为 $\rho(x,y)$ 的曲线形构件 L 的质量 $m = \int_L \rho(x,y)\mathrm{d}s$.

(2) 采用类似于第九章第四节的方法，可得平面曲线弧 L 关于 x 轴、y 轴和原点 O 的转动惯量分别为
$$I_x = \int_L y^2\rho(x,y)\mathrm{d}s,\quad I_y = \int_L x^2\rho(x,y)\mathrm{d}s,\quad I_O = \int_L (x^2+y^2)\rho(x,y)\mathrm{d}s$$

其中 $\rho(x,y)$ 为曲线 L 的线密度.

(3) 空间曲线弧 Γ 关于 x 轴、y 轴、z 轴和原点 O 的转动惯量分别为
$$I_x = \int_\Gamma (y^2+z^2)\rho(x,y,z)\mathrm{d}s,\quad I_y = \int_\Gamma (z^2+x^2)\rho(x,y,z)\mathrm{d}s,$$
$$I_z = \int_\Gamma (x^2+y^2)\rho(x,y,z)\mathrm{d}s,\quad I_O = \int_\Gamma (x^2+y^2+z^2)\rho(x,y,z)\mathrm{d}s,$$

其中 $\rho(x,y,z)$ 为 Γ 的线密度.

(4) 曲线弧 L 的质心坐标为
$$\bar{x} = \frac{\int_L x\rho(x,y)\mathrm{d}s}{\int_L \rho(x,y)\mathrm{d}s},\quad \bar{y} = \frac{\int_L y\rho(x,y)\mathrm{d}s}{\int_L \rho(x,y)\mathrm{d}s},$$

其中 $\rho(x,y)$ 为 L 的线密度.

例1 计算曲线积分 $I = \int_L (4x^2 + xy + 3y^2)\mathrm{d}s$，$L$ 为椭圆 $\dfrac{x^2}{3} + \dfrac{y^2}{4} = 1$ 的上半部分，长度为 a.

解
$$I = \int_L (4x^2 + xy + 3y^2)\mathrm{d}s = \int_L (4x^2 + 3y^2)\mathrm{d}s + \int_L xy\,\mathrm{d}s.$$

因为在 L 上，$4x^2 + 3y^2 = 12$，所以
$$\int_L (4x^2 + 3y^2)\mathrm{d}s = \int_L 12\mathrm{d}s = 12\int_L \mathrm{d}s = 12a.$$

又因为 xy 是 x 的奇函数,且 L 关于 y 轴对称,所以 $\int_L xy\,ds=0$. 综上,$I=12a$.

例 2 计算曲线积分 $\int_L (x+y)\,ds$,如图 10-2 所示,

(1) 曲线 L 是折线段 OBA,即 $L=L_1+L_2$;

(2) 曲线 L 是 $x=y^2$ 上点 $O(0,0)$ 与点 $A(1,1)$ 之间的一段弧(图 10-2).

解 (1) $L=L_1+L_2$,L_1 的方程为 $x=0,0\leqslant y\leqslant 1$,$ds=dy$,$L_2$ 的方程为 $y\equiv 1$,$0\leqslant x\leqslant 1$,$ds=dx$,从而有

$$\int_L (x+y)\,ds = \int_{L_1} (x+y)\,ds + \int_{L_2} (x+y)\,ds$$
$$= \int_0^1 y\,dy + \int_0^1 (x+1)\,dx = \frac{1}{2} + \frac{3}{2} = 2.$$

(2) 因为 $\dfrac{dx}{dy}=2y$,$ds=\sqrt{1+4y^2}\,dy$,所以

$$\int_L (x+y)\,ds = \int_0^1 (y^2+y)\sqrt{1+4y^2}\,dy = \frac{67\sqrt{5}-8}{96} - \frac{1}{64}\ln(2+\sqrt{5}).$$

例 3 计算曲线积分 $\oint_L e^{\sqrt{x^2+y^2}}\,ds$,其中 L 是由圆弧 $x^2+y^2=a^2$,直线 $y=x$ 和 x 轴在第一象限内所围扇形的整个边界 $OA+\overparen{AB}+BO$(图 10-3).

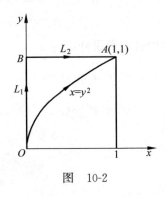
图 10-2

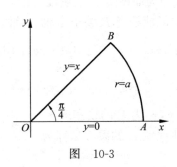
图 10-3

解

$$\oint_L e^{\sqrt{x^2+y^2}}\,ds = \int_{OA} e^{\sqrt{x^2+y^2}}\,ds + \int_{\overparen{AB}} e^{\sqrt{x^2+y^2}}\,ds + \int_{BO} e^{\sqrt{x^2+y^2}}\,ds,$$

其中

$$\int_{OA} e^{\sqrt{x^2+y^2}}\,ds = \int_0^a e^x\,dx = e^a - 1,\quad \int_{BO} e^{\sqrt{x^2+y^2}}\,ds = \int_0^{\frac{a}{\sqrt{2}}} e^{\sqrt{2x^2}}\sqrt{2}\,dx = e^a - 1.$$

$\overparen{AB}$ 的参数方程为

$$x = a\cos t,\quad y = a\sin t,\quad 0 \leqslant t \leqslant \frac{\pi}{4},$$

容易求得 $ds = a\,dt$,所以

$$\int_{\overparen{AB}} e^{\sqrt{x^2+y^2}}\,ds = \int_0^{\frac{\pi}{4}} e^a a\,dt = \frac{\pi a}{4}e^a,$$

将三个计算结果相加,得
$$\oint_L e^{\sqrt{x^2+y^2}} ds = 2(e^a - 1) + \frac{\pi a}{4} e^a.$$

例 4 计算曲线积分 $\int_L |x| ds$,其中 L 是双扭线 $(x^2+y^2)^2 = a^2(x^2-y^2)(a>0)$(图 10-4).

解 将双扭线 L 表示为极坐标方程 $r^2 = a^2 \cos 2\theta$. 设它在第一象限的部分为 L_1,则由对称性得

$$\int_L |x| ds = 4\int_{L_1} x ds = 4\int_0^{\frac{\pi}{4}} r\cos\theta \sqrt{r^2(\theta) + r'^2(\theta)} d\theta$$
$$= 4\int_0^{\frac{\pi}{4}} a^2 \cos\theta d\theta = 2a^2\sqrt{2}.$$

例 5 设 $\overset{\frown}{AB}$ 是圆柱螺旋线 $x = a\cos t, y = a\sin t, z = bt$ 上对应 $t=0$ 到 $t=2\pi$ 的一段弧(图 10-5),假设螺旋线质量分布均匀,其线密度 $\rho(x,y,z) \equiv \rho$.

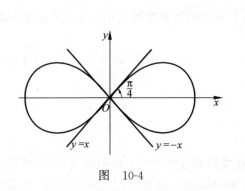

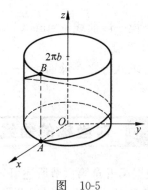

图 10-4   图 10-5

(1) 求其绕 z 轴旋转的转动惯量;(2) 求其形心坐标.

解 (1) $I_z = \int_{\overset{\frown}{AB}} (x^2+y^2)\rho ds = \int_0^{2\pi} a^2 \rho \sqrt{a^2+b^2} dt = 2\pi a^2 \rho \sqrt{a^2+b^2}.$

(2) $\overset{\frown}{AB}$ 的质量为

则 $\quad m = \int_{\overset{\frown}{AB}} \rho ds = 2\pi\rho\sqrt{a^2+b^2},$

$$\bar{x} = \frac{1}{m}\int_{\overset{\frown}{AB}} x\rho ds = \frac{a\rho}{m}\sqrt{a^2+b^2}\int_0^{2\pi} \cos t\, dt = 0,$$

$$\bar{y} = \frac{1}{m}\int_{\overset{\frown}{AB}} y\rho ds = \frac{a\rho}{m}\sqrt{a^2+b^2}\int_0^{2\pi} \sin t\, dt = 0,$$

$$\bar{z} = \frac{1}{m}\int_{\overset{\frown}{AB}} z\rho ds = \frac{b\rho}{m}\sqrt{a^2+b^2}\int_0^{2\pi} t\, dt = \frac{2\pi^2 b\rho \sqrt{a^2+b^2}}{m} = b\pi.$$

故 $\overset{\frown}{AB}$ 的质心坐标为 $(0, 0, b\pi)$.

习题 10-1

1. 计算下列对弧长的曲线积分：

(1) $I = \int_L x \, ds$，其中 L 为圆 $x^2 + y^2 = 1$ 中 $A(0,1)$ 到 $B\left(\dfrac{1}{\sqrt{2}}, -\dfrac{1}{\sqrt{2}}\right)$ 之间的一段劣弧；

(2) $\oint_L (x+y+1) \, ds$，其中 L 是顶点分别为 $O(0,0), A(1,0)$ 及 $B(0,1)$ 的三角形的边界；

(3) $\oint_L \sqrt{x^2+y^2} \, ds$，其中 L 为圆周 $x^2+y^2=x$；

(4) $\int_L x^2 yz \, ds$，其中 L 为折线段 $ABCD$，且 $A(0,0,0), B(0,0,2), C(1,0,2), D(1,2,3)$；

(5) $\oint_\Gamma x^2 \, ds$，其中 Γ 为球面 $x^2+y^2+z^2=1$ 与平面 $x+y+z=0$ 的交线；

(6) $\int_\Gamma (xy+yz+zx) \, ds$，其中 Γ 为球面 $x^2+y^2+z^2=a^2$ 与平面 $x+y+z=0$ 的交线.

2. 设一段曲线 $y = \ln x \, (0 < a \leqslant x \leqslant b)$ 上任一点处的线密度的大小等于该点横坐标的平方，求其质量.

3. 求八分之一球面 $x^2+y^2+z^2=1 \, (x \geqslant 0, y \geqslant 0, z \geqslant 0)$ 的边界曲线的重心，设曲线的密度 $\rho = 1$.

第二节 对坐标的曲线积分

根据第五章第六节所述可知，计算物体沿直线运动过程中变力所做的功，可以利用定积分. 如果物体在变力作用下沿曲线运动，则变力所做的功不能直接用定积分计算，而需要借助于对坐标的曲线积分.

一、对坐标的曲线积分的概念

设 M 为平面或空间中一点，用 $f(M)$ 表示相应的二元函数或者三元函数（数量值函数）；用 $F(M)$ 表示向量值函数，

$$F(M) = P(M)\boldsymbol{i} + Q(M)\boldsymbol{j} + R(M)\boldsymbol{k}.$$

其中 $P(M), Q(M)$ 和 $R(M)$ 为点 M 的数量值函数.

设质点在常力 F 的作用下沿直线运动，则由物理学知识可知，力 F 做的功为

功 $W = $ 力的大小 $|F| \times $ 质点移动的距离 s，即 $W = |F|s$.

如果质点是在变力 $F(x,y) = P(x,y)\boldsymbol{i} + Q(x,y)\boldsymbol{j}$ 的作用下沿 xOy 平面上的曲线 L 从点 A 移动到点 B（图 10-6），则此变力做的功 W 就不能用上式来计算.

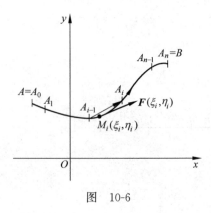

图 10-6

解决此问题的方法依然是用定积分的"分割、求近似和、取极限".

(1) 分割. 如图 10-6 所示, 将曲线弧 $L=\widehat{AB}$ 任意分成 n 个小弧段 $\widehat{A_0A_1},\widehat{A_1A_2},\cdots,$ $\widehat{A_{n-1}A_n}$, 其长度分别记作 $\Delta s_1,\Delta s_2,\cdots,\Delta s_n$. 分点的坐标为 $A_i(x_i,y_i)(i=1,2,\cdots,n;$ $A_0=A,A_n=B)$.

(2) 求近似和. 当小弧段 $\widehat{A_{i-1}A_i}$ 的长度很小时, 作用在该小弧段上的力变化不大, 质点的移动可近似看作直线运动. 任取一点 $M_i(\xi_i,\eta_i)\in\widehat{A_{i-1}A_i}$, 用 $\boldsymbol{F}(M_i)$ 近似代替该弧段上各点处的力, 用 $\Delta\boldsymbol{r}_i=\overrightarrow{OA_i}-\overrightarrow{OA_{i-1}}=(\Delta x_i,\Delta y_i)$ 代替质点在微小曲线弧 $\widehat{A_{i-1}A_i}$ 上产生的位移, 则在微小弧段 $\widehat{A_{i-1}A_i}$ 上力 $\boldsymbol{F}(M_i)$ 做的功为
$$\Delta W_i \approx \boldsymbol{F}(M_i)\cdot\Delta\boldsymbol{r}_i=P(\xi_i,\eta_i)\Delta x_i+Q(\xi_i,\eta_i)\Delta y_i,$$
$$W=\sum_{i=1}^n\Delta W_i\approx\sum_{i=1}^n\boldsymbol{F}(M_i)\cdot\Delta\boldsymbol{r}_i=\sum_{i=1}^n[P(\xi_i,\eta_i)\Delta x_i+Q(\xi_i,\eta_i)\Delta y_i].$$

(3) 取极限. 令 $\lambda=\max\{\Delta s_1,\Delta s_2,\cdots,\Delta s_n\}$, 所求的功为
$$W=\lim_{\lambda\to 0}\sum_{i=1}^n\boldsymbol{F}(M_i)\cdot\Delta\boldsymbol{r}_i=\lim_{\lambda\to 0}\sum_{i=1}^n[P(\xi_i,\eta_i)\Delta x_i+Q(\xi_i,\eta_i)\Delta y_i].$$

需要说明的是, 力对质点做的功与质点沿曲线弧 L 的运动方向有关, 从点 A 到点 B 力做的功与从点 B 到点 A 力做的功大小相等, 但符号相反.

由此可见, 功的计算结果与质点的运动方向有关. 通常, 规定了方向的曲线称为**有向曲线**. 若曲线用参数方程表示, 则规定曲线的正方向为参数增大的方向.

去除变力做功的背景, 下面给出对坐标的曲线积分的定义.

定义 10.2 设 L 是 xOy 平面上从点 A 到点 B 的一条有向曲线弧, 在 L 上定义一个向量函数
$$\boldsymbol{F}(M)=P(M)\boldsymbol{i}+Q(M)\boldsymbol{j},\quad M(x,y)\in L,$$
将曲线弧 L 任意分成 n 个小弧段 $\widehat{A_{i-1}A_i}$, 分点的坐标记为 $A_i(x_i,y_i)(i=1,2,\cdots,n;$ $A_0=A,A_n=B)$, 用 Δs_i 表示 $\widehat{A_{i-1}A_i}$ 的长度, 记 $\Delta x_i=x_i-x_{i-1},\Delta y_i=y_i-y_{i-1},\lambda=\max\{\Delta s_1,\Delta s_2,\cdots,\Delta s_n\}$, 在每个小弧段上任取一点 $M_i(\xi_i,\eta_i)$, 做和
$$\sum_{i=1}^n P(\xi_i,\eta_i)\Delta x_i,$$
如果当 $\lambda\to 0$ 时, 上述和式的极限存在, 则称此极限值为 $P(x,y)$ 在有向曲线 L 上**对坐标 x 的曲线积分**, 记作 $\int_L P(x,y)\mathrm{d}x$, 即
$$\int_L P(x,y)\mathrm{d}x=\lim_{\lambda\to 0}\sum_{i=1}^n P(\xi_i,\eta_i)\Delta x_i.$$

类似地, 可定义 $Q(x,y)$ 在有向曲线 L 上**对坐标 y 的曲线积分**
$$\int_L Q(x,y)\mathrm{d}y=\lim_{\lambda\to 0}\sum_{i=1}^n Q(\xi_i,\eta_i)\Delta y_i.$$

分析过程中, 常出现 $\int_L P(x,y)\mathrm{d}x+\int_L Q(x,y)\mathrm{d}y$, 为简便起见, 以上两类积分也称作第二类曲线积分. 把 $\int_L P(x,y)\mathrm{d}x+\int_L Q(x,y)\mathrm{d}y$ 写成 $\int_L P(x,y)\mathrm{d}x+Q(x,y)\mathrm{d}y$.

如果 L 是封闭曲线，则相应的曲线积分记为 $\oint_L P(x,y)\mathrm{d}x + Q(x,y)\mathrm{d}y$.

由上述定义，变力 $\boldsymbol{F}(M) = (P(x,y), Q(x,y))$ 沿有向曲线 L 做的功可表示为
$$W = \int_L \boldsymbol{F}(M) \cdot \mathrm{d}\boldsymbol{r} = \int_L P(x,y)\mathrm{d}x + Q(x,y)\mathrm{d}y.$$
其中 $\mathrm{d}\boldsymbol{r} = (\mathrm{d}x, \mathrm{d}y)$.

对坐标的曲线积分有如下性质：

性质 1（线性性质）

(1) $\int_L kP(x,y)\mathrm{d}x = k\int_L P(x,y)\mathrm{d}x$ (k 为常数)；

(2) $\int_L [P_1(x,y) \pm P_2(x,y)]\mathrm{d}x = \int_L P_1(x,y)\mathrm{d}x \pm \int_L P_2(x,y)\mathrm{d}x$.

对于 $\int_L Q(x,y)\mathrm{d}y$，有类似的公式.

性质 2（关于积分路径具有可加性） 若 L 由光滑有向曲线弧 L_1 与 L_2 组成，即 $L = L_1 + L_2$，则
$$\int_L P(x,y)\mathrm{d}x + Q(x,y)\mathrm{d}y = \int_{L_1} P(x,y)\mathrm{d}x + Q(x,y)\mathrm{d}y + \int_{L_2} P(x,y)\mathrm{d}x + Q(x,y)\mathrm{d}y.$$

性质 3 设 L 表示有向曲线弧，L^- 表示与 L 方向相反的曲线弧，则
$$\int_L P(x,y)\mathrm{d}x + Q(x,y)\mathrm{d}y = -\int_{L^-} P(x,y)\mathrm{d}x + Q(x,y)\mathrm{d}y.$$

注意：计算对坐标的曲线积分时，不要忘了积分弧段的方向！

设 Γ 为空间有向曲线弧，在该曲线弧上定义向量函数
$$\boldsymbol{F}(M) = P(M)\boldsymbol{i} + Q(M)\boldsymbol{j} + R(M)\boldsymbol{k}, \quad M(x,y,z) \in \Gamma,$$
可类似地定义在空间有向曲线 Γ 上**对坐标的曲线积分**
$$\int_\Gamma P(x,y,z)\mathrm{d}x + Q(x,y,z)\mathrm{d}y + R(x,y,z)\mathrm{d}y$$
$$= \int_\Gamma P(x,y,z)\mathrm{d}x + \int_\Gamma Q(x,y,z)\mathrm{d}y + \int_\Gamma R(x,y,z)\mathrm{d}z.$$

二、对坐标的曲线积分的计算

如果积分路径 L 由参数方程
$$L: x = \varphi(t), \quad y = \psi(t), \quad t: \alpha \to \beta$$
给出，当参数 t 单调地（递增或递减）从 α 变为 β 时，点 $M(x,y)$ 从点 A 沿曲线弧 L 运动到点 B，此外，函数 $\varphi(t), \psi(t)$ 在 $[\alpha,\beta]$（或 $[\beta,\alpha]$）上有连续的一阶导数，且 $\varphi'^2(t) + \psi'^2(t) \neq 0$，则可以将该曲线积分化为定积分，即
$$\int_L P(x,y)\mathrm{d}x + Q(x,y)\mathrm{d}y$$
$$= \int_\alpha^\beta \{P[\varphi(t), \psi(t)]\varphi'(t) + Q[\varphi(t), \psi(t)]\psi'(t)\}\mathrm{d}t.$$

类似地，设空间有向曲线弧 Γ 可表示为
$$\Gamma: x = \varphi(t), \quad y = \psi(t), \quad z = \omega(t), \quad t: \alpha \to \beta,$$

则
$$\int_\Gamma P(x,y,z)dx + Q(x,y,z)dy + R(x,y,z)dy$$
$$= \int_\alpha^\beta \{P[\varphi(t),\psi(t),\omega(t)]\varphi'(t) + Q[\varphi(t),\psi(t),\omega(t)]\psi'(t) + R[\varphi(t),\psi(t),\omega(t)]\omega'(t)\}dt.$$

其中积分下限 α 对应曲线弧 Γ 的起点，上限 β 对应曲线弧 Γ 的终点．

应特别强调的是，在将对坐标的曲线积分化为定积分时，定积分的下限取决于有向曲线的起点，定积分的上限取决于有向曲线的终点．

如果曲线弧 L 由方程 $y=y(x)$ 给出，那么也可把它看作参数方程：$x=x, y=y(x)$．

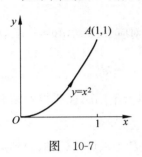

图 10-7

例 1 计算 $\int_L (x^2-y)dx + (x-y^2)dy$，其中 L 为抛物线 $y=x^2$ 上从点 $O(0,0)$ 到点 $A(1,1)$ 的一段弧（图 10-7）．

解
$$\int_L (x^2-y)dx + (x-y^2)dy$$
$$= \int_L (x^2-y)dx + \int_L (x-y^2)dy.$$

在 L 上，$y=x^2$，所以 $\int_L (x^2-y)dx = 0$．

L 的起点 O 对应 $x=0$，终点 A 对应 $x=1$，$dy=2xdx$，化曲线积分为
$$\int_L (x-y^2)dy = \int_0^1 (x-x^4)2xdx = \frac{1}{3},$$

所以
$$\int_L (x^2-y)dx + (x-y^2)dy = \frac{1}{3}.$$

例 2 计算 $\oint_L \dfrac{xdy-ydx}{x^2+(y-1)^2}$，其中 L 为顺时针方向的圆周 $x^2+(y-1)^2=4$．

解 圆周的参数方程为
$$\begin{cases} x = 2\cos t, \\ y = 1+2\sin t, \end{cases} \quad t: 2\pi \to 0,$$

则有
$$\oint_L \frac{xdy-ydx}{x^2+(y-1)^2} = \frac{1}{4}\oint_L xdy - ydx$$
$$= \frac{1}{4}\int_{2\pi}^0 [2\cos t(2\cos t)-(1+2\sin t)(-2\sin t)]dt = -2\pi.$$

例 3 计算 $\int_L xdy - ydx$，其中有向曲线 L 如图 10-8 所示．

(1) 在椭圆 $\dfrac{x^2}{a^2}+\dfrac{y^2}{b^2}=1$ 上，从点 $A(a,0)$ 经第一、二、三象限到点 $B(0,-b)$；

(2) 在直线 $y=\dfrac{b}{a}x-b$ 上，从点 $A(a,0)$ 到点 $B(0,-b)$．

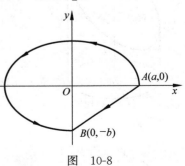

图 10-8

解 (1) 椭圆的参数方程为

$$\begin{cases} x = a\cos t, \\ y = b\sin t, \end{cases}$$

起点 A 对应于 $t=0$,终点 B 对应于 $t=\dfrac{3\pi}{2}$,则

$$\int_{\widehat{AB}} x\,dy - y\,dx = \int_0^{\frac{3\pi}{2}} [a\cos t\, b\cos t - b\sin t(-a\sin t)]\,dt$$

$$= \int_0^{\frac{3\pi}{2}} ab\,dt = \dfrac{3}{2}\pi ab.$$

(2) 线段 AB 的方程为 $y = \dfrac{b}{a}x - b$,起点 A 对应于 $x=a$,终点 B 对应于 $x=0$,$dy = \dfrac{b}{a}dx$,则

$$\int_{AB} x\,dy - y\,dx = \int_a^0 \left(x\dfrac{b}{a} - \dfrac{b}{a}x + b\right)dx = \int_a^0 b\,dx = -ab.$$

本例中,两个曲线积分的被积函数相同,起点和终点也相同,但沿不同路径所得的积分值并不相等.

例 4 计算曲线积分 $\int_\Gamma x\,dx + y^2\,dy + (3z - y - 1)\,dz$,其中 Γ 为从点 $A(2,3,4)$ 到点 $B(1,1,1)$ 的直线段.

解 直线 AB 的点向式方程为

$$\dfrac{x-1}{1} = \dfrac{y-1}{2} = \dfrac{z-1}{3},$$

它的参数式方程为 $\begin{cases} x = 1+t, \\ y = 1+2t, \\ z = 1+3t, \end{cases}$ 起点 A 对应于 $t=1$,终点 B 对应于 $t=0$,则

$$\int_\Gamma x\,dx + y^2\,dy + (3z - y - 1)\,dz$$

$$= \int_1^0 \{(1+t) + (1+2t)^2 \times 2 + [3(1+3t) - (1+2t) - 1] \times 3\}\,dt$$

$$= \int_1^0 (6 + 30t + 8t^2)\,dt = -\dfrac{71}{3}.$$

例 5 计算 $I = \oint_\Gamma \boldsymbol{F} \cdot d\boldsymbol{r}$,其中 $\boldsymbol{F} = (z-y, x-z, x-y)$,

$\Gamma: \begin{cases} x^2 + y^2 = 1, \\ x - y + z = 2, \end{cases}$ 曲线 Γ 的方向从 z 轴的正向看时为顺时针方向(图 10-9).

解 将曲线 Γ 参数化:

$$x = \cos\theta, \quad y = \sin\theta, \quad z = 2 - \cos\theta + \sin\theta,$$

由题设,曲线 Γ 的起点对应于参数 $\theta = 2\pi$,终点对应于 $\theta = 0$,则

$$I = \oint_\Gamma (z-y)\,dx + (x-z)\,dy + (x-y)\,dz$$

$$= \int_{2\pi}^0 [-2(\cos\theta + \sin\theta) + 3\cos^2\theta - \sin^2\theta]\,d\theta = -2\pi.$$

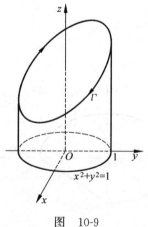

图 10-9

例6 设在坐标原点处有一带电量为 q 的正电荷,有一单位正电荷从点 $A(2,0,1)$ 沿直线运动到点 $B(1,1,1)$,求电场力 F 对它做的功 W.

解 直线 AB 的方程为
$$\frac{x-1}{1}=\frac{y-1}{-1}=\frac{z-1}{0},$$
化为参数方程:
$$x=1+t, \quad y=1-t, \quad z=1,$$
点 A,B 对应的参数分别为 $t=1, t=0$.

由电学知识,原点处带电量为 q 的正电荷,对点 $M(x,y,z)$ 处单位正电荷的作用力为
$$\boldsymbol{F}(M)=\frac{kq}{(\sqrt{x^2+y^2+z^2})^3}\boldsymbol{r} \quad (k \text{ 为常数}),$$
记 $\boldsymbol{r}=x\boldsymbol{i}+y\boldsymbol{j}+k\boldsymbol{z}$,则电场力 $\boldsymbol{F}$ 对单位正电荷做的功为
$$W=\int_{AB}\boldsymbol{F}\cdot\mathrm{d}\boldsymbol{r}=kq\int_{AB}\frac{kq}{(\sqrt{x^2+y^2+z^2})^3}(x\mathrm{d}x+y\mathrm{d}y+z\mathrm{d}z)$$
$$=kq\int_1^0\frac{2t}{(3+2t^2)^{\frac{3}{2}}}\mathrm{d}t=kq\left(\frac{1}{\sqrt{5}}-\frac{1}{\sqrt{3}}\right).$$

三、两类曲线积分的联系

设 L 为 xOy 平面上从点 A 到点 B 的一条有向曲线弧,$M(x,y)$ 为 L 上任意一点,可以取 $\overparen{AM}$ 的弧长 s 作为曲线 L 的参数,曲线 L 的正方向为弧长 s 增大的方向,则曲线的方程可表示为
$$\begin{cases}x=x(s),\\y=y(s),\end{cases}\quad 0\leqslant s\leqslant l \quad (l\text{ 为}\overparen{AB}\text{ 的全长}).$$
设 $x(s),y(s)$ 具有连续的一阶导数,且 $x'^2(s)+y'^2(s)\neq 0$,又设 $P(x,y),Q(x,y)$ 是定义在 L 上的二元连续函数.

曲线 L 上点 $M(x,y)$ 的位置向量为 $\overrightarrow{OM}=(x(s),y(s))$,与切线方向一致的切向量为 $\left(\dfrac{\mathrm{d}x}{\mathrm{d}s},\dfrac{\mathrm{d}y}{\mathrm{d}s}\right)$,由弧微分公式 $(\mathrm{d}s)^2=(\mathrm{d}x)^2+(\mathrm{d}y)^2$ 可知,切向量 $\left(\dfrac{\mathrm{d}x}{\mathrm{d}s},\dfrac{\mathrm{d}y}{\mathrm{d}s}\right)$ 为单位向量. 因此,如果分别用 α,β 表示切向量的方向角,则它的方向余弦为
$$\cos\alpha=\frac{\mathrm{d}x}{\mathrm{d}s}, \quad \cos\beta=\frac{\mathrm{d}y}{\mathrm{d}s},$$
或
$$\mathrm{d}x=\cos\alpha\mathrm{d}s, \quad \mathrm{d}y=\cos\beta\mathrm{d}s.$$
则对坐标的曲线积分可化为
$$\int_L P(x,y)\mathrm{d}x+Q(x,y)\mathrm{d}y=\int_L[P(x(s),y(s))\cos\alpha+Q(x(s),y(s))\cos\beta]\mathrm{d}s.$$
另一方面,有
$$\int_L[P(x,y)\cos\alpha+Q(x,y)\cos\beta]\mathrm{d}s$$
$$=\int_L[P(x(s),y(s))\cos\alpha+Q(x(s),y(s))\cos\beta]\mathrm{d}s.$$

所以
$$\int_L P(x,y)\mathrm{d}x + Q(x,y)\mathrm{d}y = \int_L [P(x,y)\cos\alpha + Q(x,y)\cos\beta]\mathrm{d}s,$$
其中 $\cos\alpha,\cos\beta$ 是点 $M(x,y)\in L$ 处与积分路径 L 方向一致的切向量的方向余弦. 这就是两类曲线积分之间的关系.

例 7 把对坐标的曲线积分 $\int_L P(x,y)\mathrm{d}x + Q(x,y)\mathrm{d}y$ 化为对弧长的曲线积分, 其中 L 为从点 $(0,0)$ 出发沿上半圆周 $x^2+y^2=2x$ 到点 $(1,1)$ 的圆弧.

解 上半圆周方程为 $y=\sqrt{2x-x^2}$, 则
$$\mathrm{d}s = \sqrt{1+y'^2}\,\mathrm{d}x = \frac{1}{\sqrt{2x-x^2}}\mathrm{d}x.$$
求得
$$\cos\alpha = \frac{\mathrm{d}x}{\mathrm{d}s} = \sqrt{2x-x^2}, \quad \cos\beta = \sin\alpha = \sqrt{1-\cos^2\alpha} = 1-x, \quad 0\leqslant x\leqslant 1.$$
因此
$$\int_L P(x,y)\mathrm{d}x + Q(x,y)\mathrm{d}y = \int_L [P(x,y)\cos\alpha + Q(x,y)\cos\beta]\mathrm{d}s$$
$$= \int_L [P(x,y)\sqrt{2x-x^2} + Q(x,y)(1-x)]\mathrm{d}s.$$

习题 10-2

1. 设 L 为 xOy 面内一直线 $y=b$ (b 为常数), 证明 $\int_L Q(x,y)\mathrm{d}y = 0$.

2. 计算下列对坐标的曲线积分:

(1) $\int_L xy\mathrm{d}x$, 其中 L 为抛物线 $y^2=x$ 上从点 $A(1,-1)$ 到点 $B(1,1)$ 的一段弧;

(2) $\int_L (x^2+y^2)\mathrm{d}x + (x^2-y^2)\mathrm{d}y$, 其中 L 为曲线 $y=1-|1-x|$ 从对应于 $x=0$ 时的点到 $x=2$ 时的点的一段弧;

(3) $\int_L y\mathrm{d}x + x\mathrm{d}y$, L 为从点 $A(-a,0)$ 沿上半圆周 $x^2+y^2=a^2$ 到点 $B(a,0)$ 的一段弧;

(4) $\int_L xy^2\mathrm{d}y - x^2 y\mathrm{d}x$, 其中 L 为沿右半圆 $x^2+y^2=a^2$ 以点 $A(0,a)$ 为起点, 经过点 $C(a,0)$ 到终点 $B(0,-a)$ 的路径;

(5) $\int_L x^3\mathrm{d}x + 3zy^2\mathrm{d}y - x^2 y\mathrm{d}z$, 其中 L 为从点 $A(3,2,1)$ 到点 $B(0,0,0)$ 的直线段 AB;

(6) $I = \oint_L (z-y)\mathrm{d}x + (x-z)\mathrm{d}y + (x-y)\mathrm{d}z$, 其中 L 为椭圆周 $\begin{cases} x^2+y^2=1, \\ x-y+z=2, \end{cases}$ 且从 z 轴正方向看去, L 为顺时针方向;

(7) $I = \int_L (y^2 - z^2)dx + (z^2 - x^2)dy + (x^2 - y^2)dz$,其中 L 为球面三角形 $x^2 + y^2 + z^2 = 1(x > 0, y > 0, z > 0)$ 的边界线,从球的外侧看去,L 的方向为逆时针方向.

3. 把对坐标的曲线积分 $\int_C P(x,y)dx + Q(x,y)dy$ 化成对弧长的曲线积分,C 为 xOy 面内沿直线从点 $(0,0)$ 到点 $(1,1)$ 的有向线段.

4. 设 z 轴与重力的方向一致,求质量为 m 的质点从位置 (x_1, y_1, z_1) 沿直线移动到位置 (x_2, y_2, z_2) 时重力做的功.

5. 设一质点在变力 $\boldsymbol{F} = (x, -y, x+y+z)$ 作用下从点 $A(a,0,0)$ 沿曲线 Γ 运动到点 $B(a, 0, 2\pi b)$,求 $\boldsymbol{F}$ 做的功 W,其中 Γ 为

(1) 圆柱螺旋线:$x = a\cos\theta, y = a\sin\theta, z = b\theta$;(2) 有向线段 $\overrightarrow{AB}$.

6. 在过点 $O(0,0)$ 和点 $A(\pi, 0)$ 的曲线族 $y = a\sin x (a > 0)$ 中求一条曲线 L,使该曲线从点 O 到 A 的积分 $I = \int_L (1+y^2)dx + (2x+y)dy$ 的值最小.

7. 把对坐标的曲线积分 $\int_L P(x,y)dx + Q(x,y)dy$ 化为对弧长的曲线积分,其中 L 为

(1) 沿直线从点 $A(0,0)$ 到点 $B(1,1)$ 的有向线段;

(2) 沿抛物线 $y = x^2$ 从点 $B(1,1)$ 到点 $A(0,0)$ 的弧.

第三节 格林公式及其应用

本节将介绍著名的格林公式,该公式揭示了平面区域上二重积分与沿该区域边界上的第二类曲线积分之间的关系.格林公式在分析曲线积分与路径无关的问题以及求原函数等方面有着重要的作用.

一、格林公式

设 D 为一个平面有界区域,若 D 内任一闭曲线所围成的区域都包含在 D 中,则称 D 为一个平面**单连通域**(图 10-10),否则称 D 为一个平面**复连通域**(图 10-11). 直观上,平面单连通域是无"洞"的区域,而平面复连通域则是有"洞"的区域.

设 L 是平面有界区域 D 的边界,它是由有限条光滑曲线组成的闭曲线,其正向规定为:一个人沿这个方向前进时,区域 D 永远在他的左边(图 10-10 或图 10-11),通常用 L^+ 表示区域 D 的正向边界,用 L^- 表示区域 D 的负向边界.

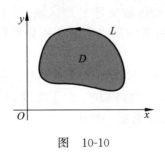

图 10-10

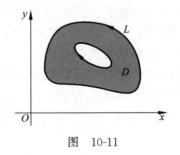

图 10-11

定理 10.1（格林（Green）公式） 设有界闭区域 D 的边界由光滑或分段光滑的曲线 L 组成，函数 $P(x,y),Q(x,y)$ 在 D 上具有连续的一阶偏导数，则有

$$\oint_{L^+} P(x,y)\mathrm{d}x + Q(x,y)\mathrm{d}y = \iint_D \left(\frac{\partial Q}{\partial x} - \frac{\partial P}{\partial y}\right)\mathrm{d}x\mathrm{d}y,$$

其中 L^+ 是 D 的正向边界曲线.

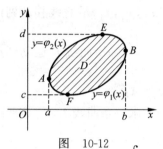

图 10-12

证 如图 10-12 所示，D 为一个平面单连通域，且当平行于坐标轴的直线穿越区域 D 时，该直线与区域的边界最多有两个交点，这样的区域既可看作 X 型区域，也可看作 Y 型区域. 看作 X 型区域时，设

$$D = \{(x,y) \mid \varphi_1(x) \leqslant y \leqslant \varphi_2(x), a \leqslant x \leqslant b\},$$

则

$$\oint_{L^+} P(x,y)\mathrm{d}x = \left(\int_{\widehat{AFB}} + \int_{\widehat{BEA}}\right) P(x,y)\mathrm{d}x$$

$$= \int_a^b P(x,\varphi_1(x))\mathrm{d}x + \int_b^a P(x,\varphi_2(x))\mathrm{d}x$$

$$= -\int_a^b [P(x,\varphi_2(x)) - P(x,\varphi_1(x))]\mathrm{d}x.$$

另一方面，有

$$\iint_D \frac{\partial P}{\partial y}\mathrm{d}x\mathrm{d}y = \int_a^b \mathrm{d}x \int_{\varphi_1(x)}^{\varphi_2(x)} \frac{\partial P}{\partial y}\mathrm{d}y = \int_a^b [P(x,\varphi_2(x)) - P(x,\varphi_1(x))]\mathrm{d}x$$

所以

$$\oint_{L^+} P(x,y)\mathrm{d}x = -\iint_D \frac{\partial P}{\partial y}\mathrm{d}x\mathrm{d}y.$$

把区域看作 Y 型区域时，设 $D = \{(x,y) \mid \psi_1(y) \leqslant x \leqslant \psi_2(y), c \leqslant y \leqslant d\}$，与上面类似，可推得

$$\oint_{L^+} Q(x,y)\mathrm{d}y = \iint_D \frac{\partial Q}{\partial x}\mathrm{d}x\mathrm{d}y,$$

因此

$$\oint_{L^+} P\mathrm{d}x + Q\mathrm{d}y = \iint_D \left(\frac{\partial Q}{\partial x} - \frac{\partial P}{\partial y}\right)\mathrm{d}x\mathrm{d}y.$$

如果 D 是单连通域，但不满足以上条件，例如为如图 10-13 所示的区域，则可作一些辅助线将 D 分成有限个小区域，使得每个小区域既是 X 型区域又是 Y 型区域（图 10-13），应用格林公式到每个小区域上，把所有结果相加，注意到每条辅助线上曲线积分来回各一次，恰好互相抵消，格林公式仍成立.

如果 D 是平面复连通区域，例如图 10-14 所示的区域，可作辅助线 AB,EF，把 D 分成两个单连通域 D_1 和 D_2，在 D_1, D_2 上分别应用格林公式后再相加. 由于曲线积分在直线 AB,EF 上来回各进行一次，其值正负抵消，格林公式仍然成立. 证毕.

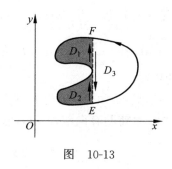

图 10-13

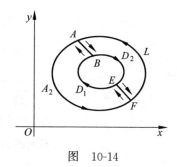

图 10-14

特别地,当 $P=-y, Q=x$ 时,有

$$\oint_{L^+} x\,\mathrm{d}y - y\,\mathrm{d}x = 2\iint_D \mathrm{d}x\,\mathrm{d}y,$$

这表明,第二类曲线积分可用来计算平面区域 D 的面积,即由封闭曲线 L 所围区域 D 的面积,有

$$A = \frac{1}{2}\oint_{L^+} x\,\mathrm{d}y - y\,\mathrm{d}x.$$

例如,椭圆 $L:\begin{cases} x=a\cos\theta, \\ y=b\sin\theta \end{cases} (0\leqslant\theta\leqslant 2\pi)$ 的面积为

$$A = \frac{1}{2}\oint_{L^+} x\,\mathrm{d}y - y\,\mathrm{d}x = \frac{1}{2}\int_0^{2\pi} ab\,\mathrm{d}\theta = \pi ab.$$

在使用格林公式时,务必注意以下几点:

(1) 积分路径 L 是封闭的;

(2) 积分路径 L 是区域 D 的正向边界曲线;

(3) 函数 $P(x,y), Q(x,y)$ 在 D 上具有连续的一阶偏导数.

例 1 计算 $\oint_L (2y-x^3)\mathrm{d}x + (4x+y^2)\mathrm{d}y$,其中 L 为椭圆周 $\dfrac{(x-1)^2}{4} + \dfrac{(y+2)^2}{9} = 1$,其方向为逆时针方向.

解 由格林公式,记 $P=2y-x^3, Q=4x+y^2$,则

$$\oint_L (2y-x^3)\mathrm{d}x + (4x+y^2)\mathrm{d}y = \iint_D \left(\frac{\partial Q}{\partial x} - \frac{\partial P}{\partial y}\right)\mathrm{d}x\,\mathrm{d}y$$

$$= 2\iint_D \mathrm{d}x\,\mathrm{d}y = 2\pi\times 2\times 3 = 12\pi.$$

例 2 设 L 是以 $A(1,0), B(0,1), C(-1,0), D(0,-1)$ 为顶点的正方形边界线,其方向为逆时针方向,证明 $\oint_L \dfrac{\mathrm{d}x+\mathrm{d}y}{|x|+|y|} = 0$.

证 曲线 L 包围原点,函数 P, Q 不满足格林公式的条件,不能直接用格林公式! 注意到,在曲线 L 上,$|x|+|y|=1$,则有

$$\oint_L \frac{\mathrm{d}x+\mathrm{d}y}{|x|+|y|} = \oint_L \mathrm{d}x + \mathrm{d}y,$$

利用格林公式,得

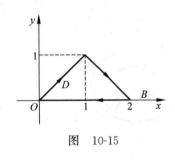

图 10-15

$$\oint_L \frac{\mathrm{d}x + \mathrm{d}y}{|x| + |y|} = \oint_L \mathrm{d}x + \mathrm{d}y = \iint_D 0 \mathrm{d}x \mathrm{d}y = 0.$$

例3 计算 $\int_L (x^2 - y)\mathrm{d}x + (x^2 + y^2)\mathrm{d}y$,$L$ 为 $y = 1 - |1-x|$ 对应 x 从 $0 \sim 2$ 的折线.

解 积分路径 L 的图形见图 10-15. 因为 L 不是封闭曲线,为了使用格林公式,须添加辅助有向线段 BO,它与 L 所围成的区域为 D,则

$$\int_L (x^2 - y)\mathrm{d}x + (x^2 + y^2)\mathrm{d}y$$
$$= \left(\oint_{L+BO} - \int_{BO}\right)(x^2 - y)\mathrm{d}x + (x^2 + y^2)\mathrm{d}y = -\iint_D (2x+1)\mathrm{d}x\mathrm{d}y + \int_{OB} x^2 \mathrm{d}x$$
$$= -\int_0^1 \mathrm{d}y \int_y^{2-y} (2x+1)\mathrm{d}x + \int_0^2 x^2 \mathrm{d}y = -3 + \frac{8}{3} = -\frac{1}{3}.$$

例4 计算 $\oint_L \frac{y\mathrm{d}x - x\mathrm{d}y}{x^2 + y^2}$,其中 L 沿逆时针方向,为以下三种路径:

(1) 不包围原点的(任意)封闭曲线;(2) 圆周 $x^2 + y^2 = a^2$;(3) 包围原点的闭曲线.

解 函数 $P = \frac{y}{x^2+y^2}, Q = -\frac{x}{x^2+y^2}$ 在原点不连续,当 $(x,y) \neq (0,0)$ 时,

$$\frac{\partial P}{\partial y} = \frac{x^2 - y^2}{(x^2+y^2)^2} = \frac{\partial Q}{\partial x}.$$

(1) 设 L 所围成的区域为 D,则 $(0,0) \notin D$,因此,函数 P,Q 在 D 上具有连续的一阶偏导数,利用格林公式得

$$\oint_L \frac{y\mathrm{d}x - x\mathrm{d}y}{x^2+y^2} = \iint_D 0 \mathrm{d}x\mathrm{d}y = 0.$$

(2) L 为沿逆时针方向的圆周 $x^2 + y^2 = a^2$,则

$$\oint_L \frac{y\mathrm{d}x - x\mathrm{d}y}{x^2+y^2} = \frac{1}{a^2} \oint_L y\mathrm{d}x - x\mathrm{d}y.$$

利用格林公式得

$$\text{原式} = \frac{1}{a^2} \oint_L y\mathrm{d}x - x\mathrm{d}y = -\frac{2}{a^2} \iint_D \mathrm{d}x\mathrm{d}y = -2\pi.$$

(3) 因为封闭曲线 L 包围原点,函数 P,Q 在原点不连续,不能直接运用格林公式. 为此,在闭曲线 L 所围区域内作顺时针方向的小圆周 $L_1: x^2 + y^2 = \varepsilon^2$(图 10-16),其中 ε 为充分小的正数. 用 D 表示 L 与 L_1 间的环形区域,利用格林公式得

$$\oint_{L+L_1} \frac{y\mathrm{d}x - x\mathrm{d}y}{x^2+y^2} = 0,$$

从而

$$\oint_L \frac{y\mathrm{d}x - x\mathrm{d}y}{x^2+y^2} = -\oint_{L_1} \frac{y\mathrm{d}x - x\mathrm{d}y}{x^2+y^2} = \oint_{L_1^+} \frac{y\mathrm{d}x - x\mathrm{d}y}{x^2+y^2} = -2\pi.$$

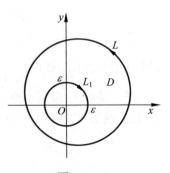

图 10-16

二、曲线积分与路径无关

设 A,B 是平面区域 G 中任意两点,如果对于区域 G 内以 A 为起点、B 为终点的任意两条曲线 L_1 和 L_2(图 10-17),总有

$$\int_{L_1} P\mathrm{d}x + Q\mathrm{d}y = \int_{L_2} P\mathrm{d}x + Q\mathrm{d}y,$$

则称**曲线积分** $\int_L P\mathrm{d}x + Q\mathrm{d}y$ **在区域** G **内与路径无关**,否则称为**与路径有关**,此积分值仅依赖于起点和终点,因此,又将这样的积分记作

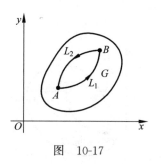

图 10-17

$$\int_L P\mathrm{d}x + Q\mathrm{d}y = \int_A^B P\mathrm{d}x + Q\mathrm{d}y.$$

现在的问题是:在什么条件下,第二类曲线积分与路径无关?下面的定理回答了这个问题.

定理 10.2 设函数 $P(x,y),Q(x,y)$ 在单连通域 G 内具有一阶连续偏导数,则下列条件等价:

(1) 对于 G 内每一点都有 $\dfrac{\partial P}{\partial y} = \dfrac{\partial Q}{\partial x}$;

(2) 沿 G 中任意分段光滑闭曲线 L,有 $\oint_L P\mathrm{d}x + Q\mathrm{d}y = 0$;

(3) 对 G 中任意曲线 $\widehat{AB}$,有 $\int_{\widehat{AB}} P\mathrm{d}x + Q\mathrm{d}y = \int_A^B P\mathrm{d}x + Q\mathrm{d}y$;

(4) 在 G 内,$P\mathrm{d}x + Q\mathrm{d}y$ 是某二元函数 $u(x,y)$ 的全微分,即 $\mathrm{d}u = P\mathrm{d}x + Q\mathrm{d}y$.

证 (1)$\Rightarrow$(2),设 L 为 G 中任意分段光滑闭曲线,D 表示 L 所围区域,利用格林公式得

$$\int_L P\mathrm{d}x + Q\mathrm{d}y = \pm\iint_D \left(\dfrac{\partial Q}{\partial x} - \dfrac{\partial P}{\partial y}\right)\mathrm{d}x\mathrm{d}y = 0.$$

(2)$\Rightarrow$(3),设 L_1 和 L_2 为 G 内任意两条以 A 为起点、B 为终点的分段光滑曲线(图 10-17),则由

$$\oint_{L_1+L_2^-} P\mathrm{d}x + Q\mathrm{d}y = 0 \quad (L_2^- \text{ 表示 } L_2 \text{ 的反向曲线}),$$

即

$$\int_{L_1} P\mathrm{d}x + Q\mathrm{d}y + \int_{L_2^-} P\mathrm{d}x + Q\mathrm{d}y = \int_{L_1} P\mathrm{d}x + Q\mathrm{d}y - \int_{L_2} P\mathrm{d}x + Q\mathrm{d}y = 0,$$

得

$$\int_{L_1} P\mathrm{d}x + Q\mathrm{d}y = \int_{L_2} P\mathrm{d}x + Q\mathrm{d}y,$$

即

$$\int_{\widehat{AB}} P\mathrm{d}x + Q\mathrm{d}y = \int_A^B P\mathrm{d}x + Q\mathrm{d}y.$$

(3)$\Rightarrow$(4),在 G 内取一固定点 $M_0(x_0,y_0)$,设 $M(x,y)$ 为 G 内任意点,则由(3)得

$$\int_{\widehat{M_0M}} P\mathrm{d}x + Q\mathrm{d}y = \int_{M_0}^M P\mathrm{d}x + Q\mathrm{d}y,$$

显然，曲线积分 $\int_{\widehat{M_0M}} P\mathrm{d}x + Q\mathrm{d}y$ 仅与终点 $M(x,y)$ 有关，即它是点 $M(x,y)$ 的函数，令

$$u(x,y) = \int_{(x_0,y_0)}^{(x,y)} P(x,y)\mathrm{d}x + Q(x,y)\mathrm{d}y,$$

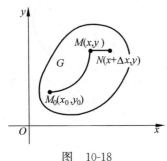

图 10-18

在点 $M(x,y)$ 附近取一点 $N(x+\Delta x,y)$（图 10-18），则
$$\Delta_x u = u(x+\Delta x,y) - u(x,y)$$
$$= \int_{\widehat{M_0M}+\overline{MN}} P\mathrm{d}x + Q\mathrm{d}y - \int_{\widehat{M_0M}} P\mathrm{d}x + Q\mathrm{d}y$$
$$= \int_{\overline{MN}} P\mathrm{d}x + Q\mathrm{d}y = \int_{(x,y)}^{(x+\Delta x,y)} P\mathrm{d}x + Q\mathrm{d}y$$
$$= \int_x^{x+\Delta x} P\mathrm{d}x + Q\mathrm{d}y = P(x+\theta\Delta x,y)\Delta x, 0 \leq \theta \leq 1,$$

因此，由 $P(x,y)$ 的连续性得

$$\frac{\partial u}{\partial x} = \lim_{\Delta x \to 0} \frac{\Delta_x u}{\Delta x} = \lim_{\Delta x \to 0} P(x+\theta\Delta x,y) = P(x,y).$$

同理可证 $\frac{\partial u}{\partial y} = Q(x,y)$. 因此

$$\mathrm{d}u(x,y) = \frac{\partial u}{\partial x}\mathrm{d}x + \frac{\partial u}{\partial y}\mathrm{d}y = P(x,y)\mathrm{d}x + Q(x,y)\mathrm{d}y.$$

(4)$\Rightarrow$(1)，设存在函数 $u(x,y)$ 使得 $\mathrm{d}u(x,y) = P(x,y)\mathrm{d}x + Q(x,y)\mathrm{d}y$，即

$$\frac{\partial u}{\partial x} = P(x,y), \quad \frac{\partial u}{\partial y} = Q(x,y),$$

则

$$\frac{\partial P}{\partial y} = \frac{\partial^2 u}{\partial x \partial y}, \quad \frac{\partial Q}{\partial x} = \frac{\partial^2 u}{\partial y \partial x}.$$

由于 P,Q 在 G 内具有连续的一阶偏导数，从而有 $\frac{\partial^2 u}{\partial x \partial y} = \frac{\partial^2 u}{\partial y \partial x}$，所以 $\frac{\partial P}{\partial y} = \frac{\partial Q}{\partial x}$ 对于 G 内每一点都成立.

注 应用定理 10.2 中的条件（1）验证曲线积分与路径无关最方便. 此外，如果在某单连通域 G 内处处有 $\frac{\partial P}{\partial y} = \frac{\partial Q}{\partial x}$，则在计算曲线积分时，可选择容易计算的积分路径.

例 5 设 L 是 $y = \sin\frac{\pi x}{2}$ 上从原点 $O(0,0)$ 到点 $B(1,1)$ 的曲线弧，求曲线积分

$$\int_{\widehat{OB}} (x^2+2xy)\mathrm{d}x + (x^2+y^4)\mathrm{d}y.$$

解 $P = x^2+2xy, Q = x^2+y^4$，则 $\frac{\partial P}{\partial y} = 2x = \frac{\partial Q}{\partial x}$，又 $\frac{\partial P}{\partial y}, \frac{\partial Q}{\partial x}$ 在全平面上连续，所以该曲线积分与路径无关.

取点 $A(1,0)$，选择沿折线路径 OA 与 AB 计算该积分，有

$$\int_{\widehat{OB}} (x^2+2xy)\mathrm{d}x + (x^2+y^4)\mathrm{d}y = \left(\int_{OA} + \int_{AB}\right)(x^2+2xy)\mathrm{d}x + (x^2+y^4)\mathrm{d}y$$
$$= \int_0^1 x^2 \mathrm{d}x + \int_0^1 (1+y^4)\mathrm{d}y = \frac{23}{15}.$$

定义 10.3 如果函数 $u(x,y)$ 满足 $du(x,y)=P(x,y)dx+Q(x,y)dy$,则称其为 $P(x,y)dx+Q(x,y)dy$ 的**原函数**.

当曲线积分与路径无关时,由定理 10.2,函数 $u(x,y)=\int_{M_0(x_0,y_0)}^{M(x,y)}P(x,y)dx+Q(x,y)dy$ 即为 $P(x,y)dx+Q(x,y)dy$ 的原函数,并且

$$\int_{\widehat{AB}}Pdx+Qdy=\left(\int_A^{M_0}+\int_{M_0}^B\right)Pdx+Qdy$$
$$=\left(-\int_{M_0}^A+\int_{M_0}^B\right)Pdx+Qdy=u(A)-u(B)=u(M)\Big|_A^B.$$

上式类似于定积分中的牛顿-莱布尼茨公式,它为某些曲线积分提供了简单的计算方法.

另解例 5,先求被积表达式的原函数. 由分项组合得

$$(x^2+2xy)dx+(x^2+y^4)dy=(x^2dx+y^4dy)+(2xydx+x^2dy)$$
$$=d\left(\frac{x^3}{3}+\frac{y^5}{5}\right)+d(x^2y)=d\left(\frac{x^3}{3}+\frac{y^5}{5}+x^2y\right),$$

则 $u(x,y)=\frac{x^3}{3}+\frac{y^5}{5}+x^2y$,所以

$$\int_{\widehat{OB}}(x^2+2xy)dx+(x^2+y^4)dy=u(1,1)-u(0,0)=\frac{23}{15}.$$

当被积表达式比较复杂时,由分项组合求原函数并不容易,下面给出通过计算曲线积分求原函数的方法.

在区域 G 内取一固定点 $M_0(x_0,y_0)$ 及动点 $M(x,y)$,并取折线路径(图 10-19),则原函数为

$$u(x,y)=\int_{M_0(x_0,y_0)}^{M(x,y)}P(x,y)dx+Q(x,y)dy$$
$$=\int_{x_0}^x P(x,y_0)dx+\int_{y_0}^y Q(x,y)dy, \quad (10.3)$$

或

$$u(x,y)=\int_{y_0}^y Q(x_0,y)dy+\int_{x_0}^x P(x,y)dy.$$

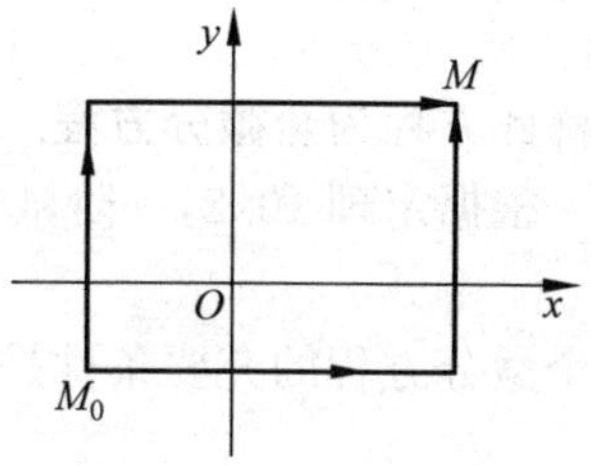

图 10-19

例 6 证明 $\frac{ydx-xdy}{x^2+y^2}$ 在右半平面 $(x>0)$ 内是某个函数的全微分,并求此函数.

解 记 $P=\frac{y}{x^2+y^2}, Q=\frac{-x}{x^2+y^2}$,容易验证在右半平面 $(x>0)$ 内 $\frac{\partial P}{\partial y}=\frac{\partial Q}{\partial x}$,所以 $\frac{ydx-xdy}{x^2+y^2}$ 在右半平面 $(x>0)$ 内是某个函数的全微分,即存在函数 $u(x,y)$ 使得

$$du(x,y)=\frac{ydx-xdy}{x^2+y^2}.$$

取点 $M_0(1,0)$,由式(10.3)得

$$u(x,y)=\int_{(1,0)}^{(x,y)}\frac{ydx-xdy}{x^2+y^2}=\int_1^x\frac{0\times dx-x\times 0}{x^2+0^2}+\int_0^y\frac{y\times 0-x\cdot dy}{x^2+y^2}$$
$$=-\arctan\frac{y}{x}\Big|_0^y=-\arctan\frac{y}{x}\ (x>0).$$

例7 计算线积分 $\int_L \cos(x+y^2)\mathrm{d}x + \left[2y\cos(x+y^2) - \dfrac{1}{\sqrt{1+y^4}}\right]\mathrm{d}y$,其中 L 为摆线:$x=a(t-\sin t),y=a(1-\cos t)$ 上由点 $O(0,0)$ 到点 $A(2\pi a,0)$ 的有向弧段.

解 此例用对坐标的曲线积分的基本方法计算是很困难的,但由于

$$P=\cos(x+y^2),\quad Q=2y\cos(x+y^2)-\dfrac{1}{\sqrt{1+y^4}},$$

$$\dfrac{\partial P}{\partial y}=-2y\sin(x+y^2)=\dfrac{\partial Q}{\partial x},$$

因此积分与路径无关,于是可选一使线积分的计算最简单的路径. 现选沿 x 轴从 O 到 A 的路径 OA:$y=0,\mathrm{d}y=0$,则

$$\int_L \cos(x+y^2)\mathrm{d}x + \left[2y\cos(x+y^2) - \dfrac{1}{\sqrt{1+y^4}}\right]\mathrm{d}y$$

$$=\int_{OA} \cos(x+y^2)\mathrm{d}x + \left[2y\cos(x+y^2) - \dfrac{1}{\sqrt{1+y^4}}\right]\mathrm{d}y$$

$$=\int_0^{2\pi a} \cos x\,\mathrm{d}x = \sin(2\pi a).$$

如果一阶微分方程

$$P(x,y)\mathrm{d}x + Q(x,y)\mathrm{d}y = 0 \tag{10.4}$$

的左端恰好是某个二元函数 $u(x,y)$ 的全微分,即

$$\mathrm{d}u(x,y) = P(x,y)\mathrm{d}x + Q(x,y)\mathrm{d}y,$$

则称此方程为**全微分方程**.

根据定理 10.2,一阶微分方程

$$P(x,y)\mathrm{d}x + Q(x,y)\mathrm{d}y = 0$$

是全微分方程的充要条件是

$$\dfrac{\partial P}{\partial y} = \dfrac{\partial Q}{\partial x}.$$

可通过对方程 $\mathrm{d}u(x,y)=P(x,y)\mathrm{d}x+Q(x,y)\mathrm{d}y$ 两边求积,求出 $u(x,y)$,即得全微分方程 (10.4) 的通解 $u(x,y)=0$. 又由定理 10.2 知,对 $P(x,y)\mathrm{d}x+Q(x,y)\mathrm{d}y$ 的积分与路径无关,所以可选择简单的积分路径求积.

例8 求一阶微分方程 $(4x+3y)\mathrm{d}x+(3x-2y)\mathrm{d}y=0$ 的通解.

解 由微分方程可知 $P=4x+3y,Q=3x-2y$. 因为 $\dfrac{\partial P}{\partial y}=3=\dfrac{\partial Q}{\partial x}$,故

$$(4x+3y)\mathrm{d}x + (3x-2y)\mathrm{d}y$$

是某个函数 $u(x,y)$ 的全微分,选择从点 $(0,0)$ 到点 $(x,0)$ 再到点 (x,y) 的折线段作为积分路径,则有

$$u(x,y) = \int_{(0,0)}^{(x,y)} (4x+3y)\mathrm{d}x + (3x-2y)\mathrm{d}y$$

$$= \int_0^x 4x\,\mathrm{d}x + \int_0^y (3x-2y)\mathrm{d}y = 2x^2 + 3xy - y^2,$$

因此 $\mathrm{d}u = \mathrm{d}(2x^2+3xy-y^2)=0$,原微分方程的通解为 $2x^2+3xy-y^2=C$(C 为任意常数).

以上计算中,选择原点作为起点是为了计算方便. 此外,也可以通过凑微分的方法求出 $u(x,y)$:

$$(4x+3y)\mathrm{d}x+(3x-2y)\mathrm{d}y=4x\mathrm{d}x+3(y\mathrm{d}x+x\mathrm{d}y)-2y\mathrm{d}y$$
$$=\mathrm{d}x^2+3\mathrm{d}xy-\mathrm{d}y^2=\mathrm{d}(x^2+3xy-y^2),$$

则有 $u(x,y)=2x^2+3xy-y^2$.

在结束本节之前,特别提醒读者注意,定理 10.2 对复连通域可能不成立. 由例 4 可知,虽然函数 $P(x,y),Q(x,y)$ 在复连通域 $G=\mathbb{R}^2\backslash(0,0)$ 内具有一阶连续偏导数,且 $\dfrac{\partial P}{\partial y}=\dfrac{\partial Q}{\partial x}$,但对任一包围原点的闭曲线 L,沿逆时针方向,有 $\oint_L P\mathrm{d}x+Q\mathrm{d}y=-2\pi\neq 0$. 这说明在复连通域内曲线积分沿闭曲线 L 的值不一定为零!

习题 10-3

1. 利用曲线积分求下列平面曲线所围图形的面积:

(1) 星形线 $\begin{cases} x=a\cos^3 t, \\ y=a\sin^3 t, \end{cases} 0\leqslant t\leqslant 2\pi$;

(2) 圆 $x^2+y^2=2by, b>0$;

(3) 双纽线 $(x^2+y^2)^2=a^2(x^2-y^2)$.

2. 利用格林公式计算下列曲线积分:

(1) $\oint_L (y-x)\mathrm{d}x+(3x+y)\mathrm{d}y$,其中 L 为圆 $(x-1)^2+(y-4)^2=9$,方向为逆时针方向;

(2) $\int_L y\mathrm{d}x+(\sqrt[3]{\sin y}-x)\mathrm{d}y$,其中 L 为依次连接 $A(-1,0),B(2,1),C(1,0)$ 三点的折线段,方向为顺时针方向;

(3) $\int_L (\mathrm{e}^x\sin y-my)\mathrm{d}x+(\mathrm{e}^x\cos y-m)\mathrm{d}y$,其中 m 为常数,L 为圆 $x^2+y^2=2ax$ 上从点 $A(a,0)$ 到点 $O(0,0)$ 的一段有向弧;

(4) $\oint_L \dfrac{x\mathrm{d}y-y\mathrm{d}x}{x^2+y^2}$,其中 L 为椭圆 $4x^2+y^2=1$,方向为逆时针方向;

(5) $\oint_L \dfrac{\partial u}{\partial n}\mathrm{d}s$,其中 $u(x,y)=x^2+y^2$,L 为圆周 $x^2+y^2=6x$,方向为逆时针方向,$\dfrac{\partial u}{\partial n}$ 为 u 沿 L 的外法线方向导数.

3. 证明下列曲线积分在整个 xOy 面内与路径无关,并计算积分值:

(1) $\displaystyle\int_{(0,0)}^{(2,1)}(2x+y)\mathrm{d}x+(x-2y)\mathrm{d}y$;

(2) $\displaystyle\int_{(0,0)}^{(x,y)}(2x\cos y-y^2\sin x)\mathrm{d}x+(2y\cos x-x^2\sin y)\mathrm{d}y$;

(3) $\displaystyle\int_{(2,1)}^{(1,2)}\varphi(x)\mathrm{d}x+\psi(y)\mathrm{d}y$,其中 $\varphi(x)$ 和 $\psi(y)$ 为连续函数.

4. 证明下列 $P(x,y)\mathrm{d}x+Q(x,y)\mathrm{d}y$ 在整个 xOy 面内为某一函数 $u(x,y)$ 的全微分,并求出这样的一个函数 $u(x,y)$:

(1) $2xy\mathrm{d}x+x^2\mathrm{d}y$; (2) $(2x+\sin y)\mathrm{d}x+x\cos y\mathrm{d}y$;
(3) $(x^2+2xy-y^2)\mathrm{d}x+(x^2-2xy-y^2)\mathrm{d}y$;
(4) $\mathrm{e}^x(1+\sin y)\mathrm{d}x+(\mathrm{e}^x+2\sin y)\cos y\mathrm{d}y$.

5. 可微函数 $f(x,y)$ 满足什么条件时，曲线积分 $\int_L f(x,y)(y\mathrm{d}x+x\mathrm{d}y)$ 与路径无关？

6. 设有一变力 $\boldsymbol{F}=(x+y^2, 2xy-8)$ 确定的力场，证明质点在此场内移动时，场力做的功与路径无关.

7. 试确定 a,b，使得 $(ax^2y+8xy^2)\mathrm{d}x+(x^3+bx^2y+12y\mathrm{e}^y)\mathrm{d}y$ 在 xOy 面内是某个函数 $u(x,y)$ 的全微分，并求出这个函数.

8. 证明下列方程是全微分方程并求微分方程的通解：
(1) $(x+2y)\mathrm{d}x+(2x+y)\mathrm{d}y=0$; (2) $(x+\mathrm{e}^y)\mathrm{d}x+(x\mathrm{e}^y-2y)\mathrm{d}y=0$;
(3) $4\sin x\cos x\sin 3y\mathrm{d}x-3\cos 2x\cos 3y\mathrm{d}y=0$.

第四节 对面积的曲面积分

曲线形构件的长度或质量可以用对弧长的曲线积分计算，类似地，曲面形构件的面积或质量可以由本节介绍的对面积的曲面积分计算. 对面积的曲面积分是定义在曲面上的三元函数沿曲面对面积的积分，积分的结果表示的是曲面的面积、质量等.

一、对面积的曲面积分的概念

设 Σ 为 $Oxyz$ 空间中不均匀的曲面片，其面密度为 $\rho(x,y,z)\geqslant 0$，$(x,y,z)\in\Sigma$，类似于求曲线细杆质量的思想，采用"分割，求近似和，求极限"的方法求得该曲面片 Σ 的质量为

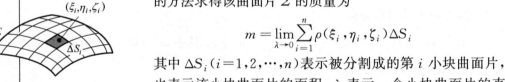

$$m=\lim_{\lambda\to 0}\sum_{i=1}^n \rho(\xi_i,\eta_i,\zeta_i)\Delta S_i$$

其中 $\Delta S_i(i=1,2,\cdots,n)$ 表示被分割成的第 i 小块曲面片，也表示该小块曲面片的面积；λ 表示 n 个小块曲面片的直径的最大值，曲面片的直径为其上任意两点间距离的最大者(图 10-20).

图 10-20

由此引入以下对面积的曲面积分的定义.

由于下文中经常出现名词"光滑曲面"或"分片光滑曲面"，因此在给出对面积的曲面积分的定义之前，对"光滑曲面"或"分片光滑曲面"作一个形象化的描述. 如果一片曲面 Σ 具有连续的切平面，就称曲面 Σ 是**光滑曲面**. 如果一片曲面 Σ 是由几片光滑曲面构成的，就称曲面 Σ 是**分片光滑曲面**. 本章约定，如无特殊说明，所提到的曲面都是光滑或分片光滑曲面.

定义 10.4 设 $f(x,y,z)$ 是定义在光滑曲面 Σ 上的一个有界函数，将 Σ 任意分割成 n 小块 ΔS_i(也用它表示面积)，在每个小曲面片上任取一点 (ξ_i,η_i,ζ_i)，作和 $\sum_{i=1}^n f(\xi_i,\eta_i,\zeta_i)\Delta S_i$. 记 λ 为 $\Delta S_i(i=1,2,\cdots,n)$ 的最大直径，若当 $\lambda\to 0$ 时，和式的极限存在，则称此极

限为函数 $f(x,y,z)$ 在曲面片 Σ 上**对面积的曲面积分**,也称**第一类曲面积分**,记作
$$\iint\limits_{\Sigma} f(x,y,z)\mathrm{d}S,$$
即
$$\iint\limits_{\Sigma} f(x,y,z)\mathrm{d}S = \lim_{\lambda \to 0}\sum_{i=1}^{n} f(\xi_i,\eta_i,\zeta_i)\Delta S_i,$$
式中,$f(x,y,z)$ 称为被积函数;Σ 称为积分曲面;$\mathrm{d}S$ 称为曲面的面积元素,$\mathrm{d}S>0$.

如果 Σ 是闭曲面,则记为 $\oiint\limits_{\Sigma} f(x,y,z)\mathrm{d}S$.

由定义可知,曲面片 Σ 的质量可表示为 $m = \iint\limits_{\Sigma}\rho(x,y,z)\mathrm{d}S$.

特别地,当 $f(x,y,z)\equiv 1$ 时,$\iint\limits_{\Sigma}f(x,y,z)\mathrm{d}S = \iint\limits_{\Sigma}1\mathrm{d}S$,表示曲面片 Σ 的面积.

当 Σ 为 xOy 平面上的区域 D 时,$\iint\limits_{\Sigma}f(x,y,z)\mathrm{d}S$ 即为 D 上的二重积分,即
$$\iint\limits_{D} f(x,y,z)\mathrm{d}S = \iint\limits_{D} f(x,y,0)\mathrm{d}x\mathrm{d}y.$$
对面积的曲面积分具有与对弧长的曲线积分类似的性质,这里不再赘述.

二、对面积的曲面积分的计算及其应用

设光滑曲面 Σ 由方程
$$\Sigma: z = z(x,y), \quad (x,y) \in D_{xy}$$
给出,D_{xy} 为曲面 Σ 在 xOy 面上的投影区域.

如图 10-21 所示,在曲面 Σ 上任取一小片 $\mathrm{d}S$,其面积也记为 $\mathrm{d}S$. 设 $\mathrm{d}S$ 在 xOy 面上的投影为 $\mathrm{d}\sigma$(其面积也记为 $\mathrm{d}\sigma$). 在 $\mathrm{d}\sigma$ 上任取一点 $P(x,y)$,对应地在 Σ 上有一点 $M(x,y,z(x,y))$.

曲面 Σ 上点 M 处的法向量为
$$\boldsymbol{n} = (-z_x(x,y), -z_y(x,y), 1),$$
它与 z 轴正向的夹角为 γ,可以证明
$$\mathrm{d}\sigma = |\cos\gamma|\mathrm{d}S, \quad \text{或 } \mathrm{d}S = \frac{1}{|\cos\gamma|}\mathrm{d}\sigma.$$
如果 γ 是锐角,则
$$\cos\gamma = \frac{1}{\sqrt{1 + z_x'^2(x,y) + z_y'^2(x,y)}},$$
因此

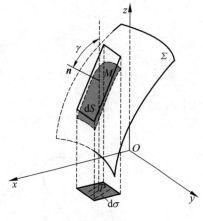

图 10-21

$$\mathrm{d}S = \sqrt{1 + z_x'^2(x,y) + z_y'^2(x,y)}\mathrm{d}\sigma,$$
也可以写成
$$\mathrm{d}S = \sqrt{1 + z_x'^2(x,y) + z_y'^2(x,y)}\mathrm{d}x\mathrm{d}y,$$

这就是曲面 Σ 的面积元素.

将曲面 Σ 的方程 $z=z(x,y)$ 和面积元素 $\mathrm{d}S=\sqrt{1+z_x'^2(x,y)+z_y'^2(x,y)}\,\mathrm{d}x\,\mathrm{d}y$ 同时代入曲面积分 $\iint\limits_{\Sigma}f(x,y,z)\mathrm{d}S$,得

$$\iint\limits_{\Sigma}f(x,y,z)\mathrm{d}S=\iint\limits_{D_{xy}}f[x,y,z(x,y)]\sqrt{1+z_x^2(x,y)+z_y^2(x,y)}\,\mathrm{d}x\,\mathrm{d}y.$$

通过上述推导可知,计算对面积的曲面积分需要知道曲面方程和曲面的投影区域,在此基础上将其转化为二重积分进行计算.

对面积的曲面积分的计算一般采用的方法是利用"一投、二代、三换"的法则,将对面积的曲面积分转化为二重积分. "一投"是指将积分曲面 Σ 投向使投影面积不为零的坐标面,比如坐标面 xOy; "二代"是指将 Σ 的方程先化为投影面上两个坐标变量的显函数,比如 $z=z(x,y)$,再将这个显函数代入被积表达式; "三换"是指将 $\mathrm{d}S$ 换成投影面上用直角坐标系中面积元素表示的曲面面积元素,比如 $\mathrm{d}S=\sqrt{1+z_x'^2(x,y)+z_y'^2(x,y)}\,\mathrm{d}x\,\mathrm{d}y$.

当曲面 Σ 用方程 $y=y(x,z),(x,z)\in D_{zx}$ 或 $x=x(y,z),(y,z)\in D_{yz}$ 表示时,结果类似.

例 1 求球面 $x^2+y^2+z^2=4$ 含在柱面 $x^2+y^2=2x$ 内部的面积 S(图 10-22).

解 由对称性,只计算其在第一卦限中的部分,此时,曲面

$$\Sigma: z=\sqrt{4-(x^2+y^2)},(x,y)\in D,$$

其中 $D: x^2+y^2\leqslant 2x,x\geqslant 0,y\geqslant 0$. 由于 $\dfrac{\partial z}{\partial x}=-\dfrac{x}{z},\dfrac{\partial z}{\partial y}=-\dfrac{y}{z}$,因此

$$S_{\Sigma}=4\iint\limits_{D}\sqrt{1+z_x^2+z_y^2}\,\mathrm{d}x\,\mathrm{d}y$$

$$=4\int_0^{\frac{\pi}{2}}\mathrm{d}\theta\int_0^{2\cos\theta}\dfrac{2}{\sqrt{4-r^2}}r\,\mathrm{d}r$$

$$=8\pi-16.$$

例 2 计算 $I=\iint\limits_{\Sigma}(x+y+z)\mathrm{d}S$,其中 Σ 为 $y+z=5$ 被柱面 $x^2+y^2=25$ 所截的部分(图 10-23).

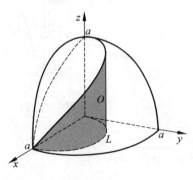

图 10-22

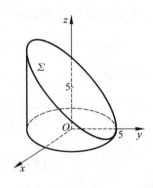

图 10-23

解 积分曲面 Σ：$y+z=5$，投影域
$$D_{xy}=\{(x,y) \mid x^2+y^2\leqslant 25\},$$
$$\mathrm{d}S=\sqrt{1+z_x'^2+z_y'^2}\mathrm{d}x\mathrm{d}y=\sqrt{1+0+(-1)^2}\mathrm{d}x\mathrm{d}y=\sqrt{2}\mathrm{d}x\mathrm{d}y,$$
故
$$\iint_\Sigma (x+y+z)\mathrm{d}S = \sqrt{2}\iint_{D_{xy}}(x+y+5-y)\mathrm{d}x\mathrm{d}y$$
$$=\sqrt{2}\iint_{D_{xy}}(x+5)\mathrm{d}x\mathrm{d}y=\sqrt{2}\int_0^{2\pi}\mathrm{d}\theta\int_0^5(5+r\cos\theta)r\mathrm{d}r=125\sqrt{2}\pi.$$

例 3 计算 $I=\iint_\Sigma (x+y+z)\mathrm{d}S$，其中 Σ：$x^2+y^2+z^2=a^2$，$z\geqslant 0$.

解 曲面 Σ 在 xOy 坐标平面上的投影为 D：$x^2+y^2\leqslant a^2$，故
$$I=\iint_D (x+y+z)\sqrt{1+z_x^2+z_y^2}\mathrm{d}x\mathrm{d}y$$
$$=\iint_D (x+y+\sqrt{a^2-x^2-y^2})\frac{a}{\sqrt{a^2-x^2-y^2}}\mathrm{d}x\mathrm{d}y=\pi a^3.$$

例 4 计算 $\iint_\Sigma |xyz|\mathrm{d}S$，其中 Σ 是旋转抛物面 $z=\frac{1}{2}(x^2+y^2)$ 在 $z\leqslant 1$ 的部分(图 10-24).

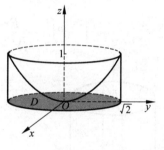

图 10-24

解 由于旋转抛物面关于 z 轴对称，被积函数关于 yOz 面和 zOx 面对称，因此由对称性得
$$\iint_\Sigma |xyz|\mathrm{d}S=4\iint_{\Sigma_1}xyz\mathrm{d}S,$$
其中 Σ_1 为 Σ 在第一卦限的部分. 显然 Σ_1 在 xOy 面上的投影区域为
$$D_{xy}=\{(x,y) \mid x^2+y^2\leqslant 2,x\geqslant 0,y\geqslant 0\}.$$
因为
$$\sqrt{1+z_x'^2+z_y'^2}=\sqrt{1+x^2+y^2},$$
所以
$$\iint_\Sigma |xyz|\mathrm{d}S=4\iint_{\Sigma_1}xyz\mathrm{d}S=2\iint_{D_{xy}}xy(x^2+y^2)\sqrt{1+x^2+y^2}\mathrm{d}x\mathrm{d}y$$
$$=2\int_0^{\frac{\pi}{2}}\mathrm{d}\theta\int_0^{\sqrt{2}}r^2\cos\theta\sin\theta r^2\sqrt{1+r^2}r\mathrm{d}r$$
$$=\int_0^{\frac{\pi}{2}}\sin 2\theta\mathrm{d}\theta\int_0^{\sqrt{2}}r^5\sqrt{1+r^2}\mathrm{d}r$$
$$=\int_0^{\sqrt{2}}r^5\sqrt{1+r^2}\mathrm{d}r=\frac{132\sqrt{3}-8}{105}.$$

例 5 已知面密度为常数 ρ 的均匀上半球面 Σ：$z=\sqrt{R^2-x^2-y^2}$ $(R>0)$，(1)求 Σ 的质心坐标；(2)求 Σ 绕 z 轴的转动惯量.

解 (1) 由于球面 Σ 关于 yOz 面和 zOx 面对称,并且质量分布是均匀的,所以 $\bar{x}=0, \bar{y}=0$. 又

$$\bar{z} = \frac{\iint\limits_{\Sigma} \rho z \, dS}{\iint\limits_{\Sigma} \rho \, dS} = \frac{\iint\limits_{\Sigma} z \, dS}{\iint\limits_{\Sigma} dS},$$

曲面 Σ 在 xOy 面上的投影区域为

$$D_{xy} = \{(x, y) \mid x^2 + y^2 \leqslant R^2\},$$

因为

$$\sqrt{1 + z_x'^2 + z_y'^2} = \frac{R}{\sqrt{R^2 - x^2 - y^2}},$$

所以

$$\iint\limits_{\Sigma} z \, dS = \iint\limits_{D_{xy}} \sqrt{R^2 - x^2 - y^2} \frac{R}{\sqrt{R^2 - x^2 - y^2}} dx dy = \pi R^3, \quad \iint\limits_{\Sigma} dS = 2\pi R^2,$$

从而 $\bar{z} = \dfrac{\pi R^3}{2\pi R^2} = \dfrac{R}{2}$. 故质心坐标为 $\left(0, 0, \dfrac{R}{2}\right)$.

(2) $I_z = \iint\limits_{\Sigma} (x^2 + y^2) dS = \iint\limits_{D_{xy}} (x^2 + y^2) \dfrac{R}{\sqrt{R^2 - x^2 - y^2}} dx dy$

$= \int_0^{2\pi} d\theta \int_0^R \dfrac{Rr^3}{\sqrt{R^2 - r^2}} dr = 2\pi \int_0^R \dfrac{Rr^3}{\sqrt{R^2 - r^2}} dr = 2\pi R \int_0^{\frac{\pi}{2}} R^3 \sin^3 t \, dt = \dfrac{4}{3} \pi R^4.$

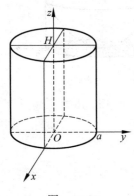

图 10-25

例 6 设 Σ 为圆柱面 $x^2 + y^2 = a^2$ 上介于平面 $z = 0, z = H$ 之间的部分(图 10-25),其上每一点的面密度 ρ 等于该点到原点距离平方的倒数,求此圆柱面 Σ 的质量.

解 依题意,所求圆柱面 Σ 的质量为

$$m = \iint\limits_{\Sigma} \frac{dS}{x^2 + y^2 + z^2} = \iint\limits_{\Sigma} \frac{dS}{a^2 + z^2} = 2\iint\limits_{\Sigma_1} \frac{dS}{a^2 + z^2},$$

其中 $\Sigma_1: x = \sqrt{a^2 - y^2}$, 即 Σ 在 $x \geqslant 0$ 的部分, Σ_1 在 yOz 面上的投影区域为

$$D_{yz} = \{(y, z) \mid -a \leqslant y \leqslant a, 0 \leqslant z \leqslant H\}.$$

又

$$\sqrt{1 + x_y'^2 + x_z'^2} = \frac{a}{\sqrt{a^2 - y^2}},$$

所以

$$m = \iint\limits_{\Sigma} \frac{dS}{x^2 + y^2 + z^2}$$

$$= 2 \iint\limits_{D_{yz}} \frac{1}{a^2 + z^2} \cdot \frac{a}{\sqrt{a^2 - y^2}} dy dz$$

$$= 2 \int_0^H \frac{1}{a^2 + z^2} dz \int_{-a}^a \frac{a}{\sqrt{a^2 - y^2}} dy$$

$$= 2\pi \arctan \frac{H}{a}.$$

设在空间区域中给定一个向量场 $\boldsymbol{F}(x,y,z)$,如果存在一个数量场 $\varphi(x,y,z)$,使得 $\boldsymbol{F}(x,y,z)=\mathbf{grad}\varphi(x,y,z)$,则称向量场 $\boldsymbol{F}(x,y,z)$ 为保守场,函数 $\varphi(x,y,z)$ 为向量场 $\boldsymbol{F}(x,y,z)$ 的**势函数**或**位函数**.

达朗贝尔(D'Alembert Jean Le Rond,1717—1783)是法国著名的物理学家、数学家和天文学家. 作为数学家,同 18 世纪的其他数学家一样,他认为求解物理(主要是力学,包括天体力学)问题是数学的目标. 1752 年他在"流体阻尼的一种新理论"一文中提出了著名的达朗贝尔佯谬,即物体在无界不可压缩无黏性流体中作匀速直线运动时,受到的合力等于零.

例7(达朗贝尔佯谬) 在无界不可压缩无黏性的、速度为 V_0 的流体流场中放入一个半径为 R 的无限长的圆柱体($x^2+y^2 \leqslant R^2$),如图 10-26 所示,由流体力学可知,此时流体的速度势函数为 $\varphi = V_0 x + \dfrac{M}{2\pi} \dfrac{x}{x^2+y^2}$,其中 $M = 2\pi V_0 R^2$. 求圆柱体上单位长度所受到的阻力及升力.

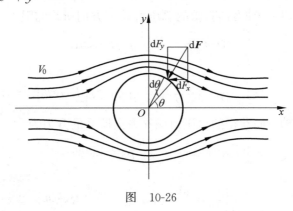

图 10-26

解 由速度势函数得流体速度在 x 方向和 y 方向的分量分别为
$$v_x = \frac{\partial \varphi}{\partial x} = V_0 - \frac{M}{2\pi} \frac{x^2 - y^2}{(x^2+y^2)^2},$$
$$v_y = \frac{\partial \varphi}{\partial y} = -\frac{M}{2\pi} \frac{2xy}{(x^2+y^2)^2},$$

在 z 方向的分量为 $v_z = 0$,因此,在任意点流体速度大小为
$$v = |\boldsymbol{v}| = \sqrt{v_x^2 + v_y^2} = \frac{\sqrt{M^2 + 4M\pi V_0(-x^2+y^2) + 4\pi^2 V_0^2(x^2+y^2)^2}}{2\pi(x^2+y^2)}.$$

当点在圆柱体表面时,即 $x = R\cos\theta, y = R\sin\theta$,代入上式可得圆柱体表面上流体速度大小为
$$v_\theta = \frac{\sqrt{M^2 + 4M\pi V_0(-R^2\cos^2\theta + R^2\sin^2\theta) + 4\pi^2 V_0^2 R^4}}{2\pi R^2}$$

再将 $M = 2\pi V_0 R^2$ 代入得
$$v_\theta = \frac{\sqrt{4\pi^2 V_0^2 R^4 + 8\pi^2 V_0^2 R^2(-R^2\cos^2\theta + R^2\sin^2\theta) + 4\pi^2 V_0^2 R^4}}{2\pi R^2}$$
$$= \frac{2\pi V_0 R^2 \sqrt{1 + 2(-\cos^2\theta + \sin^2\theta) + 1}}{2\pi R^2} = 2V_0 |\sin\theta|.$$

设无穷远处压强为 p_0,圆柱体表面 (x,y,z) 处的压强为 p_θ,ρ 为流体密度,由伯努利方程

$$p_0+\frac{\rho V_0^2}{2}=p_\theta+\frac{\rho v_\theta^2}{2},$$

得

$$p_\theta=p_0+\frac{\rho V_0^2}{2}-\frac{\rho v_\theta^2}{2}=p_0+\frac{\rho V_0^2}{2}(1-4\sin^2\theta).$$

作用在单位长度圆柱体表面微小面积 $dS=Rd\theta$ 上的总压力为

$$dF=p_\theta dS=p_\theta R d\theta,$$

dF 沿 x 轴和 y 轴方向的分量分别为

$$dF_x=-p_\theta\cos\theta dS=-p_\theta R\cos\theta d\theta,\quad dF_y=-p_\theta\sin\theta dS=-p_\theta R\sin\theta d\theta,$$

因此,单位长度圆柱体沿 x 轴方向获得的总压力或 x 方向所受的阻力为

$$F_x=-\iint\limits_\Sigma p_\theta\cos\theta dS=-\int_0^{2\pi}p_\theta R\cos\theta d\theta$$

$$=-\int_0^{2\pi}\left[p_0+\frac{\rho V_0^2}{2}(1-4\sin^2\theta)\right]R\cos\theta d\theta=0,$$

单位长度圆柱体沿 y 轴方向获得的总压力或 y 方向所受的升力为

$$F_y=-\iint\limits_\Sigma p_\theta\sin\theta dS=-\int_0^{2\pi}p_\theta R\sin\theta d\theta$$

$$=-\int_0^{2\pi}\left[p_0+\frac{\rho V_0^2}{2}(1-4\sin^2\theta)\right]R\sin\theta d\theta=0.$$

这个结论的逻辑推理是正确的,但它同实际不符,因为所有的物体在流体中运动时都会受到阻力,有的还受到升力,故其被称为达朗贝尔佯谬或疑难.产生佯谬的主要原因是忽略了黏性这一能量耗散机制.真实流体都是有黏性的,但有些流体黏性很小(例如水和空气).在边界层内黏性起重要作用,例如边界层内流体的黏性引起围绕物体的环流而产生升力(见有环量的无旋运动).黏性会在物体表面产生切向应力,使物体受到摩擦阻力.黏性还使非流线型物体上的边界层从物体表面分离,形成物体后面的尾流,在这种情况下,耗散的机械能以压差阻力的形式表现出来.可见黏性是使物体在运动中受到合力的根本原因,也是揭开达朗贝尔佯谬的关键.

习题 10-4

1. 当 Σ 是 xOy 面上的一个闭区域时,曲面积分 $\iint\limits_\Sigma f(x,y,z)dS$ 与二重积分有何联系?

2. 计算曲面积分 $\iint\limits_\Sigma (x^2+y^2)dS$,其中 Σ 为:

(1) 锥面 $z=\sqrt{x^2+y^2}$ 及平面 $z=1$ 所围成的区域的整个边界曲面;

(2) yOz 面上的直线段 $\begin{cases}z=y,\\ x=0\end{cases}$ $(0\leqslant z\leqslant 1)$ 绕 z 轴旋转一周所得到的旋转曲面.

3. 计算曲面积分 $\iint_{\Sigma} f(x,y,z)\mathrm{d}S$，其中 Σ 为 $z=2-(x^2+y^2)$ 在 xOy 面上方的部分，$f(x,y,z)$ 分别如下：

(1) $f(x,y,z)=1$；　　　(2) $f(x,y,z)=x^2+y^2$；　　　(3) $f(x,y,z)=3z$.

4. 计算下列第一类曲面积分：

(1) $\iint_{\Sigma}\mathrm{d}S$，其中 Σ 为抛物面在 xOy 面上方的部分：$z=2-(x^2+y^2),z\geqslant 0$；

(2) $\iint_{\Sigma}(x+y+z)\mathrm{d}S$，其中 Σ 为上半球面 $x^2+y^2+z^2=a^2,z\geqslant 0$；

(3) $\iint_{\Sigma}\left(x+\dfrac{3y}{2}+\dfrac{z}{2}\right)\mathrm{d}S$，其中 Σ 为平面 $\dfrac{x}{2}+\dfrac{y}{3}+\dfrac{z}{4}=1$ 在第一卦限的部分；

(4) $\iint_{\Sigma}\dfrac{1}{x^2+y^2}\mathrm{d}S$，其中 Σ 为柱面 $x^2+y^2=R^2$ 被平面 $z=0,z=H$ 所截得的部分.

5. 求抛物面壳 $z=\dfrac{1}{2}(x^2+y^2)(0\leqslant z\leqslant 1)$ 的质量，此壳的密度为 $\rho=z$.

6. 求均匀锥面 $z=\sqrt{x^2+y^2}$ 被圆柱面 $x^2+y^2=1$ 所截部分的质心坐标.

7. 求面密度为 $\rho=1$ 的均匀半球壳 $x^2+y^2+z^2=1\ (z\geqslant 0)$ 对于 z 轴的转动惯量.

8. 设半径为 R 的球面 Σ 的球心在定球面 $x^2+y^2+z^2=a^2(a>0)$ 上，问 R 为何值时，球面 Σ 在定球面内部的那部分的面积最大？

第五节　对坐标的曲面积分

求曲面的面积或质量等问题可以用对面积的曲面积分来解决，但是不能直接求解流场中通过曲面的流量，比如磁场中通过某曲面的磁通量、河流中通过某曲面的流量等.解决这类问题，需要利用本节介绍的对坐标的曲面积分.

一、对坐标的曲面积分的概念

1. 有向曲面

对坐标的曲线积分与积分路径的方向有关，由于同一条曲线（或同一条切线）可以有两个相反的方向，所以对坐标的曲线积分必须先指定曲线的方向. 类似地，对坐标的曲面积分涉及曲面的法线方向，而同一条法线有两个相反的方向，在引入对坐标的曲面积分概念之前，也必须先规定曲面的方向，即指出法线的方向.

一般曲面 Σ 有两个面，若指定曲面上一点 M 处的法线方向后，将有向法线沿曲面上任意不越过边界的闭曲线 L 连续地移动，回到点 M 后，法线仍取原来的方向，则称这样的曲面为**双侧曲面**，如图 10-27 所示；如果当有向法线回到点 M 后，有向法线的方向与出发时的方向正好相反，则称此曲面为**单侧曲面**，如图 10-28 所示. 在以下的讨论中均假定曲面是双侧曲面.

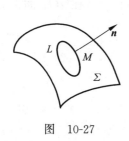
图 10-27

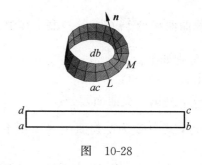
图 10-28

设双侧曲面 Σ 的某一侧上点 M 处的法向量为 $\boldsymbol{n}=(\cos\alpha,\cos\beta,\cos\gamma)$，其中 α,β,γ 分别为法向量的三个方向角. 对双侧曲面的侧作如下约定(图 10-29)：

法向量方向余弦的符号　　曲面侧的约定
$\cos\gamma>0(<0)$　　　　　上侧(下侧)
$\cos\alpha>0(<0)$　　　　　前侧(后侧)
$\cos\beta>0(<0)$　　　　　右侧(左侧)

特别地，对封闭曲面，将法向量指向外部的一侧称为外侧；指向内部的一侧称为内侧(图 10-30). 通常将上侧、前侧、右侧或外侧取作曲面的正侧，记作 Σ^+，而下侧、后侧、左侧或内侧取作曲面的负侧，记作 Σ^-.

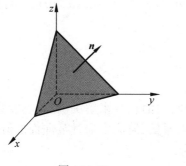
图 10-29

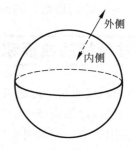
图 10-30

例如，球面 Σ：$x^2+y^2+z^2=R^2$ 上法线的单位向量为

$$(\cos\alpha,\cos\beta,\cos\gamma)=\pm\frac{1}{R}(x,y,z),$$

当取"$+$"时，指的是球面的外侧；取"$-$"时，指的是球面的内侧.

指定了侧的双侧曲面称为**有向曲面**.

2. 对坐标的曲面积分的定义

引例　设稳定流动(流体的速度与时间无关)的不可压缩流体(流体的密度为 $\rho=1$)在点 $M(x,y,z)$ 处的速度场为

$$\boldsymbol{v}(M)=(P(M),Q(M),R(M)),$$

设 Σ 为场中的一片有向曲面，求单位时间内流过曲面 Σ 指定侧的流体总量，即流量 Q，其中 $\boldsymbol{v}(M)$ 在 Σ 上连续(图 10-31).

若 Σ 是面积为 S 的平面片，其单位法向量为

$$\boldsymbol{n}=(\cos\alpha,\cos\beta,\cos\gamma),$$

且流体在平面上各点的速度为常向量,$\boldsymbol{v}(M)=\boldsymbol{v}$,由图 10-32 可得流量
$$Q = S\mid\boldsymbol{v}(M)\mid\cos\theta=\boldsymbol{v}(M)\cdot\boldsymbol{n}(M)S.$$

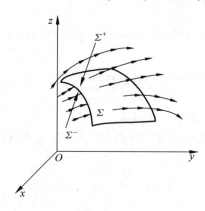

图 10-31

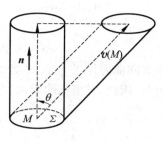

图 10-32

对一般有向曲面 Σ(图 10-33),流体在 Σ 上各点的速度 $\boldsymbol{v}(M)$ 是变化的,流量 Q 的计算应采用"分割、求近似和、取极限"的方法,具体步骤如下:

(1) 分割. 把曲面 Σ 任意分成 n 小块,小块和面积都记作
$$\Delta S_1,\Delta S_2,\cdots,\Delta S_n.$$

(2) 求近似和. 任取一点 $M_i(\xi_i,\eta_i,\zeta_i)\in\Delta S_i$,该点处曲面 Σ 的单位法向量
$$\boldsymbol{n}(M_i)=\cos\alpha_i\boldsymbol{i}+\cos\beta_i\boldsymbol{j}+\cos\gamma_i\boldsymbol{k},$$
当无限细分时,ΔS_i 可近似看作平面,$\boldsymbol{v}(M)$ 在 ΔS_i 上近似于常向量,则流体流过小块的流量为
$$\Delta Q_i\approx\boldsymbol{v}(M_i)\cdot\boldsymbol{n}(M_i)\Delta S_i,$$
通过 Σ 流向指定侧的流量
$$Q=\sum_{i=1}^n\Delta Q_i\approx\sum_{i=1}^n\boldsymbol{v}(M_i)\cdot\boldsymbol{n}(M_i)\Delta S_i.$$

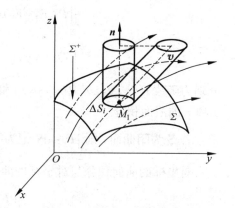

图 10-33

(3) 取极限. 令 $\lambda=\max\{\Delta S_1,\Delta S_2,\cdots,\Delta S_n\}$,得
$$Q=\lim_{\lambda\to 0}\sum_{i=1}^n\boldsymbol{v}(M_i)\cdot\boldsymbol{n}(M_i)\Delta S_i=\iint_\Sigma\boldsymbol{v}(M)\cdot\boldsymbol{n}(M)\mathrm{d}S,$$
这是一个被积函数为 $\boldsymbol{v}(M)\cdot\boldsymbol{n}(M)$ 的在曲面 Σ 上的对面积的曲面积分.

定义 10.5 设 $\boldsymbol{F}(M)=P(M)\boldsymbol{i}+Q(M)\boldsymbol{j}+R(M)\boldsymbol{k}$ 为定义在指定侧的光滑曲面片 Σ 上的一个向量函数,曲面 Σ 上点 M 处与指定侧一致的单位法向量为 $\boldsymbol{n}(M)=\cos\alpha\boldsymbol{i}+\cos\beta\boldsymbol{j}+\cos\gamma\boldsymbol{k}$(方向角 α,β,γ 是 M 的函数),则称 $\iint_\Sigma\boldsymbol{F}(M)\cdot\boldsymbol{n}(M)\mathrm{d}S$ 为向量函数 $\boldsymbol{F}(M)$ 在有向曲面片 Σ 上沿指定侧的**对坐标的曲面积分**,也称为**第二类曲面积分**,简记为 $\iint_\Sigma\boldsymbol{F}\cdot\boldsymbol{n}\mathrm{d}S$,即

$$\iint_\Sigma\boldsymbol{F}\cdot\boldsymbol{n}\mathrm{d}S=\iint_\Sigma[P(x,y,z)\cos\alpha+Q(x,y,z)\cos\beta+R(x,y,z)\cos\gamma]\mathrm{d}S.$$

若令 $d\boldsymbol{S} = \boldsymbol{n}dS = \cos\alpha dS\boldsymbol{i} + \cos\beta dS\boldsymbol{j} + \cos\gamma dS\boldsymbol{k}$（称为**有向面积元**），则上式可简写为

$$\iint_{\Sigma} \boldsymbol{F} \cdot \boldsymbol{n} dS = \iint_{\Sigma} \boldsymbol{F} \cdot d\boldsymbol{S}.$$

对坐标的曲面积分常常用坐标形式表示，如果用 $dydz, dzdx, dxdy$ 分别表示面积元素 dS 在坐标面 yOz, zOx, xOy 上的投影，则

$$dydz = \cos\alpha dS, \quad dzdx = \cos\beta dS, \quad dxdy = \cos\gamma dS,$$

且

$$d\boldsymbol{S} = \boldsymbol{n}dS = dydz\boldsymbol{i} + dzdx\boldsymbol{j} + dxdy\boldsymbol{k}.$$

由于有向曲面片 Σ 上点 M 处的法向量的方向余弦可正可负，所以面积元素 dS 的投影也可正可负，因此，对坐标的曲面积分又可表示为

$$\iint_{\Sigma} \boldsymbol{F} \cdot d\boldsymbol{S} = \iint_{\Sigma} P(x,y,z)dydz + Q(x,y,z)dzdx + R(x,y,z)dxdy,$$

称为**对坐标的曲面积分的坐标形式**，并称

$$\iint_{\Sigma} R(x,y,z)dxdy = \iint_{\Sigma} R(x,y,z)\cos\gamma dS,$$

$$\iint_{\Sigma} P(x,y,z)dydz = \iint_{\Sigma} P(x,y,z)\cos\alpha dS,$$

$$\iint_{\Sigma} Q(x,y,z)dzdx = \iint_{\Sigma} Q(x,y,z)\cos\beta dS$$

分别为函数 $R(x,y,z), P(x,y,z)$ 和 $Q(x,y,z)$ 在指定侧曲面 Σ 上对坐标 x 和 y，y 和 z，z 和 x 的曲面积分.

若 Σ 为闭曲面，则 $\iint_{\Sigma} \boldsymbol{F} \cdot d\boldsymbol{S}$ 记为 $\oiint_{\Sigma} \boldsymbol{F} \cdot d\boldsymbol{S}$.

对坐标的曲面积分与对坐标的曲线积分有类似的性质，如

$$\iint_{\Sigma^+} \boldsymbol{F} \cdot d\boldsymbol{S} = -\iint_{\Sigma^-} \boldsymbol{F} \cdot d\boldsymbol{S}.$$

二、对坐标的曲面积分的计算

设光滑曲面 $\Sigma: z = z(x,y), (x,y) \in D_{xy}$ 取上侧，与曲面 Σ 指定侧相一致的法向量的方向余弦满足关系

$$\cos\alpha dS : \cos\beta dS : \cos\gamma dS = (-z_x) : (-z_y) : 1,$$

又 $\cos\gamma dS = dxdy > 0$，由对面积的曲面的计算方法，定义在上侧曲面 Σ 上的连续向量函数

$$\boldsymbol{F}(M) = \{P(M), Q(M), R(M)\}, \quad M(x,y,z) \in \Sigma$$

的第二类曲面积分可化为二重积分，即

$$\iint_{\Sigma} \boldsymbol{F} \cdot d\boldsymbol{S} = \iint_{\Sigma} [P(x,y,z)\cos\alpha + Q(x,y,z)\cos\beta + R(x,y,z)\cos\gamma]dS$$

$$= \iint_{D_{xy}} [P(x,y,z(x,y))(-z_x) + Q(x,y,z(x,y))(-z_y) +$$

$$R(x,y,z(x,y)) \times 1]dxdy.$$

当曲面 Σ 取下侧时,注意到 $\cos\gamma dS = dxdy < 0$,则

$$\iint_{\Sigma} \boldsymbol{F} \cdot d\boldsymbol{S} = -\iint_{D_{xy}} [P(x,y,z(x,y))(-z_x) + Q(x,y,z(x,y))(-z_y) + R(x,y,z(x,y)) \times 1] dxdy.$$

若光滑有向曲面 Σ 由方程 $y = y(z,x), (z,x) \in D_{zx}$ 或 $x = x(y,z), (y,z) \in D_{yz}$ 表示,类似地可将 $\iint_{\Sigma} \boldsymbol{F} \cdot d\boldsymbol{S}$ 转化为投影区域 D_{zx} 或 D_{yz} 上的二重积分.

计算对坐标的曲面积分 $\iint_{\Sigma} Pdydz + Qdzdx + Rdxdy$,常将其拆分为单一型对坐标的曲面积分,即 $\iint_{\Sigma} Rdxdy + \iint_{\Sigma} Pdydz + \iint_{\Sigma} Qdzdx$. 对单一型第二类曲面积分,常按"一投,二代,三定号"法则化为二重积分. 比如,对于 $\iint_{\Sigma} Rdxdy$,"一投"是指将积分曲面 Σ 投向指定的坐标面 xOy,投影区域为 D_{xy};"二代"是指将 Σ 的方程先化为投影面上两个变量的显函数 $z = z(x,y)$,再将此显函数代入被积表达式,即 $R(x,y,z) = R(x,y,z(x,y))$;"三定号"是指依曲面 Σ 的定侧向量,确定二重积分前的"$+$""$-$"符号,当 Σ 的定侧向量指向坐标面 xOy 的上方时,二重积分前面取"$+$",反之取"$-$",即如果 $\Sigma : z = z(x,y)$ 取上侧,则

$$\iint_{\Sigma} R(x,y,z) dxdy = \iint_{D_{xy}} R(x,y,z(x,y)) dxdy;$$

如果 Σ 取下侧,则

$$\iint_{\Sigma} R(x,y,z) dxdy = -\iint_{D_{xy}} R(x,y,z(x,y)) dxdy.$$

对于 $\iint_{\Sigma} Pdydz$ 和 $\iint_{\Sigma} Qdzdx$,用类似的分析方法可得以下计算公式:

如果 $\Sigma : x = x(y,z), (y,z) \in D_{yz}$ 取前侧,则

$$\iint_{\Sigma} P(x,y,z) dydz = \iint_{D_{yz}} P(x(y,z),y,z) dydz;$$

如果 $\Sigma : x = x(y,z), (y,z) \in D_{yz}$ 取后侧,则

$$\iint_{\Sigma} P(x,y,z) dydz = -\iint_{D_{yz}} P(x(y,z),y,z) dydz;$$

如果 $\Sigma : y = y(z,x), (z,x) \in D_{zx}$ 取右侧,则

$$\iint_{\Sigma} P(x,y,z) dzdx = \iint_{D_{zx}} P(x,y(x,z),z) dzdx;$$

如果 $\Sigma : y = y(z,x), (z,x) \in D_{zx}$ 取左侧,则

$$\iint_{\Sigma} P(x,y,z) dzdx = \iint_{D_{zx}} P(x,y(x,z),z) dzdx.$$

例 1 计算曲面积分 $I = \iint_{\Sigma} xdydz + ydzdx + zdxdy$,其中 Σ 是长方体 $\Omega = \{(x,y,z) \mid 0 \leq x \leq a, 0 \leq y \leq b, 0 \leq z \leq c\}$ 整个表面中非坐标面部分的外侧.

解 设 $\Sigma=\Sigma_1+\Sigma_2+\Sigma_3$，其中 Σ_1：$z=c$ ($0\leqslant x\leqslant a$, $0\leqslant y\leqslant b$)的上侧，Σ_2：$x=a$ ($0\leqslant y\leqslant b$, $0\leqslant z\leqslant c$)的前侧，Σ_3：$y=b$ ($0\leqslant x\leqslant a$, $0\leqslant z\leqslant c$)的右侧. 则有

$$I=\iint_{\Sigma}x\,\mathrm{d}y\,\mathrm{d}z+\iint_{\Sigma}y\,\mathrm{d}z\,\mathrm{d}x+\iint_{\Sigma}z\,\mathrm{d}x\,\mathrm{d}y,$$

$$\iint_{\Sigma}x\,\mathrm{d}y\,\mathrm{d}z=\iint_{\Sigma_1}x\,\mathrm{d}y\,\mathrm{d}z+\iint_{\Sigma_2}x\,\mathrm{d}y\,\mathrm{d}z+\iint_{\Sigma_3}x\,\mathrm{d}y\,\mathrm{d}z.$$

除 Σ_2 外，Σ_1 和 Σ_3 在 yOz 面上的投影为零，因此

$$\iint_{\Sigma}x\,\mathrm{d}y\,\mathrm{d}z=0+\iint_{\Sigma_2}x\,\mathrm{d}y\,\mathrm{d}z+0=\iint_{D_{yz}}a\,\mathrm{d}y\,\mathrm{d}z=abc.$$

类似地可得

$$\iint_{\Sigma}y\,\mathrm{d}z\,\mathrm{d}x=bac,\quad \iint_{\Sigma}z\,\mathrm{d}x\,\mathrm{d}y=cab.$$

所求曲面积分为 $I=3abc$.

例 2 计算曲面积分 $\iint_{\Sigma}xyz\,\mathrm{d}x\,\mathrm{d}y$，其中 Σ 是球面 $x^2+y^2+z^2=1$ 外侧在第一和第五卦限的部分(图 10-34).

解 依题意，Σ 分为球面在第一和第五卦限的两部分，其方程分别为

$$\Sigma_1:z=\sqrt{1-x^2-y^2}\text{ 取上侧},$$

$$\Sigma_2:z=-\sqrt{1-x^2-y^2}\text{ 取下侧},$$

它们的投影区域均为

$$D_{xy}=\{(x,y)\mid x^2+y^2\leqslant 1, x\geqslant 0, y\geqslant 0\},$$

因此有

$$\iint_{\Sigma}xyz\,\mathrm{d}x\,\mathrm{d}y=\iint_{\Sigma_1}xyz\,\mathrm{d}x\,\mathrm{d}y+\iint_{\Sigma_2}xyz\,\mathrm{d}x\,\mathrm{d}y$$

$$=\iint_{D_{xy}}xy\sqrt{1-x^2-y^2}\,\mathrm{d}x\,\mathrm{d}y-\iint_{D_{xy}}xy(-\sqrt{1-x^2-y^2})\,\mathrm{d}x\,\mathrm{d}y$$

$$=2\iint_{D_{xy}}xy\sqrt{1-x^2-y^2}\,\mathrm{d}x\,\mathrm{d}y=2\int_0^{\frac{\pi}{2}}\mathrm{d}\theta\int_0^1(r\cos\theta)(r\sin\theta)\sqrt{1-r^2}\,r\,\mathrm{d}r=\frac{2}{15}.$$

例 3 计算曲面积分 $\iint_{\Sigma}\mathbf{F}\cdot\mathrm{d}\mathbf{S}$，其中 $\mathbf{F}=(x^2,y^2,z^2)$，Σ：$x^2+y^2=z^2$ ($0\leqslant z\leqslant R$)的下侧(图 10-35).

解 Σ 在 xOy 面上的投影区域为

$$D_{xy}=\{(x,y)\mid x^2+y^2\leqslant R^2\},$$

Σ 的方程可写成 $z=\sqrt{x^2+y^2}$，有

$$z_x=\frac{x}{\sqrt{x^2+y^2}},\quad z_y=\frac{y}{\sqrt{x^2+y^2}}.$$

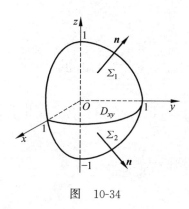

图 10-34

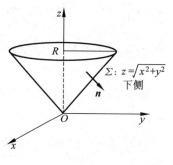

图 10-35

则有

$$\iint_{\Sigma} \boldsymbol{F} \cdot \mathrm{d}\boldsymbol{S} = \iint_{\Sigma} x^2 \mathrm{d}y\mathrm{d}z + y^2 \mathrm{d}z\mathrm{d}x + z^2 \mathrm{d}x\mathrm{d}y$$

$$= -\iint_{D_{xy}} \left[x^2 \left(-\frac{x}{\sqrt{x^2+y^2}} \right) + y^2 \left(-\frac{y}{\sqrt{x^2+y^2}} \right) + (x^2+y^2) \times 1 \right] \mathrm{d}x\mathrm{d}y$$

$$= -\iint_{D_{xy}} (x^2+y^2) \mathrm{d}x\mathrm{d}y = -\int_0^{2\pi} \mathrm{d}\theta \int_0^R r^2 r \mathrm{d}r = -\frac{1}{2} \pi R^4.$$

例 4 已知流体速度场 $\boldsymbol{v}(x,y,z) = (xy, yz, zx)$，$\Sigma^+$ 为平面 $x+y+z=1$ 与三个坐标面所围成的四面体的表面(图 10-36)，求单位时间内由曲面的内部流向其外部的流量.

解 Σ^+ 可分成以下四个部分：
Σ_1^-：$x=0$，后侧；Σ_2^-：$y=0$，左侧；
Σ_3^-：$z=0$，下侧；Σ_4^+：$z=1-x-y$，上侧.
在 xOy 面上的投影区域

$$D_{xy} = \{(x,y) \mid x+y \leqslant 1, x \geqslant 0, y \geqslant 0\},$$

所求流量

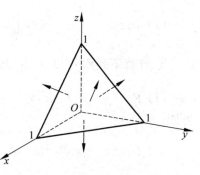

图 10-36

$$Q = \oiint_{\Sigma^+} \boldsymbol{v} \cdot \mathrm{d}\boldsymbol{S} = \left(\iint_{\Sigma_1^-} + \iint_{\Sigma_2^-} + \iint_{\Sigma_3^-} + \iint_{\Sigma_4^+} \right) \boldsymbol{v} \cdot \mathrm{d}\boldsymbol{S}$$

$$= \left(\iint_{\Sigma_1^-} + \iint_{\Sigma_2^-} + \iint_{\Sigma_3^-} + \iint_{\Sigma_4^+} \right) xy \mathrm{d}y\mathrm{d}z + yz \mathrm{d}z\mathrm{d}x + zx \mathrm{d}x\mathrm{d}y.$$

由于指定后侧的 Σ_1^- 的单位法向量为 $(-1,0,0)$，则得 $\mathrm{d}z\mathrm{d}x = \cos\beta \mathrm{d}S = 0$，$\mathrm{d}x\mathrm{d}y = \cos\gamma \mathrm{d}S = 0$，所以 $\iint_{\Sigma_1^-} yz \mathrm{d}z\mathrm{d}x + zx \mathrm{d}x\mathrm{d}y = 0$，又在 Σ_1^- 上 $x \equiv 0$，所以 $\iint_{\Sigma_1^-} xy \mathrm{d}y\mathrm{d}z = 0$，故 $\iint_{\Sigma_1^-} \boldsymbol{v} \cdot \mathrm{d}\boldsymbol{S} = 0$.

同理，$\iint_{\Sigma_2^-} \boldsymbol{v} \cdot \mathrm{d}\boldsymbol{S} = 0$，$\iint_{\Sigma_3^-} \boldsymbol{v} \cdot \mathrm{d}\boldsymbol{S} = 0$.

对于 Σ_4^+,$\dfrac{\mathrm{d}z}{\mathrm{d}x}=-1,\dfrac{\mathrm{d}z}{\mathrm{d}y}=-1$,有

$$\iint\limits_{\Sigma_4^+}\boldsymbol{v}\cdot\mathrm{d}\boldsymbol{S}=\iint\limits_{D_{xy}}[xy\times 1+y(1-x-y)\times 1+(1-x-y)x\times 1]\mathrm{d}x\mathrm{d}y$$

$$=\iint\limits_{D_{xy}}[(x+y)-(x^2+y^2)-xy]\mathrm{d}x\mathrm{d}y=2\iint\limits_{D_{xy}}(x-x^2)\mathrm{d}x\mathrm{d}y-\iint\limits_{D_{xy}}xy\mathrm{d}x\mathrm{d}y$$

$$=2\int_0^1(x-x^2)\mathrm{d}x\int_0^{1-x}\mathrm{d}y-\int_0^1x\mathrm{d}x\int_0^{1-x}y\mathrm{d}y=\dfrac{1}{8}.$$

综上得

$$Q=\oiint\limits_{\Sigma^+}\boldsymbol{v}\cdot\mathrm{d}\boldsymbol{S}=\dfrac{1}{8}.$$

习题 10-5

1. 当 Σ 为 xOy 面内的一个闭区域时,曲面积分 $\iint\limits_{\Sigma}R(x,y,z)\mathrm{d}x\mathrm{d}y$ 与二重积分有什么关系?

2. 设 Σ 为 $z=1$ 上 $x^2+y^2\leqslant 1$ 部分上侧,计算下列第二类曲面积分:

(1) $\iint\limits_{\Sigma}\mathrm{d}x\mathrm{d}y$;　　　　(2) $\iint\limits_{\Sigma}x^2z\mathrm{d}x\mathrm{d}y$;　　　　(3) $\iint\limits_{\Sigma}y\mathrm{d}z\mathrm{d}x$.

3. 计算下列积分 $\iint\limits_{\Sigma}\boldsymbol{F}\cdot\mathrm{d}\boldsymbol{S}$,其中:

(1) $\boldsymbol{F}=(y+z,z+x,x+y)$,$\Sigma$ 为以坐标原点为中心、边长为 2 的立方体整个表面的外侧;

(2) $\boldsymbol{F}=(z^2+x,0,-z)$,$\Sigma$ 为旋转抛物面 $z=\dfrac{1}{2}(x^2+y^2)$ 介于 $z=0,z=2$ 之间部分的下侧;

(3) $\boldsymbol{F}=(x,y,z)$,Σ 为 $x^2+y^2+z^2=a^2,z\geqslant 0$ 的上侧;

(4) $\oiint\limits_{\Sigma}\boldsymbol{F}\cdot\mathrm{d}\boldsymbol{S}$,$\boldsymbol{F}=(xy,yz,zx)$,$\Sigma$ 为由平面 $x=0,y=0,z=0,x+y+z=1$ 所围成的四面体的表面的外侧.

4. 把对坐标的曲面积分 $\iint\limits_{\Sigma}P(x,y,z)\mathrm{d}y\mathrm{d}z+Q(x,y,z)\mathrm{d}z\mathrm{d}x+R(x,y,z)\mathrm{d}x\mathrm{d}y$ 化为对面积的曲面积分,其中 Σ 为

(1) 平面 $3x+2y+2\sqrt{3}z=6$ 在第一卦限的部分的上侧;

(2) 抛物面 $z=8-(x^2+y^2)$ 在 xOy 面上方的部分的上侧.

5. 求流体在单位时间内通过曲面 Σ 的流量:

(1) 流场 $\boldsymbol{v}(x,y,z)=(x,y,z)$,$\Sigma$ 为上半锥面 $z=\sqrt{x^2+y^2}$ 与平面 $z=1$ 所围成的锥体表面外侧;

(2) 流场 $\boldsymbol{v}(x,y,z)=(-y,x,9)$, Σ 为 $z=\sqrt{9-x^2-y^2}$, $(x,y)\in D_{xy}=\{(x,y)|0\leqslant x^2+y^2\leqslant 9\}$, 曲面 Σ 的法向量与 z 轴夹角为锐角.

第六节　高斯公式　通量与散度

格林公式反映了平面区域上的二重积分与区域边界上的曲线积分之间的关系. 同样,空间区域上的三重积分与该区域的边界曲面上的曲面积分之间也有类似的关系,反映这个关系的等式就是高斯公式.

一、高斯公式

定理 10.3　设空间闭区域 Ω 的边界曲面是光滑或分片光滑的闭曲面,取其外侧,记作 Σ^+, 向量函数 $\boldsymbol{F}(x,y,z)=P(x,y,z)\boldsymbol{i}+Q(x,y,z)\boldsymbol{j}+R(x,y,z)\boldsymbol{k}$ 在 Ω 上有连续的一阶偏导数,则

$$\oiint_{\Sigma^+}(P\cos\alpha+Q\cos\beta+R\cos\gamma)\mathrm{d}S=\oiint_{\Sigma^+}P\mathrm{d}y\mathrm{d}z+Q\mathrm{d}z\mathrm{d}x+R\mathrm{d}x\mathrm{d}y$$

$$=\iiint_{\Omega}\left(\frac{\partial P}{\partial x}+\frac{\partial Q}{\partial y}+\frac{\partial R}{\partial z}\right)\mathrm{d}V,$$

或 $\oiint_{\Sigma^+}\boldsymbol{F}\cdot\mathrm{d}\boldsymbol{S}=\oiint_{\Sigma^+}\boldsymbol{F}\cdot\boldsymbol{n}\mathrm{d}S$, 其中 $\boldsymbol{n}=(\cos\alpha,\cos\beta,\cos\gamma)$ 为曲面 Σ^+ 在点 (x,y,z) 处的外侧单位法向量.

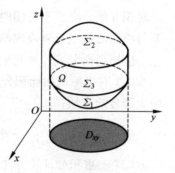

图 10-37

证　(1) 设平行于三坐标轴的直线与 Σ^+ 的交点至多有两个,则 $\Sigma^+=\Sigma_1\bigcup\Sigma_2\bigcup\Sigma_3$ (图 10-37),其中 Σ_1: $z=z_1(x,y)$, $(x,y)\in D_{xy}$, 取下侧; Σ_2: $z=z_2(x,y)$, $(x,y)\in D_{xy}$, 取上侧; Σ_3 是以 D_{xy} 的边界为准线,母线平行于 z 轴的柱面夹在 Σ_1 和 Σ_2 之间的部分,取外侧, D_{xy} 为 Ω 在 xOy 面上的投影区域.

由曲面积分的计算方法得

$$\oiint_{\Sigma^+}R\cos\gamma\mathrm{d}S=\oiint_{\Sigma^+}R\mathrm{d}x\mathrm{d}y$$

$$=\left(\iint_{\Sigma_1}+\iint_{\Sigma_2}+\iint_{\Sigma_3}\right)R\mathrm{d}x\mathrm{d}y$$

$$=\iint_{D_{xy}}R[x,y,z_2(x,y)]\mathrm{d}x\mathrm{d}y-\iint_{D_{xy}}R[x,y,z_1(x,y)]\mathrm{d}x\mathrm{d}y.$$

另外,由三重积分的计算方法得

$$\iiint_{\Omega}\frac{\partial R}{\partial z}\mathrm{d}V=\iint_{D_{xy}}\mathrm{d}x\mathrm{d}y\int_{z_1(x,y)}^{z_2(x,y)}\frac{\partial R}{\partial z}\mathrm{d}z$$

$$=\iint_{D_{xy}}\{R[x,y,z_2(x,y)]-R[x,y,z_1(x,y)]\}\mathrm{d}x\mathrm{d}y,$$

从而有
$$\oiint_{\Sigma^+} R\cos\gamma\,\mathrm{d}S = \oiint_{\Sigma^+} R\,\mathrm{d}x\,\mathrm{d}y = \iiint_{\Omega} \frac{\partial R}{\partial z}\,\mathrm{d}V.$$

同理可得
$$\oiint_{\Sigma^+} Q\cos\beta\,\mathrm{d}S = \oiint_{\Sigma^+} Q\,\mathrm{d}z\,\mathrm{d}x = \iiint_{\Omega} \frac{\partial Q}{\partial y}\,\mathrm{d}V,$$
$$\oiint_{\Sigma^+} P\cos\alpha\,\mathrm{d}S = \oiint_{\Sigma^+} P\,\mathrm{d}y\,\mathrm{d}z = \iiint_{\Omega} \frac{\partial P}{\partial x}\,\mathrm{d}V.$$

将以上三式相加即得高斯公式.

(2) 对于一般区域 Ω,可以利用辅助面把它分成有限个满足上述假设的小区域,在每个小区域上应用高斯公式,再把它们加起来. 注意到在辅助面上的曲面积分总是在正负两侧来回一次,相互抵消,因此,高斯公式成立.

特别地,应用高斯公式可将空间闭区域 Ω 的体积表示为其边界曲面上的第二类曲面积分,即
$$V(\Omega) = \frac{1}{3}\oiint_{\Sigma^+} x\,\mathrm{d}y\,\mathrm{d}z + y\,\mathrm{d}z\,\mathrm{d}x + z\,\mathrm{d}x\,\mathrm{d}y.$$

应用高斯公式时,先要验证其条件:Σ^+ 为闭曲面;取外侧;P,Q,R 在 Ω 上有连续的一阶偏导数. 若 Σ 不是闭曲面,可采用补上若干块曲面使之成为闭曲面的方法,补上的曲面要与原曲面构成外侧或内侧.

应用高斯公式计算对坐标的曲面积分有三个优点:

(1) 对坐标的曲面积分化为三重积分时,曲面取外侧,省去直接计算中化为二重积分时确定符号的麻烦;

(2) $\dfrac{\partial P}{\partial x}+\dfrac{\partial Q}{\partial y}+\dfrac{\partial R}{\partial z}$ 一般比 $P(x,y,z),Q(x,y,z),R(x,y,z)$ 简单,故积分也简单;

(3) 三重积分计算方法比较灵活,可采用不同的坐标系计算.

例 1 计算曲面积分 $\oiint_{\Sigma}(2x+z)\,\mathrm{d}y\,\mathrm{d}z+z\,\mathrm{d}x\,\mathrm{d}y$,其中 Σ 为 $z=x^2+y^2$ 与 $z=1$ 所围几何体边界的内侧.

解 设 Ω 表示由 Σ 所围成的空间区域,$P=2x+z, Q=0, R=z$,由高斯公式得
$$\oiint_{\Sigma}(2x+z)\,\mathrm{d}y\,\mathrm{d}z+z\,\mathrm{d}x\,\mathrm{d}y = -\iiint_{\Omega}(2+1)\,\mathrm{d}V$$
$$= -3\int_0^{2\pi}\mathrm{d}\theta\int_0^1 r\,\mathrm{d}r\int_{r^2}^1\mathrm{d}z = -6\pi\int_0^1(r-r^3)\,\mathrm{d}r$$
$$= -6\pi\left(\frac{r^2}{2}-\frac{r^4}{4}\right)\Big|_0^1 = -\frac{3}{2}\pi.$$

例 2 计算曲面积分 $\oiint_{\Sigma} x^2\,\mathrm{d}y\,\mathrm{d}z + y^2\,\mathrm{d}z\,\mathrm{d}x$,$\Sigma$ 为 $\Omega=\{(x,y,z)\,|\,0\leqslant x\leqslant a, 0\leqslant y\leqslant b, 0\leqslant z\leqslant c\}$ 的边界曲面,取外侧.

解 $P=x^2, Q=y^2, R=0, \dfrac{\partial P}{\partial x}=2x, \dfrac{\partial Q}{\partial y}=2y, \dfrac{\partial R}{\partial z}=0$, 由高斯公式得

$$\oiint_{\Sigma} x^2 \mathrm{d}y\mathrm{d}z + y^2 \mathrm{d}z\mathrm{d}x = \iiint_{\Omega}(2x+2y)\mathrm{d}V$$

$$= \int_0^a \mathrm{d}x \int_0^b \mathrm{d}y \int_0^c 2(x+y)\mathrm{d}z = \int_0^a \mathrm{d}x \int_0^b 2c(x+y)\mathrm{d}y$$

$$= 2c\int_0^a \left(xb + \dfrac{b^2}{2}\right)\mathrm{d}x = abc(a+b).$$

例3 计算曲面积分 $\iint_{\Sigma}[(x^3z+y)\cos\alpha - x^2yz\cos\beta - x^2z^2\cos\gamma]\mathrm{d}S$, Σ 为曲面 $z=2-x^2-y^2$ 介于平面 $z=1$ 与 $z=2$ 之间的部分,取上侧(图 10-38).

解 曲面 Σ 不是封闭的,必须先补一个面形成闭曲面才能应用高斯公式. 作辅助面 $\Sigma_1: z=1, (x,y)\in D_{xy}=\{(x,y)\mid x^2+y^2\leqslant 1\}$, 取下侧,则

$$\iint_{\Sigma}[(x^3z+y)\cos\alpha - x^2yz\cos\beta - x^2z^2\cos\gamma]\mathrm{d}S$$

$$= \left(\oiint_{\Sigma+\Sigma_1} - \iint_{\Sigma_1}\right)[(x^3z+y)\cos\alpha - x^2yz\cos\beta - x^2z^2\cos\gamma]\mathrm{d}S$$

$$= \iiint_{\Omega} 0\,\mathrm{d}x\mathrm{d}y\mathrm{d}z + \iint_{D_{xy}} -x^2\,\mathrm{d}x\mathrm{d}y$$

$$= -\int_0^{2\pi}\cos^2\theta\,\mathrm{d}\theta\int_0^1 r^3\,\mathrm{d}r = \dfrac{\pi}{4}.$$

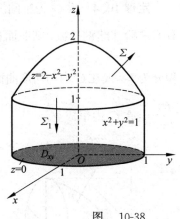

图 10-38

例4 计算 $\oiint_{\Sigma^+} \boldsymbol{F}\cdot\mathrm{d}\boldsymbol{S}$, 其中 $\boldsymbol{F}=\dfrac{1}{r^3}(x,y,z), r=\sqrt{x^2+y^2+z^2}$, Σ^+ 为包围原点的任意光滑曲面,取外侧.

解 $P=\dfrac{x}{r^3}, Q=\dfrac{y}{r^3}, R=\dfrac{z}{r^3}$, 则

$$\dfrac{\partial P}{\partial x}=\dfrac{r^2-3x^2}{r^5}, \quad \dfrac{\partial Q}{\partial y}=\dfrac{r^2-3y^2}{r^5}, \quad \dfrac{\partial R}{\partial z}=\dfrac{r^2-3z^2}{r^5},$$

因此

$$\dfrac{\partial P}{\partial x}+\dfrac{\partial Q}{\partial y}+\dfrac{\partial R}{\partial z}=0, \quad (x,y,z)\neq(0,0,0).$$

因 Σ^+ 包围奇点,所以不能直接应用高斯公式.

作辅助球面 $\Sigma_1^-: x^2+y^2+z^2=\varepsilon^2$, 取内侧, ε 为足够小的正数,使该球面完全被包围在 Σ^+ 中,设 Ω 为由 $\Sigma^+\cup\Sigma_1^-$ 所围区域, Ω_1 为球面所围区域,则利用高斯公式得

$$\oiint_{\Sigma^+\cup\Sigma_1^-}\boldsymbol{F}\cdot\mathrm{d}\boldsymbol{S} = \iiint_{\Omega}\left(\dfrac{\partial P}{\partial x}+\dfrac{\partial Q}{\partial y}+\dfrac{\partial R}{\partial z}\right)\mathrm{d}V = 0,$$

因此

$$\oiint_{\Sigma^+} \boldsymbol{F} \cdot \mathrm{d}\boldsymbol{S} = \left(\oiint_{\Sigma^+ + \Sigma_1^-} - \oiint_{\Sigma_1^-}\right)\boldsymbol{F}\mathrm{d}\boldsymbol{S} = \oiint_{\Sigma_1^+} \boldsymbol{F} \cdot \mathrm{d}\boldsymbol{S}$$

$$= \iint_{\Sigma_1^+} \frac{1}{r^3}(x\mathrm{d}y\mathrm{d}z + y\mathrm{d}z\mathrm{d}x + z\mathrm{d}x\mathrm{d}y)$$

$$= \frac{1}{\varepsilon^3}\iint_{\Sigma_1^+} x\mathrm{d}y\mathrm{d}z + y\mathrm{d}z\mathrm{d}x + z\mathrm{d}x\mathrm{d}y$$

$$= \frac{1}{\varepsilon^3}\iiint_{\Omega_1} 3\mathrm{d}V = \frac{3}{\varepsilon^3}\cdot\frac{4}{3}\pi\varepsilon^3 = 4\pi.$$

二、沿任意闭曲面积分为零的条件

定理 10.4 设 G 为空间三维单连通区域，$P(x,y,z), Q(x,y,z), R(x,y,z)$ 在 G 内具有一阶连续偏导数，则曲面积分 $\iint_\Sigma P\mathrm{d}y\mathrm{d}z + Q\mathrm{d}z\mathrm{d}x + R\mathrm{d}x\mathrm{d}y$ 在 G 内沿任一闭曲面的曲面积分为零，或在 G 内与所取曲面 Σ 无关而只取决于 Σ 的边界曲线的充要条件是：$\frac{\partial P}{\partial x} + \frac{\partial Q}{\partial y} + \frac{\partial R}{\partial z} = 0$ 在 G 内恒成立.

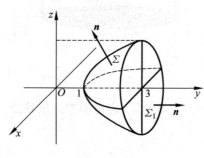

图 10-39

例 5 计算 $\iint_\Sigma 8xy\mathrm{d}y\mathrm{d}z + 2(1-y^2)\mathrm{d}z\mathrm{d}x - 4yz\mathrm{d}x\mathrm{d}y$，其中 Σ 为曲线 $\begin{cases} z=\sqrt{y-1}, \\ x=0, \end{cases}$ $1\leqslant y\leqslant 3$ 绕 y 轴旋转一周所成的曲面的外侧（图 10-39）.

解 $P=8xy, Q=2(1-y^2), R=-4yz$，则 $\frac{\partial P}{\partial x}+\frac{\partial Q}{\partial y}+\frac{\partial R}{\partial z}=0$ 在 $\mathbb{R}^3$ 内恒成立，因此 $\iint_\Sigma 8xy\mathrm{d}y\mathrm{d}z + 2(1-y^2)\mathrm{d}z\mathrm{d}x - 4yz\mathrm{d}x\mathrm{d}y$ 与所取曲面 Σ 无关而只取决于 Σ 的边界曲线.

设 $\Sigma_1: \begin{cases} x^2+z^2\leqslant 2, \\ y=3, \end{cases}$ 取右侧，如图 10-39 所示，且在 Σ_1 上，$y=3, \mathrm{d}y=0$，则

$$\iint_\Sigma 8xy\mathrm{d}y\mathrm{d}z + 2(1-y^2)\mathrm{d}z\mathrm{d}x - 4yz\mathrm{d}x\mathrm{d}y = -\iint_{\Sigma_1} 8xy\mathrm{d}y\mathrm{d}z + 2(1-y^2)\mathrm{d}z\mathrm{d}x - 4yz\mathrm{d}x\mathrm{d}y$$

$$= -\iint_{\Sigma_1} 2(1-y^2)\mathrm{d}z\mathrm{d}x$$

$$= -\iint_{x^2+z^2\leqslant 2} 2(1-3^2)\mathrm{d}z\mathrm{d}x = 32\pi.$$

三、通量与散度

对于向量场中任意一个特定的曲面 Σ,单位时间内通过曲面 Σ 的流体的量称为向量场通过曲面 Σ 的**通量**,也称**流量**.

由第五节已经知道向量场 $\boldsymbol{F}(x,y,z)=P(x,y,z)\boldsymbol{i}+Q(x,y,z)\boldsymbol{j}+R(x,y,z)\boldsymbol{k}$ 通过场中的某有向曲面 Σ 的通量即为第二类曲面积分 $\iint\limits_{\Sigma}\boldsymbol{F}\cdot\mathrm{d}\boldsymbol{S}=\iint\limits_{\Sigma}P\mathrm{d}y\mathrm{d}z+Q\mathrm{d}z\mathrm{d}x+R\mathrm{d}x\mathrm{d}y$.

若 $\boldsymbol{E}(x,y,z)$ 为电场,则通量 $\iint\limits_{\Sigma}\boldsymbol{E}\cdot\mathrm{d}\boldsymbol{S}$ 即为电通量;若 $\boldsymbol{v}(x,y,z)$ 为速度场,则通量 $\iint\limits_{\Sigma}\boldsymbol{v}\cdot\mathrm{d}\boldsymbol{S}$ 即为流量;若 $\boldsymbol{M}(x,y,z)$ 为磁场强度,则通量 $\iint\limits_{\Sigma}\boldsymbol{M}\cdot\mathrm{d}\boldsymbol{S}$ 即为磁通量. 下面以流量为例说明通量与散度的物理意义.

设 Σ^+ 为取外侧的闭曲面,则单位时间内流体通过闭曲面 Σ^+ 的体积流量为
$$\Phi=\oiint\limits_{\Sigma^+}\boldsymbol{F}\cdot\mathrm{d}\boldsymbol{S}=\oiint\limits_{\Sigma^+}P\mathrm{d}y\mathrm{d}z+Q\mathrm{d}z\mathrm{d}x+R\mathrm{d}x\mathrm{d}y.$$

当 $\Phi>0$ 时,表明流出 Σ 的流体多于流入的,此时,Σ^+ 内一定有"源";当 $\Phi<0$ 时,流出 Σ 的流体少于流入的,此时,Σ^+ 内有"汇";当 $\Phi=0$ 时,流出 Σ 的流体与流入的流体体积相同. 由此可见,Φ 是流出 Σ 的流量与流入 Σ 的流量的差,表示流体从 Σ 包围的区域 Ω 内部向外发散出的总流量.

流体在运动中集中的区域为辐合,发散的区域为辐散. 散度就是用于表示辐合、辐散的物理量. 流体运动时,单位体积中通量的改变量称为**散度**,也称**通量密度**. 散度值为负时表示辐合,有利于系统的发展和增强;散度值为正时表示辐散,有利于系统的消散.

为刻画场内任意点 $M(x,y,z)$ 处的散度特性,令包围点 M 的区域 Ω 以任意方式收缩至点 M,记作 $\Omega\to M$. 设 Ω 的体积为 V,P,Q,R 具有连续的一阶偏导数,则由高斯公式,区域 Ω 内部向外发散出的总流量为
$$\Phi=\iiint\limits_{\Omega}\left(\frac{\partial P}{\partial x}+\frac{\partial Q}{\partial x}+\frac{\partial R}{\partial x}\right)\mathrm{d}V,$$
所以
$$\begin{aligned}\lim_{\Omega\to M}\frac{\Phi}{V}&=\lim_{\Omega\to M}\frac{1}{V}\iiint\limits_{\Omega}\left(\frac{\partial P}{\partial x}+\frac{\partial Q}{\partial x}+\frac{\partial R}{\partial x}\right)\mathrm{d}V\\&=\lim_{\Omega\to M}\left(\frac{\partial P}{\partial x}+\frac{\partial Q}{\partial y}+\frac{\partial R}{\partial z}\right)\bigg|_{(\xi,\eta,\zeta)}\quad((\xi,\eta,\zeta)\in\Omega)\\&=\left(\frac{\partial P}{\partial x}+\frac{\partial Q}{\partial y}+\frac{\partial R}{\partial z}\right)\bigg|_{M},\end{aligned}$$

称 $\left(\dfrac{\partial P}{\partial x}+\dfrac{\partial Q}{\partial y}+\dfrac{\partial R}{\partial z}\right)\bigg|_{M}$ 为向量场 $\boldsymbol{F}(x,y,z)=P(x,y,z)\boldsymbol{i}+Q(x,y,z)\boldsymbol{j}+R(x,y,z)\boldsymbol{k}$ 在点 M 处的散度,记为 $\mathrm{div}\boldsymbol{F}$,即
$$\mathrm{div}\boldsymbol{F}=\frac{\partial P}{\partial x}+\frac{\partial Q}{\partial y}+\frac{\partial R}{\partial z}.$$

当 $\text{div}\boldsymbol{F}>0$ 时,称点 M 为源(或泉);当 $\text{div}\boldsymbol{F}<0$ 时,称点 M 为汇(或洞);当 $\text{div}\boldsymbol{F}=0$ 时,点 M 既非源也非汇。三者分别表示在该点有流体涌出、吸入或没有任何变化. $\text{div}\boldsymbol{F}=0$ 的场称为**无源场**. 散度绝对值的大小反映源(或汇)的强度.

例 6 设有向量场 $\boldsymbol{F}(x,y,z)=xy\boldsymbol{i}+yz\boldsymbol{k}$,求穿过球面 $x^2+y^2+z^2=1$ 在第一卦限部分 Σ 的外侧的通量.

解
$$\begin{aligned}
\Phi &= \iint_{\Sigma} P\,\mathrm{d}y\,\mathrm{d}z + Q\,\mathrm{d}z\,\mathrm{d}x + R\,\mathrm{d}x\,\mathrm{d}y \\
&= \iint_{\Sigma} xy\,\mathrm{d}y\,\mathrm{d}z + yz\,\mathrm{d}x\,\mathrm{d}y = 2\iint_{\Sigma} yz\,\mathrm{d}x\,\mathrm{d}y = 2\iint_{D_{xy}} y\sqrt{1-x^2-y^2}\,\mathrm{d}x\,\mathrm{d}y \\
&= 2\int_0^{\frac{\pi}{2}}\mathrm{d}\theta \int_0^1 r\sin\theta \sqrt{1-r^2}\, r\,\mathrm{d}r = \frac{\pi}{8}.
\end{aligned}$$

习题 10-6

1. 利用高斯公式计算下列曲面积分:

(1) $\oiint_{\Sigma}(x-y)\,\mathrm{d}x\,\mathrm{d}y+x(y-z)\,\mathrm{d}y\,\mathrm{d}z$,其中 Σ 为柱面 $x^2+y^2=1$ 及平面 $z=0,z=3$ 所围成的空间闭区域 Ω 的整个边界曲面的外侧;

(2) $\oiint_{\Sigma}(y-z)\,\mathrm{d}y\,\mathrm{d}z+(z-x)\,\mathrm{d}z\,\mathrm{d}x+(x-y)\,\mathrm{d}x\,\mathrm{d}y$,其中 Σ 为曲面 $z=\sqrt{x^2+y^2}$ 及平面 $z=0,z=h(h>0)$ 所围成的空间区域的整个边界的外侧;

(3) $\oiint_{\Sigma} xz\,\mathrm{d}x\,\mathrm{d}y+yx\,\mathrm{d}y\,\mathrm{d}z+yz\,\mathrm{d}z\,\mathrm{d}x$,其中 Σ 为曲面 $z=\sqrt{2-x^2-y^2}$ 与 $z=\sqrt{x^2+y^2}$ 所围成的立体表面外侧;

(4) $\iint_{\Sigma}(2x+z)\,\mathrm{d}y\,\mathrm{d}z+z\,\mathrm{d}x\,\mathrm{d}y$,其中 Σ 为曲面 $z=x^2+y^2(0\leqslant z\leqslant 1)$,其法向量与 z 轴的夹角为锐角;

(5) $\iint_{\Sigma}(x^2z-y)\,\mathrm{d}z\,\mathrm{d}x+(z+1)\,\mathrm{d}x\,\mathrm{d}y$,其中 Σ 为圆柱面 $x^2+y^2=4$ 被平面 $x+z=2$ 和 $z=0$ 所截部分的外侧;

(6) $\iint_{\Sigma}(x^2\cos\alpha+y^2\cos\beta+z^2\cos\gamma)\,\mathrm{d}S$,其中 Σ 为锥面 $x^2+y^2=z^2$ 介于平面 $z=0$,$z=h(h>0)$ 之间的部分的下侧,$\cos\alpha,\cos\beta,\cos\gamma$ 为 Σ 在点 (x,y,z) 处的法向量的方向余弦.

2. 利用高斯公式计算三重积分 $\iiint_{\Omega}(xy+yz+zx)\,\mathrm{d}x\,\mathrm{d}y\,\mathrm{d}z$,其中 Ω 是由 $x\geqslant 0,y\geqslant 0,0\leqslant z\leqslant 1$ 及 $x^2+y^2\leqslant 1$ 所确定的空间闭区域.

3. 设函数 $f(u)$ 有一阶连续导数,利用高斯公式计算曲面积分
$$I=\iint_{\Sigma} \frac{2}{y}f(xy^2)\,\mathrm{d}y\,\mathrm{d}z-\frac{1}{x}f(xy^2)\,\mathrm{d}z\,\mathrm{d}x+\left(x^2z+y^2z+\frac{1}{3}z^3\right)\mathrm{d}x\,\mathrm{d}y,$$

式中,Σ 为下半球面 $x^2+y^2+z^2=1(z\leqslant 0)$ 的上侧.

4. 求下列向量场 A 通过曲面 Σ 指定一侧的通量:

(1) $A=zi+yj-xk$,Σ 为由平面 $2x+3y+z=6$ 与 $x=0,y=0,z=0$ 所围成立体的表面,流向外侧;

(2) $A=(2x+3y)i-(xz+y)j+(y^2+2z)k$,$\Sigma$ 为以点 $(3,-1,2)$ 为球心,半径 $R=3$ 的球面,流向外侧.

5. 求下列向量场的散度:

(1) $F=(2y,3x,z^2)$;   (2) $F=(z+\sin y,-z+x\cos y,0)$;

(3) $F=(x^2\sin y,y^2\sin z,z^2\sin x)$;   (4) $F=(4xyz,-xy^2,x^2yz)$ 在点 $M(1,-1,2)$ 处.

6. 设 $u(x,y,z)=\ln\sqrt{x^2+y^2+z^2}$,求 $\mathrm{div}(\mathbf{grad}\,u)$.

7. 已知 $r=(x,y,z)$,求 $\mathrm{div}\,r,\mathrm{div}\,r^0$.

第七节 斯托克斯公式 环流量与旋度

空间曲面上的对坐标的曲面积分与这个曲面的边界上的第二类曲线积分之间的关系用斯托克斯公式表达,该公式是格林公式在三维空间的推广. 本节首先介绍斯托克斯公式,在此基础上进一步介绍场论中环流量与旋度的概念.

一、斯托克斯公式

斯托克斯(Stokes)公式建立了对坐标的曲面积分与沿曲面边界的对坐标的空间曲线积分的联系,它也是格林公式在三维空间的推广.

定理 10.5 设 Γ 是光滑或分段光滑的空间有向闭曲线,Σ 为以 Γ 为边界的分片光滑的有向曲面,Γ 为 Σ 的正向边界,如果向量函数 $F(x,y,z)=P(x,y,z)i+Q(x,y,z)j+R(x,y,z)k$ 在包含曲面 Σ 的一个空间区域内具有一阶连续的偏导数,则

$$\oint_\Gamma F\cdot\mathrm{d}r=\oint_\Gamma P\mathrm{d}x+Q\mathrm{d}y+R\mathrm{d}z$$
$$=\iint_\Sigma\left[\left(\frac{\partial R}{\partial y}-\frac{\partial Q}{\partial z}\right)\cos\alpha+\left(\frac{\partial P}{\partial z}-\frac{\partial R}{\partial x}\right)\cos\beta+\left(\frac{\partial Q}{\partial x}-\frac{\partial P}{\partial y}\right)\cos\gamma\right]\mathrm{d}S,$$

$n=(\cos\alpha,\cos\beta,\cos\gamma)$,为与曲面 Σ 的侧一致的单位法向量,$\mathrm{d}r=(\mathrm{d}x,\mathrm{d}y,\mathrm{d}z)$. 上式称为**斯托克斯公式**.

斯托克斯公式可以把空间曲线上的积分化为曲面上的积分.

证 (1) 设平行于 z 轴的直线与曲面 Σ 只交于一点,Σ 的方程为 $z=f(x,y),(x,y)\in D_{xy}$. 不妨设 Σ 取上侧,D_{xy} 为 Σ 在 xOy 面上的投影区域,其边界 C 是 Σ 的边界 Γ 在 xOy 面上的投影曲线,其方向与 Γ 的方向一致(图10-40).

由曲线积分的概念和格林公式得

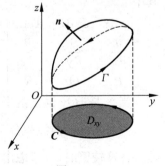

图 10-40

$$\oint_\Gamma P(x,y,z)\mathrm{d}x = \oint_C P(x,y,f(x,y))\mathrm{d}x$$
$$= -\iint_{D_{xy}} \frac{\partial}{\partial y}P(x,y,f(x,y))\mathrm{d}x\mathrm{d}y$$
$$= -\iint_{D_{xy}} \left(\frac{\partial P}{\partial y} + \frac{\partial P}{\partial z}\frac{\partial z}{\partial y}\right)\mathrm{d}x\mathrm{d}y$$
$$= -\iint_\Sigma \left(\frac{\partial P}{\partial y} + \frac{\partial P}{\partial z}f_y\right)\cos\gamma\,\mathrm{d}S.$$

注意到 $\dfrac{\cos\alpha}{-f_x} = \dfrac{\cos\beta}{-f_y} = \dfrac{\cos\gamma}{1}$,由此得 $f_y = -\dfrac{\cos\beta}{\cos\gamma}$,则

$$\oint_\Gamma P(x,y,z)\mathrm{d}x = -\iint_\Sigma \left(\frac{\partial P}{\partial y} - \frac{\partial P}{\partial z}\frac{\cos\beta}{\cos\gamma}\right)\cos\gamma\,\mathrm{d}S.$$

(2) 对于一般曲面 Σ,可作辅助曲面把它分成与 z 轴只交于一点的有限个小曲面片,在每个小曲面片上写出斯托克斯公式,然后相加. 注意到沿辅助曲线方向相反的两个曲线积分相加正好抵消,从而上式对一般曲面 Σ 也成立.

同理可得

$$\oint_\Gamma Q(x,y,z)\mathrm{d}y = \iint_\Sigma \left(\frac{\partial Q}{\partial x}\cos\gamma - \frac{\partial Q}{\partial z}\cos\alpha\right)\mathrm{d}S,$$

$$\oint_\Gamma R(x,y,z)\mathrm{d}z = \iint_\Sigma \left(\frac{\partial R}{\partial y}\cos\alpha - \frac{\partial R}{\partial x}\cos\beta\right)\mathrm{d}S.$$

将以上三个式子相加即得斯托克斯公式.

斯托克斯公式的其他形式为

$$\oint_\Gamma P\mathrm{d}x + Q\mathrm{d}y + R\mathrm{d}z = \iint_\Sigma \left(\frac{\partial R}{\partial y} - \frac{\partial Q}{\partial z}\right)\mathrm{d}y\mathrm{d}z + \left(\frac{\partial P}{\partial z} - \frac{\partial R}{\partial x}\right)\mathrm{d}z\mathrm{d}x + \left(\frac{\partial Q}{\partial x} - \frac{\partial P}{\partial y}\right)\mathrm{d}x\mathrm{d}y$$

和

$$\oint_\Gamma P\mathrm{d}x + Q\mathrm{d}y + R\mathrm{d}z = \iint_\Sigma \begin{vmatrix} \mathrm{d}y\mathrm{d}z & \mathrm{d}z\mathrm{d}x & \mathrm{d}x\mathrm{d}y \\ \dfrac{\partial}{\partial x} & \dfrac{\partial}{\partial y} & \dfrac{\partial}{\partial z} \\ P & Q & R \end{vmatrix},$$

其中

$$\begin{vmatrix} \mathrm{d}y\mathrm{d}z & \mathrm{d}z\mathrm{d}x & \mathrm{d}x\mathrm{d}y \\ \dfrac{\partial}{\partial x} & \dfrac{\partial}{\partial y} & \dfrac{\partial}{\partial z} \\ P & Q & R \end{vmatrix} = \left(\frac{\partial R}{\partial y} - \frac{\partial Q}{\partial z}\right)\mathrm{d}y\mathrm{d}z + \left(\frac{\partial P}{\partial z} - \frac{\partial R}{\partial x}\right)\mathrm{d}z\mathrm{d}x + \left(\frac{\partial Q}{\partial x} - \frac{\partial P}{\partial y}\right)\mathrm{d}x\mathrm{d}y.$$

当 Σ 是 xOy 面上的平面区域时,斯托克斯公式退化为格林公式.

当对坐标的曲线积分 $\oint_\Gamma P\mathrm{d}x + Q\mathrm{d}y + R\mathrm{d}z$ 的积分曲线 Γ 的参数方程不易写出,或用直接法计算较繁时,可考虑用斯托克斯公式.

在斯托克斯公式中,Σ 是以 Γ 为边界的任意分片光滑曲面(只要 P,Q,R 在包含 Σ 的一个空间区域内具有一阶连续的偏导数即可). 通常,取 Σ 为平面或球面等法向量的方向余弦

易求的曲面.

例1 利用斯托克斯公式计算 $\oint_{\Gamma} z\mathrm{d}x + x\mathrm{d}y + y\mathrm{d}z$，其中 Γ 为 $x+y+z=1$ 被三个坐标面所截三角形的整个边界的正向，它的正方向与这个三角形上侧的法向量之间符合右手法则.

解 记三角形域为 Σ，取上侧，可得

$$\oint_{\Gamma} z\mathrm{d}x + x\mathrm{d}y + y\mathrm{d}z = \iint_{\Sigma} \begin{vmatrix} \mathrm{d}y\mathrm{d}z & \mathrm{d}z\mathrm{d}x & \mathrm{d}x\mathrm{d}y \\ \dfrac{\partial}{\partial x} & \dfrac{\partial}{\partial y} & \dfrac{\partial}{\partial z} \\ z & x & y \end{vmatrix}$$

$$= \iint_{\Sigma} \mathrm{d}y\mathrm{d}z + \mathrm{d}z\mathrm{d}x + \mathrm{d}x\mathrm{d}y = 3\iint_{\Sigma} \mathrm{d}x\mathrm{d}y = \dfrac{3}{2}.$$

例2 计算 $I = \oint_{\Gamma} y^2 \mathrm{d}x + xy\mathrm{d}y + xz\mathrm{d}z$，其中 Γ：$\begin{cases} x^2+y^2=2y, \\ y=z, \end{cases}$ 从 z 轴正向看为顺时针方向（图10-41）.

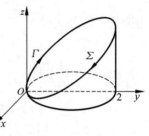

图 10-41

解一 设 Σ：$y=z$ 以 Γ 为边界所围有限部分的下侧，则其法线的方向余弦

$$\cos\alpha = 0, \quad \cos\beta = \dfrac{1}{\sqrt{2}}, \quad \cos\gamma = -\dfrac{1}{\sqrt{2}},$$

可得

$$I = \iint_{\Sigma} \begin{vmatrix} \cos\alpha & \cos\beta & \cos\gamma \\ \dfrac{\partial}{\partial x} & \dfrac{\partial}{\partial y} & \dfrac{\partial}{\partial z} \\ y^2 & xy & xz \end{vmatrix} \mathrm{d}S = \dfrac{1}{\sqrt{2}}\iint_{\Sigma}(y-z)\mathrm{d}S = 0.$$

解二 将曲线 Γ：$\begin{cases} x^2+y^2=2y \\ y=z \end{cases}$ 参数化，得

$$\begin{cases} x = \cos t, \\ y = 1+\sin t, \quad t:2\pi \to 0, \\ z = 1+\sin t, \end{cases}$$

$$I = \oint_{\Gamma} y^2 \mathrm{d}x + xy\mathrm{d}y + xz\mathrm{d}z$$

$$= \int_{2\pi}^{0} [(1+\sin t)^2 \cdot (-\sin t) + 2\cos t(1+\sin t) \cdot \cos t]\mathrm{d}t$$

$$= \int_{0}^{2\pi}(3\sin^3 t + 4\sin^2 t - \sin t - 2)\mathrm{d}t.$$

令 $u = \pi - t$，则有

$$I = \int_{\pi}^{-\pi}[3\sin^3(\pi-u) + 4\sin^2(\pi-u) - \sin(\pi-u) - 2](-\mathrm{d}u)$$

$$= 2\int_{0}^{\pi}(4\sin^2 u - 2)\mathrm{d}u = 8 \times 2 \times \dfrac{1}{2} \times \dfrac{\pi}{2} - 4\pi = 0.$$

例 3 利用斯托克斯公式计算 $I = \oint_\Gamma \boldsymbol{F} \cdot \mathrm{d}\boldsymbol{r}$，其中 $\boldsymbol{F} = (y^2 - z^2, z^2 - x^2, x^2 - y^2)$，$\Gamma$：平面 $x + y + z = \dfrac{3}{2}$ 截立方体 $0 \leqslant x \leqslant 1, 0 \leqslant y \leqslant 1, 0 \leqslant z \leqslant 1$ 的表面所得的截痕，从 Ox 轴的正向看为逆时针方向（图 10-42）.

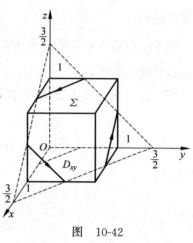

图 10-42

解 取 Σ 为 $x + y + z = \dfrac{3}{2}$ 的上侧被 Γ 所围的部分，其单位法向量为 $\boldsymbol{n} = \dfrac{1}{\sqrt{3}}(1, 1, 1)$，即

$$\cos\alpha = \cos\beta = \cos\gamma = \frac{1}{\sqrt{3}},$$

利用斯托克斯公式得

$$\oint_\Gamma \boldsymbol{F} \cdot \mathrm{d}\boldsymbol{r} = \frac{1}{\sqrt{3}} \iint_\Sigma \begin{vmatrix} \boldsymbol{i} & \boldsymbol{j} & \boldsymbol{k} \\ \dfrac{\partial}{\partial x} & \dfrac{\partial}{\partial y} & \dfrac{\partial}{\partial z} \\ y^2 - z^2 & z^2 - x^2 & x^2 - y^2 \end{vmatrix} (\boldsymbol{i} + \boldsymbol{j} + \boldsymbol{k}) \mathrm{d}S$$

$$= -\frac{4}{\sqrt{3}} \iint_\Sigma (x + y + z) \mathrm{d}S = -\frac{4}{\sqrt{3}} \times \frac{3}{2} \iint_\Sigma \mathrm{d}S = -2\sqrt{3} \iint_{D_{xy}} \sqrt{3} \, \mathrm{d}x \mathrm{d}y = -6\sigma_{xy}.$$

其中 D_{xy} 为 Σ 在 xOy 平面上的投影区域，σ_{xy} 为 D_{xy} 的面积.

因为 $\sigma_{xy} = 1 - 2 \times \dfrac{1}{8} = \dfrac{3}{4}$，所以 $I = -\dfrac{9}{2}$.

二、空间曲线积分与路径无关的条件

定理 10.6 设 G 是空间单连通域，函数 P, Q, R 在 G 内具有连续一阶偏导数，则下列四个条件相互等价：

(1) 对 G 内任一分段光滑闭曲线 Γ，有 $\oint_\Gamma P \mathrm{d}x + Q \mathrm{d}y + R \mathrm{d}z = 0$；

(2) 空间曲线积分 $\int_\Gamma P \mathrm{d}x + Q \mathrm{d}y + R \mathrm{d}z$ 与路径无关；

(3) 在 G 内存在某一函数 u，使 $\mathrm{d}u = P \mathrm{d}x + Q \mathrm{d}y + R \mathrm{d}z$；

(4) 在 G 内处处有 $\dfrac{\partial P}{\partial y} = \dfrac{\partial Q}{\partial x}, \dfrac{\partial Q}{\partial z} = \dfrac{\partial R}{\partial y}, \dfrac{\partial R}{\partial x} = \dfrac{\partial P}{\partial z}$.

证 (4)→(1). 利用斯托克斯公式可知结论成立.

(1)→(2). 设曲线 Γ 的起点为 A，终点为 B，Γ' 是 G 内起点为 A、终点为 B 的另一条曲线，Γ'^- 表示 Γ' 的反向曲线，则 $\Gamma + \Gamma'^-$ 构成 G 内的一条闭曲线，所以

$$\oint_{\Gamma + \Gamma'^-} P \mathrm{d}x + Q \mathrm{d}y + R \mathrm{d}z = 0,$$

即

$$\oint_\Gamma P \mathrm{d}x + Q \mathrm{d}y + R \mathrm{d}z + \oint_{\Gamma'^-} P \mathrm{d}x + Q \mathrm{d}y + R \mathrm{d}z = 0,$$

可得
$$\oint_\Gamma P\,dx+Q\,dy+R\,dz=-\oint_{\Gamma'^-}P\,dx+Q\,dy+R\,dz$$
$$=\oint_{\Gamma'}P\,dx+Q\,dy+R\,dz.$$

这说明空间曲线积分 $\int_\Gamma P\,dx+Q\,dy+R\,dz$ 与路径无关.

(2)→(3). 设函数
$$u(x,y,z)=\int_{(x_0,y_0,z_0)}^{(x,y,z)}P\,dx+Q\,dy+R\,dz,$$

则
$$\frac{\partial u}{\partial x}=\lim_{\Delta x\to 0}\frac{u(x+\Delta x,y,z)-u(x,y,z)}{\Delta x}$$
$$=\lim_{\Delta x\to 0}\frac{1}{\Delta x}\int_{(x,y,z)}^{(x+\Delta x,y,z)}P\,dx+Q\,dy+R\,dz$$
$$=\lim_{\Delta x\to 0}\frac{1}{\Delta x}\int_x^{x+\Delta x}P\,dx=\lim_{\Delta x\to 0}p(x+\theta\Delta x,y,z)$$
$$=P(x,y,z).$$

同理可得 $\dfrac{\partial u}{\partial y}=Q(x,y,z),\dfrac{\partial u}{\partial z}=R(x,y,z)$. 故 $du=P\,dx+Q\,dy+R\,dz$.

(3)→(4). 若(3)成立,则必有
$$\frac{\partial u}{\partial x}=P,\quad \frac{\partial u}{\partial y}=Q,\quad \frac{\partial u}{\partial z}=R,$$

因 P,Q,R 的一阶偏导数连续,故有
$$\frac{\partial P}{\partial y}=\frac{\partial^2 u}{\partial x\partial y}=\frac{\partial Q}{\partial x}.$$

同理可得
$$\frac{\partial Q}{\partial z}=\frac{\partial R}{\partial y},\quad \frac{\partial R}{\partial x}=\frac{\partial P}{\partial z}.$$

例 4 证明曲线积分 $\int_\Gamma (y+z)\,dx+(z+x)\,dy+(x+y)\,dz$ 与路径无关,并求函数
$$u(x,y,z)=\int_{(0,0,0)}^{(x,y,z)}(y+z)\,dx+(z+x)\,dy+(x+y)\,dz.$$

解 令 $P=y+z,Q=z+x,R=x+y$. 因为
$$\frac{\partial P}{\partial y}=1=\frac{\partial Q}{\partial x},\quad \frac{\partial Q}{\partial z}=1=\frac{\partial R}{\partial y},\quad \frac{\partial R}{\partial x}=1=\frac{\partial P}{\partial y},$$

所以积分与路径无关. 因此可以选择如图 10-43 所示的特殊路径,有
$$u(x,y,z)=\int_{OM_1+M_1M_2+M_2M}(y+z)\,dx+(z+x)\,dy+(x+y)\,dz$$
$$=\int_0^x 0\,dx+\int_0^y x\,dy+\int_0^z (x+y)\,dz$$
$$=xy+(x+y)z=xy+xz+yz.$$

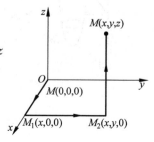

图 10-43

三、环流量与旋度

已知一向量场 $\boldsymbol{F}(x,y,z)=P(x,y,z)\boldsymbol{i}+Q(x,y,z)\boldsymbol{j}+R(x,y,z)\boldsymbol{k}$,在该场中任取一曲线 Γ,则沿此曲线的流量为曲线积分:

$$I=\int_{\Gamma}\boldsymbol{F}\cdot\mathrm{d}\boldsymbol{r}=\int_{\Gamma}P\mathrm{d}x+Q\mathrm{d}y+R\mathrm{d}z,$$

其中 $\mathrm{d}\boldsymbol{r}=(\mathrm{d}x,\mathrm{d}y,\mathrm{d}z)$.

当曲线 Γ 为闭曲线时,称积分 $\oint_{\Gamma}\boldsymbol{F}\cdot\mathrm{d}\boldsymbol{r}$ 为向量场 $\boldsymbol{F}(x,y,z)$ 沿闭曲线 Γ 的**环流量**.

环流量可刻画流体的旋转性质. 如在速度场 $\boldsymbol{v}(x,y,z)$ 中,$I=\oint_{\Gamma}\boldsymbol{v}\cdot\mathrm{d}\boldsymbol{r}$,当 $I>0$ 时,表明在闭曲线 Γ 上有流体流动,也就是流体形成旋涡,即环流量 $I\neq0$ 反映了闭曲线 Γ 包围的区域中有"涡".

由斯托克斯公式可知,在向量场 $\boldsymbol{F}(x,y,z)=P(x,y,z)\boldsymbol{i}+Q(x,y,z)\boldsymbol{j}+R(x,y,z)\boldsymbol{k}$ 中,沿光滑或分段光滑闭曲线 Γ 的环流量为

$$I=\oint_{\Gamma}P\mathrm{d}x+Q\mathrm{d}y+R\mathrm{d}z=\iint_{\Sigma}\left(\frac{\partial R}{\partial y}-\frac{\partial Q}{\partial z}\right)\mathrm{d}y\mathrm{d}z+\left(\frac{\partial P}{\partial z}-\frac{\partial R}{\partial x}\right)\mathrm{d}z\mathrm{d}x+\left(\frac{\partial Q}{\partial x}-\frac{\partial P}{\partial y}\right)\mathrm{d}x\mathrm{d}y.$$

其中 Σ 是以 Γ 为边界的光滑或分片光滑的有向曲面,称 $\left(\frac{\partial R}{\partial y}-\frac{\partial Q}{\partial z}\right)\boldsymbol{i}+\left(\frac{\partial P}{\partial z}-\frac{\partial R}{\partial x}\right)\boldsymbol{j}+\left(\frac{\partial Q}{\partial x}-\frac{\partial P}{\partial y}\right)\boldsymbol{k}$ 为向量场 $\boldsymbol{F}(x,y,z)$ 的**旋度**,记为 **rot**$\boldsymbol{F}$,即

$$\mathbf{rot}\boldsymbol{F}=\left(\frac{\partial R}{\partial y}-\frac{\partial Q}{\partial z}\right)\boldsymbol{i}+\left(\frac{\partial P}{\partial z}-\frac{\partial R}{\partial x}\right)\boldsymbol{j}+\left(\frac{\partial Q}{\partial x}-\frac{\partial P}{\partial y}\right)\boldsymbol{k}.$$

rot$\boldsymbol{F}$ 反映向量场 $\boldsymbol{F}(x,y,x)$ 中流体在点 M 处的"旋"的性质,其大小表示旋转的强度. 特别地,**rot**$\boldsymbol{F}=\boldsymbol{0}$ 的场 $\boldsymbol{F}(x,y,x)$ 称为**无旋场**.

若一个向量场 $\boldsymbol{F}(x,y,z)=P(x,y,z)\boldsymbol{i}+Q(x,y,z)\boldsymbol{j}+R(x,y,z)\boldsymbol{k}$ 既无源($\nabla\cdot\boldsymbol{F}=\mathrm{div}\boldsymbol{F}=0$)又无旋($\nabla\times\boldsymbol{F}=\mathbf{rot}\boldsymbol{F}=\boldsymbol{0}$),则称向量场 $\boldsymbol{F}(x,y,z)$ 为**调和场**.

注 (1) 斯托克斯公式的物理解释:向量场 $\boldsymbol{F}$ 沿有向闭曲线 Γ 的环流量等于向量场 $\boldsymbol{F}$ 的旋度场通过 Γ 所张的曲面的通量(Γ 的正向与 Σ 的侧符合右手法则).

(2) 旋度的力学意义:设某刚体绕定轴 l 转动,角速度为 ω,M 为刚体上任一点,建立坐标系如图 10-44 所示,则

$$\boldsymbol{\omega}=(0,0,\omega),\quad \boldsymbol{r}=(x,y,z),$$

点 M 的线速度为

$$\boldsymbol{v}=\boldsymbol{\omega}\times\boldsymbol{r}=\begin{vmatrix}\boldsymbol{i} & \boldsymbol{j} & \boldsymbol{k}\\ 0 & 0 & \omega\\ x & y & z\end{vmatrix}=(-\omega y,\omega x,0),$$

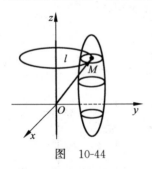

图 10-44

则

$$\mathbf{rot}\boldsymbol{v}=\begin{vmatrix}\boldsymbol{i} & \boldsymbol{j} & \boldsymbol{k}\\ \frac{\partial}{\partial x} & \frac{\partial}{\partial y} & \frac{\partial}{\partial z}\\ -\omega y & \omega x & 0\end{vmatrix}=(0,0,2\omega)=2\boldsymbol{\omega}.$$

线速度场中任一点处的旋度等于刚体旋转角速度的 2 倍,这就是"旋度"一词的由来.

例 5 求电场强度 $\boldsymbol{E} = \dfrac{q}{r^3}\boldsymbol{r}$ 的旋度.

解 $\mathbf{rot}\boldsymbol{E} = \begin{vmatrix} \boldsymbol{i} & \boldsymbol{j} & \boldsymbol{k} \\ \dfrac{\partial}{\partial x} & \dfrac{\partial}{\partial y} & \dfrac{\partial}{\partial z} \\ \dfrac{qx}{r^3} & \dfrac{qy}{r^3} & \dfrac{qz}{r^3} \end{vmatrix} = (0,0,0)$ （除原点外）.

这说明除点电荷所在原点外,整个电场无旋.

例 6 设有平面矢量场 $\boldsymbol{A} = -y\boldsymbol{i} + x\boldsymbol{j}$,$L$ 为场中的星形线 $x = R\cos^3\theta, y = R\sin^3\theta$,求此矢量场沿 L 正向的环量.

解
$$\begin{aligned}
\Gamma &= \oint_L \boldsymbol{A} \cdot \mathrm{d}\boldsymbol{l} = \oint_L -y\,\mathrm{d}x + x\,\mathrm{d}y \\
&= \int_0^{2\pi} -R\sin^3\theta\,\mathrm{d}(R\cos^3\theta) + R\cos^3\theta\,\mathrm{d}(R\sin^3\theta) \\
&= \int_0^{2\pi} (3R^2\sin^4\theta\cos^2\theta + 3R^2\cos^4\theta\sin^2\theta)\,\mathrm{d}\theta \\
&= \frac{3}{4}R^2 \int_0^{2\pi} \sin^2 2\theta\,\mathrm{d}\theta = \frac{3}{4}\pi R^2.
\end{aligned}$$

习题 10-7

1. 利用斯托克斯公式计算曲线积分 $\oint_\Gamma \boldsymbol{F} \cdot \mathrm{d}\boldsymbol{r}$,其中:

(1) $\boldsymbol{F} = (3y, -xz, yz^2)$,$\Gamma$ 为圆周 $\begin{cases} x^2 + y^2 = 2z, \\ z = 2, \end{cases}$ 从 Oz 轴正向看去为逆时针方向;

(2) $\boldsymbol{F} = (y, 3z, 2x)$,$\Gamma$ 为圆周 $x^2 + y^2 + z^2 = 4, x + y + z = 0$,从 Oy 轴正向看去为逆时针方向;

(3) $\boldsymbol{F} = (y^2 + z^2, z^2 + x^2, x^2 + y^2)$,其中 Γ 为平面 $x + y + z = 1$ 与三个坐标面的交线,其正向为逆时针方向,与平面 $x + y + z = 1$ 上侧的法向量之间符合右手法则;

(4) $\boldsymbol{F} = (z - y, x - z, y - x)$,$\Gamma$ 为以点 $A(a,0,0), B(0,a,0), C(0,0,a)$ 为顶点的三角形,沿 $ABCA$ 方向.

2. 求向量场 $\boldsymbol{A} = (x - z)\boldsymbol{i} + (x^3 + yz)\boldsymbol{j} - 3xy^2\boldsymbol{k}$ 沿闭曲线 Γ 的环流量(从 z 轴正向看 Γ 为逆时针方向),其中 Γ 为圆周 $z = 2 - \sqrt{x^2 + y^2}, z = -2$.

3. 验证下列向量场 $\boldsymbol{A}$ 为保守场,并求 $u(x,y,z) = \displaystyle\int_{(x_0,y_0,z_0)}^{(x,y,z)} P\,\mathrm{d}x + Q\,\mathrm{d}y + R\,\mathrm{d}z$:

(1) $\boldsymbol{A} = yz\boldsymbol{i} + zx\boldsymbol{j} + xy\boldsymbol{k}$; (2) $\boldsymbol{A} = (2x + y)\boldsymbol{i} + (x + 2z)\boldsymbol{j} + (2y - 6z)\boldsymbol{k}$.

4. 设函数 $u(x,y,z)$ 具有连续的二阶偏导数,证明:$\mathbf{rot}(\mathbf{grad}\,u) = \boldsymbol{0}$.

附录10　基于Python的线面积分的计算

一、基于Python的曲线积分的计算

在Python中,曲线积分的计算通常会使用SciPy库中的scipy.integrate模块,这是一个功能强大的积分和求解微分方程的工具库.SciPy库非常适合进行科学计算,包括曲线积分的计算.曲线积分通常涉及对一个参数化曲线的矢量场进行积分,其常见应用包括计算物体沿路径的工作量、电场线的总电势差等,其调用格式和功能见表10-1.

表10-1　曲线积分命令的调用格式和功能说明

调 用 格 式	功 能 说 明
scipy.integrate.quad(f,a,b)	计算函数f在区间[a,b]上的定积分
scipy.integrate.quad(lambda t: np.sqrt((dx/dt)**2+(dy/dt)**2),a,b)	计算二维空间中参数化曲线的长度,其中dx/dt和dy/dt分别是曲线在x方向和y方向上的导数
scipy.integrate.quad(lambda t: np.sqrt((dx/dt)**2+(dy/dt)**2+(dz/dt)**2),a,b)	计算三维空间中参数化曲线的长度,其中dx/dt、dy/dt和dz/dt分别是曲线在x、y和z方向上的导数
scipy.integrate.quad(lambda t: f(x(t),y(t))*np.sqrt((dx/dt)**2+(dy/dt)**2),a,b)	计算二维空间中沿曲线的标量场的曲线积分,其中f(x,y)是标量场,x(t)和y(t)是曲线的参数化表示
scipy.integrate.quad(lambda t: np.dot(F(t),T(t)),a,b)	计算沿参数化曲线的矢量场的曲线积分,其中F(t)是矢量场,T(t)是曲线的切向量

例1　计算对弧长的曲线积分 $\int_L x \mathrm{d}s$,其中 L 是圆 $x^2+y^2=1$ 中 $A(0,1)$ 到 $B\left(\dfrac{1}{\sqrt{2}},-\dfrac{1}{\sqrt{2}}\right)$ 之间的一段劣弧.

```python
import numpy as np
import scipy.integrate as spi
# 参数化曲线的定义
def x(t):
    return np.cos(t)
def y(t):
    return np.sin(t)
def ds(t):
    dx_dt = -np.sin(t)
    dy_dt = np.cos(t)
    return np.sqrt(dx_dt**2 + dy_dt**2)
# 定积分函数
def integrand(t):
    return x(t) * ds(t)
# 积分的上下限
t_start = np.arctan2(1, 0)                          # A点对应的参数t值
t_end = np.arctan2(-1/np.sqrt(2), 1/np.sqrt(2))     # B点对应的参数t值
# 计算积分
result, error = spi.quad(integrand, t_start, t_end)
print(f"积分结果: {result:.4f}")
```

结果为:

积分结果: -1.7071

例 2 计算对坐标的曲线积分 $\oint_L \dfrac{x\,\mathrm{d}y - y\,\mathrm{d}x}{x^2+(y-1)^2}$,其中 L 为顺时针方向的圆周 $x^2+(y-1)^2=4$.

```
import numpy as np
import scipy.integrate as spi
# 参数化曲线的定义
def x(theta):
    return 2 * np.cos(theta)
def y(theta):
    return 1 + 2 * np.sin(theta)
def dx(theta):
    return -2 * np.sin(theta)
def dy(theta):
    return 2 * np.cos(theta)
# 定积分函数
def integrand(theta):
    num = x(theta) * dy(theta) - y(theta) * dx(theta)
    denom = x(theta) ** 2 + (y(theta) - 1) ** 2
    return num / denom
# 积分的上下限(考虑路径方向)
theta_start = 2 * np.pi
theta_end = 0
# 计算积分
result, error = spi.quad(integrand, theta_start, theta_end)
print(f"积分结果:{result:.4f}")
```

结果为:

积分结果: -6.2832

二、基于 Python 的曲面积分的计算

在 Python 中,计算曲面积分通常会使用 SciPy 库中的 scipy.integrate 模块以及 NumPy 库,这是一个功能强大的积分和求解微分方程的工具库. 曲面积分常用于计算三维空间中曲面的面积、体积以及其他物理量. 其调用格式和功能见表 10-2.

表 10-2 曲面积分计算的调用格式和功能说明

调用格式	功能说明
scipy.integrate.dblquad(func, a, b, gfun, hfun)	计算二维区域上的双重积分,其中 func 是被积函数,a 和 b 是积分区间,gfun 和 hfun 是积分区域的边界函数
numpy.cross(a, b)	计算两个向量 a 和 b 的叉乘
numpy.linalg.norm(a)	计算向量 a 的模(长度)

例 3 计算 $I = \iint\limits_{\Sigma}(x+y+z)\mathrm{d}S$,其中 $\Sigma: x^2+y^2+z^2=a^2, z\geqslant 0$.

```
import numpy as np
import scipy.integrate as spi
# 曲面参数化
def x(theta, phi, a):
    return a * np.sin(theta) * np.cos(phi)
def y(theta, phi, a):
    return a * np.sin(theta) * np.sin(phi)
def z(theta, phi, a):
    return a * np.cos(theta)
# 被积表达式参数化
def integrand(theta, phi, a):
    return (x(theta, phi, a) + y(theta, phi, a) + z(theta, phi, a)) * (a ** 2 * np.sin(theta))
# 积分的上下限
theta_start, theta_end = 0, np.pi / 2
phi_start, phi_end = 0, 2 * np.pi
a = 1 # 假设 a = 1
# 计算曲面积分
area, error = spi.dblquad(integrand, phi_start, phi_end, lambda phi: theta_start, lambda phi: theta_end,
    args=(a,))
print(f"曲面积分结果：{area:.4f}")
```

结果为：

曲面积分结果：3.1416(即 π)

例 4 计算曲面积分 $\iint\limits_{\Sigma} xyz \, dx \, dy$，其中 Σ 是球面 $x^2 + y^2 + z^2 = 1$ 外侧在第一卦限的部分．

```
import numpy as np
import scipy.integrate as spi
# 被积函数
def integrand(x, y):
    return x * y * np.sqrt(1 - x ** 2 - y ** 2)
# 积分的上下限
x_start = 0
x_end = lambda y: np.sqrt(1 - y ** 2)
y_start, y_end = 0, 1
# 计算曲面积分
area, error = spi.dblquad(integrand, y_start, y_end, lambda y: x_start, x_end)
area
```

结果为：

1/15.

第七篇 综合练习

一、填空题

1. 如果 $D: \dfrac{x^2}{4}+\dfrac{y^2}{9} \leqslant 1$，则 $\iint\limits_{D} \mathrm{d}\sigma =$ _____.

2. 如果 $D: -1 \leqslant x \leqslant 1, 0 \leqslant y \leqslant 1$，则 $\iint\limits_{D} x\cos(x^2+y)\,\mathrm{d}x\,\mathrm{d}y =$ _____.

3. 交换积分次序：$\int_0^1 \mathrm{d}y \int_{\sqrt{y}}^1 f(x,y)\,\mathrm{d}x =$ _____.

4. 设 L 为取正向的圆周 $x^2+y^2=9$，则曲线积分 $\oint_L (2xy-2y)\,\mathrm{d}x + (x^2-4x)\,\mathrm{d}y =$ _____.

5. 设曲面 S 的质量分布密度为 $z\mathrm{e}^{xy}$，则曲面 S 的质量 $M =$ _____.

6. 将积分 $I = \int_0^{2a} \mathrm{d}x \int_0^{\sqrt{2ax-x^2}} (x^2+y^2)\,\mathrm{d}y$ 化为极坐标形式的二次积分，结果为 $I =$ _____.

7. 设 Σ 为抛物面 $z = 1-(2x^2+3y^2)$ 在 xOy 平面上方部分的下侧，则 $I = \iint\limits_{\Sigma} P\,\mathrm{d}y\,\mathrm{d}z + Q\,\mathrm{d}z\,\mathrm{d}x + R\,\mathrm{d}x\,\mathrm{d}y$ 化为对面积的曲面积分后，$I =$ _____.

8. 设 $\boldsymbol{A} = \mathrm{e}^x \sin y \boldsymbol{i} + (2xy^2+z)\boldsymbol{j} + xzy^2 \boldsymbol{k}$，则 $\mathrm{div}\boldsymbol{A}|_{(1,0,1)} =$ _____，$\mathrm{rot}\boldsymbol{A}|_{(1,0,1)} =$ _____.

二、选择题

1. 二重积分 $\iint\limits_{x^2+y^2 \leqslant 2} \pi\,\mathrm{d}\sigma = (\quad)$.

    A. π B. 2π C. π^2 D. $2\pi^2$

2. 设函数 $f(x,y)$ 在 $x^2+y^2 \leqslant 1$ 上连续，使 $\iint\limits_{x^2+y^2 \leqslant 1} f(x,y)\,\mathrm{d}x\,\mathrm{d}y = 4\int_0^1 \mathrm{d}x \int_0^{\sqrt{1-x^2}} f(x,y)\,\mathrm{d}y$ 成立的充分条件是（ ）.

    A. $f(-x,y)=f(x,y), f(x,-y)=-f(x,y)$
    B. $f(-x,y)=f(x,y), f(x,-y)=f(x,y)$
    C. $f(-x,y)=-f(x,y), f(x,-y)=-f(x,y)$
    D. $f(-x,y)=-f(x,y), f(x,-y)=f(x,y)$

3. 设 D_1 是由 Ox 轴、Oy 轴及直线 $x+y=1$ 所围成的有界闭区域，f 为区域 $D: |x|+|y| \leqslant 1$ 上的连续函数，则二重积分 $\iint\limits_{D} f(x^2,y^2)\,\mathrm{d}x\,\mathrm{d}y = (\quad) \iint\limits_{D_1} f(x^2,y^2)\,\mathrm{d}x\,\mathrm{d}y$.

    A. 4 B. 2 C. 8 D. $\dfrac{1}{2}$

4. 在下列积分中,积分值与路径无关的是( ).

   A. $\int_L \sin y \, dx + \sin x \, dy$
   B. $\int_L \sin y \, dx + y \sin x \, dy$
   C. $\int_L \cos y \, dx + \sin x \, dy$
   D. $\int_L y \cos x \, dx + \sin x \, dy$

5. 设 $\Sigma: x^2+y^2+z^2=a^2$,取外侧,其所围空间闭区域为 V,则 $\oiint_\Sigma (x+1)dydz + (y+2)dzdx + (z+3)dxdy = ($).

   A. $\iiint_V 3 \, dV$
   B. $\iiint_V (x+y+z) dV$
   C. $\iiint_V 2(x+y+z) dV$
   D. 0

6. 设曲线积分 $\int_L [f(x)-e^x] \sin y \, dx - f(x) \cos y \, dy$ 与路径无关,其中 $f(x)$ 具有一阶连续导数,且 $f(0)=0$,则 $f(x)=($).

   A. $\dfrac{e^{-x}-e^x}{2}$
   B. $\dfrac{e^x - e^{-x}}{2}$
   C. $\dfrac{e^{-x}+e^x}{2}-1$
   D. $1-\dfrac{e^{-x}+e^x}{2}$

7. 设 $\Sigma: x^2+y^2+z^2=1$,取外侧,则曲面积分 $\iint_\Sigma y^2 \, dx dz \, ($).

   A. $2\iint\limits_{x^2+z^2 \leqslant 1} (1-x-z) dx dz$
   B. $-2\iint\limits_{x^2+z^2 \leqslant 1} (1-x-z) dx dz$
   C. 1
   D. 0

8. 设 $\mathbf{F} = x^3 \mathbf{i} + y^3 \mathbf{j} + z^3 \mathbf{k}$,则在点 $(1,0,-1)$ 处,$\mathrm{div} \mathbf{F} = ($).

   A. $3\sqrt{2}$
   B. $\sqrt{6}$
   C. 6
   D. 0

三、计算题

1. 求二次积分 $I = \int_0^{\frac{\pi^2}{4}} dy \int_{\sqrt{y}}^{\frac{\pi}{2}} \dfrac{\sin x}{x} dx$.

2. 求三重积分 $I = \iiint_\Omega xy^2 z^3 \, dV$,其中 Ω 为由 $z=xy, y=x, z=0$ 所围成的闭区域.

3. 选用适当的坐标计算 $\iiint_\Omega (x^2+y^2) dV$,其中 Ω 是由不等式 $0 < a \leqslant \sqrt{x^2+y^2+z^2} \leqslant A$,$z \geqslant 0$ 所确定的闭区域.

4. 设函数 $f(x)$ 连续,$F(t) = \iiint_\Omega [x^2 + f(x^2+y^2)] dV$,其中 $V: x^2+y^2 \leqslant r^2, 0 \leqslant z \leqslant h$,求极限 $\lim\limits_{t \to 0} \dfrac{F(t)}{t}$.

5. 求曲线积分 $\int_L (2xy^3 - y^2 \cos x) dx + (1-2y\sin x + 3x^2 y^2) dy$,其中 L 为抛物线 $2x = \pi y^2$ 上由点 $(0,0)$ 到点 $\left(\dfrac{\pi}{2}, 1\right)$ 的一段弧.

6. 求曲线积分 $\int_L (12xy + e^y)dx - (\cos y - xe^y)dy$，其中 L 为沿 $y = x^2$ 从点 $A(-1,1)$ 到点 $O(0,0)$，再沿 x 轴到点 $B(2,0)$ 的有向弧段.

7. 求曲面积分 $\iint\limits_{\Sigma} z^2 dxdy$，其中 Σ 为 $x^2 + y^2 + z^2 = R^2 (R > 0)$ 的下半球面的外侧.

8. 求曲面积分 $\oiint\limits_{\Sigma} xy^2 dydz + x^2 y dzdx$，其中 Σ 为 $x^2 + y^2 = 2z, z = 2$ 所围立体整个表面外侧.

9. 求向量场 $\boldsymbol{A} = xy\boldsymbol{i} + \cos(xy)\boldsymbol{j} + \cos(xz)\boldsymbol{k}$ 在点 $\left(\dfrac{\pi}{2}, 1, 1\right)$ 处的散度与旋度.

四、应用题

1. 一均匀立体由 $z = x^2 + y^2, z = 2 - \sqrt{x^2 + y^2}$ 所围成，求其对 z 轴的转动惯量.

2. 一物体所占空间区域为 $\Omega: x^2 + y^2 + z^2 \leqslant 2az (a > 0)$，其上任一点的体密度为该点到原点的距离，求此物体的重心坐标.

3. 曲线形物体的方程为：$x = e^t \cos t, y = e^t \sin t, z = e^t (0 \leqslant t \leqslant 2)$，其线密度为 $\rho(x,y,z) = \dfrac{1}{x^2 + y^2 + z^2}$，求此物体的质量.

4. 求半球面 $z = \sqrt{R^2 - x^2 - y^2}$ 夹在圆柱面 $x^2 + y^2 = a^2$ 和 $x^2 + y^2 = b^2 (0 < a < b < R)$ 之间的面积.

5. 在力场 $\boldsymbol{F} = \dfrac{y^2}{\sqrt{R^2 + x^2}}\boldsymbol{i} + [4x + 2y\ln(x + \sqrt{R^2 + x^2})]\boldsymbol{j}$ 作用下，单位质点沿 $x^2 + y^2 = R^2$ 按逆时针方向从点 $A(R,0)$ 运动到点 $B(-R,0)$，求此力场所做的功.

6. 求向量 $\boldsymbol{A} = 2x\boldsymbol{i} + y\boldsymbol{j} - z\boldsymbol{k}$ 通过 $0 \leqslant x \leqslant 1, 0 \leqslant y \leqslant 1, 0 \leqslant z \leqslant 1$ 的边界曲面流向外侧的通量.

五、证明题

1. 证明：$\int_0^1 dx \int_0^x dy \int_0^y f(z)dz = \dfrac{1}{2}\int_0^1 (1-z)^2 f(z)dz$.

2. 证明：$\dfrac{xdx + ydy}{x^2 + y^2}$ 在整个 xOy 平面除去 y 的负半轴及原点的区域 G 内是某个二元函数的全微分，并求出一个这样的二元函数.

第八篇

无穷级数

无穷级数是表示函数、研究函数性态、进行数值计算的有效工具. 无穷级数如今已渗透到科学技术的诸多领域, 它的理论和方法作为研究和解决问题的数学工具, 被广泛应用于物理、天文、航海等学科.

第十一章 无穷级数

无穷级数是研究函数的重要工具之一,它包括常数项级数与函数项级数两个部分.本章由简到繁,由常量到函数,首先介绍无穷级数的概念和基本性质,重点讨论常数项级数收敛、发散的判别法.在此基础上介绍函数项级数的有关内容,包括幂级数与三角级数的一些基本结论以及将函数展开成幂级数与三角级数的方法.

第一节 常数项级数的概念与性质

以前我们遇到的问题通常是将有限个数量相加,这种运算虽然简便,但有时无法满足应用的需要.在许多问题中会出现将无穷多个数量依次相加的数学式子,这就是我们现在需要讨论的问题:常数项级数.

一、常数项级数的概念

引例 高血压患者需要长期服用降压药物,以保证体内药量始终维持在一定的水平,从而使血压得以控制在正常范围内.现假设某高血压患者按医嘱每天服用某种降压药 0.25mg,而体内药物每天有 25% 通过各种渠道排出体外,问长期服药后体内药量维持在怎样的水平?

第一天用药后体内药量为 0.25mg,

第二天用药后体内药量为 $\left(0.25+0.25\times\dfrac{3}{4}\right)mg=0.25\times\left(1+\dfrac{3}{4}\right)$mg,

第三天用药后体内药量为 $\left[0.25+0.25\times\left(1+\dfrac{3}{4}\right)\times\dfrac{3}{4}\right]mg=0.25\times\left[1+\dfrac{3}{4}+\left(\dfrac{3}{4}\right)^2\right]$mg,

……

第 n 天用药后体内药量为 $0.25\times\left[1+\dfrac{3}{4}+\left(\dfrac{3}{4}\right)^2+\cdots+\left(\dfrac{3}{4}\right)^{n-1}\right]$mg.

随着天数的无限增加,便出现了无穷多个数依次相加的数学式子

$$0.25\times\left[1+\dfrac{3}{4}+\left(\dfrac{3}{4}\right)^2+\cdots+\left(\dfrac{3}{4}\right)^{n-1}+\cdots\right].$$

上式计算的结果需要借助于无穷级数求和的方法得到.以下介绍无穷级数的概念.

1. 无穷级数的基本概念

定义 11.1 给定一个无穷数列 $\{u_n\}$，则由该数列构成的表达式

$$u_1+u_2+u_3+\cdots+u_n+\cdots$$

称为(**常数项**)**无穷级数**，简称**级数**，记为 $\sum_{n=1}^{\infty}u_n$，即

$$\sum_{n=1}^{\infty}u_n=u_1+u_2+u_3+\cdots+u_n+\cdots,$$

其中第 n 项 u_n 称为级数的**一般项**或**通项**.

例如，

$$\sum_{n=1}^{\infty}\frac{(-1)^{n-1}}{\sqrt{n}}=1-\frac{1}{\sqrt{2}}+\frac{1}{\sqrt{3}}-\cdots+\frac{(-1)^{n-1}}{\sqrt{n}}+\cdots,$$

$$\sum_{n=1}^{\infty}\left(\frac{3}{4}\right)^{n-1}=1+\frac{3}{4}+\frac{9}{16}+\cdots+\left(\frac{3}{4}\right)^{n-1}+\cdots,$$

$$\sum_{n=1}^{\infty}\frac{2n+1}{n!}=3+\frac{5}{2}+\frac{7}{3!}+\cdots+\frac{2n+1}{n!}+\cdots$$

都是常数项级数.

由等差数列构成的级数 $\sum_{n=1}^{\infty}[a+(n-1)d]$ 称为**算术级数**.

由等比数列构成的级数 $\sum_{n=1}^{\infty}aq^{n-1}(a\neq 0)$ 称为公比为 q 的**等比级数**，也称为**几何级数**.

级数 $\sum_{n=1}^{\infty}\frac{1}{n^p}$ 称为 p-**级数**；当 $p=1$ 时，级数 $\sum_{n=1}^{\infty}\frac{1}{n}$ 称为**调和级数**.

2. 无穷级数的收敛与发散

怎样理解无穷级数中无穷多个数量依次相加呢？分析引例的结论，长期服药后体内药物维持量可表示为

$$0.25\times\left[1+\frac{3}{4}+\left(\frac{3}{4}\right)^2+\cdots+\left(\frac{3}{4}\right)^{n-1}+\cdots\right].$$

该式的值应该等于第 n 天用药后体内药量(即上式前 n 项的和)

$$s_n=0.25\times\left[1+\frac{3}{4}+\left(\frac{3}{4}\right)^2+\cdots+\left(\frac{3}{4}\right)^{n-1}\right]$$

当 $n\to\infty$ 时的极限. 由等比数列求和公式可知

$$s_n=0.25\times\frac{1-\left(\frac{3}{4}\right)^n}{1-\frac{3}{4}}=1-\left(\frac{3}{4}\right)^n,$$

$$\lim_{n\to\infty}s_n=\lim_{n\to\infty}\left[1-\left(\frac{3}{4}\right)^n\right]=1.$$

所以长期服药后体内药量维持在 1mg 的水平.

再观察级数 $\sum_{n=1}^{\infty}\frac{1}{n(n+1)}$，用计算器或 Excel 计算该级数的前 n 项的和

$$s_n = \sum_{k=1}^{n} \frac{1}{k(k+1)} = \frac{1}{1\times 2} + \frac{1}{2\times 3} + \cdots + \frac{1}{n(n+1)},$$

列表如下

n	2	5	60	100	190	300	1000	5000	8000
s_n	0.6667	0.8333	0.9836	0.9901	0.9948	0.9968	0.9990	0.9998	0.9999

由表中数据推测,当 n 无限增大时,级数 $\sum\limits_{n=1}^{\infty} \frac{1}{n(n+1)}$ 的前 n 项的和 s_n 逐渐增加,并趋向于常数 1(严格的证明后面给出).

再如调和级数 $\sum\limits_{n=1}^{\infty} \frac{1}{n}$,同样用 Excel 计算该级数的前 n 项的和

$$s_n = \sum_{k=1}^{n} \frac{1}{k} = 1 + \frac{1}{2} + \frac{1}{3} + \cdots + \frac{1}{n},$$

列表如下:

n	2	5	60	100	300	1000	5000	8000	20 000
s_n	1.500	2.2833	4.6799	5.1874	6.2827	7.4855	9.0945	9.5644	10.4807

由表中数据推测,随着 n 增大,级数 $\sum\limits_{n=1}^{\infty} \frac{1}{n}$ 的前 n 项的和 s_n 不断增加,极限不存在.

根据以上例子,可以通过观察级数的前 n 项的和当 $n \to \infty$ 时的极限是否存在,来理解无穷级数中无穷多个数量依次相加的含义. 为此,给出如下概念:

级数 $\sum\limits_{n=1}^{\infty} u_n$ 的前 n 项的和

$$s_n = u_1 + u_2 + \cdots + u_n = \sum_{k=1}^{n} u_k,$$

称为级数的**部分和**,当 n 依次取 $1,2,3,\cdots$ 时,s_n 构成一个新的数列:

$$s_1 = u_1, \quad s_2 = u_1 + u_2, \quad s_3 = u_1 + u_2 + u_3, \quad \cdots, \quad s_n = u_1 + u_2 + \cdots + u_n, \quad \cdots,$$

称数列 $\{s_n\}$ 为级数 $\sum\limits_{n=1}^{\infty} u_n$ 的**部分和数列**.

定义 11.2 如果级数 $\sum\limits_{n=1}^{\infty} u_n$ 的部分和数列 $\{s_n\}$ 存在极限 s,即

$$\lim_{n \to \infty} s_n = s,$$

则称无穷级数 $\sum\limits_{n=1}^{\infty} u_n$ **收敛**,称极限 s 为级数 $\sum\limits_{n=1}^{\infty} u_n$ 的和,并记作

$$s = \sum_{n=1}^{\infty} u_n = u_1 + u_2 + \cdots + u_n + \cdots,$$

如果部分和数列 $\{s_n\}$ 没有极限,则称级数 $\sum\limits_{n=1}^{\infty} u_n$ **发散**.

显然,当级数收敛时,其部分和 s_n 是级数的和 s 的近似值,它们之间的差值
$$r_n = s - s_n = u_{n+1} + u_{n+2} + \cdots$$
称为级数的**余项**. 用近似值 s_n 代替和 s 所产生的误差是余项的绝对值,即误差为 $|r_n|$.

例1 判定以下级数是否收敛,若收敛,求其和.

(1) $\sum\limits_{n=1}^{\infty} \dfrac{1}{\sqrt{n} + \sqrt{n-1}}$;   (2) $\sum\limits_{n=1}^{\infty} (-1)^n = -1 + 1 - 1 + \cdots + (-1)^n + \cdots$;

(3) $\dfrac{1}{1 \times 3} + \dfrac{1}{3 \times 5} + \dfrac{1}{5 \times 7} + \cdots + \dfrac{1}{(2n-1)(2n+1)} + \cdots$.

解 (1) 由 $u_n = \dfrac{1}{\sqrt{n} + \sqrt{n-1}} = \sqrt{n} - \sqrt{n-1}$ 可得部分和
$$s_n = 1 + (\sqrt{2} - 1) + (\sqrt{3} - \sqrt{2}) + \cdots + (\sqrt{n} - \sqrt{n-1}) = \sqrt{n},$$
所以, $\lim\limits_{n \to \infty} s_n = \lim\limits_{n \to \infty} \sqrt{n} = \infty$, 级数发散.

(2) 该级数的部分和数列的子数列分别为
$$s_{2n-1} = -1 + 1 - 1 + \cdots + 1 - 1 = -1, \quad s_{2n} = -1 + 1 - 1 + 1 + \cdots - 1 + 1 = 0,$$
易得, $\lim\limits_{n \to \infty} s_{2n-1} = -1$, $\lim\limits_{n \to \infty} s_{2n} = 0$, $\lim\limits_{n \to \infty} s_{2n-1} \neq \lim\limits_{n \to \infty} s_{2n}$, 故 $\lim\limits_{n \to \infty} s_n$ 不存在,从而级数发散.

(3) 由 $u_n = \dfrac{1}{(2n-1)(2n+1)} = \dfrac{1}{2}\left(\dfrac{1}{2n-1} - \dfrac{1}{2n+1}\right)$ 可得
$$s_n = \dfrac{1}{2}\left(1 - \dfrac{1}{3}\right) + \dfrac{1}{2}\left(\dfrac{1}{3} - \dfrac{1}{5}\right) + \cdots + \dfrac{1}{2}\left(\dfrac{1}{2n-1} - \dfrac{1}{2n+1}\right) = \dfrac{1}{2}\left(1 - \dfrac{1}{2n+1}\right),$$
$$\lim_{n \to \infty} s_n = \lim_{n \to \infty} \dfrac{1}{2}\left(1 - \dfrac{1}{2n+1}\right) = \dfrac{1}{2},$$
所以级数 $\sum\limits_{n=1}^{\infty} \dfrac{1}{(2n-1)(2n+1)}$ 收敛,和 $s = \dfrac{1}{2}$.

例2 证明调和级数 $\sum\limits_{n=1}^{\infty} \dfrac{1}{n} = 1 + \dfrac{1}{2} + \dfrac{1}{3} + \cdots + \dfrac{1}{n} + \cdots$ 发散.

证 记 $u_n = \dfrac{1}{n} = \int_n^{n+1} \dfrac{1}{n} \mathrm{d}x$. 因为 $n \leqslant x \leqslant n+1$, 从而 $\dfrac{1}{n} \geqslant \dfrac{1}{x}$, 不等式两端在 $[n, n+1]$ 上积分得
$$u_n \geqslant \int_n^{n+1} \dfrac{1}{x} \mathrm{d}x = \ln(n+1) - \ln n,$$
则有
$$\begin{aligned} s_n &= 1 + \dfrac{1}{2} + \dfrac{1}{3} + \cdots + \dfrac{1}{n} \\ &\geqslant (\ln 2 - \ln 1) + (\ln 3 - \ln 2) + (\ln 4 - \ln 3) + \cdots + [\ln(n+1) - \ln n] \\ &= \ln(n+1), \end{aligned}$$
当 $n \to \infty$ 时, $\ln(n+1) \to +\infty$, 所以 $s_n \to +\infty$, 即调和级数 $\sum\limits_{n=1}^{\infty} \dfrac{1}{n}$ 发散.

利用定义判别级数的敛散性,需要讨论部分和数列 $\{s_n\}$ 的极限是否存在,这就需要求出部分和数列 $\{s_n\}$ 的简化形式,而化简 s_n 常用的一种方法就是如例1(3)的"**拆项相加法**". 另

一种常用的方法是利用等比数列的求和公式,即
$$s_n = a + aq + \cdots + aq^{n-1} = \frac{a(1-q^n)}{1-q} \quad (q \neq 1).$$

例 3 讨论等比级数 $\sum_{n=1}^{\infty} aq^{n-1} (a \neq 0)$ 的敛散性.

解
$$s_n = a + aq + \cdots + aq^{n-1} = \frac{a(1-q^n)}{1-q} \quad (q \neq 1),$$

$$\lim_{n \to \infty} s_n = \lim_{n \to \infty} \frac{1-q^n}{1-q} a = \begin{cases} \dfrac{a}{1-q}, & |q| < 1, \\ \infty, & |q| > 1. \end{cases}$$

当 $q=1$ 时,级数为 $a+a+\cdots+a+\cdots$, $\lim\limits_{n \to \infty} s_n = \lim\limits_{n \to \infty} an = \infty$, 发散;

当 $q=-1$ 时,级数为 $a-a+a-\cdots+(-1)^{n-1}a+\cdots$, 类似于例 1(2), 该级数也发散.

综上讨论, 当 $|q|<1$ 时,等比级数 $\sum_{n=1}^{\infty} aq^{n-1}$ 收敛, 此时级数和为 $\sum_{n=1}^{\infty} aq^{n-1} = \dfrac{a}{1-q}$; 当 $|q| \geqslant 1$ 时, 等比级数 $\sum_{n=1}^{\infty} aq^{n-1}$ 发散.

有关等比级数敛散性的结论应用十分广泛. 例如,
$$-\frac{3}{4} + \frac{9}{16} - \frac{27}{64} + \cdots + (-1)^n \left(\frac{3}{4}\right)^n + \cdots$$

是首项为 $a = -\dfrac{3}{4}$, 公比 $q = -\dfrac{3}{4}$ 的等比级数, 故收敛, 级数的和为
$$s = \frac{-\dfrac{3}{4}}{1-\left(-\dfrac{3}{4}\right)} = -\frac{3}{7}.$$

引例中,求慢性病患者长期服药后体内药物的维持量就是一个等比级数求和问题.

二、无穷级数的基本性质

根据级数收敛与发散的定义,可推出以下无穷级数的基本性质,利用这些基本性质可判断级数的敛散性.

性质 1 级数的每一项同乘一个非零常数 k, 得到一个新的级数, 它与原级数的敛散性相同, 而且若原级数收敛, 和为 s, 则新级数也收敛, 和为 ks.

证 若原级数为 $\sum_{n=1}^{\infty} u_n$, 则新级数为 $\sum_{n=1}^{\infty} (ku_n)$, 它们的部分和数列分别设为 s_n 和 σ_n, 则
$$s_n = u_1 + u_2 + \cdots + u_n, \quad \sigma_n = ku_1 + ku_2 + \cdots + ku_n = ks_n,$$

显然,极限 $\lim\limits_{n \to \infty} \sigma_n$ 与极限 $\lim\limits_{n \to \infty} s_n$ 或同时存在, 或同时不存在, 所以 $\sum_{n=1}^{\infty} u_n$ 与 $\sum_{n=1}^{\infty} (ku_n)$ 的敛散性

相同. 当级数 $\sum\limits_{n=1}^{\infty} u_n$ 收敛时, 由 $\lim\limits_{n\to\infty} s_n = s$, 得 $\lim\limits_{n\to\infty} \sigma_n = k \lim\limits_{n\to\infty} s_n = ks$, 即 $\sum\limits_{n=1}^{\infty} (ku_n)$ 收敛且和为 ks.

性质 1 表明, 级数的每一项乘以相同的非零常数后得到的新级数与原级数有相同的敛散性.

例 4 判定以下级数是否收敛, 若收敛, 求其和.

(1) $\sum\limits_{n=1}^{\infty} \dfrac{2}{3(2n-1)(2n+1)}$; (2) $\sum\limits_{n=1}^{\infty} \dfrac{2}{5n}$.

解 (1) $\sum\limits_{n=1}^{\infty} \dfrac{2}{3(2n-1)(2n+1)} = \sum\limits_{n=1}^{\infty} \left[\dfrac{2}{3} \times \dfrac{1}{(2n-1)(2n+1)}\right]$, 由例 1 知, $\sum\limits_{n=1}^{\infty} \dfrac{1}{(2n-1)(2n+1)}$ 收敛, 和等于 $\dfrac{1}{2}$. 根据性质 1 可知, 级数 $\sum\limits_{n=1}^{\infty} \dfrac{2}{3(2n-1)(2n+1)}$ 收敛, 且和为 $\dfrac{2}{3} \times \dfrac{1}{2} = \dfrac{1}{3}$.

(2) 因为级数 $\sum\limits_{n=1}^{\infty} \dfrac{2}{5n} = \sum\limits_{n=1}^{\infty} \left(\dfrac{2}{5} \times \dfrac{1}{n}\right)$, 而调和级数 $\sum\limits_{n=1}^{\infty} \dfrac{1}{n}$ 发散, 因此根据性质 1 可知, 级数 $\sum\limits_{n=1}^{\infty} \dfrac{2}{5n}$ 发散.

性质 2 若级数 $\sum\limits_{n=1}^{\infty} u_n$ 和 $\sum\limits_{n=1}^{\infty} v_n$ 都收敛, 和分别为 s 和 σ, 则其对应项相加 (或相减) 得到的新级数 $\sum\limits_{n=1}^{\infty} (u_n + v_n) \left(\text{或} \sum\limits_{n=1}^{\infty} (u_n - v_n)\right)$ 一定收敛, 且和为 $s + \sigma$ (或 $s - \sigma$).

证 设级数 $\sum\limits_{n=1}^{\infty} u_n$, $\sum\limits_{n=1}^{\infty} v_n$ 和 $\sum\limits_{n=1}^{\infty} (u_n + v_n)$ 的部分和分别为 s_n, σ_n 和 τ_n, 则 $\tau_n = s_n + \sigma_n$, 由 $\lim\limits_{n\to\infty} s_n = s$, $\lim\limits_{n\to\infty} \sigma_n = \sigma$, 容易得

$$\lim_{n\to\infty} \tau_n = \lim_{n\to\infty} (s_n + \sigma_n) = s + \sigma,$$

即级数 $\sum\limits_{n=1}^{\infty} (u_n + v_n)$ 收敛, 且和为 $s + \sigma$. 级数 $\sum\limits_{n=1}^{\infty} (u_n - v_n)$ 的收敛性同理可证.

由性质 2 易得以下推论:

推论 如果级数 $\sum\limits_{n=1}^{\infty} u_n$ 收敛, 而 $\sum\limits_{n=1}^{\infty} v_n$ 发散, 则级数 $\sum\limits_{n=1}^{\infty} (u_n \pm v_n)$ 发散.

证 (反证) 假设级数 $\sum\limits_{n=1}^{\infty} (u_n + v_n)$ 收敛, 因为 $v_n = (u_n + v_n) - u_n$, 而级数 $\sum\limits_{n=1}^{\infty} u_n$ 和 $\sum\limits_{n=1}^{\infty} (u_n + v_n)$ 都收敛, 所以由性质 2 可知, 级数 $\sum\limits_{n=1}^{\infty} v_n$ 收敛. 这与前提条件矛盾, 故假设不真, 所以级数 $\sum\limits_{n=1}^{\infty} (u_n + v_n)$ 发散.

同理可证级数 $\sum\limits_{n=1}^{\infty} (u_n - v_n)$ 发散.

注 两个都发散的级数, 其对应项相加或相减得到的新级数可能收敛也可能发散, 即

如果级数 $\sum_{n=1}^{\infty} u_n$ 和 $\sum_{n=1}^{\infty} v_n$ 都发散,则 $\sum_{n=1}^{\infty} (u_n \pm v_n)$ 可能收敛也可能发散. 例如:

(1) 取 $u_n = (-1)^n$, $v_n = 2(-1)^n$, 由例 1(2) 和性质 1 知,级数 $\sum_{n=1}^{\infty} u_n$ 和 $\sum_{n=1}^{\infty} v_n$ 都发散,显然级数 $\sum_{n=1}^{\infty} (u_n + v_n) = \sum_{n=1}^{\infty} 3(-1)^n$ 也发散.

(2) 取 $u_n = (-1)^n$, $v_n = (-1) \times (-1)^n = (-1)^{n+1}$, 显然级数 $\sum_{n=1}^{\infty} u_n$ 和 $\sum_{n=1}^{\infty} v_n$ 都发散,而级数 $\sum_{n=1}^{\infty} (u_n + v_n) = \sum_{n=1}^{\infty} 0$ 却收敛.

对下例可应用性质 2 进行判断.

例 5 判断下列级数的敛散性:

(1) $\sum_{n=1}^{\infty} \left(\dfrac{5^n}{6^n} + \dfrac{1}{n} \right)$; (2) $\sum_{n=1}^{\infty} \dfrac{3^n + (-4)^n}{5^n}$.

解 (1) 级数 $\sum_{n=1}^{\infty} \dfrac{5^n}{6^n}$ 为 $|q| = \dfrac{5}{6} < 1$ 的等比级数,收敛,而调和级数 $\sum_{n=1}^{\infty} \dfrac{1}{n}$ 发散,所以级数 $\sum_{n=1}^{\infty} \left(\dfrac{5^n}{6^n} + \dfrac{1}{n} \right)$ 发散.

(2) 级数 $\sum_{n=1}^{\infty} \left(\dfrac{3}{5} \right)^n$ 为 $|q| = \dfrac{3}{5} < 1$ 的等比级数,收敛,和为 $s = \dfrac{\dfrac{3}{5}}{1 - \dfrac{3}{5}} = \dfrac{3}{2}$.

级数 $\sum_{n=1}^{\infty} \left(-\dfrac{4}{5} \right)^n$ 为 $|q| = \dfrac{4}{5} < 1$ 的等比级数,也收敛,和为 $\sigma = \dfrac{-\dfrac{4}{5}}{1 + \dfrac{4}{5}} = -\dfrac{4}{9}$.

所以,级数 $\sum_{n=1}^{\infty} \dfrac{3^n + (-4)^n}{5^n}$ 收敛,和为 $\bar{s} = s + \sigma = \dfrac{19}{18}$.

性质 3 在一个级数中,去掉、添加或改变级数的有限项不会改变级数的敛散性;但当级数收敛时,会改变级数的和.

证 设原级数为 $\sum_{n=1}^{\infty} u_n = u_1 + u_2 + \cdots + u_k + u_{k+1} + u_{k+2} + \cdots + u_n + \cdots$, 其部分和数列为 $\{s_n\}$. 现改变它的前 k 项,得到一个新的级数:

$$\sum_{n=1}^{\infty} v_n = v_1 + v_2 + \cdots + v_k + u_{k+1} + u_{k+2} + \cdots + u_n + \cdots.$$

其部分和数列为 $\{\sigma_n\}$,设 $a = v_1 + v_2 + \cdots + v_k$, $b = u_1 + u_2 + \cdots + u_k$,且不妨设 $n > k$, 则

$$\sigma_n = v_1 + v_2 + \cdots + v_k + u_{k+1} + u_{k+2} + \cdots + u_n$$
$$= a - b + u_1 + u_2 + \cdots + u_k + u_{k+1} + u_{k+2} + \cdots + u_n$$
$$= a - b + s_n,$$

所以数列 $\{s_n\}$ 和 $\{\sigma_n\}$ 有相同的敛散性，即级数 $\sum_{n=1}^{\infty} u_n$ 和 $\sum_{n=1}^{\infty} v_n$ 有相同的敛散性，这也说明改变级数的有限项不改变级数的敛散性.

当级数 $\sum_{n=1}^{\infty} u_n$ 收敛时，设其和为 s，即 $\lim_{n\to\infty} s_n = s$，则
$$\lim_{n\to\infty} \sigma_n = \lim_{n\to\infty}(s_n + a - b) = s + a - b,$$

即级数 $\sum_{n=1}^{\infty} v_n = v_1 + v_2 + \cdots + v_k + u_{k+1} + u_{k+2} + \cdots + u_n + \cdots$ 的和为 $s + a - b$. 这表明，如果改变收敛级数的有限项，则会改变该级数的和.

类似可证级数中其他 k 项被改变的情形.

以级数 $\sum_{n=1}^{\infty}\left(\frac{3}{2}\right)^n$ 为例，这是一个首项为 $\frac{3}{2}$、公比为 $q = \frac{3}{2} > 1$ 的等比级数，发散，去掉它的前三项得到级数 $\sum_{n=4}^{\infty}\left(\frac{3}{2}\right)^n$，它仍然是公比 $q = \frac{3}{2} > 1$ 的等比级数，只是首项变为 $\frac{81}{16}$，显然仍发散.

又如等比级数 $\sum_{n=1}^{\infty}\left(-\frac{1}{3}\right)^{n+3}$，其首项为 $\frac{1}{81}$，公比 $|q| = \frac{1}{3} < 1$，收敛，且和为 $\frac{\frac{1}{81}}{1+\frac{1}{3}} = \frac{1}{108}$，而 $\sum_{n=1}^{\infty}\left(-\frac{1}{3}\right)^n$ 是在级数 $\sum_{n=1}^{\infty}\left(-\frac{1}{3}\right)^{n+3}$ 前加了三项得到的新级数，显然这也是一个公比 $|q| = \frac{1}{3} < 1$ 的等比级数，收敛，只是首项变为 $-\frac{1}{3}$，其和变成了 $\frac{-\frac{1}{3}}{1+\frac{1}{3}} = -\frac{1}{4}$.

性质 4　若级数 $\sum_{n=1}^{\infty} u_n$ 收敛，将这个级数任意地加括号得到新的级数
$$(u_1 + \cdots + u_{n_1}) + (u_{n_1+1} + \cdots + u_{n_2}) + \cdots + (u_{n_{k-1}+1} + \cdots + u_{n_k}) + \cdots,$$
则此级数也收敛，且和保持不变.

证　将级数 $\sum_{n=1}^{\infty} u_n$ 任意地加括号后得到的新级数记为 $\sum_{k=1}^{\infty} v_k$，即
$$\sum_{k=1}^{\infty} v_k = (u_1 + \cdots + u_{n_1}) + (u_{n_1+1} + \cdots + u_{n_2}) + \cdots + (u_{n_{k-1}+1} + \cdots + u_{n_k}) + \cdots.$$

设收敛级数 $\sum_{n=1}^{\infty} u_n$ 的部分和数列为 $\{s_n\}$，和为 s，新级数 $\sum_{k=1}^{\infty} v_k$ 的前 k 项的和为 σ_k，则
$$\sigma_k = (u_1 + \cdots + u_{n_1}) + (u_{n_1+1} + \cdots + u_{n_2}) + \cdots + (u_{n_{k-1}+1} + \cdots + u_{n_k}) = s_{n_k},$$
于是有
$$\lim_{k\to\infty} \sigma_k = \lim_{k\to\infty} s_{n_k} = s,$$

因此级数 $\sum_{k=1}^{\infty} v_k = (u_1 + \cdots + u_{n_1}) + (u_{n_1+1} + \cdots + u_{n_2}) + \cdots + (u_{n_{k-1}+1} + \cdots + u_{n_k}) + \cdots$

收敛,且和保持不变.

关于性质 4,说明以下两点：

(1) 性质 4 的逆否命题为：若加括号构成的级数发散,则原级数一定发散.

(2) 若加括号构成的新级数收敛,原级数不一定收敛.

例如,$(1-1)+(1-1)+\cdots=0$,收敛；但去括号后的级数 $1-1+1-1+\cdots=\sum_{n=0}^{\infty}(-1)^n$ 是发散的.

性质 5（级数收敛的必要条件） 收敛级数的一般项的极限必为零. 即若级数 $\sum_{n=1}^{\infty} u_n$ 收敛,则 $\lim_{n\to\infty} u_n = 0$.

证 设收敛级数 $\sum_{n=1}^{\infty} u_n$ 的部分和为 s_n,和为 s,则 $\lim_{n\to\infty} s_n = s$. 又 $u_n = s_n - s_{n-1}$,因此
$$\lim_{n\to\infty} u_n = \lim_{n\to\infty}(s_n - s_{n-1}) = s - s = 0,$$
即收敛级数的一般项的极限必为零.

注 (1) $\lim_{n\to\infty} u_n = 0$ 是级数收敛的必要条件,不是充分条件.

例如,对调和级数 $\sum_{n=1}^{\infty} \frac{1}{n}$,虽然有 $\lim_{n\to\infty} u_n = \lim_{n\to\infty} \frac{1}{n} = 0$,但 $\sum_{n=1}^{\infty} \frac{1}{n}$ 发散. 所以不能用级数收敛的必要条件来判定级数是否收敛.

(2) 级数收敛的必要条件常在以下两种情形下使用：

① 判别级数发散：如果极限 $\lim_{n\to\infty} u_n$ 不存在或虽然存在但不等于零,则级数 $\sum_{n=1}^{\infty} u_n$ 必定发散.

② 用于证明数列极限为零：通过证明级数 $\sum_{n=1}^{\infty} u_n$ 收敛,再由收敛级数的必要条件,证得 $\lim_{n\to\infty} u_n = 0$. 具体的例子请见本章第二节的例 9.

例 6 判断级数 $\sum_{n=1}^{\infty} n(e^{\frac{2}{n}} - 1)$ 的敛散性.

解
$$\lim_{n\to\infty} u_n = \lim_{n\to\infty} n(e^{\frac{2}{n}} - 1) = \lim_{n\to\infty} \frac{e^{\frac{2}{n}} - 1}{\frac{1}{n}} = \lim_{n\to\infty} \frac{\frac{2}{n}}{\frac{1}{n}} = 2 \neq 0,$$

故级数 $\sum_{n=1}^{\infty} n(e^{\frac{2}{n}} - 1)$ 发散.

习题 11-1

1. 写出下列级数的一般项.

(1) $\frac{1}{2} + \frac{3}{5} + \frac{5}{10} + \frac{7}{17} + \cdots$； (2) $\frac{1}{3} + \frac{2}{9} + \frac{3}{27} + \frac{4}{81} + \cdots$； (3) $\frac{1}{2\ln 2} + \frac{1}{3\ln 3} + \frac{1}{4\ln 4} + \cdots$.

2. 求下列级数的和.

(1) $\sum_{n=1}^{\infty} \frac{1}{(n+1)(n+3)}$;

(2) $\sum_{n=1}^{\infty} \left(\frac{5}{7}\right)^n$.

3. 根据级数收敛与发散的定义,判断下列级数的敛散性.

(1) $\sum_{n=1}^{\infty} \left(\frac{1}{\sqrt{n+3}+\sqrt{n}}\right)$;

(2) $\sum_{n=1}^{\infty} \ln \frac{n+1}{n}$.

4. 利用级数的性质,判断下列级数的敛散性.

(1) $\sum_{n=1}^{\infty} n \sin \frac{\pi}{3n}$;

(2) $\sum_{n=1}^{\infty} \frac{1+(-1)^n}{5^n}$;

(3) $\frac{1}{4} + \frac{1}{8} + \frac{1}{12} + \frac{1}{16} + \cdots$;

(4) $\sum_{n=1}^{\infty} \frac{2^n+(-4)^n}{3^n}$.

第二节 正项级数审敛法

对于一般的常数项级数而言,按定义判断其敛散性并不容易. 由第一节级数收敛的必要条件可知,即使级数的一般项极限为零,级数的敛散性仍无法确定,还需进一步的讨论. 本节将讨论判断一类较简单的级数——正项级数敛散性的方法.

一、正项级数基本定理

定义 11.3 若级数 $\sum_{n=1}^{\infty} u_n$ 满足 $u_n \geqslant 0 (n=1,2,\cdots)$,即级数 $\sum_{n=1}^{\infty} u_n$ 的每一项都是非负的,则称级数 $\sum_{n=1}^{\infty} u_n$ 为**正项级数**.

例如,调和级数 $\sum_{n=1}^{\infty} \frac{1}{n} = 1 + \frac{1}{2} + \frac{1}{3} + \cdots + \frac{1}{n} + \cdots$ 是正项级数,而级数

$$\sum_{n=1}^{\infty} (-1)^{n-1} = 1 - 1 + 1 - 1 + \cdots + (-1)^{n-1} + \cdots$$

不是正项级数.

因为正项级数的一般项 $u_n \geqslant 0$,而 $s_n = s_{n-1} + u_n \geqslant s_{n-1}$,所以正项级数的部分和数列 $\{s_n\}$ 单调增加,即

$$s_1 \leqslant s_2 \leqslant s_3 \leqslant \cdots \leqslant s_n \leqslant s_{n+1} \leqslant \cdots.$$

当正项级数 $\sum_{n=1}^{\infty} u_n$ 的部分和数列 $\{s_n\}$ 有界时,根据第一章第四节介绍的极限存在准则 "单调有界数列必有极限"知,部分和数列 $\{s_n\}$ 的极限存在,即正项级数 $\sum_{n=1}^{\infty} u_n$ 收敛. 反之,若正项级数 $\sum_{n=1}^{\infty} u_n$ 收敛,则部分和数列 $\{s_n\}$ 必有极限,而极限存在的数列一定有界,所以部分和数列 $\{s_n\}$ 有界. 由此可得以下定理:

定理 11.1（正项级数收敛的基本定理） 正项级数 $\sum\limits_{n=1}^{\infty}u_n$ 收敛的充要条件是：它的部分和数列 $\{s_n\}$ 有界.

由正项级数收敛的基本定理可得到一系列判断正项级数敛散性的定理.

二、正项级数的审敛法则

定理 11.2（比较审敛法） 设 $\sum\limits_{n=1}^{\infty}u_n, \sum\limits_{n=1}^{\infty}v_n$ 是两个正项级数.

(1) 如果 $u_n \leqslant v_n (n=1,2,\cdots)$，且级数 $\sum\limits_{n=1}^{\infty}v_n$ 收敛，则级数 $\sum\limits_{n=1}^{\infty}u_n$ 亦收敛；

(2) 如果 $u_n \geqslant v_n (n=1,2,\cdots)$，且级数 $\sum\limits_{n=1}^{\infty}v_n$ 发散，则级数 $\sum\limits_{n=1}^{\infty}u_n$ 亦发散.

证 设级数 $\sum\limits_{n=1}^{\infty}u_n, \sum\limits_{n=1}^{\infty}v_n$ 的部分和数列分别为 $\{s_n\}$ 和 $\{\sigma_n\}$，则

(1) 由 $u_n \leqslant v_n (n=1,2,\cdots)$ 可得
$$0 \leqslant s_n = u_1+u_2+\cdots+u_n \leqslant v_1+v_2+\cdots+v_n = \sigma_n;$$

又级数 $\sum\limits_{n=1}^{\infty}v_n$ 收敛，由正项级数收敛的基本定理可知，数列 $\{\sigma_n\}$ 有界，则数列 $\{s_n\}$ 也有界，所以级数 $\sum\limits_{n=1}^{\infty}u_n$ 亦收敛.

(2)（**反证**）假设级数 $\sum\limits_{n=1}^{\infty}u_n$ 收敛，由 $u_n \geqslant v_n$ 以及结论(1)可得，级数 $\sum\limits_{n=1}^{\infty}v_n$ 收敛. 与已知矛盾，所以级数 $\sum\limits_{n=1}^{\infty}u_n$ 亦发散. 定理证毕.

注 若正项级数 $\sum\limits_{n=1}^{\infty}u_n$ 和 $\sum\limits_{n=1}^{\infty}v_n$ 满足条件 $u_n \leqslant v_n$，则常称级数 $\sum\limits_{n=1}^{\infty}u_n$ 为弱级数，$\sum\limits_{n=1}^{\infty}v_n$ 为强级数. 由定理 11.2 可知，如果强级数收敛，那么弱级数收敛；如果弱级数发散，那么强级数发散.

例 1 讨论 p-级数 $\sum\limits_{n=1}^{\infty}\dfrac{1}{n^p}$ 的敛散性，其中常数 $p>0$.

解 当 $0<p\leqslant 1$ 时，则有 $n^p \leqslant n$，从而 $\dfrac{1}{n^p} \geqslant \dfrac{1}{n}$，调和级数 $\sum\limits_{n=1}^{\infty}\dfrac{1}{n}$ 为弱级数，它是发散的，故由比较审敛法可知，当 $0<p\leqslant 1$ 时，级数 $\sum\limits_{n=1}^{\infty}\dfrac{1}{n^p}$ 发散.

当 $p>1$ 时，则对于 $n-1 \leqslant x \leqslant n (n \geqslant 2)$，有 $(n-1)^p \leqslant x^p \leqslant n^p$，于是 $\dfrac{1}{n^p} \leqslant \dfrac{1}{x^p}$，该不等式两端在区间 $[n-1,n]$ 上积分得

$$\frac{1}{n^p} = \int_{n-1}^{n}\frac{1}{n^p}\mathrm{d}x \leqslant \int_{n-1}^{n}\frac{1}{x^p}\mathrm{d}x = \frac{1}{1-p}x^{1-p}\Big|_{n-1}^{n} = \frac{1}{p-1}\left[\frac{1}{(n-1)^{p-1}} - \frac{1}{n^{p-1}}\right],$$

据此不等式,得 p-级数 $\sum_{n=1}^{\infty} \frac{1}{n^p}$ 的部分和

$$s_n = 1 + \sum_{k=2}^{n} \frac{1}{k^p} \leqslant 1 + \frac{1}{p-1} \sum_{k=2}^{n} \left[\frac{1}{(k-1)^{p-1}} - \frac{1}{k^{p-1}} \right]$$

$$= 1 + \frac{1}{p-1} \left[1 - \frac{1}{2^{p-1}} + \frac{1}{2^{p-1}} - \frac{1}{3^{p-1}} + \cdots + \frac{1}{(n-1)^{p-1}} - \frac{1}{n^{p-1}} \right]$$

$$= 1 + \frac{1}{p-1} \left(1 - \frac{1}{n^{p-1}} \right) \leqslant 1 + \frac{1}{p-1} (n \geqslant 2).$$

这表明部分和数列 $\{s_n\}$ 有界,由定理 11.1 可知,当 $p>1$ 时,级数 $\sum_{n=1}^{\infty} \frac{1}{n^p}$ 收敛.

综上所述,判断 p-级数 $\sum_{n=1}^{\infty} \frac{1}{n^p}$ 敛散性的方法是:当 $0<p\leqslant 1$ 时,级数发散;当 $p>1$ 时,级数收敛.

有关 p-级数敛散性的结论常用于判断级数的敛散性.

例 2 判断下列正项级数的敛散性:(1) $\sum_{n=1}^{\infty} \frac{1}{n^3}$;(2) $\sum_{n=1}^{\infty} \frac{1}{\sqrt[3]{n}}$;(3) $\sum_{n=1}^{\infty} \frac{1}{\sqrt[5]{n^8}}$.

解 (1) 级数 $\sum_{n=1}^{\infty} \frac{1}{n^3}$ 是 $p=3>1$ 的 p-级数,收敛.

(2) 级数 $\sum_{n=1}^{\infty} \frac{1}{\sqrt[3]{n}}$ 是 $p=\frac{1}{3}<1$ 的 p-级数,发散.

(3) 级数 $\sum_{n=1}^{\infty} \frac{1}{\sqrt[5]{n^8}}$ 是 $p=\frac{8}{5}>1$ 的 p-级数,收敛.

例 3 判断下列级数的敛散性:

(1) $\sum_{n=1}^{\infty} \frac{1}{\sqrt{n^2-n}}$;(2) $\sum_{n=1}^{\infty} \frac{1}{\sqrt[4]{n^7+n}}$.

解 (1) 因为 $\sqrt{n^2-n}<n$,所以 $\frac{1}{\sqrt{n^2-n}}>\frac{1}{n}$,而调和级数 $\sum_{n=1}^{\infty} \frac{1}{n}$ 是 $p=1$ 的 p-级数,发散,由比较审敛法知,级数 $\sum_{n=1}^{\infty} \frac{1}{\sqrt{n^2-n}}$ 发散.

(2) 因为 $\sqrt[4]{n^7+n}>\sqrt[4]{n^7}$,所以 $\frac{1}{\sqrt[4]{n^7+n}}<\frac{1}{\sqrt[4]{n^7}}$,而级数 $\sum_{n=1}^{\infty} \frac{1}{\sqrt[4]{n^7}}$ 是 $p=\frac{7}{4}>1$ 的 p-级数,收敛,由比较审敛法知,级数 $\sum_{n=1}^{\infty} \frac{1}{\sqrt[4]{n^7+n}}$ 收敛.

为了使比较审敛法更方便应用,下面不加证明地给出比较审敛法的极限形式.

定理 11.3(比较审敛法的极限形式) 设 $\sum_{n=1}^{\infty} u_n$ 与 $\sum_{n=1}^{\infty} v_n$ 是两个正项级数,且 $\lim_{n \to \infty} \frac{u_n}{v_n} = l$.

(1) 当 $0<l<+\infty$ 时,级数 $\sum_{n=1}^{\infty} u_n$ 与 $\sum_{n=1}^{\infty} v_n$ 有相同的敛散性;

(2) 当 $l=0$ 时,如果 $\sum_{n=1}^{\infty} v_n$ 收敛,则 $\sum_{n=1}^{\infty} u_n$ 也收敛;

(3) 当 $l=+\infty$ 时,如果 $\sum_{n=1}^{\infty} v_n$ 发散,则 $\sum_{n=1}^{\infty} u_n$ 也发散.

由上节级数收敛的必要条件可知,若级数一般项的极限不存在或极限虽然存在但不等于零,则此级数一定发散. 因此,需要使用定理 11.3 判断级数 $\sum_{n=1}^{\infty} u_n$ 的敛散性时,一般项的极限通常都为零,即 $\lim_{n \to \infty} u_n = 0$. 而定理中条件 $\lim_{n \to \infty} \frac{u_n}{v_n} = l\,(0 < l < +\infty)$ 说明"u_n 和 v_n 是同阶无穷小". 由此,定理 11.3 的结论(1)可改述如下:

如果数列 $\{u_n\}$ 和 $\{v_n\}$ 是同阶无穷小,则级数 $\sum_{n=1}^{\infty} u_n$ 与 $\sum_{n=1}^{\infty} v_n$ 的敛散性相同.

因此,在使用比较审敛法的极限形式判断级数 $\sum_{n=1}^{\infty} u_n$ 的敛散性时,若能确定 $\lim_{n \to \infty} u_n = 0$,则可利用一个敛散性已知且一般项与 u_n 是同阶无穷小的级数作为参照来确定级数 $\sum_{n=1}^{\infty} u_n$ 的敛散性.

例 4 判断级数 $\sum_{n=1}^{\infty} \left(\mathrm{e}^{\frac{2}{n^3}} - 1 \right)$ 的敛散性.

解 因为 $\lim\limits_{n \to \infty} \dfrac{\mathrm{e}^{\frac{2}{n^3}} - 1}{\frac{1}{n^3}} = \lim\limits_{n \to \infty} \dfrac{\frac{2}{n^3}}{\frac{1}{n^3}} = 2$,而 p-级数 $\sum\limits_{n=1}^{\infty} \dfrac{1}{n^3}\,(p = 3 > 1)$ 收敛,所以级数 $\sum\limits_{n=1}^{\infty} \left(\mathrm{e}^{\frac{2}{n^3}} - 1 \right)$ 收敛.

例 5 判断级数 $\sum_{n=1}^{\infty} \tan \dfrac{1}{\sqrt{n}}$ 的敛散性.

解 $\lim\limits_{n \to \infty} \dfrac{\tan \frac{1}{\sqrt{n}}}{\frac{1}{\sqrt{n}}} = 1$,而 p-级数 $\sum\limits_{n=1}^{\infty} \dfrac{1}{\sqrt{n}}\,\left(p = \dfrac{1}{2} < 1\right)$ 发散,所以级数 $\sum\limits_{n=1}^{\infty} \tan \dfrac{1}{\sqrt{n}}$ 发散.

显然,在使用比较审敛法判断级数的敛散性时,其极限形式较为简单,但当级数一般项是无穷小与有界量的乘积时,则需要将定理 11.2 和定理 11.3 结合起来判断. 如下例.

例 6 判断级数 $\sum_{n=1}^{\infty} \dfrac{5n+2}{n^3+n^2-1} \cos^2 \dfrac{n\pi}{4}$ 的敛散性.

解 因为
$$\frac{5n+2}{n^3+n^2-1} \cos^2 \frac{n\pi}{4} \leqslant \frac{5n+2}{n^3+n^2-1},$$
级数 $\sum\limits_{n=1}^{\infty} \dfrac{5n+2}{n^3+n^2-1}$ 一般项的分母是三次多项式,分子是一次式,分母次数比分子次数大 2,

所以

$$\lim_{n\to\infty}\frac{\frac{5n+2}{n^3+n^2-1}}{\frac{1}{n^2}}=\lim_{n\to\infty}\frac{(5n+2)n^2}{n^3+n^2-1}=\lim_{n\to\infty}\frac{5+\frac{2}{n}}{1+\frac{1}{n}-\frac{1}{n^3}}=5.$$

而 p-级数 $\sum\limits_{n=1}^{\infty}\frac{1}{n^2}(p=2>1)$ 收敛，由定理 11.3 知，级数 $\sum\limits_{n=1}^{\infty}\frac{5n+2}{n^3+n^2-1}$ 收敛，再由定理 11.2 可知，级数 $\sum\limits_{n=1}^{\infty}\frac{5n+2}{n^3+n^2-1}\cos^2\frac{n\pi}{4}$ 也收敛.

特别地，在定理 11.3 中，取 $v_n=\frac{1}{n^p}$，则结合 p-级数的敛散性可得以下结论：

推论（极限审敛法） 设 $\sum\limits_{n=1}^{\infty}u_n$ 为正项级数，

(1) 如果 $\lim\limits_{n\to\infty}n^p u_n=l\,(0<l\leqslant\infty, p\leqslant 1)$，则级数 $\sum\limits_{n=1}^{\infty}u_n$ 发散；

(2) 如果 $\lim\limits_{n\to\infty}n^p u_n=l\,(0\leqslant l<\infty, p>1)$，则级数 $\sum\limits_{n=1}^{\infty}u_n$ 收敛.

例 7 判断级数 $\sum\limits_{n=2}^{\infty}\frac{1}{\ln^2 n}$ 的敛散性.

解 记 $u_n=\frac{1}{\ln^2 n}$，对 $\lim\limits_{n\to\infty}nu_n$ 进行分析.

因为 $\lim\limits_{x\to+\infty}x\cdot\frac{1}{\ln^2 x}=\lim\limits_{x\to+\infty}\frac{x}{\ln^2 x}=\lim\limits_{x\to+\infty}\frac{1}{2(\ln x)\frac{1}{x}}=\lim\limits_{x\to+\infty}\frac{x}{2\ln x}=\lim\limits_{x\to+\infty}\frac{1}{\frac{2}{x}}=\lim\limits_{x\to+\infty}\frac{x}{2}=\infty$，

所以 $\lim\limits_{n\to\infty}nu_n=\lim\limits_{n\to\infty}n\cdot\frac{1}{\ln^2 n}=\infty$，由极限审敛法结论(1)知，级数 $\sum\limits_{n=2}^{\infty}\frac{1}{\ln^2 n}$ 发散.

利用比较审敛法判断级数 $\sum\limits_{n=1}^{\infty}u_n$ 的敛散性，必须根据所给级数的一般项 u_n 寻找一个敛散性已知的级数作为参照从而作出判断. 而对大多数级数而言，这个参照级数并不容易确定. 因此我们希望能够仅利用级数自身的特点来判断它的敛散性. 接下来给出比值审敛法和根值审敛法.

定理 11.4（比值审敛法，达朗贝尔判别法） 设 $\sum\limits_{n=1}^{\infty}u_n$ 为正项级数，且 $\lim\limits_{n\to\infty}\frac{u_{n+1}}{u_n}=\rho$（或 $+\infty$），则：

(1) 当 $\rho<1$ 时，级数收敛；

(2) 当 $\rho>1$（也包括 $\rho=+\infty$）时，级数发散；

(3) 当 $\rho=1$ 时，级数 $\sum\limits_{n=1}^{\infty}u_n$ 可能收敛，也可能发散.

证 当 ρ 有限时，由极限的定义可知：对 $\forall\varepsilon>0$，存在自然数 N，当 $n>N$ 时，

$$\left|\frac{u_{n+1}}{u_n}-\rho\right|<\varepsilon,$$

即

$$\rho-\varepsilon<\frac{u_{n+1}}{u_n}<\rho+\varepsilon, \quad n>N.$$

(1) 当 $\rho<1$ 时,取 $0<\varepsilon<1-\rho$,使得 $\rho+\varepsilon=r<1$,则当 $n>N$ 时,有 $\frac{u_{n+1}}{u_n}<r<1$,由此得

$$u_{N+2}<ru_{N+1},$$
$$u_{N+3}<ru_{N+2}<r^2 u_{N+1},$$
$$\vdots$$
$$u_{N+m}<ru_{N+m-1}<r^2 u_{N+m-2}<\cdots<r^{m-1} u_{N+1},$$
$$\vdots$$

因为级数 $\sum\limits_{m=1}^{\infty} r^{m-1} u_{N+1}$ 是公比 $|q|=r<1$ 的等比级数,故收敛,又根据比较审敛法知,弱级数 $\sum\limits_{m=1}^{\infty} u_{N+m}=\sum\limits_{n=N+1}^{\infty} u_n$ 显然收敛. 注意到级数 $\sum\limits_{n=1}^{\infty} u_n$ 是在收敛级数 $\sum\limits_{n=N+1}^{\infty} u_n$ 的前面加了有限项得到的,由第一节的性质 3 知,当 $\rho<1$ 时,级数 $\sum\limits_{n=1}^{\infty} u_n$ 收敛.

(2) 当 $\rho>1$ 时,取 $0<\varepsilon<\rho-1$,使得 $r=\rho-\varepsilon>1$,则当 $n>N$ 时,有

$$\frac{u_{n+1}}{u_n}>r>1, \quad 即 \ u_{n+1}>u_n,$$

所以当 $n>N$ 时,级数的一般项 u_n 是逐渐增大的,$\lim\limits_{n\to\infty} u_n \neq 0$. 由级数收敛的必要条件知级数 $\sum\limits_{n=1}^{\infty} u_n$ 发散.

类似可证:当 $\lim\limits_{n\to\infty} \frac{u_{n+1}}{u_n}=\infty$ 时,级数 $\sum\limits_{n=1}^{\infty} u_n$ 发散.

(3) 当 $\rho=1$ 时,级数可能收敛,也可能发散. 此时,无法用比值审敛法判断级数的敛散性. 以 p-级数 $\sum\limits_{n=1}^{\infty} \frac{1}{n^p}$ 为例,无论 p 取何正值,总有

$$\lim_{n\to\infty} \frac{u_{n+1}}{u_n}=\lim_{n\to\infty}\left(\frac{n}{n+1}\right)^p=1.$$

但是,级数 $\sum\limits_{n=1}^{\infty} \frac{1}{n^p}$ 在 $p>1$ 时收敛,当 $0<p\leqslant 1$ 时发散.

例 8 判断下列级数的敛散性.

(1) $\sum\limits_{n=1}^{\infty} \frac{3^n}{n\times 2^n}$, (2) $\sum\limits_{n=0}^{\infty} \frac{2\times 5\times 8\times\cdots\times(3n+2)}{1\times 5\times 9\times\cdots\times(4n+1)}$.

解 (1) $\lim\limits_{n\to\infty}\dfrac{u_{n+1}}{u_n}=\lim\limits_{n\to\infty}\dfrac{\dfrac{3^{n+1}}{(n+1)\times 2^{n+1}}}{\dfrac{3^n}{n\times 2^n}}=\lim\limits_{n\to\infty}\dfrac{3n}{2(n+1)}=\dfrac{3}{2}>1,$

所以级数 $\sum\limits_{n=1}^{\infty}\dfrac{3^n}{n\times 2^n}$ 发散.

(2)
$$u_n=\dfrac{2\times 5\times 8\times\cdots\times(3n+2)}{1\times 5\times 9\times\cdots\times(4n+1)},$$

$$\lim\limits_{n\to\infty}\dfrac{u_{n+1}}{u_n}=\lim\limits_{n\to\infty}\dfrac{\dfrac{2\times 5\times 8\times\cdots\times(3n+2)\times(3n+5)}{1\times 5\times 9\times\cdots\times(4n+1)\times(4n+5)}}{\dfrac{2\times 5\times 8\times\cdots\times(3n+2)}{1\times 5\times 9\times\cdots\times(4n+1)}}=\lim\limits_{n\to\infty}\dfrac{3n+5}{4n+5}=\dfrac{3}{4}<1,$$

所以级数 $\sum\limits_{n=0}^{\infty}\dfrac{2\times 5\times 8\times\cdots\times(3n+2)}{1\times 5\times 9\times\cdots\times(4n+1)}$ 收敛.

例 9 证明 $\lim\limits_{n\to\infty}\dfrac{n^n}{(n!)^2}=0.$

证 若级数 $\sum\limits_{n=1}^{\infty}\dfrac{n^n}{(n!)^2}$ 收敛, 则由级数收敛的必要条件可知结论成立.

记 $u_n=\dfrac{n^n}{(n!)^2}$, 则

$$\lim\limits_{n\to\infty}\dfrac{u_{n+1}}{u_n}=\lim\limits_{n\to\infty}\dfrac{\dfrac{(n+1)^{n+1}}{[(n+1)!]^2}}{\dfrac{n^n}{(n!)^2}}=\lim\limits_{n\to\infty}\dfrac{1}{n+1}\left(1+\dfrac{1}{n}\right)^n=0\times\mathrm{e}=0<1,$$

所以, 级数 $\sum\limits_{n=1}^{\infty}\dfrac{n^n}{(n!)^2}$ 收敛, 由级数收敛的必要条件可知 $\lim\limits_{n\to\infty}\dfrac{n^n}{(n!)^2}=0.$

定理 11.5 (根值审敛法, 柯西判别法) 设 $\sum\limits_{n=1}^{\infty}u_n$ 是正项级数, 且 $\lim\limits_{n\to\infty}\sqrt[n]{u_n}=\rho$ (或 $+\infty$), 则:

(1) 当 $\rho<1$ 时, 级数收敛;

(2) 当 $\rho>1$ (包括 $\rho=+\infty$) 时, 级数发散;

(3) 当 $\rho=1$ 时, 级数 $\sum\limits_{n=1}^{\infty}u_n$ 可能收敛, 也可能发散.

定理 11.5 的证明与定理 11.4 的证明类似, 这里从略. 此定理中(3)也说明, 当 $\lim\limits_{n\to\infty}\sqrt[n]{u_n}=1$ 时, 无法用根值审敛法判断此级数的敛散性.

例 10 判断下列级数的敛散性:

(1) $\sum\limits_{n=1}^{\infty}\dfrac{3+(-1)^n}{4^n}$; (2) $\sum\limits_{n=1}^{\infty}\left(\dfrac{4n-3}{3n+1}\right)^{2n-1}.$

解 (1) $u_n=\dfrac{3+(-1)^n}{4^n},$ 因为

$$\lim_{n\to\infty}\sqrt[n]{u_n}=\lim_{n\to\infty}\frac{1}{4}\sqrt[n]{3+(-1)^n}=\frac{1}{4},$$

所以,根据根值审敛法知级数 $\sum_{n=1}^{\infty}\frac{3+(-1)^n}{4^n}$ 收敛.

(2) $\lim\limits_{n\to\infty}\sqrt[n]{u_n}=\lim\limits_{n\to\infty}\left(\frac{4n-3}{3n+1}\right)^{2-\frac{1}{n}}=\lim\limits_{n\to\infty}\left(\frac{4-\frac{3}{n}}{3+\frac{1}{n}}\right)^{2-\frac{1}{n}}=\frac{16}{9}>1$,故级数 $\sum\limits_{n=1}^{\infty}\left(\frac{4n-3}{3n+1}\right)^{2n-1}$ 发散.

注 可以证明,两个极限 $\lim\limits_{n\to\infty}\frac{u_{n+1}}{u_n}$ 和 $\lim\limits_{n\to\infty}\sqrt[n]{u_n}$ 中若有一个等于 1,则另一个也一定等于 1. 换言之,如果用比值审敛法和根值审敛法中的一个审敛法判断某级数的敛散性,由于 $\lim\limits_{n\to\infty}\frac{u_{n+1}}{u_n}=1$ 或 $\lim\limits_{n\to\infty}\sqrt[n]{u_n}=1$ 而无法判断,则用另一个审敛法也必定无法判断.

以上的各种判别法只适用于正项级数,各自有一定的适用范围及其局限性. 一般地,对于给定的正项级数 $\sum\limits_{n=1}^{\infty}u_n$,判断其敛散性的思路如下:

(1) 首先观察当 $n\to\infty$ 时级数的一般项 u_n 的极限是否为零,如果 $\lim\limits_{n\to\infty}u_n\neq 0$ 或 $\lim\limits_{n\to\infty}u_n$ 不存在,则该级数发散.

(2) 如果 $\lim\limits_{n\to\infty}u_n=0$,先尝试用比值审敛法或根值审敛法判别. 即计算 $\lim\limits_{n\to\infty}\frac{u_{n+1}}{u_n}=\rho$ 或 $\lim\limits_{n\to\infty}\sqrt[n]{u_n}=\rho$,若 $\rho\neq 1$,利用比值审敛法或根值审敛法可判别级数 $\sum\limits_{n=1}^{\infty}u_n$ 的敛散性.

(3) 若 $\rho=1$,改用比较审敛法. 即选取已知敛散性的级数 $\sum\limits_{n=1}^{\infty}v_n$,根据 v_n 与 u_n 的关系判断级数 $\sum\limits_{n=1}^{\infty}u_n$ 的敛散性.

(4) 有时,也可以从级数收敛的定义出发,计算并化简级数的部分和数列 $\{s_n\}$,通过判断 $\{s_n\}$ 的极限是否存在来判断级数 $\sum\limits_{n=1}^{\infty}u_n$ 的敛散性.

当然,以上判断正项级数敛散性的顺序无须在求解过程中逐条检验,往往根据级数一般项 u_n 的特点,从三种正项级数审敛法中选取恰当的方法来判断. 例如,若级数一般项中含有 $n!$ 或 a^n (a 为定常数)等因子,多用比值审敛法;如果通项中有 n 次方幂,常考虑用根值法审敛法;否则多用比较法.

例 11 判断下列级数的敛散性:

(1) $\sum\limits_{n=1}^{\infty}n^2\left(1-\cos\frac{\pi}{2n}\right)$;

(2) $\sum\limits_{n=1}^{\infty}(\sqrt{n^4+1}-n^2)$;

(3) $\sum\limits_{n=1}^{\infty}2^n\cdot\left(\frac{n}{n+1}\right)^{n^2}$;

(4) $\sum\limits_{n=1}^{\infty}\frac{n!}{3^n(n^2+1)}$.

解 (1)

$$\lim_{n\to\infty} u_n = \lim_{n\to\infty} n^2\left(1-\cos\frac{\pi}{2n}\right) = \lim_{n\to\infty} \frac{1-\cos\frac{\pi}{2n}}{\frac{1}{n^2}} = \lim_{n\to\infty} \frac{\frac{1}{2}\left(\frac{\pi}{2n}\right)^2}{\frac{1}{n^2}} = \frac{\pi^2}{8} \neq 0,$$

所以级数 $\sum_{n=1}^{\infty} n^2\left(1-\cos\frac{\pi}{2n}\right)$ 发散.

(2) $u_n = \sqrt{n^4+1} - n^2 = \dfrac{1}{\sqrt{n^4+1}+n^2}$,分母中 n 的次数比分子大 2,则

$$\lim_{n\to\infty} \frac{u_n}{\frac{1}{n^2}} = \lim_{n\to\infty} \frac{n^2}{\sqrt{n^4+1}+n^2} = \lim_{n\to\infty} \frac{1}{\sqrt{1+\frac{1}{n^4}}+1} = \frac{1}{2},$$

因为 p-级数 $\sum_{n=1}^{\infty} \dfrac{1}{n^2}(p=2>1)$ 收敛,所以级数 $\sum_{n=1}^{\infty}(\sqrt{n^4+1}-n^2)$ 收敛.

(3) $\lim_{n\to\infty} \sqrt[n]{u_n} = \lim_{n\to\infty} 2 \times \left(\dfrac{n}{n+1}\right)^n = 2\lim_{n\to\infty} \dfrac{1}{\left(1+\dfrac{1}{n}\right)^n} = \dfrac{2}{\mathrm{e}} < 1,$

所以级数 $\sum_{n=1}^{\infty} 2^n \cdot \left(\dfrac{n}{n+1}\right)^{n^2}$ 收敛.

(4) $u_n = \dfrac{n!}{3^n(n^2+1)}$,

$$\lim_{n\to\infty} \frac{u_{n+1}}{u_n} = \lim_{n\to\infty} \frac{(n+1)!}{3^{n+1}[(n+1)^2+1]} \cdot \frac{3^n(n^2+1)}{n!} = \lim_{n\to\infty} \frac{(n+1)}{3} \cdot \frac{(n^2+1)}{[(n+1)^2+1]} = \infty,$$

所以级数 $\sum_{n=1}^{\infty} \dfrac{n!}{3^n(n^2+1)}$ 发散.

习题 11-2

1. 用比较审敛法或其极限形式判断下列级数的敛散性:

(1) $\sum_{n=1}^{\infty} \dfrac{\sqrt{4n+1}}{n}$;   (2) $\sum_{n=1}^{\infty} \left(1-\cos\dfrac{\pi}{n}\right)$;   (3) $\sum_{n=1}^{\infty} \dfrac{n+1}{2n\sqrt[3]{n^2+5n}}$;

(4) $\sum_{n=1}^{\infty} \dfrac{1}{\sqrt{n}}\sin\dfrac{\pi}{\sqrt{n}}$;   (5) $\sum_{n=1}^{\infty} \dfrac{\sqrt{n}}{3n^2+1}\cos^2\dfrac{\sqrt{n}}{2}$;   (6) $\sum_{n=1}^{\infty} \dfrac{1}{1+a^n}(a>0)$.

2. 用比值审敛法判断下列级数的敛散性:

(1) $\sum_{n=1}^{\infty} \dfrac{2n+1}{3^{2n-1}}$;   (2) $\sum_{n=1}^{\infty} \dfrac{n5^n}{7^n+4^n}$;   (3) $\sum_{n=1}^{\infty} \dfrac{n!}{(2n-1)!!}$;

(4) $\sum_{n=1}^{\infty} n\tan\dfrac{\pi}{4^n}$;   (5) $\sum_{n=1}^{\infty} \dfrac{4^n n!}{5^n}$;   (6) $\sum_{n=1}^{\infty} \dfrac{a^n n!}{n^n}(a>0$ 且 $a\neq\mathrm{e})$.

3. 用根值审敛法判断下列级数的敛散性：

(1) $\sum_{n=1}^{\infty} \dfrac{2^n}{\ln^n(n+1)}$； (2) $\sum_{n=1}^{\infty} \left(\dfrac{4n-2}{3n+1}\right)^n$； (3) $\sum_{n=1}^{\infty} \left(\dfrac{2n}{5n+3}\right)^{2n-1}$；

(4) $\sum_{n=1}^{\infty} \left(\dfrac{b}{a_n}\right)^n$，其中 $a_n \to a(n \to \infty)$，a_n, a, b 均为正数，且 $a \neq b$.

4. 证明：$\lim\limits_{n \to \infty} \dfrac{5 \times 7 \times 9 \times \cdots \times (2n+3)}{1 \times 4 \times 7 \times \cdots \times (3n+1)} = 0$.

5. 判断下列级数的敛散性：

(1) $\sum_{n=1}^{\infty} \dfrac{n^n}{2^n n!}$； (2) $\sum_{n=1}^{\infty} n^2 \ln\left(1 + \dfrac{2}{n^2}\right)$； (3) $\sum_{n=1}^{\infty} \dfrac{2\sqrt[3]{n}}{3n^2 + n} \sin^2 \dfrac{n\pi}{3}$；

(4) $\sum_{n=1}^{\infty} \dfrac{(n!)^2}{(2n)!} a^n \ (a > 0 \text{ 且 } a \neq 4)$.

6. 设 $0 \leqslant a_n \leqslant b_n$，且 $\sum_{n=1}^{\infty} b_n^2$ 收敛，证明 $\sum_{n=1}^{\infty} (a_n + b_n)^2$ 收敛.

第三节 一般常数项级数

本节讨论一般常数项级数的敛散性. 一般常数项级数是指级数的各项可以为正数、负数或零. 常数项级数大致可分为三类：上一节介绍的正项级数，以及本节介绍的交错级数和任意项级数.

一、交错级数及其审敛法

如果级数的各项是正、负交错的，则称其为**交错级数**，一般形式为
$$u_1 - u_2 + u_3 - u_4 + \cdots + (-1)^{n-1} u_n + \cdots,$$
或
$$-u_1 + u_2 - u_3 + u_4 - \cdots + (-1)^n u_n + \cdots,$$
其中 $u_n > 0 (n = 1, 2, 3, \cdots)$.

例如级数
$$\dfrac{1}{2} - \dfrac{2}{3} + \dfrac{3}{4} - \dfrac{4}{5} + \cdots + (-1)^{n-1} \dfrac{n}{n+1} + \cdots$$
和
$$-\dfrac{1}{2^2} + \dfrac{4}{3^3} - \dfrac{9}{4^4} + \cdots + (-1)^n \dfrac{n^2}{(n+1)^{n+1}} + \cdots$$
都是交错级数. 而级数 $1 - \dfrac{1}{4} - \dfrac{1}{9} + \dfrac{1}{16} + \cdots + (-1)^{\frac{n(n-1)}{2}} \dfrac{1}{n^2} + \cdots$ 不是交错级数.

定理 11.6（交错级数审敛法，莱布尼茨定理） 设交错级数 $\sum_{n=1}^{\infty} (-1)^{n-1} u_n \ (u_n > 0)$ 满足条件：

(1) $u_n \geqslant u_{n+1} (n = 1, 2, 3, \cdots)$， (2) $\lim\limits_{n \to \infty} u_n = 0$，

则级数收敛,并且它的和 $s \leqslant u_1$,余项 $|r_n| \leqslant u_{n+1}$.

证明思路:此定理的证明分两步完成. 先证 $\lim\limits_{n\to\infty} s_{2n}$ 存在,再证 $\lim\limits_{n\to\infty} s_{2n+1} = \lim\limits_{n\to\infty} s_{2n}$,于是 $\lim\limits_{n\to\infty} s_n$ 存在. 级数收敛的定义可知,级数 $\sum\limits_{n=1}^{\infty}(-1)^{n-1} u_n$ 收敛.

证 由于 $u_n \geqslant u_{n+1}$, $s_{2n} = (u_1 - u_2) + (u_3 - u_4) + \cdots + (u_{2n-1} - u_{2n})$,因此 $\{s_{2n}\}$ 单调增加,且 $s_{2n} \geqslant 0$,又

$$s_{2n} = u_1 - (u_2 - u_3) - (u_4 - u_5) - \cdots - (u_{2n-2} - u_{2n-1}) - u_{2n} \leqslant u_1,$$

故数列 $\{s_{2n}\}$ 单调有界,因此该数列必有极限. 设极限为 s, $\lim\limits_{n\to\infty} s_{2n} = s$,并有 $s \leqslant u_1$.

又 $s_{2n+1} = s_{2n} + u_{2n+1}$,得 $\lim\limits_{n\to\infty} s_{2n+1} = \lim\limits_{n\to\infty}(s_{2n} + u_{2n+1}) = s$,所以 $\lim\limits_{n\to\infty} s_n = s$,且有 $s \leqslant u_1$.

余项可以写成 $r_n = \pm(u_{n+1} - u_{n+2} + u_{n+3} - \cdots)$,其绝对值为

$$|r_n| = |u_{n+1} - u_{n+2} + u_{n+3} - \cdots| = |u_{n+1} - (u_{n+2} - u_{n+3}) - \cdots| \leqslant u_{n+1}.$$

定理证毕.

例 1 证明交错 p-级数

$$\sum_{n=1}^{\infty}(-1)^{n-1} \frac{1}{n^p} = 1 - \frac{1}{2^p} + \frac{1}{3^p} - \frac{1}{4^p} + \cdots + (-1)^{n-1} \frac{1}{n^p} + \cdots \quad (p > 0)$$

收敛.

证 $u_n = \dfrac{1}{n^p} > \dfrac{1}{(n+1)^p} = u_{n+1}$ $(n = 1, 2, 3, \cdots)$,且 $\lim\limits_{n\to\infty} u_n = \lim\limits_{n\to\infty} \dfrac{1}{n^p} = 0$,由交错级数审敛法可知此级数收敛,且和 $s < 1$.

当 $p = 1$ 时,例 1 的级数为 $\sum\limits_{n=1}^{\infty}(-1)^{n-1} \dfrac{1}{n} = 1 - \dfrac{1}{2} + \dfrac{1}{3} - \dfrac{1}{4} + \cdots + (-1)^{n-1} \dfrac{1}{n} + \cdots$,也称为**交错调和级数**.

在用莱布尼茨定理判断交错级数的敛散性时,有时 $\{u_n\}$ 的单调性不易判断. 为此,可将数列 $u_n = f(n)$ 看作函数 $f(x)$ 在自变量 x 取正整数时的特殊情况,通过讨论导函数 $f'(x)$ 在自变量 x 充分大时的符号来确定函数 $f(x)$ 的单调性,从而推得 $\{u_n\}$ 的单调性. 类似地,也可通过求函数极限 $\lim\limits_{x\to+\infty} f(x)$,得到数列极限 $\lim\limits_{n\to\infty} f(n) = \lim\limits_{n\to\infty} u_n$ 的值.

例 2 判断级数 $\sum\limits_{n=1}^{\infty}(-1)^{n-1} \dfrac{n^{\frac{2}{3}}}{n+1}$ 的敛散性.

解

$$u_n = \frac{n^{\frac{2}{3}}}{n+1}, \quad \lim_{n\to\infty} u_n = \lim_{n\to\infty} \frac{n^{\frac{2}{3}}}{n+1} = \lim_{n\to\infty} \frac{\frac{1}{\sqrt[3]{n}}}{1+\frac{1}{n}} = 0,$$

设 $f(x) = \dfrac{x^{\frac{2}{3}}}{x+1}$,则

$$f'(x) = \frac{\frac{2}{3} x^{-\frac{1}{3}}(x+1) - x^{\frac{2}{3}}}{(x+1)^2} = \frac{2-x}{3\sqrt[3]{x}(x+1)^2} < 0 \ (x > 2),$$

这表明当 $x>2$ 时,函数 $f(x)=\dfrac{x^{\frac{2}{3}}}{x+1}$ 单调递减.因此,当 $n>2$ 时,$u_n=\dfrac{n^{\frac{2}{3}}}{n+1}$ 单调减少,即 $u_n\geqslant u_{n+1}$,由交错级数审敛法知,级数 $\sum\limits_{n=3}^{\infty}(-1)^{n-1}\dfrac{n^{\frac{2}{3}}}{n+1}$ 收敛.在此级数前加两项,得原级数 $\sum\limits_{n=1}^{\infty}(-1)^{n-1}\dfrac{n^{\frac{2}{3}}}{n+1}$.根据级数性质可知,添加级数的有限项不改变级数的敛散性,因此原级数 $\sum\limits_{n=1}^{\infty}(-1)^{n-1}\dfrac{n^{\frac{2}{3}}}{n+1}$ 收敛.

注 判别交错级数敛散性的莱布尼茨定理中的条件 $u_n\geqslant u_{n+1}$ 是充分条件但不是必要条件,也就是说一个收敛的交错级数不一定满足 $u_n\geqslant u_{n+1}$.以级数 $\sum\limits_{n=2}^{\infty}\dfrac{(-1)^n}{\sqrt{n+(-1)^n}}$ 为例,可以证明其部分和数列极限存在,所以该交错级数收敛,但显然 $u_n=\dfrac{1}{\sqrt{n+(-1)^n}}$ 并非单调减少.

二、一般常数项级数的收敛性 绝对收敛与条件收敛

设有级数
$$u_1+u_2+\cdots+u_n+\cdots,$$
它的各项 $u_n(n=1,2,\cdots)$ 为任意实数,称这样的级数为**一般常数项级数**.例如
$$\sum_{n=1}^{\infty}(-1)^{\frac{(n-1)n}{2}}\dfrac{n^2+1}{2^n}=1-\dfrac{5}{4}-\dfrac{10}{8}+\dfrac{17}{16}+\cdots+(-1)^{\frac{(n-1)n}{2}}\dfrac{n^2+1}{2^n}+\cdots,$$
$$\sum_{n=1}^{\infty}\dfrac{\sin n}{n^2}=\sin 1+\dfrac{\sin 2}{4}+\dfrac{\sin 3}{9}+\cdots+\dfrac{\sin n}{n^2}+\cdots$$
都是一般常数项级数.

将一般常数项级数 $\sum\limits_{n=1}^{\infty}u_n$ 的各项取绝对值,得到正项级数
$$\sum_{n=1}^{\infty}|u_n|=|u_1|+|u_2|+\cdots+|u_n|+\cdots,$$
称该正项级数 $\sum\limits_{n=1}^{\infty}|u_n|$ 为原级数 $\sum\limits_{n=1}^{\infty}u_n$ 的**绝对值级数**.

定理 11.7 如果绝对值级数 $\sum\limits_{n=1}^{\infty}|u_n|$ 收敛,则原级数 $\sum\limits_{n=1}^{\infty}u_n$ 必收敛.

证 设 $v_n=\dfrac{1}{2}(|u_n|+u_n)$,因为 $0\leqslant v_n\leqslant|u_n|$,由正项级数的比较审敛法可知,正项级数 $\sum\limits_{n=1}^{\infty}v_n$ 收敛.又 $u_n=2v_n-|u_n|$,由第一节常数项级数的基本性质可知,一般常数项级数 $\sum\limits_{n=1}^{\infty}u_n$ 必收敛.

定义 11.4 设 $\sum\limits_{n=1}^{\infty} u_n$ 为一般常数项级数,如果其绝对值级数 $\sum\limits_{n=1}^{\infty} |u_n|$ 收敛,则称 $\sum\limits_{n=1}^{\infty} u_n$ **绝对收敛**;如果 $\sum\limits_{n=1}^{\infty} |u_n|$ 发散,但 $\sum\limits_{n=1}^{\infty} u_n$ 收敛,则称 $\sum\limits_{n=1}^{\infty} u_n$ **条件收敛**.

显然,判断一般常数项级数的敛散性时,如果 $\lim\limits_{n\to\infty} u_n = 0$,应先考虑绝对值级数 $\sum\limits_{n=1}^{\infty} |u_n|$,利用正项级数审敛法确定其敛散性. 如果绝对值级数 $\sum\limits_{n=1}^{\infty} |u_n|$ 收敛,则原级数 $\sum\limits_{n=1}^{\infty} u_n$ 绝对收敛;如果 $\sum\limits_{n=1}^{\infty} |u_n|$ 发散,则再用其他方法判断原级数 $\sum\limits_{n=1}^{\infty} u_n$ 的敛散性.

一般地,由绝对值级数 $\sum\limits_{n=1}^{\infty} |u_n|$ 发散,不能断定一般常数项级数 $\sum\limits_{n=1}^{\infty} u_n$ 发散;但是如果绝对值级数 $\sum\limits_{n=1}^{\infty} |u_n|$ 的发散性是由根值审敛法或比值审敛法得到的,则一般常数项级数 $\sum\limits_{n=1}^{\infty} u_n$ 也必发散. 这是因为,如果由根值法或比值法判断级数 $\sum\limits_{n=1}^{\infty} |u_n|$ 发散,则必能推出 $\lim\limits_{n\to\infty} |u_n| \neq 0$,进而 $\lim\limits_{n\to\infty} u_n \neq 0$,于是由级数收敛的必要条件可知,原级数 $\sum\limits_{n=1}^{\infty} u_n$ 发散.

例 3 判断下列级数的敛散性,如果收敛,指出是条件收敛,还是绝对收敛.

(1) $\sum\limits_{n=1}^{\infty} (-1)^n \dfrac{\sqrt{n}}{2\sqrt{n}+1}$; (2) $\sum\limits_{n=1}^{\infty} (-1)^{n+1} \dfrac{1}{\ln n}$;

(3) $\sum\limits_{n=1}^{\infty} (-1)^{\frac{n(n+1)}{2}} \left(\dfrac{2n-1}{3n+2}\right)^n$; (4) $\sum\limits_{n=1}^{\infty} (-1)^{n-1} \dfrac{2^{n^2}}{n!}$.

解 (1) 因为 $\lim\limits_{n\to\infty} \dfrac{\sqrt{n}}{2\sqrt{n}+1} = \dfrac{1}{2} \neq 0$,所以 $\lim\limits_{n\to\infty} (-1)^n \dfrac{\sqrt{n}}{2\sqrt{n}+1}$ 不存在. 由级数收敛的必要条件知,级数 $\sum\limits_{n=1}^{\infty} (-1)^n \dfrac{\sqrt{n}}{2\sqrt{n}+1}$ 发散.

(2) 先讨论绝对值级数 $\sum\limits_{n=1}^{\infty} \left|\dfrac{(-1)^{n+1}}{\ln n}\right|$ 的收敛性:因为 $\dfrac{1}{\ln n} \geqslant \dfrac{1}{n}$,调和级数 $\sum\limits_{n=1}^{\infty} \dfrac{1}{n}$ 发散,所以绝对值级数 $\sum\limits_{n=1}^{\infty} \dfrac{1}{\ln n}$ 发散.

对于交错级数 $\sum\limits_{n=1}^{\infty} (-1)^{n+1} \dfrac{1}{\ln n}$,记 $u_n = \dfrac{1}{\ln n}$,显然 $u_n \geqslant u_{n+1}$,且 $\lim\limits_{n\to\infty} u_n = \lim\limits_{n\to\infty} \dfrac{1}{\ln n} = 0$,由交错级数审敛法知,级数 $\sum\limits_{n=1}^{\infty} (-1)^{n+1} \dfrac{1}{\ln n}$ 收敛,故为条件收敛.

(3) 先讨论绝对值级数 $\sum\limits_{n=1}^{\infty} \left|(-1)^{\frac{n(n+1)}{2}} \left(\dfrac{2n-1}{3n+2}\right)^n\right|$,利用根值审敛法,由于

$$\lim\limits_{n\to\infty} \sqrt[n]{u_n} = \lim\limits_{n\to\infty} \dfrac{2n-1}{3n+2} = \dfrac{2}{3} < 1,$$

可见绝对值级数 $\sum\limits_{n=1}^{\infty}\left(\dfrac{2n-1}{3n+2}\right)^n$ 收敛，因此，级数 $\sum\limits_{n=1}^{\infty}(-1)^{\frac{n(n+1)}{2}}\left(\dfrac{2n-1}{3n+2}\right)^n$ 绝对收敛.

(4) 先讨论绝对值级数 $\sum\limits_{n=1}^{\infty}\dfrac{2^{n^2}}{n!}$，利用比值审敛法，由于

$$\lim_{n\to\infty}\dfrac{u_{n+1}}{u_n}=\lim_{n\to\infty}\dfrac{\dfrac{2^{(n+1)^2}}{(n+1)!}}{\dfrac{2^{n^2}}{n!}}=\lim_{n\to\infty}\dfrac{2^{2n+1}}{n+1},$$

设 $f(x)=\dfrac{2^{2x+1}}{x+1}$，由洛必达法则可得

$$\lim_{x\to+\infty}f(x)=\lim_{x\to+\infty}\dfrac{2^{2x+1}}{x+1}=\lim_{x\to+\infty}\dfrac{2^{2x+1}(\ln 2)\times 2}{1}=\infty,$$

从而有

$$\lim_{n\to\infty}\dfrac{u_{n+1}}{u_n}=\lim_{n\to\infty}\dfrac{2^{2n+1}}{n+1}=\infty,$$

所以，绝对值级数 $\sum\limits_{n=1}^{\infty}\dfrac{2^{n^2}}{n!}$ 发散. 又由于绝对值级数的发散是由比值审敛法判定所得，所以交错级数 $\sum\limits_{n=1}^{\infty}(-1)^{n-1}\dfrac{2^{n^2}}{n!}$ 发散.

综上所述，对于给定的任意项级数 $\sum\limits_{n=1}^{\infty}u_n$，判定其敛散性的一般步骤如下：

(1) 观察其通项是否趋于零，如果通项不趋于零，则该级数发散.

(2) 如果通项趋于零，用正项级数审敛法判断绝对值级数 $\sum\limits_{n=1}^{\infty}|u_n|$ 的收敛性. 如果 $\sum\limits_{n=1}^{\infty}|u_n|$ 收敛，则原级数 $\sum\limits_{n=1}^{\infty}u_n$ 绝对收敛.

(3) 如果 $\sum\limits_{n=1}^{\infty}|u_n|$ 发散，根据 $\sum\limits_{n=1}^{\infty}u_n$ 的特点，用交错级数审敛法或其他方法判断原级数 $\sum\limits_{n=1}^{\infty}u_n$ 的敛散性.

习题 11-3

1. 判断下列级数的敛散性. 如果收敛，是条件收敛还是绝对收敛？

(1) $\sum\limits_{n=1}^{\infty}(-1)^{n-1}\sqrt[3]{\dfrac{n}{3n+2}}$；

(2) $\sum\limits_{n=1}^{\infty}(-1)^{n+1}(\sqrt{n+2}-\sqrt{n})$；

(3) $\sum\limits_{n=1}^{\infty}(-1)^{\frac{(n-1)n}{2}}\dfrac{n^n}{3^n n!}$；

(4) $\sum\limits_{n=1}^{\infty}(-1)^n\dfrac{(1+5n)^n}{3^{n+1}n^n}$；

(5) $\sum\limits_{n=1}^{\infty}(-1)^n\dfrac{(n+2)\sin^2\dfrac{n\pi}{5}}{2^n}$；

(6) $\sum\limits_{n=1}^{\infty}(-1)^n\ln\left(1+\dfrac{1}{n^k}\right)(k>0)$.

2. 判断级数 $\sum_{n=1}^{\infty}(-1)^{n-1}\dfrac{\ln n}{n}$ 的敛散性. 如果收敛,是条件收敛还是绝对收敛?

第四节 幂级数

幂级数是由幂函数构成的级数,它是表示函数、研究函数性态、求解微分方程和进行数值计算的一种有效的工具,在许多应用学科中有着重要的应用.

一、函数项级数的一般概念

对于定义在同一数集 I 上的函数列 $u_1(x),u_2(x),\cdots,u_n(x),\cdots$,称表达式

$$\sum_{n=1}^{\infty}u_n(x)=u_1(x)+u_2(x)+\cdots+u_n(x)+\cdots$$

为定义在 I 上的**函数项级数**. 记 $s_n(x)=\sum_{k=1}^{n}u_k(x)=u_1(x)+u_2(x)+\cdots+u_n(x)$,称函数列 $\{s_n(x)\}$ 为该函数项级数的部分和数列.

例如,级数

$$1+\dfrac{x}{x+3}+\left(\dfrac{x}{x+3}\right)^2+\cdots+\left(\dfrac{x}{x+3}\right)^n+\cdots=\sum_{n=0}^{\infty}\left(\dfrac{x}{x+3}\right)^n,$$

$$x-\dfrac{2^2}{2!}x^2+\dfrac{3^2}{3!}x^3-\dfrac{4^2}{4!}x^4+\cdots+(-1)^{n-1}\dfrac{n^2}{n!}x^n+\cdots=\sum_{n=1}^{\infty}(-1)^{n-1}\dfrac{n^2}{n!}x^n$$

都是函数项级数.

设 $x_0\in I$,如果常数项级数 $\sum_{n=1}^{\infty}u_n(x_0)=u_1(x_0)+u_2(x_0)+\cdots+u_n(x_0)+\cdots$ 收敛,则称 x_0 为函数项级数 $\sum_{n=1}^{\infty}u_n(x)$ 的**收敛点**;如果常数项级数 $\sum_{n=1}^{\infty}u_n(x_0)$ 发散,则称 x_0 为函数项级数 $\sum_{n=1}^{\infty}u_n(x)$ 的**发散点**. 函数项级数 $\sum_{n=1}^{\infty}u_n(x)$ 收敛点的全体称为此函数项级数的**收敛域**,发散点的全体称为此函数项级数的**发散域**.

设函数项级数 $\sum_{n=1}^{\infty}u_n(x)$ 的收敛域为 D. 若 x 是 D 内任意一点,则在该点处级数 $\sum_{n=1}^{\infty}u_n(x)$ 收敛,它的和 s 存在,而且随着 x 改变,$\sum_{n=1}^{\infty}u_n(x)$ 的和 s 也随之改变,所以和 s 是 x 的函数,称其为函数项级数 $\sum_{n=1}^{\infty}u_n(x)$ 的**和函数**,记为 $s(x)$. 发散域内的点对应的级数是发散的,和 s 不存在. 因此和函数 $s(x)$ 的定义域是函数项级数 $\sum_{n=1}^{\infty}u_n(x)$ 的收敛域 D,并在 D 内有 $\lim_{n\to\infty}s_n(x)=s(x)$ 成立. 若记

$$r_n(x)=s(x)-s_n(x)=u_{n+1}(x)+u_{n+2}(x)+\cdots,$$

则称 $r_n(x)$ 为函数项级数 $\sum_{n=1}^{\infty} u_n(x)$ 的**余项**. 显然,对于收敛域 D 内任意点 x,都有 $\lim_{n\to\infty} r_n(x)=0$.

例 1 求函数项级数 $\sum_{n=1}^{\infty} \frac{(-1)^{n+1}}{nx^n}$ 的收敛域.

解 记 $u_n(x) = \frac{(-1)^{n+1}}{nx^n}$,此函数项级数的定义域为 $\{x \mid x \in \mathbb{R}, x \neq 0\}$,有

$$\lim_{n\to\infty} \frac{|u_{n+1}(x)|}{|u_n(x)|} = \lim_{n\to\infty} \frac{\frac{1}{(n+1)|x|^{n+1}}}{\frac{1}{n|x|^n}} = \frac{1}{|x|}.$$

当 $\frac{1}{|x|} < 1$,即 $x > 1$ 或 $x < -1$ 时,函数项级数 $\sum_{n=1}^{\infty} \frac{(-1)^{n+1}}{nx^n}$ 绝对收敛.

当 $\frac{1}{|x|} > 1$,即 $-1 < x < 1$ 且 $x \neq 0$ 时,函数项级数 $\sum_{n=1}^{\infty} \frac{(-1)^{n+1}}{nx^n}$ 发散.

当 $x = -1$ 时,级数为 $\sum_{n=1}^{\infty} \frac{-1}{n}$,发散;当 $x = 1$ 时,级数为 $\sum_{n=1}^{\infty} \frac{(-1)^{n+1}}{n}$,收敛. 所以,函数项级数 $\sum_{n=1}^{\infty} \frac{(-1)^{n+1}}{nx^n}$ 的收敛域为 $(-\infty, -1) \cup [1, +\infty)$.

二、幂级数及其收敛性

1. 幂级数的概念

由幂函数构成的函数项级数称为**幂级数**,它的形式为

$$\sum_{n=0}^{\infty} a_n x^n = a_0 + a_1 x + a_2 x^2 + \cdots + a_n x^n + \cdots,$$

其中 $a_0, a_1, \cdots, a_n, \cdots$ 为常数,称为**幂级数的系数**.

例如

$$\sum_{n=1}^{\infty} (-1)^{n-1} \frac{x^n}{n} = x - \frac{x^2}{2} + \frac{x^3}{3} - \frac{x^4}{4} + \cdots + (-1)^{n-1} \frac{x^n}{n} + \cdots,$$

$$\sum_{n=1}^{\infty} (-1)^{\frac{(n-1)n}{2}} (2n-1)! x^{2n-2} = 1 - 3! x^2 - 5! x^4 + 7! x^6 + \cdots + (-1)^{\frac{(n-1)n}{2}} (2n-1)! x^{2n-2} + \cdots$$

都是幂级数,其中 x 的变化范围为 $(-\infty, +\infty)$.

而形如 $\sum_{n=0}^{\infty} a_n (x-x_0)^n = a_0 + a_1(x-x_0) + a_2(x-x_0)^2 + \cdots + a_n(x-x_0)^n + \cdots$

的函数项级数称为关于 $x - x_0$ 的**幂级数**,可通过代换 $t = x - x_0$,转化为 $\sum_{n=0}^{\infty} a_n t^n = a_0 + a_1 t + a_2 t^2 + \cdots + a_n t^n + \cdots$ 的形式. 因此,下文中关于幂级数的性质主要以 $\sum_{n=0}^{\infty} a_n x^n$ 形式

为例进行讨论.

2. 幂级数的收敛域与和函数

当 $x=0$ 时,幂级数 $\sum\limits_{n=0}^{\infty}a_nx^n$ 等于有限数 a_0,所以幂级数 $\sum\limits_{n=0}^{\infty}a_nx^n$ 在 $x=0$ 点收敛于 a_0,即幂级数 $\sum\limits_{n=0}^{\infty}a_nx^n$ 的收敛域非空. 那么,除了 $x=0$ 外,幂级数还在哪些点处收敛?它的收敛域的形式是怎样的呢?

先考察幂级数

$$\sum_{n=0}^{\infty}\frac{x^n}{2^n}=1+\frac{x}{2}+\frac{x^2}{2^2}+\cdots+\frac{x^n}{2^n}+\cdots,$$

它是公比 $q=\dfrac{x}{2}$ 的等比级数,当 $|q|=\dfrac{|x|}{2}<1$,即 $|x|<2$ 时,此幂级数收敛;当 $|q|=\dfrac{|x|}{2}\geqslant 1$,即 $|x|\geqslant 2$ 时,此幂级数发散.因此该幂级数的收敛域是对称于原点的区间 $(-2,2)$.

对于一般幂级数的收敛域是否也有类似的结论?对此给出以下定理.

定理 11.8(阿贝尔定理) 对于给定的幂级数 $\sum\limits_{n=0}^{\infty}a_nx^n$,设 x_0 和 x_1 为实数,且 $x_0\neq 0$.

(1) 如果数项级数 $\sum\limits_{n=0}^{\infty}a_nx_0^n$ 收敛,则对于满足不等式 $|x|<|x_0|$ 的一切 x,级数 $\sum\limits_{n=0}^{\infty}a_nx^n$ 都收敛,且绝对收敛;

(2) 如果数项级数 $\sum\limits_{n=0}^{\infty}a_nx_1^n$ 发散,则对于满足不等式 $|x|>|x_1|$ 的一切 x,级数 $\sum\limits_{n=0}^{\infty}a_nx^n$ 都发散.

证 (1) 因为级数 $\sum\limits_{n=0}^{\infty}a_nx_0^n$ 收敛,由级数收敛的必要条件,$\lim\limits_{n\to\infty}a_nx_0^n=0$,表明数列 $\{a_nx_0^n\}$ 有界,故存在正数 M,使对任意的自然数 n,恒有 $|a_nx_0^n|\leqslant M$. 因此,对于满足 $|x|<|x_0|$ 的一切 x,

$$|a_nx^n|=\left|a_nx_0^n\cdot\frac{x^n}{x_0^n}\right|=|a_nx_0^n|\cdot\left|\frac{x^n}{x_0^n}\right|\leqslant M\left|\frac{x^n}{x_0^n}\right|=M\left|\frac{x}{x_0}\right|^n,$$

$\sum\limits_{n=1}^{\infty}M\left|\dfrac{x}{x_0}\right|^n$ 为等比级数. 易见当 $|x|<|x_0|$ 时,级数 $\sum\limits_{n=0}^{\infty}M\left|\dfrac{x}{x_0}\right|^n$ 收敛,因此由正项级数的比较审敛法知,级数 $\sum\limits_{n=0}^{\infty}|a_nx^n|$ 收敛,即当 $|x|<|x_0|$ 时,幂级数 $\sum\limits_{n=0}^{\infty}a_nx^n$ 绝对收敛.

(2) 采用反证法证明.

若级数 $\sum\limits_{n=0}^{\infty}a_nx_1^n$ 发散,假设存在一点 x_2,满足 $|x_2|>|x_1|$ 且级数 $\sum\limits_{n=0}^{\infty}a_nx_2^n$ 收敛. 因为 $|x_1|<|x_2|$,因此由本定理的第一个结论可知,级数 $\sum\limits_{n=0}^{\infty}a_nx_1^n$ 也收敛,这与前提条件矛

盾. 定理证毕.

由阿贝尔定理可知, 如果幂级数 $\sum_{n=0}^{\infty} a_n x^n$ 在点 x_0 收敛, 则在开区间 $(-|x_0|, |x_0|)$ 内每一点都绝对收敛; 如果幂级数 $\sum_{n=0}^{\infty} a_n x^n$ 在点 x_1 发散, 则在闭区间 $[-|x_1|, |x_1|]$ 外的每一点都发散.

因此, 幂级数的收敛域可能有以下几种情况:

(1) 幂级数 $\sum_{n=0}^{\infty} a_n x^n$ 只在 $x=0$ 处收敛, 收敛域是单点集 $\{0\}$;

(2) 幂级数 $\sum_{n=0}^{\infty} a_n x^n$ 在 $(-\infty, +\infty)$ 内每一点都收敛, 收敛域是 $(-\infty, +\infty)$;

(3) 幂级数 $\sum_{n=0}^{\infty} a_n x^n$ 在数轴上既有非零的收敛点, 也有发散点.

就第三种情况, 我们用如下方法寻找幂级数的收敛域.

如图 11-1 所示, 从原点 O 出发, 沿数轴向右搜寻, 开始时只遇到收敛点, 经过某个分界点 P 后, 就只遇到发散点, 而分界点 P 可能是收敛点, 也可能是发散点; 再从原点出发, 用同样的方法, 沿数轴向左搜寻, 可找到另一个收敛与发散的分界点 P', 且点 P' 可能是收敛点, 也可能是发散点. 由阿贝尔定理知, 点 P 和点 P' 关于原点对称, 且在 P' 与 P 之间的点都是幂级数的收敛点, 而在这两点之外的点都是发散点.

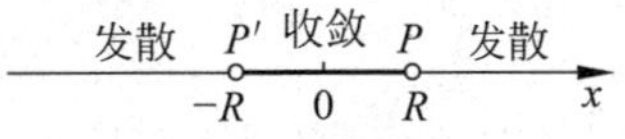

图 11-1

设点 P 的坐标为 R, 则 $R>0$, 而且 (如图 11-1 所示):

(1) 对于满足不等式 $|x|<R$ 的一切 x, 幂级数 $\sum_{n=0}^{\infty} a_n x^n$ 都收敛且绝对收敛;

(2) 对于满足不等式 $|x|>R$ 的一切 x, 幂级数 $\sum_{n=0}^{\infty} a_n x^n$ 都发散;

(3) 在 $x=R$ 和 $x=-R$ 两点处, 幂级数 $\sum_{n=0}^{\infty} a_n x^n$ 可能收敛也可能发散, 须另外讨论其敛散性.

称这样的正实数 R 为幂级数 $\sum_{n=0}^{\infty} a_n x^n$ 的**收敛半径**, 称开区间 $(-R, R)$ 为幂级数 $\sum_{n=0}^{\infty} a_n x^n$ 的**收敛区间**.

若幂级数 $\sum_{n=0}^{\infty} a_n x^n$ 的收敛域只有点 $x=0$, 规定收敛半径 $R=0$; 若幂级数 $\sum_{n=0}^{\infty} a_n x^n$ 的收敛域是 $(-\infty, +\infty)$, 规定收敛半径 $R=+\infty$.

对于幂级数 $\sum_{n=0}^{\infty} a_n x^n$, 定理 11.9 给出了其收敛半径的求法.

定理 11.9 设幂级数 $\sum_{n=0}^{\infty} a_n x^n$ 的所有系数 $a_n \neq 0$, 如果 $\lim_{n \to \infty} \dfrac{|a_{n+1}|}{|a_n|} = \rho$, 则:

(1) 当 $\rho \neq 0$ 时,幂级数的收敛半径 $R = \dfrac{1}{\rho}$;

(2) 当 $\rho = 0$ 时, $R = +\infty$;

(3) 当 $\rho = +\infty$ 时, $R = 0$.

证 对于每个给定的 x, $\sum\limits_{n=0}^{\infty} |a_n x^n|$ 为正项级数,一般项 $u_n = |a_n x^n|$,该级数相邻两项之比的极限为

$$\lim_{n \to \infty} \frac{u_{n+1}}{u_n} = \lim_{n \to \infty} \frac{|a_{n+1} x^{n+1}|}{|a_n x^n|} = |x| \lim_{n \to \infty} \frac{|a_{n+1}|}{|a_n|} = |x| \rho.$$

(1) 当 $\rho \neq 0$ 且 $|x|\rho < 1$,即 $|x| < \dfrac{1}{\rho}$ 时, $\sum\limits_{n=0}^{\infty} |a_n x^n|$ 收敛,因而级数 $\sum\limits_{n=0}^{\infty} a_n x^n$ 绝对收敛;当 $|x|\rho > 1$,即 $|x| > \dfrac{1}{\rho}$ 时, $\sum\limits_{n=0}^{\infty} |a_n x^n|$ 发散,因为级数 $\sum\limits_{n=0}^{\infty} |a_n x^n|$ 的发散是由比值审敛法判定的,所以级数 $\sum\limits_{n=0}^{\infty} a_n x^n$ 也发散. 根据上述收敛半径的定义, $R = \dfrac{1}{\rho}$.

(2) 当 $\rho = 0$ 时,对任意 $x \neq 0$,有 $\lim\limits_{n \to \infty} \dfrac{u_{n+1}}{u_n} = |x|\rho \equiv 0 < 1$,即对所有的 x,级数 $\sum\limits_{n=0}^{\infty} a_n x^n$ 均绝对收敛,因此 $R = +\infty$.

(3) 当 $\rho = +\infty$ 时,对任意 $x \neq 0$,有 $\lim\limits_{n \to \infty} \dfrac{u_{n+1}}{u_n} = \infty$,这表明 $\sum\limits_{n=0}^{\infty} a_n x^n$ 仅仅有一个收敛点 $x = 0$,从而 $R = 0$. 定理证毕.

由此可知,求幂级数 $\sum\limits_{n=0}^{\infty} a_n x^n$ 收敛区间的步骤如下:

(1) 求极限 $\lim\limits_{n \to \infty} \dfrac{|a_{n+1}|}{|a_n|} = \rho$;

(2) 利用定理 11.9,根据 ρ 的不同取值确定收敛半径,进而得到收敛区间.

进一步地,如果要求解幂级数 $\sum\limits_{n=0}^{\infty} a_n x^n$ 的收敛域,则除了以上步骤外,当 ρ 为非零常数时,还需要判断幂级数在收敛区间端点 $x = -R$ 和 $x = R$ 处的收敛性,该幂级数的收敛域是四种区间 $(-R, R)$, $(-R, R]$, $[-R, R)$ 和 $[-R, R]$ 中的一种.

例 2 求下列幂级数的收敛半径与收敛区间:

(1) $\sum\limits_{n=1}^{\infty} \dfrac{5^n}{n!} x^n$; (2) $\sum\limits_{n=1}^{\infty} \dfrac{(-1)^n n!}{n^2} x^n$; (3) $\sum\limits_{n=1}^{\infty} \dfrac{(-1)^n \sqrt{n}}{3^n} x^n$.

解 (1) $a_n = \dfrac{5^n}{n!}$, $\rho = \lim\limits_{n \to \infty} \dfrac{|a_{n+1}|}{|a_n|} = \lim\limits_{n \to \infty} \dfrac{\dfrac{5^{n+1}}{(n+1)!}}{\dfrac{5^n}{n!}} = \lim\limits_{n \to \infty} \dfrac{5}{n+1} = 0$,所以幂级数 $\sum\limits_{n=0}^{\infty} \dfrac{5^n}{n!} x^n$ 的收敛半径 $R = \infty$,收敛区间是 $(-\infty, +\infty)$.

(2) $a_n = \dfrac{(-1)^n n!}{n^2}$, $\rho = \lim\limits_{n\to\infty} \dfrac{|a_{n+1}|}{|a_n|} = \lim\limits_{n\to\infty} \dfrac{\frac{(n+1)!}{(n+1)^2}}{\frac{n!}{n^2}} = \lim\limits_{n\to\infty} \dfrac{n^2}{(n+1)} = \infty$，所以幂级数

$\sum\limits_{n=1}^{\infty} \dfrac{(-1)^n n!}{n^2} x^n$ 的收敛半径 $R=0$，收敛区间是单点集 $\{0\}$.

(3) $a_n = \dfrac{(-1)^n \sqrt{n}}{3^n}$, $\rho = \lim\limits_{n\to\infty} \dfrac{|a_{n+1}|}{|a_n|} = \lim\limits_{n\to\infty} \dfrac{\frac{\sqrt{n+1}}{3^{n+1}}}{\frac{\sqrt{n}}{3^n}} = \dfrac{1}{3} \lim\limits_{n\to\infty} \dfrac{\sqrt{n+1}}{\sqrt{n}} = \dfrac{1}{3}$，收敛半径

$R=3$. 收敛区间是 $(-3,3)$.

例 3 求幂级数 $\sum\limits_{n=1}^{\infty} \dfrac{2n-1}{2^n} x^{3n-2}$ 的收敛半径与收敛区间.

解 此级数为"缺项级数"，对这样的幂级数不能直接利用定理 11.9 求收敛半径，而是用与定理 11.9 的证明类似的方法，即利用正项级数的比值审敛法来求. 记

$$u_n(x) = \dfrac{2n-1}{2^n} x^{3n-2},$$

$\lim\limits_{n\to\infty} \dfrac{|u_{n+1}(x)|}{|u_n(x)|} = \lim\limits_{n\to\infty} \dfrac{2n+1}{2^{n+1}} |x|^{3n+1} \cdot \dfrac{2^n}{(2n-1)|x|^{3n-2}} = \dfrac{|x|^3}{2} \lim\limits_{n\to\infty} \dfrac{2n+1}{2n-1} = \dfrac{|x|^3}{2}$,

当 $\dfrac{|x|^3}{2} < 1$，即 $|x| < \sqrt[3]{2}$ 时，幂级数绝对收敛；当 $\dfrac{|x|^3}{2} > 1$，即 $|x| > \sqrt[3]{2}$ 时，幂级数发散. 所以幂级数 $\sum\limits_{n=1}^{\infty} \dfrac{2n-1}{2^n} x^{3n-2}$ 的收敛半径 $R = \sqrt[3]{2}$，收敛区间是 $(-\sqrt[3]{2}, \sqrt[3]{2})$.

一般地，对于形如 $\sum\limits_{n=0}^{\infty} a_n (x-x_0)^n$ 的幂级数，求其收敛半径和收敛区间，需先作代换 $t = x - x_0$，将它变为关于 t 的幂级数 $\sum\limits_{n=0}^{\infty} a_n t^n$，再求得级数 $\sum\limits_{n=0}^{\infty} a_n t^n$ 的收敛半径 R. 由 $t = x - x_0$ 知，当 $-R < x - x_0 < R$ 时幂级数 $\sum\limits_{n=0}^{\infty} a_n (x-x_0)^n$ 收敛，从而得级数 $\sum\limits_{n=0}^{\infty} a_n (x-x_0)^n$ 的收敛区间为 $(x_0 - R, x_0 + R)$，它是以点 $x = x_0$ 为中心的对称区间. 若求 $\sum\limits_{n=0}^{\infty} a_n (x-x_0)^n$ 的收敛域，还要讨论此级数在 $x = x_0 - R$ 和 $x = x_0 + R$ 两点处的敛散性.

例 4 求幂级数 $\sum\limits_{n=1}^{\infty} \dfrac{(-1)^n}{3^{n-1} n} (x-5)^n$ 的收敛区间和收敛域.

解 这是关于 $x-5$ 的幂级数，设 $t = x-5$，则级数变形为 $\sum\limits_{n=1}^{\infty} \dfrac{(-1)^n}{3^{n-1} n} t^n$，$a_n = \dfrac{(-1)^n}{3^{n-1} n}$，有

$$\rho = \lim\limits_{n\to\infty} \dfrac{|a_{n+1}|}{|a_n|} = \lim\limits_{n\to\infty} \dfrac{\frac{1}{3^n (n+1)}}{\frac{1}{3^{n-1} n}} = \dfrac{1}{3} \lim\limits_{n\to\infty} \dfrac{n}{n+1} = \dfrac{1}{3},$$

所以收敛半径 $R=3$. 由 $-3<x-5<3$ 知,级数 $\sum_{n=1}^{\infty}\frac{(-1)^n}{3^{n-1}n}(x-5)^n$ 的收敛区间为 $(2,8)$.

当 $x=2$ 时,幂级数为 $\sum_{n=1}^{\infty}\frac{3}{n}$,因为调和级数 $\sum_{n=1}^{\infty}\frac{1}{n}$ 发散,所以该级数发散.

当 $x=8$ 时,幂级数为 $\sum_{n=1}^{\infty}\frac{3(-1)^n}{n}$,由上节例 1 交错 p-级数的收敛性可知,级数收敛.

所以,幂级数 $\sum_{n=1}^{\infty}\frac{n^2}{3^n}(x-5)^n$ 的收敛域为 $(2,8]$.

三、幂级数的四则运算

设幂级数

$$\sum_{n=0}^{\infty}a_n x^n = a_0 + a_1 x + a_2 x^2 + \cdots + a_n x^n + \cdots,$$

$$\sum_{n=0}^{\infty}b_n x^n = b_0 + b_1 x + b_2 x^2 + \cdots + b_n x^n + \cdots$$

的收敛区间分别为 $(-R_1,R_1)$ 与 $(-R_2,R_2)$. 对幂级数进行下列四则运算,得到的仍然是幂级数:

加法

$$\sum_{n=0}^{\infty}a_n x^n + \sum_{n=0}^{\infty}b_n x^n = (a_0+b_0)+(a_1+b_1)x+\cdots+(a_n+b_n)x^n+\cdots$$

$$= \sum_{n=0}^{\infty}(a_n+b_n)x^n.$$

减法

$$\sum_{n=0}^{\infty}a_n x^n - \sum_{n=0}^{\infty}b_n x^n = (a_0-b_0)+(a_1-b_1)x+\cdots+(a_n-b_n)x^n+\cdots$$

$$= \sum_{n=0}^{\infty}(a_n-b_n)x^n.$$

乘法

$$\sum_{n=0}^{\infty}a_n x^n \cdot \sum_{n=0}^{\infty}b_n x^n = a_0 b_0 + (a_0 b_1 + a_1 b_0)x + (a_0 b_2 + a_1 b_1 + a_2 b_0)x^2 + \cdots +$$

$$(a_0 b_n + a_1 b_{n-1} + a_2 b_{n-2} + \cdots + a_{n-1} b_1 + a_n b_0)x^n + \cdots.$$

可以证明,以上三个级数的收敛区间皆为 $(-R,R)$,其中 $R=\min\{R_1,R_2\}$.

除法 记两个幂级数的商是幂级数 $\sum_{n=0}^{\infty}c_n x^n$,即

$$\frac{\sum_{n=0}^{\infty}a_n x^n}{\sum_{n=0}^{\infty}b_n x^n} = c_0 + c_1 x + c_2 x^2 + \cdots + c_n x^n + \cdots \quad (b_0 \neq 0),$$

为了确定 $c_0, c_1, c_2, \cdots, c_n, \cdots$ 的值,将上式改写为

$$\sum_{n=0}^{\infty} a_n x^n = \sum_{n=0}^{\infty} b_n x^n \cdot \sum_{n=0}^{\infty} c_n x^n$$

从而知 $c_0, c_1, c_2, \cdots, c_n, \cdots$ 满足

$$c_0 b_0 = a_0, \quad b_0 c_1 + b_1 c_0 = a_1, \quad b_0 c_2 + b_1 c_1 + b_2 c_0 = a_2,$$
$$\cdots,$$
$$b_0 c_n + b_1 c_{n-1} + b_2 c_{n-2} + \cdots + b_{n-1} c_1 + b_n c_0 = a_n,$$
$$\cdots.$$

依序解这些方程,可得系数 $c_0, c_1, c_2, \cdots, c_n, \cdots$ 的值,从而求得两个幂级数的商级数 $\sum_{n=0}^{\infty} c_n x^n$.

注 商级数 $\sum_{n=0}^{\infty} c_n x^n$ 的收敛区间可能比原来两个级数的收敛区间小得多. 以级数

$$\frac{1}{1-x} = 1 + x + x^2 + \cdots + x^n + \cdots$$

为例,此级数是级数

$$1 + 0 \times x + 0 \times x^2 + \cdots + 0 \times x^n + \cdots (\text{和函数 } s_1(x) = 1)$$

和级数

$$1 - x + 0 \times x^2 + \cdots + 0 \times x^n + \cdots (\text{和函数 } s_2(x) = 1 - x)$$

的商级数,这两个级数在整个数轴上都收敛,但商级数 $1 + x + x^2 + \cdots + x^n + \cdots$ 仅在区间 $(-1,1)$ 内收敛.

例 5 求幂级数 $\sum_{n=0}^{\infty} \left[n + \frac{(-1)^n}{3^n} \right] x^n$ 的收敛区间.

解 容易求得幂级数 $\sum_{n=0}^{\infty} n x^n$ 的收敛半径 $R_1 = 1$,收敛区间是 $(-1,1)$.

另外,幂级数 $\sum_{n=0}^{\infty} \frac{(-1)^n}{3^n} x^n$ 是公比 $q = -\frac{x}{3}$ 的等比级数,由 $|q| = \frac{|x|}{3} < 1$ 时级数收敛可知,此级数的收敛半径 $R_2 = 3$,收敛区间是 $(-3,3)$.

所以幂级数 $\sum_{n=0}^{\infty} \left[n + \frac{(-1)^n}{3^n} \right] x^n$ 的收敛半径 $R = \min\{1, 3\} = 1$,收敛区间是 $(-1,1)$.

四、幂级数的导数和积分

幂级数的和函数是一个定义在其收敛域上的函数,下面不加证明地给出关于和函数的连续性、可导性和可积性的定理.

定理 11.10 幂级数 $\sum_{n=0}^{\infty} a_n x^n$ 的和函数 $s(x)$ 在其收敛域 D 上连续.

定理 11.11 设幂级数 $\sum_{n=0}^{\infty} a_n x^n$ 的收敛半径为 R,和函数为 $s(x)$,则 $s(x)$ 在收敛区间 $(-R, R)$ 内可积,且有逐项积分公式

$$\int_0^x s(x)\mathrm{d}x = \int_0^x \left(\sum_{n=0}^{\infty} a_n x^n\right)\mathrm{d}x = \sum_{n=0}^{\infty}\left(\int_0^x a_n x^n \mathrm{d}x\right) = \sum_{n=0}^{\infty} \frac{a_n}{n+1}x^{n+1}.$$

这个定理说明：幂级数在其收敛区间内可以逐项求积，所得幂级数的收敛半径不变；而且逐项积分后所得幂级数的和函数等于原幂级数和函数的积分.

定理 11.12 设幂级数 $\sum\limits_{n=0}^{\infty} a_n x^n$ 的收敛半径为 R，和函数为 $s(x)$，则 $s(x)$ 在收敛区间 $(-R,R)$ 内可导，且有逐项求导公式

$$s'(x) = \left(\sum_{n=0}^{\infty} a_n x^n\right)' = \sum_{n=0}^{\infty} (a_n x^n)' = \sum_{n=0}^{\infty} n a_n x^{n-1}.$$

这个定理说明：幂级数在其收敛区间内可以逐项求导，所得幂级数的收敛半径不变；而且逐项求导后所得幂级数的和函数等于原幂级数和函数的导数.

定理 11.11 和定理 11.12 常被用来求幂级数的和函数，而且对已求得的和函数的幂级数，通过 x 在收敛域内取特定值可求出一些常数项级数的和.

例 6 求幂级数 $\sum\limits_{n=0}^{\infty} \dfrac{n+1}{2^n} x^n$ 在收敛区间内的和函数，并求常数项级数 $\sum\limits_{n=0}^{\infty} (-1)^{n+1} \dfrac{n+1}{2^n}$ 的和.

分析 此幂级数的一般项为 $\dfrac{n+1}{2^n} x^n$，首先对幂级数 $\sum\limits_{n=0}^{\infty} \dfrac{n+1}{2^n} x^n$ 逐项求积后，得到新的级数为 $\sum\limits_{n=0}^{\infty} \dfrac{x^{n+1}}{2^n}$，该级数是首项为 x、公比 $q = \dfrac{x}{2}$ 的等比级数，很容易求得其和函数；再进行求导就可得到原幂级数的和函数. 所以，采用"先积后导"并利用等比级数的求和公式，即可求得幂级数 $\sum\limits_{n=0}^{\infty} \dfrac{n+1}{2^n} x^n$ 的和函数.

解 $\rho = \lim\limits_{n\to\infty} \dfrac{|a_{n+1}|}{|a_n|} = \lim\limits_{n\to\infty} \dfrac{\dfrac{n+2}{2^{n+1}}}{\dfrac{n+1}{2^n}} = \dfrac{1}{2}\lim\limits_{n\to\infty} \dfrac{n+2}{n+1} = \dfrac{1}{2}$，幂级数 $\sum\limits_{n=0}^{\infty} \dfrac{n+1}{2^n} x^n$ 的收敛半径 $R = 2$，收敛区间为 $(-2,2)$.

设和函数为 $s(x)$，即对任意的 $x \in (-2,2)$，$s(x) = \sum\limits_{n=0}^{\infty} \dfrac{n+1}{2^n} x^n$. 等式两端从 $0 \sim x$ 积分，得

$$\int_0^x s(x)\mathrm{d}x = \sum_{n=0}^{\infty} \int_0^x \dfrac{n+1}{2^n} x^n \mathrm{d}x = \sum_{n=0}^{\infty} \dfrac{x^{n+1}}{2^n} = \dfrac{x}{1-\dfrac{x}{2}} = \dfrac{2x}{2-x}, \quad x \in (-2,2).$$

再对等式两端求导，得

$$s(x) = \left[\int_0^x s(x)\mathrm{d}x\right]' = \left(\dfrac{2x}{2-x}\right)' = \dfrac{4}{(2-x)^2}, \quad x \in (-2,2).$$

因此，所求和函数

$$s(x) = \dfrac{4}{(2-x)^2}, \quad 即 \quad \sum_{n=0}^{\infty} \dfrac{n+1}{2^n} x^n = \dfrac{4}{(2-x)^2}, \quad x \in (-2,2),$$

令 $x=-1$，得 $\sum_{n=0}^{\infty}(-1)^{n}\dfrac{n+1}{2^{n}}=\dfrac{4}{9}$，所以

$$\sum_{n=0}^{\infty}(-1)^{n+1}\dfrac{n+1}{2^{n}}=-\sum_{n=0}^{\infty}(-1)^{n}\dfrac{n+1}{2^{n}}=-\dfrac{4}{9}.$$

例 7 求幂级数 $\sum_{n=1}^{\infty}\dfrac{x^{n+1}}{n}$ 的和函数.

解 $\rho=\lim\limits_{n\to\infty}\dfrac{|a_{n+1}|}{|a_{n}|}=\lim\limits_{n\to\infty}\dfrac{\frac{1}{n+1}}{\frac{1}{n}}=\lim\limits_{n\to\infty}\dfrac{n}{n+1}=1$，幂级数的收敛半径 $R=1$. 当 $x=-1$ 时，幂级数为 $\sum_{n=1}^{\infty}\dfrac{(-1)^{n+1}}{n}$，收敛；当 $x=1$ 时，幂级数为 $\sum_{n=1}^{\infty}\dfrac{1}{n}$，发散. 因此，$\sum_{n=1}^{\infty}\dfrac{x^{n+1}}{n}$ 的收敛域是 $[-1,1)$.

设和函数为 $s(x)$，即对任意的 $x\in[-1,1)$，$s(x)=\sum_{n=1}^{\infty}\dfrac{x^{n+1}}{n}$，当 $x\neq 0$ 时，

$$\dfrac{s(x)}{x}=\sum_{n=1}^{\infty}\dfrac{x^{n}}{n},$$

逐项求导，得

$$\left[\dfrac{s(x)}{x}\right]'=\sum_{n=1}^{\infty}x^{n-1}=\dfrac{1}{1-x},\quad x\in(-1,1),$$

上式两端从 $0\sim x$ 积分，得

$$\dfrac{s(x)}{x}=\int_{0}^{x}\dfrac{1}{1-x}\mathrm{d}x=-\ln(1-x).$$

由此，当 $x\in(-1,0)\cup(0,1)$ 时，$s(x)=-x\ln(1-x)$，当 $x=0$ 时，$s(0)=0$，且级数 $\sum_{n=1}^{\infty}\dfrac{x^{n+1}}{n}$ 在 $x=-1$ 处收敛，所以

$$s(x)=-x\ln(1-x)\quad(-1\leqslant x<1),$$

即

$$\sum_{n=1}^{\infty}\dfrac{x^{n+1}}{n}=-x\ln(1-x)\quad(-1\leqslant x<1).$$

与例 6 类似，也可利用此幂级数的和函数求一些常数项级数的和. 如令 $x=-\dfrac{1}{2}$，可求得常数项级数 $\sum_{n=1}^{\infty}\dfrac{(-1)^{n+1}}{n2^{n+1}}$ 的和 $s=\dfrac{1}{2}\ln\dfrac{3}{2}$；令 $x=\dfrac{2}{3}$，可求得常数项级数 $\sum_{n=1}^{\infty}\dfrac{1}{n}\left(\dfrac{2}{3}\right)^{n+1}$ 的和 $s=\dfrac{2}{3}\ln 3$.

习题 11-4

1. 求函数项级数 $\sum_{n=1}^{\infty}|x|^{n}\tan\dfrac{|x|}{4^{n}}$ 的收敛域.

2. 求下列幂级数的收敛半径与收敛区间：

(1) $\sum_{n=0}^{\infty} \frac{(-1)^n}{n^n} x^n$；　　　(2) $\sum_{n=1}^{\infty} \frac{3^{n+1}}{n^2} x^n$；　　　(3) $\sum_{n=0}^{\infty} \frac{x^n}{n! \, 2^n}$；

(4) $\sum_{n=1}^{\infty} \frac{(-1)^n (2n+1)}{9^n} x^{2n-1}$；　　　(5) $\sum_{n=1}^{\infty} \frac{\sqrt{n}}{3^n} (x-2)^n$．

3. 求下列幂级数的收敛区间与和函数：

(1) $\sum_{n=1}^{\infty} \frac{2n}{3^n} x^{2n-1}$；　　　(2) $\sum_{n=1}^{\infty} \frac{x^{4n+1}}{4n+1}$；　　　(3) $\sum_{n=1}^{\infty} n(n+1) x^{n-1}$．

4. 求幂级数 $\sum_{n=0}^{\infty} \frac{x^{2n}}{2n+1}$ 在收敛域内的和函数，并求常数项级数 $\sum_{n=0}^{\infty} \frac{1}{(2n+1)2^n}$ 的和．

第五节　函数展开成幂级数

在理论研究和实际应用中，有时需要求出幂级数的和函数，而有时恰好相反，需要将给定的函数表示成幂级数的形式，即对于给定的函数 $f(x)$，考虑是否存在在某个区间上一个收敛的幂级数，其和函数恰好是 $f(x)$. 如果这样的幂级数存在，则称函数 $f(x)$ 在该区间内能展开成幂级数. 函数展开成幂级数常被用于数值分析、近似计算以及某些积分和微分问题的求解等．

一、泰勒级数

事实上，如果函数 $f(x)$ 在点 x_0 的某邻域内有直到 $n+1$ 阶导数，由第三章第三节介绍的泰勒公式可知，对于该邻域内的任意一点 x，都有

$$f(x) = f(x_0) + f'(x_0)(x-x_0) + \frac{f''(x_0)}{2!}(x-x_0)^2 + \cdots + \frac{f^{(n)}(x_0)}{n!}(x-x_0)^n + R_n(x),$$

其中余项

$$R_n(x) = \frac{f^{(n+1)}(\xi)}{(n+1)!}(x-x_0)^{n+1},$$

ξ 介于 x_0 与 x 之间．

由此可知，如果函数 $f(x)$ 在点 x_0 的某邻域内有直到 $n+1$ 阶导数，可用 n 次多项式

$$p_n(x) = f(x_0) + f'(x_0)(x-x_0) + \frac{f''(x_0)}{2!}(x-x_0)^2 + \cdots + \frac{f^{(n)}(x_0)}{n!}(x-x_0)^n$$

来近似表示函数 $f(x)$，由此产生的误差为 $|R_n(x)|$．

如果函数 $f(x)$ 在点 x_0 的某邻域内任意阶导数都存在，随着项数 n 的无限增加，多项式 $p_n(x)$ 演变为幂级数

$$f(x_0) + f'(x_0)(x-x_0) + \frac{f''(x_0)}{2!}(x-x_0)^2 + \cdots + \frac{f^{(n)}(x_0)}{n!}(x-x_0)^n + \cdots,$$

则称此幂级数为函数 $f(x)$ 在点 x_0 处的**泰勒(Taylor)级数**．

如果函数 $f(x)$ 在点 x_0 处的泰勒级数在 x_0 的某个邻域 $U(x_0)$ 内收敛,且其和函数为 $f(x)$,即

$$f(x)=f(x_0)+f'(x_0)(x-x_0)+\frac{f''(x_0)}{2!}(x-x_0)^2+\cdots+\frac{f^{(n)}(x_0)}{n!}(x-x_0)^n+\cdots,$$

则称 $f(x)$ 在 $U(x_0)$ 内能展开成泰勒级数.

下面的定理给出了函数 $f(x)$ 能展开成泰勒级数的充要条件.

定理 11.13 设函数 $f(x)$ 在点 x_0 的某一邻域 $U(x_0)$ 内任意阶导数都存在,则 $f(x)$ 在该邻域内能展开成泰勒级数的充要条件为:$f(x)$ 的泰勒公式中的余项 $R_n(x)$ 当 $n \to \infty$ 时极限为零,即 $\lim_{n\to\infty} R_n(x)=0$,$x \in U(x_0)$.

证 必要性:设 $f(x)$ 在邻域 $U(x_0)$ 内能展开成泰勒级数,即

$$f(x)=f(x_0)+f'(x_0)(x-x_0)+\frac{f''(x_0)}{2!}(x-x_0)^2+\cdots+\frac{f^{(n)}(x_0)}{n!}(x-x_0)^n+\cdots.$$

设 $p_n(x)$ 为该幂级数的前 $n+1$ 项之和,则 $\lim_{n\to\infty} p_n(x)=f(x)$. 由泰勒中值定理,$f(x)$ 的 n 阶泰勒公式为 $f(x)=p_n(x)+R_n(x)$,故有

$$\lim_{n\to\infty} R_n(x)=\lim_{n\to\infty}[f(x)-p_n(x)]=f(x)-f(x)=0.$$

充分性:如果 $\lim_{n\to\infty} R_n(x)=0$ 对所有的 $x \in U(x_0)$ 都成立,则由泰勒中值定理知

$$\lim_{n\to\infty} p_n(x)=\lim_{n\to\infty}[f(x)-R_n(x)]=f(x),$$

这表明,在邻域 $U(x_0)$ 内,级数

$$f(x_0)+f'(x_0)(x-x_0)+\frac{f''(x_0)}{2!}(x-x_0)^2+\cdots+\frac{f^{(n)}(x_0)}{n!}(x-x_0)^n+\cdots$$

收敛于 $f(x)$,即 $f(x)$ 在该邻域内能展开成泰勒级数. 定理证毕.

特别地,函数 $f(x)$ 在 $x_0=0$ 处的泰勒级数为

$$f(0)+f'(0)x+\frac{f''(0)}{2!}x^2+\cdots+\frac{f^{(n)}(0)}{n!}x^n+\cdots,$$

称其为函数 $f(x)$ 的**麦克劳林级数**.

函数 $f(x)$ 在点 $x=x_0$ 处的泰勒级数可通过变量替换 $t=x-x_0$,化为函数 $F(t)=f(t+x_0)$ 的麦克劳林级数. 本节的讨论将以麦克劳林级数为主.

定理 11.14 如果函数 $f(x)$ 在 $x=0$ 处能展开成幂级数,则这个幂级数一定是 $f(x)$ 的麦克劳林级数,即函数 $f(x)$ 的幂级数展开式是唯一的.

证 设 $f(x)$ 在点 $x=0$ 的某邻域内能展开成 x 的幂级数,即

$$f(x)=a_0+a_1x+a_2x^2+\cdots+a_nx^n+\cdots,$$

其中 $a_n(n=0,1,2,\cdots)$ 为常数,根据"幂级数在收敛区间内可以逐项求导,且不改变收敛区间"的性质,对上式逐次求导,得

$$f'(x)=1\times a_1+2\times a_2x+\cdots+n\times a_nx^{n-1}+\cdots,$$

$$f''(x)=2\times 1\times a_2+3\times 2\times a_3x+\cdots+n(n-1)a_nx^{n-2}+\cdots,$$

$$\vdots$$

$$f^{(n)}(x)=n(n-1)\cdots 1\times a_n+(n+1)n\cdots 2\times a_{n+1}x+\cdots,$$

$$\vdots$$

把 $x=0$ 代入以上各式，解得

$$a_0=f(0),\quad a_1=f'(0),\quad a_2=\frac{f''(0)}{2!},\quad \cdots,\quad a_n=\frac{f^{(n)}(0)}{n!},\cdots,$$

即

$$f(x)=f(0)+f'(0)x+\frac{f''(0)}{2!}x^2+\cdots+\frac{f^{(n)}(0)}{n!}x^n+\cdots.$$

因此，$f(x)$ 在点 $x=0$ 处的幂级数展开式就是该函数的麦克劳林级数，函数 $f(x)$ 的幂级数展开式是唯一的. 定理证毕.

二、函数展开成幂级数的方法

1. 直接展开法

根据定理 11.13 和定理 11.14 可知，如果函数能展开成幂级数，则此幂级数就是函数的麦克劳林级数，而麦克劳林级数收敛于 $f(x)$ 的充要条件是余项 $\lim\limits_{n\to\infty}R_n(x)=\lim\limits_{n\to\infty}\dfrac{f^{(n+1)}(\xi)}{(n+1)!}x^{n+1}=0$（其中 ξ 介于 0 与 x 之间）. 所以，将函数 $f(x)$ 直接展开成幂级数的步骤如下：

(1) 求出 $f(x)$ 及其各阶导数在点 $x=0$ 处的值 $f(0),f^{(n)}(0),n=1,2,\cdots$，若函数在点 $x=0$ 处的某阶导数不存在，则 $f(x)$ 不能展开为幂级数.

(2) 写出对应的麦克劳林级数：

$$f(0)+f'(0)x+\frac{f''(0)}{2!}x^2+\cdots+\frac{f^{(n)}(0)}{n!}x^n+\cdots,$$

并求出此幂级数的收敛区间 $(-R,R)$.

(3) 当 $x\in(-R,R)$ 时，计算拉格朗日余项 $R_n(x)=\dfrac{f^{(n+1)}(\xi)}{(n+1)!}x^{n+1}$ 当 $n\to\infty$ 时的极限（ξ 介于 0 和 x 之间），如果 $\lim\limits_{n\to\infty}R_n(x)=0$，则函数 $f(x)$ 可以展开成幂级数，即

$$f(0)+f'(0)x+\frac{f''(0)}{2!}x^2+\cdots+\frac{f^{(n)}(0)}{n!}x^n+\cdots,\quad x\in(-R,R).$$

如果 $\lim\limits_{n\to\infty}R_n(x)\neq 0$，则该函数不能展开成幂级数.

例 1 将函数 $f(x)=e^x$ 展开成麦克劳林级数.

解 因为 $f^{(n)}(x)=e^x,f^{(n)}(0)=1(n=1,2,3,\cdots)$；又 $f(0)=1$，因此 $f(x)=e^x$ 的麦克劳林级数为

$$1+x+\frac{x^2}{2!}+\cdots+\frac{x^n}{n!}+\cdots,$$

又

$$\rho=\lim_{n\to\infty}\left|\frac{a_{n+1}}{a_n}\right|=\lim_{n\to\infty}\left|\frac{\dfrac{1}{(n+1)!}}{\dfrac{1}{n!}}\right|=\lim_{n\to\infty}\frac{1}{n+1}=0,$$

故此麦克劳林级数的收敛半径 $R=+\infty$，收敛域为 $(-\infty,+\infty)$.

对任意的 $x\in(-\infty,+\infty)$，余项的绝对值

$$|R_n(x)| = \left|\frac{e^{\xi}}{(n+1)!} \cdot x^{n+1}\right| \leqslant e^{|x|} \cdot \frac{|x|^{n+1}}{(n+1)!} \quad (\xi \text{ 介于 } 0 \text{ 和 } x \text{ 之间}),$$

其中 $e^{|x|}$ 与 n 无关，考虑正项级数 $\sum_{n=1}^{\infty} \frac{|x|^{n+1}}{(n+1)!}$，运用比值审敛法得

$$\lim_{n\to\infty}\left|\frac{u_{n+1}(x)}{u_n(x)}\right| = \lim_{n\to\infty}\frac{|x|}{n+2} = 0,$$

级数 $\sum_{n=1}^{\infty}\frac{|x|^{n+1}}{(n+1)!}$ 收敛，因此 $\lim_{n\to\infty}\frac{|x|^{n+1}}{(n+1)!} = 0$，再由极限的夹逼准则得 $\lim_{n\to\infty} R_n(x) = 0$. 所以

$$e^x = 1 + x + \frac{x^2}{2!} + \cdots + \frac{x^n}{n!} + \cdots = \sum_{n=0}^{\infty}\frac{x^n}{n!} \quad (-\infty < x < +\infty).$$

例 2 将函数 $f(x) = \cos x$ 在 $x = 0$ 处展开成幂级数.

解 由 $f^{(n)}(x) = \cos\left(x + n \cdot \frac{\pi}{2}\right), n = 1, 2, 3, \cdots$，得

$$f^{(n)}(0) = \cos\left(n \cdot \frac{\pi}{2}\right) = \begin{cases} (-1)^{\frac{n}{2}}, & n = 2, 4, \cdots, \\ 0, & n = 1, 3, 5, \cdots, \end{cases}$$

且 $f(0) = 1$，由此得 $\cos x$ 的麦克劳林级数

$$1 - \frac{x^2}{2!} + \frac{x^4}{4!} - \cdots + (-1)^n \frac{x^{2n}}{(2n)!} + \cdots,$$

容易求得该幂级数的收敛半径为 $R = +\infty$.

对任意的 $x \in (-\infty, +\infty)$，余项 $R_n(x)$ 的绝对值

$$|R_n(x)| = \left|\frac{\cos\left(\xi + \frac{n+1}{2}\pi\right)}{(n+1)!} \cdot x^{n+1}\right| \leqslant \frac{|x|^{n+1}}{(n+1)!} \quad (\xi \text{ 介于 } 0 \text{ 和 } x \text{ 之间}),$$

由例 1 的证明过程知，$\lim_{n\to\infty}\frac{|x|^{n+1}}{(n+1)!} = 0$，因此 $\lim_{n\to\infty} R_n(x) = 0$. 则 $\cos x$ 在 $x = 0$ 处的幂级数展开式为

$$\cos x = 1 - \frac{x^2}{2!} + \frac{x^4}{4!} - \cdots + (-1)^n \frac{x^{2n}}{(2n)!} + \cdots$$

$$= \sum_{n=0}^{\infty}(-1)^n \frac{x^{2n}}{(2n)!}, \quad x \in (-\infty, +\infty).$$

由以上两例可见，由于一些函数的 n 阶导数不易求得，因此判断余项 $R_n(x)$ 是否趋于零也非易事，用直接展开法往往比较麻烦. 下面介绍较为简便的间接展开法.

2. 间接展开法

由于函数的幂级数展开式是唯一的，我们可以利用幂级数的运算性质，通过变量代换、恒等变形、逐项求导和逐项求积等方法，由已知的幂级数展开式将所给函数展开成幂级数，这样的展开方法称为间接展开法.

例 3 将函数 $f(x) = 2^x$ 展开成 x 的幂级数.

解 由例 1，e^x 关于 x 的幂级数展开式为

$$e^x = 1 + x + \frac{x^2}{2!} + \cdots + \frac{x^n}{n!} + \cdots, \quad -\infty < x < +\infty.$$

则有
$$f(x) = 2^x = e^{x\ln 2} = 1 + x\ln 2 + \frac{1}{2!}(x\ln 2)^2 + \cdots + \frac{1}{n!}(x\ln 2)^n + \cdots$$
$$= \sum_{n=0}^{\infty} \frac{(\ln 2)^n}{n!} x^n, \quad x \in (-\infty, +\infty).$$

例 4 将函数 $f(x) = \sin x$ 展开成 x 的幂级数.

解 由例 2，$\cos x$ 的幂级数展开式为
$$\cos x = 1 - \frac{x^2}{2!} + \frac{x^4}{4!} - \cdots + (-1)^n \frac{x^{2n}}{(2n)!} + \cdots$$
$$= \sum_{n=0}^{\infty} (-1)^n \frac{x^{2n}}{(2n)!}, \quad x \in (-\infty, +\infty).$$

因为幂级数可以逐项求积，上式两端从 $0 \sim x$ 积分，得 $\sin x$ 的幂级数展开式
$$\sin x = x - \frac{x^3}{3!} + \frac{x^5}{5!} - \cdots + (-1)^n \frac{x^{2n+1}}{(2n+1)!} + \cdots$$
$$= \sum_{n=0}^{\infty} (-1)^n \frac{x^{2n+1}}{(2n+1)!}, \quad x \in (-\infty, +\infty).$$

例 5 将函数 $f(x) = \ln(1+x)$ 展开成 x 的幂级数.

解 因为 $f'(x) = \frac{1}{1+x}$，而
$$\frac{1}{1+x} = \frac{1}{1-(-x)} = 1 - x + x^2 - x^3 + \cdots + (-1)^n x^n + \cdots, \quad -1 < x < 1,$$

对上式从 $0 \sim x (x \in (-1,1))$ 逐项积分得
$$\ln(1+x) = x - \frac{x^2}{2} + \frac{x^3}{3} - \frac{x^4}{4} + \cdots + (-1)^n \frac{x^{n+1}}{n+1} + \cdots,$$

又当 $x = 1$ 时，上式右端为交错级数
$$1 - \frac{1}{2} + \frac{1}{3} - \cdots + (-1)^n \frac{1}{n+1} + \cdots,$$

故其收敛. 且 $\ln(1+x)$ 在 $x = 1$ 处连续. 所以，$\ln(1+x)$ 的幂级数展开式为
$$\ln(1+x) = x - \frac{x^2}{2} + \frac{x^3}{3} - \cdots + (-1)^n \frac{x^{n+1}}{n+1} + \cdots = \sum_{n=0}^{\infty} (-1)^n \frac{x^{n+1}}{n+1}$$
$$= \sum_{n=1}^{\infty} (-1)^{n-1} \frac{x^n}{n}, \quad -1 < x \leq 1.$$

在用间接展开法求函数的幂级数展开式时，以下六个幂级数展开式可以作为公式，直接引用.

$$\frac{1}{1-x} = 1 + x + x^2 + \cdots + x^n + \cdots = \sum_{n=0}^{\infty} x^n, \quad -1 < x < 1.$$

$$e^x = 1 + x + \frac{x^2}{2!} + \cdots + \frac{x^n}{n!} + \cdots = \sum_{n=0}^{\infty} \frac{x^n}{n!}, \quad -\infty < x < +\infty.$$

$$\sin x = \frac{x}{1!} - \frac{x^3}{3!} + \frac{x^5}{5!} - \cdots + (-1)^{n-1}\frac{x^{2n-1}}{(2n-1)!} + \cdots$$
$$= \sum_{n=1}^{\infty}(-1)^{n-1}\frac{x^{2n-1}}{(2n-1)!}, \quad -\infty < x < +\infty.$$
$$\cos x = 1 - \frac{x^2}{2!} + \frac{x^4}{4!} - \cdots + (-1)^{n-1}\frac{x^{2n-2}}{(2n-2)!} + \cdots$$
$$= \sum_{n=1}^{\infty}(-1)^{n-1}\frac{x^{2n-2}}{(2n-2)!}, \quad -\infty < x < +\infty.$$
$$\ln(1+x) = x - \frac{x^2}{2} + \frac{x^3}{3} - \cdots + (-1)^n\frac{x^{n+1}}{n+1} + \cdots = \sum_{n=1}^{\infty}(-1)^{n-1}\frac{x^n}{n}, \quad -1 < x \leqslant 1.$$
$$(1+x)^\alpha = 1 + \alpha x + \frac{\alpha(\alpha-1)}{2!}x^2 + \cdots + \frac{\alpha(\alpha-1)\cdots(\alpha-n+1)}{n!}x^n + \cdots, \quad -1 < x < 1.$$

注 （1）第六个等式是使用直接法将函数 $f(x)=(1+x)^\alpha (\alpha\in\mathbb{R})$ 展开成 x 的幂级数得到的，本书不再赘述．

（2）求得函数的幂级数展开式以后，必须给出幂级数的收敛域．因为这些展开式仅在它们的收敛域内成立．

例 6 将函数 $f(x)=\dfrac{1}{2x^2-3x-2}$ 展开成 x 的幂级数．

解 $f(x)=\dfrac{1}{5}\cdot\dfrac{(2x+1)-2(x-2)}{(2x+1)(x-2)}=\dfrac{1}{5}\left(\dfrac{1}{x-2}-\dfrac{2}{2x+1}\right)=-\dfrac{1}{10}\cdot\dfrac{1}{1-\dfrac{x}{2}}-\dfrac{2}{5}\cdot\dfrac{1}{1+2x},$

利用展开式 $\dfrac{1}{1-x}=1+x+x^2+\cdots+x^n+\cdots(-1<x<1)$ 得

$$\frac{1}{1-\dfrac{x}{2}} = 1 + \frac{x}{2} + \left(\frac{x}{2}\right)^2 + \left(\frac{x}{2}\right)^3 + \cdots + \left(\frac{x}{2}\right)^n + \cdots, \quad -2 < x < 2,$$

$$\frac{1}{1+2x} = 1 - 2x + (2x)^2 - (2x)^3 + \cdots + (-1)^n(2x)^n + \cdots, \quad -\frac{1}{2} < x < \frac{1}{2},$$

将它们代入 $f(x)$ 的表达式，并整理得

$$\frac{1}{2x^2-3x-2} = -\frac{1}{10}\sum_{n=0}^{\infty}\left(\frac{x}{2}\right)^n - \frac{2}{5}\sum_{n=0}^{\infty}(-1)^n(2x)^n$$
$$= \sum_{n=0}^{\infty}\left[\frac{-1}{5\times 2^{n+1}} - \frac{(-1)^n\times 2^{n+1}}{5}\right]x^n, \quad -\frac{1}{2} < x < \frac{1}{2}.$$

例 7 将函数 $f(x)=\ln\dfrac{x}{3+x}$ 展开成 $x-1$ 的幂级数，并求 $f^{(50)}(1)$．

解 $f(x)=\ln\dfrac{x}{3+x}=\ln\dfrac{1+(x-1)}{4+(x-1)}=\ln[1+(x-1)]-\ln 4-\ln\left(1+\dfrac{x-1}{4}\right)$

$$= -\ln 4 + \sum_{n=1}^{\infty}(-1)^{n-1}\frac{(x-1)^n}{n} - \sum_{n=1}^{\infty}\frac{(-1)^{n-1}}{n}\left(\frac{x-1}{4}\right)^n$$

$$= -\ln 4 + \sum_{n=1}^{\infty}\frac{(-1)^{n-1}}{n}\left(1-\frac{1}{4^n}\right)(x-1)^n,$$

收敛域满足 $\begin{cases} -1 < x-1 \leqslant 1, \\ -1 < \dfrac{x-1}{4} \leqslant 1, \end{cases}$ 即 $0 < x \leqslant 2$. 根据泰勒级数展开式的系数公式,可得上述展开式中 $(x-1)^{50}$ 的系数为 $\dfrac{f^{(50)}(1)}{50!}$,即 $\dfrac{f^{(50)}(1)}{50!} = \left(-\dfrac{1}{50}\right) \cdot \left(1 - \dfrac{1}{4^{50}}\right)$,解得 $f^{(50)}(1) = -49! \times \left(1 - \dfrac{1}{4^{50}}\right)$.

三、幂级数的应用

1. 常数项级数求和

在本章的前三节已经遇到过常数项级数求和的问题. 本节介绍一种借助幂级数的和函数求数项级数和的方法,其基本步骤如下:

(1) 对所给收敛的常数项级数 $\sum\limits_{n=0}^{\infty} u_n$,构造容易求得和函数的幂级数 $\sum\limits_{n=0}^{\infty} a_n x^n$,使得 $a_n x_0^n = u_n$,其中 x_0 在幂级数 $\sum\limits_{n=0}^{\infty} a_n x^n$ 的收敛域内;

(2) 利用幂级数的性质,求出 $\sum\limits_{n=0}^{\infty} a_n x^n$ 的和函数 $s(x)$;

(3) 令 $x = x_0$,得到所求数项级数 $\sum\limits_{n=0}^{\infty} u_n$ 的和 $\sum\limits_{n=0}^{\infty} u_n = s(x_0)$.

例 8 求级数 $\sum\limits_{n=1}^{\infty} \dfrac{1}{(2n-1) \times 4^n}$ 的和.

解 分析幂级数 $\sum\limits_{n=1}^{\infty} \dfrac{1}{2n-1} x^{2n-1}$,易求得此级数的收敛区间为 $(-1, 1)$,令

$$s(x) = \sum_{n=1}^{\infty} \dfrac{1}{2n-1} x^{2n-1}, \quad x \in (-1, 1),$$

则 $s'(x) = \sum\limits_{n=1}^{\infty} x^{2n-2} = \dfrac{1}{1-x^2}$,因此

$$s(x) = \int_0^x \dfrac{1}{1-x^2} dx = \dfrac{1}{2} \ln \dfrac{1+x}{1-x}, \quad x \in (-1, 1).$$

$$\sum_{n=1}^{\infty} \dfrac{1}{(2n-1) \times 4^n} = \sum_{n=1}^{\infty} \dfrac{1}{2n-1} \left(\dfrac{1}{2}\right)^{2n} = \dfrac{1}{2} \sum_{n=1}^{\infty} \dfrac{1}{2n-1} \left(\dfrac{1}{2}\right)^{2n-1}$$

$$= \dfrac{1}{2} \times s\left(\dfrac{1}{2}\right) = \dfrac{1}{2} \times \dfrac{1}{2} \ln \dfrac{1 + \dfrac{1}{2}}{1 - \dfrac{1}{2}} = \dfrac{1}{4} \ln 3.$$

有时还可以通过对常数项级数的通项进行恒等变形,利用已知函数的幂级数展开式求得数项级数的和.

例9 求级数 $\sum_{n=1}^{\infty} \dfrac{n^2}{n!}$ 的和.

解 由 $e^x = 1 + x + \dfrac{1}{2!}x^2 + \dfrac{1}{3!}x^3 + \cdots + \dfrac{1}{n!}x^n + \cdots = \sum_{n=0}^{\infty} \dfrac{1}{n!}x^n, x \in (-\infty, +\infty)$ 得

$$e = 1 + 1 + \dfrac{1}{2!} + \dfrac{1}{3!} + \cdots + \dfrac{1}{n!} + \cdots = \sum_{n=0}^{\infty} \dfrac{1}{n!} = \sum_{n=1}^{\infty} \dfrac{1}{(n-1)!} = \sum_{n=2}^{\infty} \dfrac{1}{(n-2)!},$$

因此

$$\sum_{n=1}^{\infty} \dfrac{n^2}{n!} = \sum_{n=1}^{\infty} \dfrac{n}{(n-1)!} = \sum_{n=1}^{\infty} \dfrac{n-1+1}{(n-1)!} = \sum_{n=2}^{\infty} \dfrac{1}{(n-2)!} + \sum_{n=1}^{\infty} \dfrac{1}{(n-1)!} = e + e = 2e.$$

2. 近似计算

函数展开成幂级数的一个最常见的应用是数值计算. 将表达式复杂的函数展开成幂级数后,可用展开式的部分和近似计算函数值,而幂级数的部分和是多项式函数,进行数值计算时只需用到四则运算,非常简便,由此产生的误差还可用余项 $r_n(x)$ 来估计.

例10 计算 $\int_0^1 e^{-x^2} dx$ 的近似值,误差不能超过 0.001.

解 根据上册积分学知识可知, e^{-x^2} 在区间 $[0,1]$ 上的定积分存在,但用第五章介绍的方法无法求出这个定积分的值,以下借助于幂级数来求它的近似值. 由 e^x 的展开式得

$$e^{-x^2} = 1 - \dfrac{x^2}{1!} + \dfrac{x^4}{2!} - \dfrac{x^6}{3!} + \cdots + (-1)^n \dfrac{x^{2n}}{n!} + \cdots = \sum_{n=0}^{\infty} (-1)^n \dfrac{x^{2n}}{n!}, \quad -\infty < x < +\infty.$$

逐项积分,得

$$\int_0^1 e^{-x^2} dx = \sum_{n=0}^{\infty} \int_0^1 (-1)^n \dfrac{x^{2n}}{n!} dx = \sum_{n=0}^{\infty} (-1)^n \dfrac{1}{(2n+1) \cdot n!},$$

这是个交错级数,若取前五项作为近似值,其误差

$$|r_4| < \dfrac{1}{11 \times 5!} = \dfrac{1}{1320} < 10^{-3},$$

符合要求,因此

$$\int_0^1 e^{-x^2} dx \approx 1 - \dfrac{1}{3} + \dfrac{1}{5 \times 2!} - \dfrac{1}{7 \times 3!} + \dfrac{1}{9 \times 4!} \approx 0.747.$$

例11 计算 $\ln 2$ 的近似值,误差不能超过 0.0001.

解 在展开式

$$\ln(1+x) = x - \dfrac{x^2}{2} + \dfrac{x^3}{3} - \dfrac{x^4}{4} + \cdots + (-1)^{n-1} \dfrac{x^n}{n} + \cdots, \quad -1 < x \leqslant 1$$

中,令 $x=1$,得

$$\ln 2 = 1 - \dfrac{1}{2} + \dfrac{1}{3} - \dfrac{1}{4} + \cdots + (-1)^{n-1} \dfrac{1}{n} + \cdots.$$

如果取右端前 n 项,则

$$\ln 2 \approx s_n = 1 - \dfrac{1}{2} + \dfrac{1}{3} - \dfrac{1}{4} + \cdots + (-1)^{n-1} \dfrac{1}{n},$$

误差为

$$|r_n| = |\ln 2 - s_n| = \left|(-1)^n \frac{1}{n+1} + (-1)^{n+1}\frac{1}{n+2} + \cdots\right|$$
$$\leqslant \left|\frac{1}{n+1} - \frac{1}{n+2} + \cdots\right| < \frac{1}{n+1},$$

要使精度达到 10^{-4}，需要的项数 n 应满足 $\frac{1}{n+1} < 10^{-4}$，即 $n > 10^4 - 1 = 9999$，也就是说 n 应取到 10 000 项，计算量太大. 有没有更有效的方法呢？将展开式

$$\ln(1+x) = x - \frac{x^2}{2} + \frac{x^3}{3} - \frac{x^4}{4} + \cdots + (-1)^{n-1}\frac{x^n}{n} + \cdots, \quad -1 < x \leqslant 1$$

中的 x 换成 $-x$，得

$$\ln(1-x) = -x - \frac{x^2}{2} - \frac{x^3}{3} - \frac{x^4}{4} - \cdots - \frac{x^n}{n} - \cdots, \quad -1 \leqslant x < 1,$$

两式相减，得到如下不含偶次幂的幂级数展开式：

$$\ln \frac{1+x}{1-x} = 2\left(\frac{x}{1} + \frac{x^3}{3} + \frac{x^5}{5} + \frac{x^7}{7} \cdots\right), \quad -1 < x < 1,$$

令 $\frac{1+x}{1-x} = 2$，解得 $x = \frac{1}{3}$，将 $x = \frac{1}{3}$ 代入上式得

$$\ln 2 = 2\left(\frac{1}{1} \cdot \frac{1}{3} + \frac{1}{3} \cdot \frac{1}{3^3} + \frac{1}{5} \cdot \frac{1}{3^5} + \frac{1}{7} \cdot \frac{1}{3^7} + \cdots\right),$$

若取前 n 项，误差为

$$|r_n| = |\ln 2 - s_n| = 2 \times \left|\frac{1}{2n+1} \cdot \frac{1}{3^{2n+1}} + \frac{1}{2n+3} \cdot \frac{1}{3^{2n+3}} + \cdots\right|$$
$$\leqslant 2 \times \frac{1}{2n+1} \cdot \frac{1}{3^{2n+1}} \left|1 + \frac{1}{3^2} + \frac{1}{3^4} + \cdots\right| = \frac{1}{4(2n+1) \times 3^{2n-1}},$$

用试根的方法可确定当 $n = 4$ 时 $|r_n| < 10^{-4}$，因此

$$\ln 2 = 2\left(\frac{1}{1} \cdot \frac{1}{3} + \frac{1}{3} \cdot \frac{1}{3^3} + \frac{1}{5} \cdot \frac{1}{3^5} + \frac{1}{7} \cdot \frac{1}{3^7}\right) \approx 0.693\,13.$$

显然，这一计算方法大大提高了计算的速度，这种处理技巧通常称作**幂级数收敛的加速技术**.

3. 求原函数

通过第四章不定积分的学习我们知道，有一些初等函数，它们的原函数理论上是存在的，但无法用第四章的方法求得，如 $e^{-x^2}, \frac{\sin x}{x}, \sin x^2, \frac{1}{\sqrt{1+x^4}}$ 等. 下面我们利用幂级数来求这些函数的原函数.

例 12 求函数 $\frac{\sin x}{x}$ 的幂级数形式的原函数.

解 $\left(\int_0^x \frac{\sin t}{t} dt\right)' = \frac{\sin x}{x}$，可见，$\int_0^x \frac{\sin t}{t} dt$ 就是 $\frac{\sin x}{x}$ 的一个原函数. 有

$$\sin t = t - \frac{t^3}{3!} + \frac{t^5}{5!} - \frac{t^7}{7!} + \cdots + (-1)^{n-1}\frac{t^{2n-1}}{(2n-1)!} + \cdots$$
$$= \sum_{n=1}^{\infty} (-1)^{n-1} \frac{t^{2n-1}}{(2n-1)!}, \quad t \in (-\infty, +\infty),$$

$$\frac{\sin t}{t} = 1 - \frac{t^2}{3!} + \frac{t^4}{5!} - \frac{t^6}{7!} + \cdots + (-1)^{n-1}\frac{t^{2n-2}}{(2n-1)!} + \cdots$$

$$= \sum_{n=1}^{\infty}(-1)^{n-1}\frac{t^{2n-2}}{(2n-1)!}, \quad t \in (-\infty, 0) \cup (0, +\infty),$$

可得

$$\int_0^x \frac{\sin t}{t} dt = \sum_{n=1}^{\infty}(-1)^{n-1}\int_0^x \frac{t^{2n-2}}{(2n-1)!} dt$$

$$= \sum_{n=1}^{\infty}(-1)^{n-1}\frac{x^{2n-1}}{(2n-1)\cdot(2n-1)!}, \quad x \in (-\infty, 0) \cup (0, +\infty).$$

因此，$\frac{\sin x}{x}$ 的幂级数形式的原函数为

$$F(x) = x - \frac{x^3}{3\times 3!} + \frac{x^5}{5\times 5!} - \frac{x^7}{7\times 7!} + \cdots +$$

$$(-1)^n \frac{x^{2n-1}}{(2n-1)\cdot(2n-1)!} + \cdots, \quad x \in (-\infty, 0) \cup (0, +\infty).$$

习题 11-5

1. 将下列函数展开成 x 的幂级数，并求展开式成立的区间：

(1) $a^x (a>0, a\neq 1)$；　　(2) $\ln(4+x)$；　　(3) $\dfrac{1}{x^2-x-2}$；

(4) $\cos^2 x$；　　(5) $x\arctan x$；　　(6) $\displaystyle\int_0^x t\cos t\, dt$.

2. 将下列函数在给定点展开成幂级数，并求展开式成立的区间：

(1) $\dfrac{1}{3+x}$ 在 $x_0=2$ 处；　　(2) $\ln(2x-x^2)$ 在 $x_0=1$ 处.

3. 求下列常数项级数的和：

(1) $\displaystyle\sum_{n=1}^{\infty}\frac{2n-1}{4^n}$；　　(2) $\displaystyle\sum_{n=0}^{\infty}\frac{2n+1}{3^n}$；　　(3) $\displaystyle\sum_{n=1}^{\infty}(-1)^{n-1}\frac{n}{(2n-1)!}$.

4. 利用函数的幂级数展开式求下列各数的近似值：

(1) $\sin 18°$（精确到 10^{-5}）；　　(2) $\displaystyle\int_0^{0.5}\frac{\arctan x}{x}dx$（误差不超过 0.0001）.

第六节　傅里叶级数

傅里叶级数是由三角函数构成的函数项级数，在众多研究和工程技术领域中有着广泛的应用. 本节讨论傅里叶级数的收敛性，以及如何将函数展开成傅里叶级数.

一、三角级数和三角函数系的正交性

周期运动是工程技术中经常遇到的运动形态，可以用周期函数近似描述. 例如，简谐振动可以用正弦函数 $y = A\sin(\omega x + \varphi)$ 表示，其中 A 为振动的振幅，φ 为初相，ω 为角频率，振

动的周期是 $T=\dfrac{2\pi}{\omega}$. 而对比较复杂的周期运动,可将其看作若干具有不同频率的简单周期运动的叠加. 事实上,早在 18 世纪中叶,荷兰数学家丹尼尔·伯努利在解决弦振动问题时就提出任何复杂振动都可以分解为一系列简谐振动之和. 用数学语言来描述,即为:在一定条件下,任何周期为 $T\left(=\dfrac{2\pi}{\omega}\right)$ 的函数 $f(t)$ 都可用一系列以 T 为周期的正弦函数所组成的级数来表示,即

$$f(t)=A_0+\sum_{n=1}^{\infty}A_n\sin(n\omega t+\varphi_n),\tag{11.1}$$

其中 $A_0,A_n,\varphi_n\,(n=1,2,3,\cdots)$ 都是常数.

为简化起见,设 $x=\omega t$. 因为

$$\sin(nx+\varphi_n)=\sin\varphi_n\cos nx+\cos\varphi_n\sin nx,$$

则可将式(11.1)写成

$$A_0+\sum_{n=1}^{\infty}A_n\sin(nx+\varphi_n)=A_0+\sum_{n=1}^{\infty}(A_n\sin\varphi_n\cos nx+A_n\cos\varphi_n\sin nx).$$

令

$$A_0=\dfrac{a_0}{2},\quad A_n\sin\varphi_n=a_n,\quad A_n\cos\varphi_n=b_n,\quad n=1,2,\cdots,$$

则式(11.1)的右端可写成

$$\dfrac{a_0}{2}+\sum_{n=1}^{\infty}(a_n\cos nx+b_n\sin nx).\tag{11.2}$$

称形如式(11.2)的级数为**三角级数**,其中 $a_0,a_n,b_n\,(n=1,2,\cdots)$ 均为常数.

对于给定的函数 $f(x)$,如果能将它写成

$$f(x)=\dfrac{a_0}{2}+\sum_{n=1}^{\infty}(a_n\cos nx+b_n\sin nx)$$

的形式,则称 $f(x)$ **能展开为三角级数**.

与幂级数类似,本节将讨论三角级数的收敛问题以及怎样将已知函数展开成三角级数. 为此,首先介绍三角函数系的正交性.

称函数列

$$1,\sin x,\cos x,\sin 2x,\cos 2x,\cdots,\sin nx,\cos nx,\cdots\tag{11.3}$$

为**三角函数系**. 三角函数系**在区间**$[-\pi,\pi]$**上正交**,是指在三角函数系(11.3)中,任何两个不同的函数的乘积在$[-\pi,\pi]$上的积分为零,用数学式表示为

(1) $\displaystyle\int_{-\pi}^{\pi}\cos nx\,\mathrm{d}x=0,n=1,2,3,\cdots;$

(2) $\displaystyle\int_{-\pi}^{\pi}\sin nx\,\mathrm{d}x=0,n=1,2,3,\cdots;$

(3) $\displaystyle\int_{-\pi}^{\pi}\cos nx\sin mx\,\mathrm{d}x=0,n,m=1,2,3,\cdots;$

(4) $\displaystyle\int_{-\pi}^{\pi}\cos nx\cos mx\,\mathrm{d}x=0,n,m=1,2,3,\cdots,n\neq m;$

(5) $\int_{-\pi}^{\pi} \sin nx \sin mx \, dx = 0, n, m = 1, 2, 3, \cdots, n \neq m.$

下面验证等式(3),其余等式请读者自行验证.

利用三角函数的积化和差公式得

$$\cos nx \sin mx = \frac{1}{2}[\sin(n+m)x - \sin(n-m)x],$$

当 $n \neq m$ 时,

$$\int_{-\pi}^{\pi} \cos nx \sin mx \, dx = \frac{1}{2}\int_{-\pi}^{\pi}[\sin(n+m)x - \sin(n-m)x]dx = 0, \quad n, m = 1, 2, \cdots, n \neq m.$$

注 三角函数系中任意两个相同函数的乘积在$[-\pi,\pi]$上的积分不为零,容易验证:

$$\int_{-\pi}^{\pi} 1^2 \, dx = 2\pi, \quad \int_{-\pi}^{\pi} \cos^2 nx \, dx = \pi, \quad \int_{-\pi}^{\pi} \sin^2 nx \, dx = \pi, \quad n = 1, 2, \cdots.$$

二、周期为 2π 的函数展开成傅里叶级数

设 $f(x)$ 是以 2π 为周期的函数,要将 $f(x)$ 展开成三角级数

$$f(x) = \frac{a_0}{2} + \sum_{n=1}^{\infty}(a_n \cos nx + b_n \sin nx), \tag{11.4}$$

需要确定该三角级数的系数 $a_0, a_n, b_n (n=1,2,3,\cdots)$,并讨论由这些系数构成的三角级数是否收敛,如果级数收敛,还须确定它的和函数是否就是 $f(x)$.

为此,将式(11.4)两端从 $-\pi \sim \pi$ 逐项积分得

$$\int_{-\pi}^{\pi} f(x) \, dx = \int_{-\pi}^{\pi} \frac{a_0}{2} dx + \sum_{n=1}^{\infty}\left(a_n \int_{-\pi}^{\pi} \cos kx \, dx + b_n \int_{-\pi}^{\pi} \sin kx \, dx\right).$$

由三角函数系的正交性,等式右端除第一项外,其余各项均为零,所以 $\int_{-\pi}^{\pi} f(x) dx = a_0 \pi$,解得

$$a_0 = \frac{1}{\pi}\int_{-\pi}^{\pi} f(x) \, dx.$$

再求 a_n,在式(11.4)两端同乘 $\cos nx$,再从 $-\pi \sim \pi$ 逐项积分可得

$$\int_{-\pi}^{\pi} f(x) \cos nx \, dx = \int_{-\pi}^{\pi} \frac{a_0}{2} \cos nx \, dx + \sum_{k=1}^{\infty}\left(a_k \int_{-\pi}^{\pi} \cos nx \cos kx \, dx + b_k \int_{-\pi}^{\pi} \sin nx \cos kx \, dx\right).$$

由三角函数系的正交性,等式右端除 $k=n$ 这一项外,其余各项均为零,则有

$$\int_{-\pi}^{\pi} f(x) \cos nx \, dx = a_n \int_{-\pi}^{\pi} \cos^2 nx \, dx = a_n \pi,$$

解得

$$a_n = \frac{1}{\pi}\int_{-\pi}^{\pi} f(x) \cos nx \, dx, \quad n = 1, 2, \cdots.$$

类似地,在式(11.4)两端同乘 $\sin nx$,再从 $-\pi \sim \pi$ 逐项积分,可求得

$$b_n = \frac{1}{\pi}\int_{-\pi}^{\pi} f(x) \sin nx \, dx, \quad n = 1, 2, \cdots.$$

综上，求得的系数可写成

$$\begin{cases} a_n = \dfrac{1}{\pi}\displaystyle\int_{-\pi}^{\pi} f(x)\cos nx \, \mathrm{d}x, & n=0,1,2,\cdots, \\ b_n = \dfrac{1}{\pi}\displaystyle\int_{-\pi}^{\pi} f(x)\sin nx \, \mathrm{d}x, & n=1,2,3,\cdots. \end{cases} \tag{11.5}$$

如果以上积分存在，则称这样求得的系数 $a_0, a_n, b_n (n=1,2,3,\cdots)$ 为函数 $f(x)$ 的**傅里叶系数**，而以这些系数构成的三角级数

$$\frac{a_0}{2} + \sum_{n=1}^{\infty}(a_n \cos nx + b_n \sin nx)$$

称为函数 $f(x)$ 的**傅里叶级数**。

显然，如果 $f(x)$ 是以 2π 为周期的函数，且在一个周期内可积，则由式(11.5)可求出其傅里叶系数，由此得到它的傅里叶级数。至于该傅里叶级数的收敛性及其和函数的形式，历史上，在长达半个多世纪，欧洲的许多数学家都进行了探索与研究。直到 1829 年，德国数学家狄利克雷 (P. G. L. Dirichlet, 1805—1859) 才给出了严格的证明。下面不加证明地给出结论。

定理 11.15（收敛定理　狄利克雷充分条件） 设 $f(x)$ 是周期为 2π 的周期函数，且满足

(1) 在一个周期内连续或只有有限个第一类间断点，

(2) 在一个周期内至多只有有限个极值点，

则 $f(x)$ 的傅里叶级数收敛，并且

(1) 当 x 是 $f(x)$ 的连续点时，级数收敛于 $f(x)$；

(2) 当 x 是 $f(x)$ 的间断点时，级数收敛于 $\dfrac{f(x+0)+f(x-0)}{2}$。

这个定理告诉我们，只要函数 $f(x)$ 在 $[-\pi, \pi]$ 上至多有有限个第一类间断点，且不作无限次振荡，则函数 $f(x)$ 的傅里叶级数就会在函数的连续点处收敛于该点处的函数值，在间断点处收敛于函数在该点的左极限与右极限的算术平均值。

例 1 设函数 $f(x)$ 以 2π 为周期，

$$f(x) = \begin{cases} 0, & -\pi \leqslant x < 0, \\ 4, & 0 \leqslant x < \pi, \end{cases}$$

试将其展开成傅里叶级数。

解 首先求出 $f(x)$ 的傅里叶系数：

$$a_0 = \frac{1}{\pi}\int_{-\pi}^{\pi} f(x)\,\mathrm{d}x = \frac{1}{\pi}\int_0^{\pi} 4\,\mathrm{d}x = 4,$$

$$a_n = \frac{1}{\pi}\int_{-\pi}^{\pi} f(x)\cos nx\,\mathrm{d}x = \frac{1}{\pi}\int_0^{\pi} 4\cos nx\,\mathrm{d}x = \frac{4}{\pi}\cdot\frac{\sin nx}{n}\bigg|_0^{\pi} = 0, \quad n=1,2,3,\cdots,$$

$$b_n = \frac{1}{\pi}\int_{-\pi}^{\pi} f(x)\sin nx\,\mathrm{d}x = \frac{1}{\pi}\int_0^{\pi} 4\sin nx\,\mathrm{d}x = -\frac{4}{\pi}\cdot\frac{\cos nx}{n}\bigg|_0^{\pi}$$

$$= \frac{4}{n\pi}[1-(-1)^n], \quad n=1,2,3,\cdots.$$

所以 $f(x)$ 的傅里叶级数为 $2+\sum_{n=1}^{\infty}\dfrac{4}{n\pi}[1-(-1)^n]\sin nx$.

因为 $x=k\pi(k=0,\pm 1,\pm 2,\cdots)$ 是函数 $f(x)$ 的第一类间断点,其他点都是 $f(x)$ 的连续点,所以
$$f(x)=2+\sum_{n=1}^{\infty}\dfrac{4}{n\pi}[1-(-1)^n]\sin nx=2+\dfrac{8}{\pi}\left(\sin x+\dfrac{1}{3}\sin 3x+\dfrac{1}{5}\sin 5x+\cdots\right),$$
$-\infty<x<+\infty,\quad x\neq k\pi,\quad k=0,\pm 1,\pm 2,\cdots.$

在间断点 $x=k\pi$ 处,级数收敛于 $\dfrac{f(-\pi+0)+f(\pi-0)}{2}=\dfrac{4+0}{2}=2$. $f(x)$ 的傅里叶级数与其函数的关系为
$$2+\sum_{n=1}^{\infty}\dfrac{4}{n\pi}[1-(-1)^n]\sin nx=\begin{cases}f(x),&-\infty<x<+\infty,x\neq k\pi,\\ 2,&x=k\pi,\end{cases}\quad k\text{ 为整数},$$
傅里叶级数的和函数的图像如图 11-2 所示.

例 2 以 2π 为周期的周期函数 $f(x)$ 在 $(-\pi,\pi]$ 的表达式为 $f(x)=\begin{cases}-x,&-\pi<x\leqslant 0,\\ x+1,&0<x\leqslant\pi.\end{cases}$ 试写出 $f(x)$ 的傅里叶级数展开式在区间 $(-\pi,\pi]$ 上的和函数 $s(x)$ 的表达式.

解 本题仅要求写出傅里叶级数在区间 $(-\pi,\pi]$ 上的和函数的表达式,显然 $f(x)$ 满足收敛定理的条件,可直接应用收敛定理,不必求出傅里叶级数.

在区间 $(-\pi,\pi]$ 上,除 $x=0$ 和 $x=\pi$ 是 $f(x)$ 的第一类间断点外,$f(x)$ 在其他点都连续. 根据收敛定理可知,在间断点 $x=0$ 处,级数的和为 $\dfrac{f(0+0)+f(0-0)}{2}=\dfrac{1+0}{2}=\dfrac{1}{2}$;在间断点 $x=\pi$ 处,级数的和为 $\dfrac{f(\pi-0)+f(-\pi+0)}{2}=\dfrac{\pi+1+\pi}{2}=\pi+\dfrac{1}{2}$;在 $f(x)$ 的连续点处,级数收敛于 $f(x)$. 所以 $f(x)$ 的傅里叶级数在区间 $(-\pi,\pi]$ 上的和函数为
$$s(x)=\begin{cases}-x,&-\pi<x<0,\\ \dfrac{1}{2},&x=0,\\ x+1,&0<x<\pi,\\ \pi+\dfrac{1}{2},&x=\pi.\end{cases}$$
和函数的图像如图 11-3 所示.

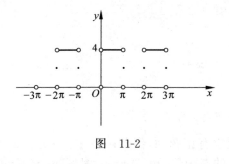

图 11-2

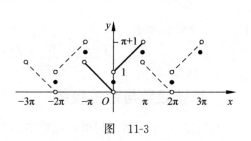

图 11-3

如果函数 $f(x)$ 不是周期函数,仅在 $(-\pi,\pi]$ 上有定义,并且在 $(-\pi,\pi]$ 上满足收敛定理的条件,即 $f(x)$ 在 $(-\pi,\pi]$ 内连续或最多有有限个第一类间断点,并且至多只有有限个极值点,则也能求得 $f(x)$ 在 $(-\pi,\pi]$ 上的傅里叶级数展开式. 方法如下:

首先将函数 $f(x)$ **周期延拓**,即在区间 $(-\pi,\pi]$ 之外,补充定义 $f(x)$,将它拓广为一个以 2π 为周期的函数 $F(x)$,这样的 $F(x)$ 满足收敛定理的条件;然后将 $F(x)$ 展成傅里叶级数;由于在 $(-\pi,\pi]$ 上 $F(x) \equiv f(x)$,则 $F(x)$ 限制在 $(-\pi,\pi]$ 上的傅里叶级数就是 $f(x)$ 的傅里叶级数展开式. 此级数在区间端点 $x=\pm\pi$ 处收敛于

$$\frac{f(\pi-0)+f(-\pi+0)}{2}.$$

例 3 将函数 $f(x)=\begin{cases} 2\pi, & -\pi<x<0, \\ \pi-x, & 0\leqslant x\leqslant\pi \end{cases}$ 展开成傅里叶级数.

解 此函数不是周期函数,所以先将函数 $f(x)$ 周期延拓,如图 11-4 所示. 图中的实线段是 $f(x)$ 的图像,虚线段是 $f(x)$ 的图像向左或向右平移(也就是周期延拓)的结果. 显然,延拓后的函数 $F(x)$ 满足收敛定理的条件,且在 $(-\pi,\pi]$ 上 $F(x) \equiv f(x)$,因此

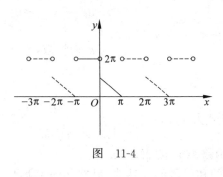

图 11-4

$$a_0 = \frac{1}{\pi}\int_{-\pi}^{\pi} f(x)\mathrm{d}x = \frac{1}{\pi}\left[\int_{-\pi}^{0} 2\pi \mathrm{d}x + \int_{0}^{\pi}(\pi-x)\mathrm{d}x\right] = \frac{5\pi}{2},$$

$$a_n = \frac{1}{\pi}\int_{-\pi}^{\pi} f(x)\cos nx \,\mathrm{d}x = \frac{1}{\pi}\left[\int_{-\pi}^{0} 2\pi\cos nx \,\mathrm{d}x + \int_{0}^{\pi}(\pi-x)\cos nx \,\mathrm{d}x\right]$$

$$= \frac{1-(-1)^n}{n^2\pi}, \quad n=1,2,3,\cdots,$$

$$b_n = \frac{1}{\pi}\int_{-\pi}^{\pi} f(x)\sin nx \,\mathrm{d}x = \frac{1}{\pi}\left[\int_{-\pi}^{0} 2\pi\sin nx \,\mathrm{d}x + \int_{0}^{\pi}(\pi-x)\sin nx \,\mathrm{d}x\right]$$

$$= \frac{2\times(-1)^n-1}{n}, \quad n=1,2,3,\cdots.$$

又由函数 $f(x)$ 在区间 $(-\pi,0)\cup(0,\pi)$ 内连续可知

$$f(x) = \frac{5\pi}{4} + \sum_{n=1}^{\infty}\left[\frac{1-(-1)^n}{n^2\pi}\cos nx + \frac{2\times(-1)^n-1}{n}\sin nx\right], \quad x\in(-\pi,0)\cup(0,\pi),$$

此级数在 $x=0$ 处收敛于

$$\frac{f(0-0)+f(0+0)}{2} = \frac{2\pi+\pi}{2} = \frac{3}{2}\pi,$$

而在 $x=\pm\pi$ 处收敛于

$$\frac{f(-\pi+0)+f(\pi-0)}{2} = \frac{2\pi+0}{2} = \pi.$$

三、正弦级数与余弦级数

一般来说,一个函数的傅里叶级数既有余弦项也有正弦项,但若函数 $f(x)$ 是以 2π 为周期的奇函数,由于 $f(x)\cos nx$ 是区间 $[-\pi,\pi]$ 上的奇函数,$f(x)\sin nx$ 是区间 $[-\pi,\pi]$ 上

的偶函数,则根据对称区间上定积分的"偶倍奇零"性质可知,奇函数 $f(x)$ 的傅里叶系数

$$a_n = \frac{1}{\pi}\int_{-\pi}^{\pi} f(x)\cos nx\,dx = 0, \quad n = 0,1,2,3,\cdots,$$

$$b_n = \frac{1}{\pi}\int_{-\pi}^{\pi} f(x)\sin nx\,dx = \frac{2}{\pi}\int_{0}^{\pi} f(x)\sin nx\,dx, \quad n = 1,2,3,\cdots.$$

可见,奇函数的傅里叶级数只含有正弦项,这类只含有正弦项的级数 $\sum\limits_{n=1}^{\infty} b_n \sin nx$ 称为**正弦级数**.

如果 $f(x)$ 是以 2π 为周期的偶函数,由于 $f(x)\cos nx$ 是区间 $[-\pi,\pi]$ 上的偶函数,$f(x)\sin nx$ 是区间 $[-\pi,\pi]$ 上的奇函数,则由定积分的"偶倍奇零"性质可知,偶函数 $f(x)$ 的傅里叶系数

$$a_n = \frac{1}{\pi}\int_{-\pi}^{\pi} f(x)\cos nx\,dx = \frac{2}{\pi}\int_{0}^{\pi} f(x)\cos nx\,dx, \quad n = 0,1,2,3,\cdots,$$

$$b_n = \frac{1}{\pi}\int_{-\pi}^{\pi} f(x)\sin nx\,dx = 0, \quad n = 1,2,3,\cdots.$$

可见,偶函数的傅里叶级数只含有常数项和余弦项,这类只含有常数项和余弦项的三角级数 $\dfrac{a_0}{2} + \sum\limits_{n=1}^{\infty} a_n \cos nx$ 称为**余弦级数**.

例 4 将函数 $f(x) = x^2$ 在 $[-\pi,\pi]$ 上展开成傅里叶级数,并求常数项级数 $\sum\limits_{n=1}^{\infty} \dfrac{1}{n^2}$ 的和.

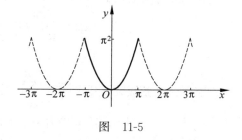

图 11-5

解 显然函数 $f(x) = x^2$ 在 $[-\pi,\pi]$ 上是偶函数,将 $f(x)$ 周期延拓,如图 11-5 所示,则

$$a_0 = \frac{2}{\pi}\int_{0}^{\pi} x^2\,dx = \frac{2}{3}\pi^2,$$

$$a_n = \frac{2}{\pi}\int_{0}^{\pi} x^2\cos nx\,dx = (-1)^n \frac{4}{n^2}, \quad n = 1,2,3,\cdots,$$

$$b_n = 0, \quad n = 1,2,3,\cdots.$$

因为延拓后函数 $f(x)$ 在 $[-\pi,\pi]$ 上连续,所以

$$x^2 = \frac{\pi^2}{3} + \sum_{n=1}^{\infty} (-1)^n \frac{4}{n^2}\cos nx$$

$$= \frac{\pi^2}{3} - 4\left(\frac{\cos x}{1} - \frac{\cos 2x}{2^2} + \frac{\cos 3x}{3^2} - \cdots\right), \quad -\pi \leqslant x \leqslant \pi.$$

如果在展开式中令 $x = \pi$,则得 $\pi^2 = \dfrac{\pi^2}{3} + \sum\limits_{n=1}^{\infty} \dfrac{4}{n^2}$,解得 $\sum\limits_{n=1}^{\infty} \dfrac{1}{n^2} = \dfrac{\pi^2}{6}$.

在实际应用中有时需要将定义在 $[0,\pi]$ 上的函数展开成正弦级数或余弦级数,对此同样采用延拓的方法.

如果函数 $f(x)$ 在 $[0,\pi]$ 上满足收敛定理的条件,那么可按以下步骤求它的正弦级数展开式:

(1) 将函数 $f(x)$ **奇延拓**,即在 $(-\pi,0)$ 内补充定义 $f(x)$,将它拓广为一个在 $(-\pi,\pi]$ 上的奇函数 $F(x)$.

(2) 将所得奇函数 $F(x)$ 再周期延拓.

(3) 应用公式

$$\begin{cases} a_n = 0, & n=0,1,2,3,\cdots, \\ b_n = \dfrac{2}{\pi}\int_0^{\pi} f(x)\sin nx\,\mathrm{d}x, & n=1,2,3,\cdots \end{cases}$$

得到函数的正弦级数展开式 $\sum\limits_{n=1}^{\infty} b_n \sin nx$.

(4) 限定 x 的范围在区间 $[0,\pi]$ 上，因 $F(x) \equiv f(x)$，故得到函数 $f(x)$ 的正弦级数展开式

$$\sum_{n=1}^{\infty} b_n \sin nx,$$

再根据收敛定理求此级数在 $[0,\pi]$ 上的和函数.

同理，如果函数 $f(x)$ 在 $[0,\pi]$ 上满足收敛定理的条件，要求它的余弦级数展开式. 类似于正弦展开，先将函数 $f(x)$ **偶延拓**，即在 $(-\pi,0)$ 内补充定义 $f(x)$，使它拓广为一个在 $(-\pi,\pi]$ 上的偶函数 $F(x)$，然后对 $F(x)$ 周期延拓，应用公式

$$\begin{cases} a_n = \dfrac{2}{\pi}\int_0^{\pi} f(x)\cos nx\,\mathrm{d}x, & n=0,1,2,3,\cdots, \\ b_n = 0, & n=1,2,3,\cdots \end{cases}$$

得到函数的余弦级数展开式 $\dfrac{a_0}{2} + \sum\limits_{n=1}^{\infty} a_n \cos nx$. 限定 x 的范围在区间 $[0,\pi]$ 上，因 $F(x) \equiv f(x)$，得到函数 $f(x)$ 的余弦级数展开式，再根据收敛定理求此级数在 $[0,\pi]$ 上的和函数.

例5 设 $f(x) = x\,(0 \leqslant x \leqslant \pi)$，分别将 $f(x)$ 展开成正弦级数和余弦级数.

解 (1) 将 $f(x)$ 展开成正弦级数.

先将 $f(x)$ 奇延拓（见图 11-6），再周期延拓，则得

$$a_n = 0, \quad n=0,1,2,3,\cdots,$$

$$b_n = \frac{2}{\pi}\int_0^{\pi} f(x)\sin nx\,\mathrm{d}x = \frac{2}{\pi}\int_0^{\pi} x\sin nx\,\mathrm{d}x = \frac{2(-1)^{n+1}}{n}, \quad n=1,2,3,\cdots,$$

因为 $f(x)$ 延拓后在 $[0,\pi)$ 内连续，所以

$$f(x) = \sum_{n=1}^{\infty} \frac{2\times(-1)^{n+1}}{n}\sin nx, \quad 0 \leqslant x < \pi.$$

此正弦级数在 $x=\pi$ 处收敛于 $\dfrac{\pi+(-\pi)}{2} = 0$.

(2) 将 $f(x)$ 展开成余弦级数.

先将 $f(x)$ 偶延拓（见图 11-7），再周期延拓，则得

$$a_0 = \frac{2}{\pi}\int_0^{\pi} f(x)\,\mathrm{d}x = \frac{2}{\pi}\int_0^{\pi} x\,\mathrm{d}x = \pi,$$

$$a_n = \frac{2}{\pi}\int_0^{\pi} f(x)\cos nx\,\mathrm{d}x = \frac{2}{\pi}\int_0^{\pi} x\cos nx\,\mathrm{d}x$$

$$= \frac{2}{n^2\pi}[(-1)^n - 1], \quad n=1,2,3,\cdots,$$

$$b_n = 0, \quad n=1,2,3,\cdots.$$

因为 $f(x)$ 延拓后在 $[0,\pi]$ 上连续，所以 $f(x) = \dfrac{\pi}{2} + \sum_{n=1}^{\infty} \dfrac{2}{n^2\pi}[(-1)^n - 1]\cos nx$, $0 \leqslant x \leqslant \pi$.

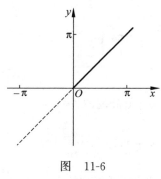

图 11-6

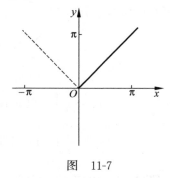

图 11-7

习题 11-6

1. 将下列以 2π 为周期的周期函数 $f(x)$ 展开成傅里叶级数，$f(x)$ 在 $[-\pi,\pi)$ 内的表达式为：

   (1) $f(x) = \begin{cases} x, & -\pi \leqslant x \leqslant 0, \\ 0, & 0 < x < \pi; \end{cases}$

   (2) $f(x) = \begin{cases} bx, & -\pi \leqslant x \leqslant 0, \\ ax, & 0 < x < \pi, \end{cases}$ a,b 为常数，且 $a > b > 0$；

   (3) $f(x) = x + 2$.

2. 设函数 $f(x)$ 以 2π 为周期，在一个周期 $[-\pi,\pi)$ 内，$f(x) = \begin{cases} x^2, & x \in [0,\pi), \\ 1, & x \in [-\pi,0), \end{cases}$ 试写出 $f(x)$ 的傅里叶级数展开式在区间 $(-\pi,\pi]$ 内的和函数 $s(x)$ 的表达式.

3. 将函数 $f(x) = e^{2x}$ ($-\pi \leqslant x < \pi$) 展开成傅里叶级数.

4. 设 $f(x) = \pi - x$, $x \in [0,\pi]$，分别将 $f(x)$ 展开成正弦级数和余弦级数，并利用展开式求级数 $\sum_{n=0}^{\infty} \dfrac{1}{(2n+1)^2}$ 的和.

5. 将函数 $f(x) = \begin{cases} 1, & 0 \leqslant x \leqslant \dfrac{\pi}{2}, \\ -1, & \dfrac{\pi}{2} < x \leqslant \pi \end{cases}$ 展开成正弦级数.

6. 设 $f(x)$ 在 $[-\pi,\pi]$ 上满足 $f(x+\pi) = -f(x)$，证明 $f(x)$ 的傅里叶级数的系数满足 $a_0 = a_{2n} = b_{2n} = 0$.

第七节　一般周期函数的傅里叶级数

上节讨论的是周期为 2π 的函数的傅里叶级数展开问题，但在实际问题中所遇到的周期函数，它们的周期不一定是 2π. 下面给出周期为 $2l$ 的函数的傅里叶级数收敛定理.

定理 11.16　对于周期为 $2l$ 的函数 $f(x)$，若满足

(1) 在区间 $[-l,l]$ 上连续或只有有限个第一类间断点；

(2) 在一个周期内至多只有有限个极值点，

则 $f(x)$ 的傅里叶级数展开式为

$$\frac{a_0}{2}+\sum_{n=1}^{\infty}\left(a_n\cos\frac{n\pi x}{l}+b_n\sin\frac{n\pi x}{l}\right),$$

其中

$$\begin{cases} a_n=\dfrac{1}{l}\displaystyle\int_{-l}^{l}f(x)\cos\dfrac{n\pi x}{l}\mathrm{d}x, & n=0,1,2,3,\cdots, \\ b_n=\dfrac{1}{l}\displaystyle\int_{-l}^{l}f(x)\sin\dfrac{n\pi x}{l}\mathrm{d}x, & n=1,2,3,\cdots. \end{cases}$$

且此傅里叶级数在 $f(x)$ 的连续点收敛于 $f(x)$，在 $f(x)$ 的间断点收敛于 $\dfrac{f(x+0)+f(x-0)}{2}$。

证　对周期为 $2l$ 的周期函数 $f(x)$，作变量代换 $z=\dfrac{\pi x}{l}$，于是 $-l\leqslant x\leqslant l$ 变换为 $-\pi\leqslant z\leqslant\pi$。

设 $F(z)=f\left(\dfrac{lz}{\pi}\right)=f(x)$，由

$$F(z+2\pi)=f\left(\frac{l(z+2\pi)}{\pi}\right)=f\left(\frac{lz}{\pi}+2l\right)=f\left(\frac{lz}{\pi}\right)=F(z)$$

可知，$F(z)$ 是以 2π 为周期的周期函数。显然 $F(z)$ 满足上节的收敛定理条件，所以 $F(z)$ 的傅里叶级数

$$\frac{a_0}{2}+\sum_{n=1}^{\infty}(a_n\cos nz+b_n\sin nz)$$

收敛，且在 $F(z)$ 的连续点收敛于 $F(z)$，在 $F(z)$ 间断点收敛于 $\dfrac{F(z+0)+F(z-0)}{2}$。其中

$$\begin{cases} a_n=\dfrac{1}{\pi}\displaystyle\int_{-\pi}^{\pi}F(z)\cos nz\,\mathrm{d}z, & n=0,1,2,3,\cdots, \\ b_n=\dfrac{1}{\pi}\displaystyle\int_{-\pi}^{\pi}f(z)\sin nz\,\mathrm{d}z, & n=1,2,3,\cdots. \end{cases}$$

令 $z=\dfrac{\pi x}{l}$，则傅里叶级数变为

$$\frac{a_0}{2}+\sum_{n=1}^{\infty}\left(a_n\cos\frac{n\pi x}{l}+b_n\sin\frac{n\pi x}{l}\right).$$

其系数变为

$$\begin{cases} a_n=\dfrac{1}{l}\displaystyle\int_{-l}^{l}f(x)\cos\dfrac{n\pi x}{l}\mathrm{d}x, & n=0,1,2,3,\cdots, \\ b_n=\dfrac{1}{l}\displaystyle\int_{-l}^{l}f(x)\sin\dfrac{n\pi x}{l}\mathrm{d}x, & n=1,2,3,\cdots. \end{cases}$$

根据关系式 $F(z)=f(x)$ 可知，$f(x)$ 的傅里叶级数展开式为

$$\frac{a_0}{2}+\sum_{n=1}^{\infty}\left(a_n\cos\frac{n\pi x}{l}+b_n\sin\frac{n\pi x}{l}\right).$$

定理其余部分的结论容易得到，此处略去.

例 1 设 $f(x)$ 是周期为 6 的函数，在一个周期内 $f(x)$ 的表达式为
$$f(x)=\begin{cases}-1, & -3<x\leqslant 0,\\ 3, & 0<x\leqslant 3,\end{cases}$$
试将 $f(x)$ 展开成傅里叶级数.

解 由题意知 $l=3$，计算得
$$a_0=\frac{1}{3}\int_{-3}^{3}f(x)\mathrm{d}x=\frac{1}{3}\left[\int_{-3}^{0}(-1)\mathrm{d}x+\int_{0}^{3}3\mathrm{d}x\right]=2,$$
$$a_n=\frac{1}{3}\int_{-3}^{3}f(x)\cos\frac{n\pi x}{3}\mathrm{d}x=\frac{1}{3}\left[\int_{-3}^{0}(-1)\cos\frac{n\pi x}{3}\mathrm{d}x+\int_{0}^{3}3\cos\frac{n\pi x}{3}\mathrm{d}x\right]=0,\quad n=1,2,3,\cdots,$$
$$b_n=\frac{1}{3}\int_{-3}^{3}f(x)\sin\frac{n\pi x}{3}\mathrm{d}x=\frac{1}{3}\left[\int_{-3}^{0}(-1)\sin\frac{n\pi x}{3}\mathrm{d}x+\int_{0}^{3}3\sin\frac{n\pi x}{3}\mathrm{d}x\right]$$
$$=\frac{4[1-(-1)^n]}{n\pi},\quad n=1,2,3,\cdots.$$

因为 $x=3k(k=0,\pm 1,\pm 2,\cdots)$ 是 $f(x)$ 的第一类间断点，在其他点 $f(x)$ 都连续，所以
$$f(x)=1+\sum_{n=1}^{\infty}\frac{4[1-(-1)^n]}{n\pi}\sin\frac{n\pi x}{3}=1+\frac{8}{\pi}\sum_{k=1}^{\infty}\frac{1}{2k-1}\sin\frac{(2k-1)\pi x}{3},$$
$$x\neq 3k, k=0\pm 1,\pm 2,\cdots.$$

在间断点 $x=3k$ 处，函数收敛于 $\dfrac{-1+3}{2}=1$，和函数图像见图 11-8.

如果函数 $f(x)$ 只在 $[-l,l]$ 上有定义，并且在此区间内满足收敛定理的条件，与上节类似，可以先将函数**周期延拓**，求出傅里叶级数展开式后，再将 x 限定在区间 $[-l,l]$ 内，从而得到 $f(x)$ 在 $[-l,l]$ 上的傅里叶级数展开式.

例 2 将函数 $f(x)=\begin{cases}x, & -2<x\leqslant 0,\\ 1, & 0<x\leqslant 2,\end{cases}$ 展开成傅里叶级数.

解 由题意知 $l=2$，将函数 $f(x)$ 周期延拓，如图 11-9 所示.

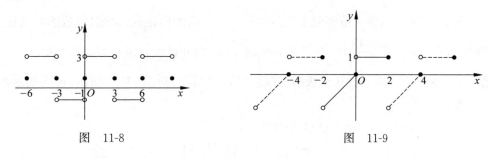

图 11-8　　　　　图 11-9

显然延拓后的函数满足收敛定理的条件，则有
$$a_0=\frac{1}{2}\int_{-2}^{2}f(x)\mathrm{d}x=\frac{1}{2}\left(\int_{-2}^{0}x\mathrm{d}x+\int_{0}^{2}1\mathrm{d}x\right)=0,$$
$$a_n=\frac{1}{2}\int_{-2}^{2}f(x)\cos\frac{n\pi x}{2}\mathrm{d}x=\frac{1}{2}\left(\int_{-2}^{0}x\cos\frac{n\pi x}{2}\mathrm{d}x+\int_{0}^{2}\cos\frac{n\pi x}{2}\mathrm{d}x\right)$$

$$= \frac{2[1-(-1)^n]}{n^2\pi^2}, \quad n=1,2,3,\cdots,$$

$$b_n = \frac{1}{2}\int_{-2}^{2} f(x)\sin\frac{n\pi x}{2}dx = \frac{1}{2}\left(\int_{-2}^{0} x\sin\frac{n\pi x}{2}dx + \int_{0}^{2}\sin\frac{n\pi x}{2}dx\right)$$

$$= \frac{1-3\times(-1)^n}{n\pi}, \quad n=1,2,3,\cdots.$$

根据 $f(x)$ 在区间 $(-2,0)\cup(0,2)$ 内连续可知

$$f(x) = \sum_{n=1}^{\infty}\left\{\frac{2[1-(-1)^n]}{n^2\pi^2}\cos\frac{n\pi x}{2} + \frac{1-3\times(-1)^n}{n\pi}\sin\frac{n\pi x}{2}\right\}, \quad x\in(-2,0)\cup(0,2),$$

此级数在 $x=0$ 处收敛于 $\frac{f(0-0)+f(0+0)}{2} = \frac{0+1}{2} = \frac{1}{2}$，在 $x=\pm 2$ 处收敛于

$$\frac{f(-2+0)+f(2-0)}{2} = \frac{-2+1}{2} = -\frac{1}{2}.$$

同样，在实际应用中有时也需要将定义在 $[0,l]$ 上的函数 $f(x)$ 展开成正弦级数或余弦级数．其方法与上节所述方法完全类似：

(1) 通过奇延拓（偶延拓）将函数拓展为 $[-l,l]$ 上的奇函数（偶函数）．

(2) 作周期延拓，使函数成为以 $2l$ 为周期的函数．

(3) 利用系数公式

$$\begin{cases} a_n = 0, & n=0,1,2,3,\cdots, \\ b_n = \frac{2}{l}\int_0^l f(x)\sin\frac{n\pi x}{l}dx, & n=1,2,3,\cdots \end{cases}$$

求得函数的正弦级数 $\sum_{n=1}^{\infty} b_n \sin\frac{n\pi x}{l}$；利用

$$\begin{cases} a_n = \frac{2}{l}\int_0^l f(x)\cos\frac{n\pi x}{l}dx, & n=0,1,2,3,\cdots, \\ b_n = 0, & n=1,2,3,\cdots \end{cases}$$

求得余弦级数 $\frac{a_0}{2} + \sum_{n=1}^{\infty} a_n \cos\frac{n\pi x}{l}$．

(4) 将自变量 x 的取值范围限定在区间 $[0,l]$ 上，求所得正弦（余弦）级数的和函数．

例 3 设 $f(x) = \frac{x-1}{2}(0\leqslant x\leqslant 2)$，分别将 $f(x)$ 展开成正弦级数和余弦级数．

解 (1) 将 $f(x)$ 展开成正弦级数．先将 $f(x)$ 奇延拓，如图 11-10 所示，再周期延拓，其中 $l=2$，则

$$a_n = 0, \quad n=0,1,2,3,\cdots;$$

$$b_n = \int_0^2 \frac{x-1}{2}\sin\frac{n\pi x}{2}dx = \frac{(-1)^{n+1}-1}{n\pi}, \quad n=1,2,3,\cdots.$$

因为 $f(x)$ 延拓后在 $(0,2)$ 内连续，所以

$$f(x) = \sum_{n=1}^{\infty}\frac{(-1)^{n+1}-1}{n\pi}\sin\frac{n\pi x}{2}, \quad 0<x<2.$$

此正弦级数在 $x=0$ 和 $x=2$ 处收敛于 0．

(2) 将 $f(x)$ 展开成余弦级数. 先将 $f(x)$ 偶延拓, 如图 11-11 所示, 再周期延拓, 则

$$a_0 = \int_0^2 \frac{x-1}{2} \mathrm{d}x = 0;$$

$$a_n = \int_0^2 \frac{x-1}{2} \cos \frac{n\pi x}{2} \mathrm{d}x = \frac{2}{n^2\pi^2}[(-1)^n - 1], \quad n = 1, 2, 3, \cdots;$$

$$b_n = 0, \quad n = 1, 2, 3, \cdots.$$

因为 $f(x)$ 延拓后在 $[0,2]$ 上连续,所以

$$f(x) = \sum_{n=1}^{\infty} \frac{2}{n^2\pi^2}[(-1)^n - 1] \cos \frac{n\pi x}{2}$$

$$= \frac{-4}{\pi^2} \sum_{k=1}^{\infty} \frac{1}{(2k-1)^2} \cos \frac{(2k-1)\pi x}{2}, \quad 0 \leqslant x \leqslant 2.$$

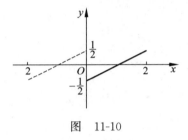

图 11-10

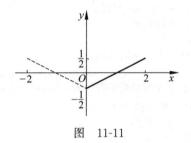

图 11-11

习题 11-7

1. 将下列周期函数 $f(x)$ 展开成傅里叶级数,其在一个周期内的表达式为
(1) $f(x) = 2 + |x|, -3 < x \leqslant 3$; (2) $f(x) = x^2 - x, -2 < x \leqslant 2$.

2. 将函数 $f(x) = \begin{cases} x+2, & -4 < x < 0, \\ x, & 0 \leqslant x < 4 \end{cases}$ 展开成傅里叶级数.

3. 将函数 $f(x) = x^2 (0 < x \leqslant 2)$ 展开成正弦级数.

4. 将函数 $f(x) = \begin{cases} 2, & 0 < x < \frac{1}{2}, \\ 0, & \frac{1}{2} \leqslant x < 1 \end{cases}$ 展开成余弦级数.

附录 11 基于 Python 的无穷级数的计算

在 Python 中,处理无穷级数的计算通常会使用 SymPy 库,这是一个用于符号数学计算的库. SymPy 库非常适合进行符号积分、求和、极限和解方程等操作. 通过 SymPy 库,可以方便地进行无穷级数的求和、展开和收敛性分析,其调用格式和功能见表 11-1.

表 11-1　无穷级数的计算命令的调用格式和功能说明

调 用 格 式	功 能 说 明
sympy.summation(f, (n, a, b))	计算从 n=a 到 n=b 的函数 f 的和. 如果 b 是无穷大, 则计算无穷级数的和
sympy.series(f, x, x0, n)	将函数 f 在点 x0 处展开成泰勒级数, 保留 n 项
sympy.limit_seq(a_n, n)	计算序列 a_n 在 n 趋于无穷大时的极限, 用于分析无穷级数的收敛性

例 1　求无穷级数 $\sum\limits_{n=1}^{\infty} \dfrac{1}{(3n-2)(3n+1)}$ 的和.

```
import sympy as sp
# 定义符号变量
n = sp.symbols('n')
# 定义级数项
a_n = 1 / ((3*n - 2)*(3*n + 1))
# 计算无穷级数的和
sum_series = sp.summation(a_n, (n, 1, sp.oo))
print(f"无穷级数的符号和：{sum_series}")
import numpy as np
# 定义级数项
def a_n(n):
    return 1 / ((3*n - 2)*(3*n + 1))
# 设置上限
N = 1000000
# 计算数值和
sum_series = np.sum([a_n(i) for i in range(1, N+1)])
print(f"无穷级数的数值和：{sum_series}")
```

结果为：

1/3

例 2　求 e^x 的麦克劳林级数展开.

```
import sympy as sp
# 定义符号变量
x = sp.symbols('x')
# 定义函数
f = sp.exp(x)
# 展开成麦克劳林级数
maclaurin_series = sp.series(f, x, 0, 10)          # 展开到 x^9 项
print(f"麦克劳林级数展开：{maclaurin_series}")
```

结果为：

$$1 + x + \frac{x^2}{2} + \frac{x^3}{6} + \frac{x^4}{24} + \frac{x^5}{120} + \frac{x^6}{720} + \frac{x^7}{5040} + \frac{x^8}{40\,320} + \frac{x^9}{362\,880} + O(x^{10})$$

例3 求 $\sin x$ 在 $x = \dfrac{\pi}{2}$ 处的泰勒级数展开.

```
import sympy as sp
# 定义符号变量
x = sp.symbols('x')
# 定义函数
f = sp.sin(x)
# 展开成泰勒级数,在 x = π/2 处
taylor_series = sp.series(f, x, sp.pi/2, 10)          # 展开到 (x − π/2)^9 项
print(f"泰勒级数展开: {taylor_series}")
```

结果为：

$$1 - \frac{\left(x - \frac{\pi}{2}\right)^2}{2} + \frac{\left(x - \frac{\pi}{2}\right)^4}{24} - \frac{\left(x - \frac{\pi}{2}\right)^6}{720} + \frac{\left(x - \frac{\pi}{2}\right)^8}{40\,320} + O\left(\left(x - \frac{\pi}{2}\right)^{10}\right)$$

第八篇 综合练习

一、填空题

1. 如果级数 $\sum\limits_{n=1}^{\infty} 2(a_n - 2)^3$ 收敛，则 $\lim\limits_{n \to \infty} a_n =$ _____.

2. 交错级数 $\sum\limits_{n=1}^{\infty} \dfrac{(-1)^{n+1}}{n^{p-2}}$ 当 p _____ 时绝对收敛，当 p _____ 时条件收敛.

3. 如果幂级数 $\sum\limits_{n=0}^{\infty} a_n (x+3)^n$ 在 $x = -1$ 处条件收敛，则该级数的收敛半径为 _____.

4. 幂级数 $\sum\limits_{n=0}^{\infty} \dfrac{(-1)^n}{(2n-1)!} x^{2n+1}$ 的和函数为 _____.

5. 设 $f(x)$ 是在 $(-\infty, +\infty)$ 内有定义的周期函数，周期为 4，且 $f(x) = \begin{cases} x^2, & -2 < x \leq 0, \\ 5, & 0 < x \leq 2, \end{cases}$ 则 $f(x)$ 在 $x = 0$ 处的傅里叶级数收敛于 _____.

二、单项选择题

1. 如果 $\lim\limits_{n \to \infty} u_n = 0$，则级数 $\sum\limits_{n=1}^{\infty} u_n$ ( ).

   A. 一定收敛   B. 一定发散

   C. 一定条件收敛   D. 可能收敛，也可能发散

2. 下列级数中条件收敛的是 ( ).

   A. $\sum\limits_{n=1}^{\infty} \dfrac{(-1)^n n}{2^n}$ B. $\sum\limits_{n=1}^{\infty} \sin \dfrac{n\pi}{2}$

   C. $\sum\limits_{n=1}^{\infty} (-1)^n \dfrac{n^2}{n^3 + n}$ D. $\sum\limits_{n=1}^{\infty} (-1)^n \ln\left(1 + \dfrac{1}{n^2}\right)$

3. 如果级数 $\sum\limits_{n=1}^{\infty} a_n (x+2)^n$ 在 $x = 2$ 处收敛，则该级数在 $x = -5$ 处 ( ).

   A. 绝对收敛   B. 条件收敛

   C. 发散   D. 敛散性不能确定

4. 设幂级数 $\sum\limits_{n=1}^{\infty} a_n x^n$ 和 $\sum\limits_{n=1}^{\infty} b_n x^n$ 的收敛半径分别为 $\dfrac{\sqrt{2}}{3}$ 与 2，则 $\sum\limits_{n=1}^{\infty} \dfrac{b_n^2}{a_n^2} x^n$ 的收敛半径为 ( ).

   A. 18   B. $\dfrac{\sqrt{2}}{3}$ C. 2   D. $\dfrac{1}{18}$

5. 设 $f(x)$ 是以 2π 为周期的周期函数，在 $(-\pi, \pi]$ 内 $f(x) = \begin{cases} 2x + 3, & -\pi \leq x \leq 0, \\ 4x - 1, & 0 < x \leq \pi, \end{cases}$ 则 $f(x)$ 的傅里叶级数展开式在点 $x = \pi$ 处收敛于 ( ).

A. $2\pi+3$ B. $4\pi-1$ C. $\pi+2$ D. 0

三、计算题

1. 判断下列级数的敛散性:

(1) $\sum\limits_{n=1}^{\infty} \sqrt{3n+2}\left(1-\cos\dfrac{\pi}{n}\right)$； (2) $\sum\limits_{n=1}^{\infty}\left(1-\dfrac{2}{n}\right)^{n^2}$.

2. 根据定义判断级数 $\sum\limits_{n=1}^{\infty} \dfrac{1}{(n+1)(n+4)}$ 的敛散性,如果收敛,求其和.

3. 求幂级数 $\sum\limits_{n=1}^{\infty} \dfrac{(-1)^n n}{2^n}(x-3)^n$ 的收敛半径和收敛区间.

4. 将函数 $f(x)=x(0\leqslant x\leqslant 2)$ 展开成余弦级数.

四、综合题

1. 判断下列级数的敛散性. 如果收敛,是绝对收敛还是条件收敛?

(1) $\sum\limits_{n=1}^{\infty}(-1)^n \dfrac{7^n-3^n}{5^n}$； (2) $\sum\limits_{n=1}^{\infty}(-1)^n \dfrac{n^2}{n^{\frac{5}{2}}+100}$.

2. 求幂级数 $\sum\limits_{n=1}^{\infty} \dfrac{(-1)^n(2n-1)}{3^n} x^{2n-2}$ 在收敛区间内的和函数,并由此求出常数项级数 $\sum\limits_{n=1}^{\infty}(-1)^n(2n-1)\left(\dfrac{2}{3}\right)^{n+1}$ 的和.

3. 将 $f(x)=\displaystyle\int_0^x \dfrac{e^t-1}{t}dt$ 展开成关于 x 的幂级数,并由此求出 $f^{(n)}(0)(n=1,2,\cdots)$.

4. 设 $f(x)=\begin{cases}-\dfrac{\pi}{4}, & -\pi\leqslant x<0, \\ \dfrac{\pi}{4}, & 0\leqslant x<\pi,\end{cases}$ 试将 $f(x)$ 展开成傅里叶级数,并由此推出

$$\dfrac{\sqrt{3}}{6}\pi=1-\dfrac{1}{5}+\dfrac{1}{7}-\dfrac{1}{11}+\dfrac{1}{13}-\dfrac{1}{17}+\cdots.$$

五、证明题

1. 已知级数 $\sum\limits_{n=1}^{\infty} a_n$ 和 $\sum\limits_{n=1}^{\infty} b_n$ 都收敛,且 $a_n\leqslant c_n\leqslant b_n(n=1,2,\cdots)$,证明级数 $\sum\limits_{n=1}^{\infty} c_n$ 也收敛.

2. 证明 $\lim\limits_{n\to\infty} \dfrac{2^n n!}{n^n}\sin^2\dfrac{n\pi}{5}=0$.

参 考 文 献

[1] 同济大学数学科学学院. 高等数学(上、下册)[M]. 8版. 北京：高等教育出版社,2023.
[2] 朱士信,唐烁. 高等数学(上、下册)[M]. 2版. 北京：高等教育出版社,2020.
[3] 李路,张学山. 高等数学(下册)[M]. 北京：清华大学出版社,2013.
[4] 华东师范大学数学科学学院. 数学分析(上、下册)[M]. 5版. 北京：高等教育出版社,2019.
[5] 哈斯,海尔,韦尔. 托马斯微积分：上、下册(14版)[M]. 影印版. 北京：高等教育出版社,2023.